疏勒河流域现代化灌区建设关键技术研究

孙栋元　惠　磊　王金辉　张发荣　徐宝山　等著

黄河水利出版社
·郑州·

内容提要

本书以疏勒河流域为研究区域，基于疏勒河流域现代化灌区建设目标和业务需求，从灌区信息化立体感知体系、智慧应用体系、自动控制体系、主动服务体系和支撑保障体系研究，提出疏勒河流域现代化灌区信息化建设体系架构；从水资源高效利用技术、灌区水情实时监测和联合调度技术等多要素耦合技术研究，提出符合灌区农业现代化发展要求的水资源综合利用技术架构；基于流域现代化灌区标准化规范化管理技术研究，提出基于组织、安全、工程、经济和供用水管理的现代化灌区标准化规范化综合管理技术；基于流域灌区信息化建设、水资源综合利用技术、灌区标准化规范化综合管理技术等方面，集成提出流域现代化灌区建设关键技术，选择典型区域，进行现代化灌区建设综合技术集成试点示范，为全灌区实现"节水高效、设施完善、管理科学、生态良好"的现代化建设目标提供可靠的技术支撑。

本书可供水利、农业、环保、生态等相关专业的科研人员、管理人员、技术人员、高等院校师生参考阅读。

图书在版编目(CIP)数据

疏勒河流域现代化灌区建设关键技术研究 / 孙栋元等著. -- 郑州 : 黄河水利出版社,2024. 7. -- ISBN 978-7-5509-3923-3

Ⅰ. S274; TV213. 4

中国国家版本馆 CIP 数据核字第 202487VG80 号

组稿编辑:贾会珍　电话:0371-66028027　E-mail:110885539@qq.com

责任编辑	乔韵青	责任校对	兰文峡
封面设计	张心怡	责任监制	常红昕
出版发行	黄河水利出版社 地址:河南省郑州市顺河路 49 号　邮政编码:450003 网址:www.yrcp.com　E-mail:hhslcbs@126.com 发行部电话:0371-66020550		
承印单位	河南新华印刷集团有限公司		
开　　本	787 mm×1 092 mm　1/16		
印　　张	17.5		
字　　数	415 千字		
版次印次	2024 年 7 月第 1 版		2024 年 7 月第 1 次印刷

定　　价　136.00 元

前 言

灌区是我国农业规模化生产和重要的商品粮、棉、油基地，是我国农业、农村乃至经济社会发展的重大公益性基础设施，也是农业生产活动最为集中的区域和灌溉工程设施最为密集、农业用水保证程度最高、农业产出量最大的区域，同时是国家粮食安全与农产品有效供给的命脉，更是山水林田湖草系统治理和乡村振兴战略的重要支撑。2016 年中共中央一号文件提出，推进农业供给侧结构性改革，走产出高效、产品安全、资源节约、环境友好的农业现代化道路，实现农业现代化灌区现代化要先行。2017 年中央一号文件明确提出建设现代化灌区，灌区现代化是实现水利现代化、农业现代化的关键环节，是实现党的二十大确定的到 2035 年基本实现农业现代化和社会主义现代化目标的具体措施。《中共中央 国务院关于实施乡村振兴战略的意见》(中发〔2018〕1 号)提出“加快灌区续建配套与现代化改造”。建设现代化灌区是实现农业农村现代化的重要组成部分，是贯彻落实新发展理念的必然要求，是推动灌区创新升级转型发展的有效途径，加快现代化灌区建设符合国家“四化同步”的发展战略。

灌区在当今农业和经济社会发展中起着至关重要的作用，它不仅是粮食安全的有力保障，也是农业现代化发展的主要基地。大中型灌区续建配套与节水改造，主要针对灌区工程标准低、配套不完善、老化失修严重、输配水能力不足及灌区管理体制机制不顺等问题开展，但存在规划任务目标落实不到位、无法适应水生态文明建设以及农业现代化的新要求等问题。随着我国经济社会的发展、综合国力的日益提升、现代农业进程的加快，在水环境提升、水资源管理以及生物多样性等多方面都对现代化灌区建设提出了更高的要求，急切需要遵循人与自然和谐、绿色发展的理念，利用先进技术与设备建设灌排工程，采用现代制度与先进手段增强管理能力，打造和社会发展相适应的基础设施完善、管理制度先进、生态环境和谐、安全保障长效、灌溉用水高效的现代化灌区。现代化灌区是支撑和保障现代农业的基础和条件，是符合新型农业生产方式的要求，是保障粮食安全和农产品有效供给的有效手段，也是节约水资源和保护生态环境的客观需要。现代化灌区是一个“人工-自然-社会”复合生态系统，在气候变化和人类活动影响下，灌区生态系统得到优化，功能得到保持和扩展，物质循环动态平衡无污染，资源节约高效产出，践行人与自然和谐发展，达到水资源高效利用和灌区可持续发展目标。现代化灌区是社会现代化和水利现代化的综合体现，通过广泛利用现代的科学技术，不断增强对环境的控制能力，不断适应国民经济和社会发展的需要，达到水资源高效利用和灌区可持续发展目标，从而全面地改造灌区人民的生存物质条件和精神条件的过程。

疏勒河干流灌区节水改造项目的实施，使疏勒河灌区的水利基础设施得到了极大的改善，水资源供给保障程度有了大幅度提高；灌区田间节水取得了一定成效，滴灌、管灌等高新高效节水技术在各国营农场得到了广泛应用；灌区信息化建设初步应用，80%以上的斗口计量设施实现了自动化计量测报，测控一体化闸门技术进行了试点推广；基层水利服务体系较为健全,建立了从源头到田间"地头"统一管理的水资源管理模式,疏勒河灌区水利基础服务为区域经济社会发展和生态文明建设提供了可靠支撑和保障。疏勒河灌区作为甘肃省最大的自流灌区,位于国家实施"一带一路"建设的重要节点,也是甘肃省农业基础条件良好、新能源产业和文化旅游业蓬勃发展的重要经济区,更是河西走廊西端的主要生态屏障区。灌区基础设施完善、运行管理规范、信息化建设和管理处于国内领先水平。但是,疏勒河灌区地处干旱内陆区,生态环境脆弱,水资源供需矛盾突出,水资源优化配置水平和灌溉用水效率较低,与建设现代化灌区的目标要求尚有差距。同时,随着乡村振兴战略的实施和时间的推移,农业现代化的进展越来越迅速,农业生产的集约化和机械化水平也在不断提升,这为建立现代化的灌溉系统带来了更多的挑战,同时更需要现代化的技术体系来支撑和保障灌区现代化和农业现代化发展。因此,开展疏勒河流域现代化灌区建设关键技术研究,探索适合干旱区灌区现代化建设的标准和模式,发挥示范引领作用,以灌区现代化服务于农业现代化,从而为建设经济发展、山川秀美、民族团结、社会和谐的幸福美好新甘肃,努力与全国同步建成小康社会作出新的贡献。基于此,本书在疏勒河信息化建设的基础上,开展流域现代化灌区信息化建设关键要素及架构研究、基于多要素耦合的现代化灌区水资源综合利用技术研究、流域现代化灌区标准化规范化管理技术研究和流域现代化灌区建设关键技术集成与示范研究,进一步完善水利设施、全面推进灌区节水、加强水利信息化建设,开展水生态文明建设、深化水利改革、提升灌区管理水平,努力实现"生态良好、设施完善、惠及民生、流域和谐、管理一流"的现代化灌区建设目标。

全书共分 7 章,撰写人员及撰写分工如下:第 1 章、第 2 章由孙栋元、惠磊撰写,第 3~7 章由孙栋元、惠磊、王金辉、张发荣、徐宝山撰写。全书由孙栋元、惠磊统稿。本书主要基于甘肃省重点研发计划项目"疏勒河流域现代化灌区建设关键技术研究"(21YF5NA015)的相关研究成果。

在本研究开展过程中,得到了甘肃省科学技术厅、甘肃省水利厅、甘肃省疏勒河流域水资源利用中心、甘肃农业大学等单位的大力支持和帮助,同时得到多位专家指导,在此,对支持和帮助本研究的专家、单位和同仁表示衷心的感谢。

由于作者水平有限,书中不足之处在所难免,恳请广大读者批评指正。

作　者

2024 年 4 月

目　录

第1章 绪 论

1.1 研究目的与意义

灌区是一个具有很强社会性质的半人工的开放式生态系统,拥有稳定可靠的供水水源和引水、输水、配水渠道和排水系统。灌区是我国农业规模化生产和重要的商品粮、棉、油基地,是我国农业、农村乃至经济社会发展的重大公益性基础设施,也是农业生产活动最为集中的区域和灌溉工程设施最为密集、农业用水保证程度最高、农业产出量最大的区域,同时是国家粮食安全与农产品有效供给的命脉也是城镇和工业以及生态环境供水的重要载体,更是山水林田湖草系统治理和乡村振兴战略的重要支撑。2016 年中共中央一号文件提出,推进农业供给侧结构性改革,走产出高效、产品安全、资源节约、环境友好的农业现代化道路,实现农业现代化灌区现代化要先行。2017 年中央一号文件明确提出建设现代化灌区,灌区现代化是实现水利现代化、农业现代化的关键环节,是实现二十大确定的到 2035 年基本实现农业现代化和社会主义现代化目标的具体措施。灌区作为国家粮食安全的重要支撑和农业发展基础,国家一直高度重视其发展,2018 年《中共中央 国务院关于实施乡村振兴战略的意见》提出"加快灌区续建配套与现代化改造"。建设现代化灌区是实现农业农村现代化的重要组成部分,是贯彻落实新发展理念的必然要求,是推动灌区创新升级转型发展的有效途径,加快现代化灌区建设符合国家"四化同步"的发展战略。水利部也多次提出要建设现代化灌区的构想,并在全国进行调研和顶层设计,根据水利部对现代化灌区的定义可概括为:用人与自然和谐的现代理念指导灌区建设,用先进技术、先进工艺、先进设备打造灌区工程设施,用现代科技引领灌区发展,用现代管理制度、良性管理机制完善灌区管理,建立公平、可靠、灵活的供水服务和有效的防灾减灾体系,提高灌区水资源利用效率和农业综合生产能力。总体上就是让灌区具有健全的防灾减灾能力、有效的灌排保障能力、完善的管理与服务体系、高效的水分生产率、优美的灌区生态环境。

灌区在当今农业和社会经济发展中起着至关重要的作用,它不仅是粮食安全的有力保障,也是农业现代化发展的主要基地。大中型灌区续建配套与节水改造,主要针对灌区工程标准低、配套不完善、老化失修严重、输配水能力不足及灌区管理体制机制不顺等问题开展,但存在规划任务目标落实不到位、无法适应水生态文明建设以及农业现代化的新要求等问题。随着我国经济社会的发展、综合国力的日益提升、现代农业进程的加快,在水环境提升、水资源管理以及生物多样性等多方面都对现代化灌区建设提出了更高的要求,急切需要遵循人与自然和谐、绿色发展的理念,利用先进技术与设备建设灌排工程,采用现代制度与先进手段增强管理能力,打造和社会发展相适应的基础设施完善、管理制度先进、生态环境和谐、安全保障长效、灌溉用水高效的现代化灌区。现代化灌区是支撑和保障现代农业的基础和条件,是符合新型农业生产方式的要求,是保障粮食安全和农产品有效供给的有效手段,也是节约水资源和保护生态环境的客观需要。

现代化灌区是一个"人工-自然-社会"复合生态系统,在气候变化和人类活动影响下,灌区生态系统得到优化,功能得到保持和扩展,物质平衡动态循环且无污染,资源节约高效产出,践行人与自然和谐发展,达到水资源高效利用和灌区可持续发展目标。建设现代化灌区,是一个复杂的长期过程,就是按照人水和谐、可持续发展的要求建立起来并实行管理的灌区,是建立和管理一个生态上自我维持、经济上可行的良好循环系统,即广泛应用先进科学技术建设和管理灌区,实现信息化管理,科学的保障体系,完好的灌排系统与供水能力,从而不断增强对环境动态发展的控制能力、调配能力,高效化管理能力,从而适应新时代发展需要。现代化灌区是社会现代化和水利现代化的综合体现,用来表示的是一个复杂的长期过程。通过广泛利用现代的科学技术,不断增强对环境的控制能力,不断适应国民经济和社会发展的需要,达到水资源高效利用和灌区可持续发展目标,从而全面地改造灌区人民的生存物质条件和精神条件的过程。而灌区信息化建设是实现目标的重要手段,信息化将提高灌区的决策水平和管理水平,使灌区为国民经济和社会发展提供可靠保障。一方面,灌区管理部门要向政府和相关行业提供大量的水利信息,包括旱情信息、水量水质信息和水工程信息等,为抗旱斗争和水资源综合管理服务。另一方面,灌区建设本身也离不开相关行业的信息支持,包括区域经济信息、生态环境信息、气候气象信息、地质灾害信息等。因此,加快灌区信息化建设,既是国民经济信息化的重要组成部分,也是灌区自身发展的迫切需要。要建设现代化灌区,必须要实现由传统水利向现代水利和可持续发展水利的重要转变即要从过去对水资源的开发、利用和治理转变为在水资源的开发、利用和治理的同时,更为注重对水资源的配置、节约和保护;要从过去重视水利工程建设,转变为在重视水利工程建设的同时,更为重视非工程措施的建设。现代化灌区是现代管理技术和现代化农业生产相结合的完美体现,从传统的农业生产、管理模式向现代化灌区的转变是一个缓慢的过程,为了加快其转变速度,推动灌区现代化建设的进程,必须注重信息技术的引入,提高对水利工程管理工作的信息化建设水平,有助于更加高效地管控水资源,提高对灌区的管控能力。另外,在现代化灌区的管理工作中,需要经常性地为政府和相关部门提供水利信息,及时做出旱情的预警工作,这也决定着现代化灌区管理部门必须具备对信息资源较高的整理、分析以及应用能力。加强信息化建设,不仅可以实现对水利信息的快速调取和传输,也能实现与环保、气象、地震局等相关部门的紧密配合,及时获取气象、生态、灾害等重要信息,提高灌区的预警能力。灌区管理信息化建设是水利信息化建设最重要的组成部分,也是灌区现代化的基础和标志,不但可以为灌区管理部门的水资源管理提供科学依据,而且可以提升灌区管理的水平和效率,使现代化灌区管理不断适应国民经济和社会发展的需求,实现水资源的高效利用和可持续发展。

疏勒河流域是甘肃省三大内陆河流域之一,干旱少雨,生态脆弱,疏勒河流域经济社会发展对水资源需求急剧增长,致使下游生态水量锐减,地下水位下降,月牙泉几近干涸,库姆塔格沙漠东侵,敦煌莫高窟受到风沙侵害,敦煌绿洲受到严重威胁,生态恶化直接影响到河西走廊乃至整个西北地区的生态安全。疏勒河流域农业用水占总用水量的90%以上,因此解决疏勒河流域水资源问题的关键在于农业用水的高效、精准利用。而流域水资源优化配置水平、灌溉用水效率、灌区管理者和决策者收集信息的时效性等方面的效率低下在一定程度上制约了该区域的水资源优化配置及其高效利用,因此进一步加快灌区的信息化和现代化建设对于全面提高流域水资源效能、促进水资源高效利用具有重要的意义。20 世纪 90 年代以来,通过河西走廊农业灌溉及移民安置综合开发,以及近年来疏勒河干流灌区节水改造项目实施,疏勒河灌区的水利基础设施得到了极大改善,水资源供给保障程度有了大幅度提高;灌区田间节水取得了一定成效,滴灌、管灌等高新高效节水技术在各国营农场得到了广泛应用;灌区信息化建设初步应用,80%以上的斗口计量设施实现了自动化计量测报,测控一体化闸门技术进行了试点推广;基层水利服务体系较为健全,建立了从源头到田间"地头"统一管理的水资源管理模式,疏勒河灌区水利基础服务为区域经济社会发展和生态文明建设提供了可靠支撑和保障。

十九大以来,疏勒河灌区水利工作遇到了新的发展机遇。2018 年 2 月,水利部印发了《加快推进新时代水利现代化的指导意见》(水规计〔2018〕39 号)(简称《意见》),围绕全面建设社会主义现代化国家的战略目标和重大任务,研究谋划加快推进新时代水利现代化的新目标、新任务、新举措。《水利改革发展"十三五"规划》中明确提出了"开展大中型灌区现代化改造试点"的相关部署,灌区的现代化建设已经成为国家经济社会发展和农业现代化建设的战略需求。党的二十大作出了"2020 年到 2035 年,在全面建成小康社会的基础上,再奋斗 15 年,基本实现社会主义现代化"的战略部署,提出了"深化供给侧结构性改革""实施乡村振兴战略"等发展举措。疏勒河灌区作为甘肃省最大的自流灌区,位于国家实施"一带一路"建设的重要节点,也是甘肃省农业基础条件良好、新能源产业和文化旅游业蓬勃发展的重要经济区,更是河西走廊西端的主要生态屏障区。灌区基础设施完善、运行管理规范、信息化建设和管理处于国内领先水平。但是,疏勒河灌区地处干旱内陆区,生态环境脆弱,水资源供需矛盾突出,水资源优化配置水平和灌溉用水效率较低,与建设现代化灌区的目标要求尚有差距。同时,随着乡村振兴战略的实施和时间的推移,农业现代化的进展越来越迅速,农业生产的集约化和机械化水平也在不断提升,这为建立现代化的灌溉系统带来了更多的挑战,同时更需要现代化的技术体系来支撑和保障灌区现代化和农业现代化发展。因此,开展疏勒河流域现代化灌区建设关键技术研究,探索适合干旱区灌区现代化建设的标准和模式,发挥示范引领作用,以灌区现代化服务于农业现代化,从而为建设经济发展、山川秀美、民族团结、社会和谐的幸福美好新甘肃作出新的贡献。

当前,疏勒河灌区水安全保障能力还有不少薄弱环节,灌排基础设施还有一些短板,灌区信息化建设尚不完善,水资源供需矛盾依然存在,水生态环境亟待改善,灌区服务和管理水平还需进一步提高。基于此,本书在疏勒河信息化建设的基础上,开展流域现代化灌区信息化建设关键要素及架构研究、基于多要素耦合的现代化灌区水资源综合利用技术研究、流域现代化灌区标准化规范化管理技术研究和流域现代化灌区建设关键技术集成与示范研究,进一步完善水利设施、全面推进灌区节水、加强水利信息化建设,开展水生态文明建设、深化水利改革、提升灌区管理水平,努力实现"生态良好、设施完善、惠及民生、流域和谐、管理一流"的现代化灌区建设目标。

1.2　现代化灌区建设的必要性

1.2.1　水利现代化发展的新要求

2018年2月,水利部印发的《加快推进新时代水利现代化的指导意见》,围绕全面建设社会主义现代化国家的战略目标和重大任务,对加快推进新时代水利现代化提出了新目标、新任务、新举措、新要求。

《加快推进新时代水利现代化的指导意见》提出,要全面贯彻落实党的十九大精神,以习近平新时代中国特色社会主义思想为指导,深入落实"节水优先、空间均衡、系统治理、两手发力"的治水新思路和水资源、水生态、水环境、水灾害统筹治理的新时代水利工作方针,以着力解决水利改革发展不平衡不充分问题为导向,以全面提升水安全保障能力为目标,以加快完善水利基础设施网络为重点,以大力推进水生态文明建设为着力点,以全面深化改革和推动科技进步为动力,加快构建与社会主义现代化进程相适应的水安全保障体系,不断推进水治理体系和治理能力现代化,为全面建成社会主义现代化强国提供有力的水利支撑和保障。

《加快推进新时代水利现代化的指导意见》根据党的十九大提出的新时代决胜全面建成小康社会、全面建设社会主义现代化强国的宏伟目标。新时期水利发展应立足当前、着眼长远,突出抓重点、补短板、强弱项、夯基础,并从如下8个方面提出了加快推进新时代水利现代化重要举措。

(1)大力实施国家节水行动,加快健全节水制度体系,建立健全节水激励机制,大力推进重点领域节水,加快节水载体建设,全面建设节水型社会。

(2)加快推进水利基础设施现代化,以重大水利工程和民生水利建设为着力点,完善大中小微相结合的水利工程体系,推动水利设施提质升级,构建系统完善、安全可靠的现代水利基础设施网络。

(3)强化乡村振兴战略水利保障,按照产业兴旺、生态宜居、乡风文明、治理有效、生活富裕的总要求,着力解决好乡村水问题,为农业农村发展提供水利基础保障。

(4)大力推进水生态文明建设,坚持节约优先、保护优先、自然恢复为主,加大河湖保护和监管力度,推进河流湖泊休养生息,实施水生态保护和修复重大工程,建设和谐优美的水环境。

(5)全面深化水利改革,推进水利体制机制创新,加快构建系统完备、科学规范、运行有效的水治理体系。

(6)提升水利管理现代化水平,强化依法治水管水,创新水利工程管理方式,加强基层水利行业能力建设,加快推进水利管理现代化。

(7)大力推进水利科技创新,瞄准世界科技前沿,强化水利先进技术和产品研发,加强水利基础研究,加强水利创新人才队伍建设,大幅提高水利科技创新实力。

(8)全方位推进智慧水利建设,建设全要素动态感知的水利监测体系、高速泛在的水利信息网络、高度集成的水利大数据中心,大幅提升水利信息化、智能化水平。

1.2.2　农业农村现代化发展的新形势

党的十九大提出了实施乡村振兴战略,并将其列为决胜全面建成小康社会需要坚定实施的七大战略之一,强调"坚持农业农村优先发展,按照产业兴旺、生态宜居、乡风文明、治理有效、生活富裕的总要求,建立健全城乡融合发展体制机制和政策体系,加快推进农业农村现代化"。党的二十大提出了全面推进乡村振兴战略,加快建设农业强国,扎实推动乡村产业、人才、文化、生态、组织振兴。全方位夯实粮食安全根基,全面落实粮食安全党政同责,牢牢守住十八亿亩耕地红线,逐步把永久基本农田全部建成高标准农田,深入实施种业振兴行动,强化农业科技和装备支撑,健全种粮农民收益保障机制和主产区利益补偿机制,确保中国人的饭碗牢牢端在自己手中。

以水利推动区域农业发展,灌区现代化全面服务于现代化农业,使灌区现代化成为推进农业现代化的强大动力,建设现代化灌溉农业,支撑区域农业需求结构、供给模式、资源配置、经营方式和调控行为的变化。发展区域设施、观光、休闲农业,全面提升灌区农业生产方式,实现灌区农业提质增效,为解决"三农"问题创造基础条件。通过灌区现代化的发展,带动区域农业现代化发展,逐步实现农民致富、农村稳定的目的。

1.2.2.1　农村"三变"改革

坚持农村土地集体所有,实现所有权、承包权、经营权三权分置。在坚持农村土地集体所有权、稳定农户承包权的基础上,稳定农民资产,放活土地经营权,引导经营权有序流转、发展农业适度规模经营,提高农业产出率。随着现代农业发展改革形势的变化,小规模经营的局限性凸显,不利于应用先进科技成果、接受金融服务、提高农产品质量安全水平、提高市场竞争力和经济效益,土地经营权流转是农业适度规模经营的重要方式。通过土地经营权流转,实施农村"三变"(资源变资产、资金变股金、农民变股东)改革,可以实现农业规模化经营,使农村闲置的资源活起来、分散的资金聚起来、增收的产业强起来,实现农民增收。

遵循因地制宜,结合疏勒河灌区自身特点,"依据中共酒泉市委、酒泉市人民政府印发的《关于推进农村资源变资产资金变股金农民变股东改革的实施意见》的通知",要求通过"三变"改革,一是让更多的农村资源增值。盘活资源配置,激活发展要素,促进资源向资产转化,提升资源经济价值,增加村集体和农民财产性收入,实现百姓富与生态美的有机统一。二是让更多农业产业转型升级。统筹资金项目,搭建股权平台,引导农户将承包地经营权入股到企业、合作社、家庭农场等经营主体,创新农业规模经营体制机制,培育一批种养、加工、冷链、仓储、物流等农业龙头企业和特色农产品,促进第一、二、三产业融合发展。三是让更多农民增收。着力打造"股份农民",增加股权收益,拓宽增收渠道,最大限度释放改革的综合效应和红利,增强农民在改革中的获得感。四是让更多贫困户富裕。把产业扶贫作为主攻方向,把贫困群众与经营主体有机连接起来,确保户户有增收项目、人人有脱贫门路,提高产业扶贫效益和资产效益,增强脱贫攻坚的内生动力。五是让更多农村集体经济增长。深化农村集体产权制度改革,增加集体收入,壮大集体经济,优化乡村治理,到 2020 年,全面实现全市每个农村都有农村集体经济经营收入、运营管理机制健全规范的目标任务,进一步夯实党在农村执政的经济基础,增强基层党组织的凝聚力、战斗力和号召力。通过"三变"改革,让土地经营权真正活起来,为现代农业发展增添动力。

1.2.2.2 新时期农业现代化发展要求

1.新时期农业发展方向及思路

在党的十九大报告中,就“三农”工作提出很多新概念、新表述,今后一个时期现代化农业发展工作要全面落实党的十九大精神,认真学习贯彻习近平新时代中国特色社会主义思想,坚持稳中求进总基调,践行新发展理念,按照高质量发展的要求,以实施乡村振兴战略为总抓手,以推进农业供给侧结构性改革为主线,以优化农业产能和增加农民收入为目标,坚持质量兴农、绿色兴农、效益优先,加快转变农业生产方式,推进改革创新、科技创新、工作创新,大力构建现代农业产业体系、生产体系、经营体系,大力发展新主体、新产业、新业态,大力推进质量变革、效率变革、动力变革,加快农业农村现代化步伐,朝着决胜全面建成小康社会的目标继续前进。

强调实现工作导向的重大转变和工作重心的重大调整,加快推进农业由增产导向转向提质导向,加快推进农业转型升级。要坚持质量第一,推进质量兴农、品牌强农,大力推进农业标准化,把优质产出来;切实加强执法监管,把安全管出来;实施品牌提升行动,把品牌树起来;强化现代要素集成运用,让产业强起来。要坚持效益优先,促进农业竞争力提升和农民收入增长,向降低生产成本、适度规模经营、一二三产业融合、拓展农业功能要效益,大力推进农业产业扶贫。要坚持绿色导向,提高农业可持续发展水平,持续推进农业投入品减量,加快推进农业废弃物资源化利用,加强农业资源养护。要坚持市场导向,着力调整优化农业结构,坚定不移调整种养结构,加强农产品市场体系建设,推进信息化与农业融合发展,加强农业对外合作。要坚持改革创新,加快培育农业农村发展新动能,扎实抓好农村改革各项任务落实,加快创新农业经营体系,大力推进农业科技创新与体制改革,创新完善农业支持保护制度。

党的二十大明确全面推进乡村振兴战略,全面建设社会主义现代化国家,最艰巨最繁重的任务仍然在农村。坚持农业农村优先发展,坚持城乡融合发展,畅通城乡要素流动。树立大食物观,发展设施农业,构建多元化食物供给体系。发展乡村特色产业,拓宽农民增收致富渠道。巩固拓展脱贫攻坚成果,增强脱贫地区和脱贫群众内生发展动力。统筹乡村基础设施和公共服务布局,建设宜居宜业的和美乡村。巩固和完善农村基本经营制度,发展新型农村集体经济,发展新型农业经营主体和社会化服务,发展农业适度规模经营。深化农村土地制度改革,赋予农民更加充分的财产权益。保障进城落户农民的合法土地权益,鼓励依法自愿有偿转让。完善农业支持保护制度,健全农村金融服务体系。

2.农业发展对现代化的要求

随着我国经济进入新常态、改革进入深水区、经济社会发展进入新阶段,农业发展的内外环境正在发生着深刻变化,加快建设现代农业的要求更为迫切。只有主动适应新常态,大力发展现代农业,农业农村经济才能实现持续健康发展。当前,我国农业发展面临诸多问题,且很多矛盾依然存在。为适应新时期现代农业发展要求,使农业经济持续健康发展,改善农业经营矛盾,现代农业发展应满足如下几点要求:

一是实现规模化经营。这是当前我国农业发展的核心,也是难点。无论是种植业还是养殖业,规模化生产都将成为未来发展的主流。当下我国的土地流转政策旨在鼓励适度规模经营,然而这一进度还是不如预期,阻力依然较大,主要在于长年来农民形成的小农思想,以及规模化所需要厚实的资金。而从适度规模走向大规模、大农业,还需要更长更久的时间。

二是良好的融资渠道。农业农村的发展一直处于资金难求的困境中,农业融资难已不是一时出现的困难。主要是因为农业的回报周期长,而且多数是小额资金交易,很多传统金融业都不愿做,再加上农业风险高,更是让市场资金对农业退避三舍。而当前农业的发展最需要的恰巧是资金支持。以规模化为核心的现代农业发展给农民提出了新的发展要求,例如大型农机、设施设备的投入等,在人力成本上升的同时,机器设备成为未来发展的主力,而这些在长周期的农业上回报缓慢,农民一时腾不出资金。

三是实现机器换人。城镇化、人口老龄化等一系列因素让农村劳动力成本不断攀升,请不起人、请不到人成为农村农忙时节的困难。目前,我国农业机械化发展迅速,但与发达国家农业相比还存在差距,首先是大型农机没普及,其次是没有实现智能化。

四是培养高素质农民。人才是发展的关键,要鼓励高素质的劳动者到农村创业,同时培训和培养未来的职业农民。让高素质人才到农村来投资农业、经营现代农业,推进新型农业产业化发展。

五是实现农业信息化。全国农业一盘棋,是一体的也是多元的,要在广大地区和不同产业内,形成共通的信息流通渠道,指导农民科学种植,根据不同的区域和种植模式调整种植结构。对此,农业大数据在未来或可发挥重大作用。

六是实现可持续发展和绿色农业。随着我国人民生活水平的提升,人民对食物的要求不再是“饱”,而是“好”,是健康。但我国的绿色农产品依然不多,发展空间也很大。而农业供给侧结构性改革的目标之一,也是增强这种“绿色”的有效供给。而绿色的农产品需要更加绿色的生产方式,农药、化肥等一些农资的用量要减少,同时保护农业生产环境,包括水质、地力等,让农业发展走上绿色可持续之道。

七是农业保险全覆盖。农业保险是国家扶持农业发展的重要方式和手段,可以替代部分农业补贴的功能,保护农业生产,尤其是在我国农业经济基础如此薄弱的情况下,农业保险显得更为重要。然而当前我国农业保险体制还不完善,与发达国家相比存在农业保险覆盖范围不全、参保农民不多等有待突破的问题。要将农业保险厚植于农业农村,还需要上下解放思想,开拓创新。

八是牵手现代新兴产业。现代农业已不能局限于农业本身,而要通过延长产业链,与加工业、旅游业等第二、三产业相结合,引入互联网思维,以新视角新方法拓宽发展渠道,打通与其他行业之间的壁垒,让更多资金与资源流入,盘活整个产业。

1.2.2.3　疏勒河灌区农业发展方向

1. 农业种植结构调整方向

根据各县市农业发展规划,结合灌区现代化改造,按灌区的水土资源、区域优势、现状种植、交通、市场、旅游等方向,提出按灌区区分的农业发展布局。昌马灌区,需压粮扩经,优化种植结构,构建适宜于当地经济社会发展、气候、水资源等条件的农业种植体系。双塔灌区,在继续保持特色蜜瓜的基础上,适当减少棉花的种植面积,加大枸杞、葡萄等特色种植面积;结合县城周边的便利交通,发展农业体验区,打造区域旅游农业。花海灌区,在赤金峡水库下游区域,通过统一规划设计、统一专业建设、统一生产服务、统一管理销售的办法,集中连片建设日光温室、塑料温室大棚,以及高品质的水果、特色蔬菜为主,结合赤金峡的漂流旅游活动,打造观光、旅游、采摘农业。

2. 农业生产的规模化、集约化、科技化

1) 规模化

在农业生产方式走向质变的今天,农业的适度规模化经营已经成为势不可挡的趋势。放活土地经营权,通过流转实现规模化生产经营,以家庭农场、农民合作社等为新型主体的经营单元,通过土地流转,实现规模化生产经营,为农业发展带来了新的活力。这种改变也将使农村生产方式出现新面貌。一方面,适度规模化经营节省出来的人力可以进行和农业相关的设计、服务、创意等产业,提升产业附加值;另一方面,经营土地的整合,有助于农业标准化生产的逐步推行,进一步提升农产品的质量和竞争力。

2) 集约化

灌区现状由于农田地块零碎分散,机械化水平、土地生产率和劳动生产率低。农民农产品的收入除受自然灾害的影响外,还会受到外界市场的影响。有时候农民盲目跟风种植,没有看到或考虑市场供求因素,种植风险大,价格波动大,造成丰产不丰收。农业集约经营的目的是从单位面积的土地上获得更多的农产品,不断提高土地生产率和劳动生产率,由粗放经营向集约经营转化,提高农产品承担风险能力。集约农业是农业中的一种经营方式,通过采取先进的农业技术措施来增加农产品产量,其主要优点:一是将分散土地集中,提高资源利用率,实现规模经营,降低生产成本;二是遵循经济原则,以市场需求为导向,依靠科学进步,优化生产力要素组合,提高市场抗风险能力;三是可实现统一规划,通过市场信息的收集与反馈,引进、利用先进技术,建设农村现代流通体系,提高农民收入,增强农民的积极性;四是可使农民权益(承包权)资产化、证券化,使农民既拥有土地收益,又摆脱土地束缚,从而促进农村土地流转速度。

3) 科技化

农业发展在遵循科研规律的基础上,结合疏勒河灌区实际与特色,突出产业特点,探索符合区域农业生产实际的科技进步之路,实现科技助推农业发展。加强农业科技创新平台建设,积极培育新的科研增长点,构建以专业研究机构和高校为依托的农业科技开发体系及适应市场经济体制的新型农业推广和中介服务体系,建立和完善农业科技管理体制及运行机制等,以期推动农业科技创新,为现代农业建设提供强有力的科技支撑。

3. 大力发展特色农业

1) 设施农业

建设新型节能日光温室、拱形大棚等现代设施农业,并配套现代物联网、水肥一体化设备及管灌、滴灌等高效节水设施。通过对现代设施农业和传统农业种植过程的对比,充分地认识和了解现代农业的种植方式,了解新型科技农业与未来农业的发展。

2) 观光、休闲农业

以旅游度假为宗旨,以村庄野外为空间,以人文无干扰、生态无破坏、游居和郊野行为特色的村野旅游形式,是城乡统筹发展的重要模式,互为契机又相互拉动。立足规划区农业农村发展实际,依托昌马水库、双塔水库、赤金峡水库的优越条件,着力打造乡村旅游综合体。

3）订单农业

订单农业是近年来出现的一种新型农业生产经营模式，农户根据其本身或其所在的乡村组织同农产品的购买者之间所签订的订单，组织安排农产品生产的一种农业产销模式。订单农业很好地适应了市场需要，避免了盲目生产。

1.2.3 新形势下灌区发展存在的主要问题

1.2.3.1 灌区水利基础设施仍存在一定短板

灌区基础设施完善程度和标准尚不满足灌区日益增长的需求，主要体现在以下几点：

一是水库淤积严重，调蓄能力降低。灌区有昌马、双塔两个大型水库，但随着农民的自主权和市场化程度的提高，灌区的种植结构趋于单一，经济作物集中种植比例越来越高，双塔灌区棉花、蜜瓜种植面积达90%以上，致使灌水时段过于集中，加之双塔水库淤积严重，调蓄库容减小，水库调蓄能力不足，高峰时段用水矛盾突出。

二是灌区渠道尚不完善，输水效率偏低。昌马灌区、双塔灌区的骨干工程经过改造，输水效率有了很大程度的提高，但仍有部分不完善；花海灌区近几年节水改造项目少，骨干渠系及建筑物较为破损，输水效率偏低。

三是防洪设施不完善，防洪减灾能力低。灌区部分渠道防洪设施不完善，特别是平行等高线的疏花干渠、昌马西干渠等，渠道横穿昌马洪积扇，渠道易受洪积扇坡面洪水的破坏，每年均需投入资金进行防洪和维修。

四是灌区排水系统不完善。灌区的排水运行系统，管理、维修投入少，造成排水沟排水效果不明显；盐碱地治理缺乏有效的投入机制，区域和流域对田间的管理没有有效结合。

五是田间路网不完善，不满足管理要求。部分渠道旁无交通道路，田间路网不完善、标准低，不满足现代生产管理要求。

六是随着田间节水的进一步加强，灌区渠道旁防风林网缺少合理的灌水工程。由于灌区降水稀少且地下水埋深较大，主要依赖于渠道里的灌溉水生长的防风林带，受渠道改造和田间节水的影响较大，需要有专门的供水设施和水量分配保障。

1.2.3.2 水利对农业现代化支撑保障程度较低

良好的灌排基础设施条件，是抵御自然灾害、大幅度降低农业成本、提高农业生产效率的必要条件。近些年，疏勒河3个子灌区农田水利基础设施发展虽然取得了很大成效，但与发展现代化农业和保障农民增收的要求相比，还存在不小差距，灌排设施不足、不配套、老化失修、标准不高等问题依然存在，农田水利建设滞后仍是制约疏勒河灌区现代农业发展的主要因素。

一是灌区内农田水利“最后一公里”尚未解决。现代农业发展必须以现代水利为支撑，农业现代化必须以水利基础设施建设为重点，现状灌区水利基础设施建设分散，抵御自然灾害能力较弱。灌区现代农业发展必须紧紧围绕农业增效、农民增收、农村发展目标，抢抓机遇，大力提升发展灌区水利基础设施，着力破解农田水利“最后一公里”难题，为灌区农业现代化发展积累经验，探索发展路径。

二是土地规模化生产程度低，高效、高新科技成果推进缓慢。当前灌区农村分散经营的小农生产不适应新常态下农业发展。灌区现状土地分散,利用效率低下,农民种植和养殖的规模化、集约化和产业化程度不高,导致农业生产效率低、成本高,农民在生产经营中较为被动。灌区现状以农户小规模经营为主,不利于应用先进科技成果,农产品质量安全水平低、市场竞争力和经济效益低,高效、高新科技成果推进缓慢。

三是灌区配套不完善,标准不统一。疏勒河灌区兴建年代久远,经历各时期的发展与改建,各时期设计改建标准存在很大差异,灌区配套标准参差不齐,差异较大。随着新时期治水思路及发展需求,对灌区基础设施建设提出新要求。因此,在灌区配套设施建设,尤其是巡渠道路、防风林、防护网等渠道配套工程建设上亟待加强,提高灌区安全运行、加强灌区维护管理。

1.2.3.3　信息化建设与灌区现代化建设的要求仍有差距

一是灌区的自动化控制系统不完善、标准不统一,需要完善和更新。灌区的信息化建设从试行到逐步推广,实验性地采用了多种采集、传输方式。灌区内干、支、斗口仍有大量闸门没有实现自动开启,没有与用水需求、调度联动,部分实现了远程监视,但没有实现灵活的自动开启、远程控制等智能化运行。现有的疏勒河流域灌区信息化系统无论是在灌区水资源信息的采集种类、调控手段、监测与监控范围、信息传输网络方面,还是在水资源的优化调度模型、水资源配置管理和流域水资源经济社会生态效益评价方面,都与灌区现代化的要求存在较大的差距。同时,由于近年来信息化技术的发展,原有的软、硬件已显落后,大部分硬件设备已老化,不能满足灌区发展智慧水利的要求。

二是基层管理单位的设施陈旧、设备老化落后。灌区的部分管理设施、管理房屋老化陈旧,基层管理人员生活用水困难,生产和生活设施配置标准低;灌区内交通不完善,交通不便;有安全隐患的渠道没有对应的防护和警示设施,通过村庄或人员集中的部位,极易发生坠渠等事故。

三是基层水利管理机制、体制创新不够,管理理念需要提升。灌区管理实行分级管理,沿用已有的传统管理体制和机制,按权限各管一部分,目前的基层管理对于农民的需求,只有用水者协会这一条途径,在水权分配到用水户后,实际的用水者了解、参与管理的机会太少。随着灌区现代农业的逐步发展,用水需要有所提升,对灌区的管理体制和管理理念提出了新的要求,特别是管理理念需要大幅度提升。

四是农业科技人才不足。乡镇农技推广队伍人员少、管理缺位、青黄不接,难以承担新品种试验、示范和新技术、新成果的推广与应用。农民专业合作组织带动能力弱,无法为农业转方式、调整结构提供全程服务,影响现代农业发展。

灌区通过信息化改造,已实现了部分区域信息化控制,但无法满足灌区社会发展的需求,还应通过信息化建设,完善渠系及建筑物、田间系统的信息化配套建设,实现水利信息化管理的目标。

1.2.3.4　流域生态环境脆弱的问题仍然存在

党的二十大吹响了推进建设美丽中国的号角,党的二十大报告描绘了中国特色社会主义新时代的发展蓝图,生态文明建设和环境保护是其重要内容。新时期灌区生态文明建设应以党的二十大生态文明建设和环境保护要求为行动指南。党的二十大报告对生态文明建设和环境保护,提出了一系列新思想、新要求、新目标和新部署。疏勒河灌区一直以传统水利的模式发展,灌区生态建设没有明确的目标,生态文明建设现状与新时期美丽中国建设的要求还存在一定差距。一是灌区防护林网灌水保障程度低。灌区内部的防护林网是灌区的重要组成部分,对灌区的防风安全起着重要的作用,灌区林网在渠道改造过程中,有部分的损耗,原来靠汲取渠道渗漏水和地下水维持生长,在渠道硬化衬砌后,生长水源减少,林网没有专门的供水设施,对林网的生长造成一些影响。二是疏勒河项目开发的灌区植被绿化率低,灌区林网不完善。疏勒河项目中有7.5万人的移民安置,项目中移民发展的灌区,田林配套不完善,特别是林网面积比例小,灌区的生态环境差。三是疏勒河流域风沙大,沙地、活动沙丘广泛分布,沙尘暴天气频发,沙化污染严重。四是灌区内环境卫生较差,影响灌溉供水。灌区内大部分农村生活垃圾任意堆放,灌溉渠旁垃圾较多,堵塞灌溉渠道,污染灌溉水源,影响灌区整体生态环境。五是灌区外生态用水需求量大,供水要求较高。灌区外的生态供水区域,生态需求量较大,需要灌区通过节水、合理调度满足生态水量要求。在新时代新要求下,我们要抓重点、补短板、强弱项,着力打好水、气、土三大污染防治攻坚战,解决人民群众关心的突出环境问题,持续提高环境质量,推进灌区绿色发展。

1.2.3.5 灌区管理和服务水平有待进一步提升

一是水流产权改革需加大力度推进。2017年9月,水利部、国土资源部、省政府联合批复了《甘肃省疏勒河流域水流产权确权试点实施方案》(水规计〔2017〕297号),确权试点范围包括疏勒河流域的玉门市、瓜州县,通过开展水域、岸线等水生态空间确权和水资源确权,划定水域、岸线等水生态空间范围,分清水资源所有权、使用权及使用量,明晰水流产权的所有权人职责和权益、使用权的归属关系和权利义务,加强水流产权监管,出台水流产权确权相关制度和方法,逐步建立健全"归属清晰、权责明确、流转顺畅、保护严格、监管有效"的水流产权体系。明确试点工作由酒泉市人民政府牵头,会同疏勒河流域水资源管理局及玉门市、瓜州县政府共同实施。甘肃省疏勒河流域水资源管理局配合酒泉市开展疏勒河干流水域、岸线等水生态空间确权相关工作以及水资源确权后监督管理的有关工作。要求水域、岸线等生态空间确权工作分别于2018年3月、6月及12月底完成,确定推进的任务重,需要加大力度推进。

二是水权交易制度亟待健全完善。疏勒河干流灌区农业及生态用水地表水水资源使用权确权水量已经酒泉市人民政府《关于〈瓜州县疏勒河流域水权分配方案备案的报告〉的批复》(酒政发〔2016〕198号)和《关于〈玉门市疏勒河流域水权分配方案备案的请示〉的批复》(酒政发〔2016〕199号)批复,按照政府下达的用水总量控制指标和确权水量,疏勒河灌区需要做好灌区供水保障和服务工作。目前,水权确权尚未完全完成,水权交易制度体系亟待健全和完善。

三是水价改革正在进行中,没有发挥水价机制在水资源配置中的作用。深化农业水价改革,是全面贯彻落实党的十八届三中全会精神、发挥水价机制在水资源配置中的作用、促进产业结构调整、促进经济发展、促进节约用水、发展节水型农业的必然选择,也是保障疏勒河流域农业、生态、工业、生活用水需求的客观要求,疏勒河灌区急需适时调整水价,推行分类计价、超额累进加价、季节水价、浮动水价等水价制度,促进节约用水,强化水费的计收和使用管理,改进供水计量手段,加快水权制度改革,促进水资源的合理利用和优化配置。

四是流域水资源管理需要加强。目前,疏勒河流域地表水资源实现了从源头到灌区田间的统一管理,对水资源的合理利用、有效配置起到很好的效果,但流域地下水以行政管理为主,对地下水的开采、利用没有统一的规划,流域管理机构需要加大地下水的管理力度。

1.2.4 灌区现代化建设的必要性

没有农业农村的现代化,就没有国家的现代化,水利是农业的命脉,水利现代化是农业现代化的基础和保障,现代化灌区是水利现代化的基本体现,建设现代化灌区已经成为国家经济社会发展和农业现代化建设的战略需求。

1.2.4.1 灌区是重要的移民安置区域和甘肃省粮食基地

甘肃河西地区一直是甘肃省移民安置的主要区域。历史上曾因屯垦戍边和躲避战乱一直有中原地区移民的记载,中华人民共和国成立后依托疏勒河灌区的水土资源,特别是世界银行移民开发项目,通过建设水利灌溉工程开发土地,安置省内的贫困人口。疏勒河灌区成为大批贫困移民的第二故乡,良好的水利工程、良好的管理、良好的移民政策,使大批的移民走上了脱贫、致富的道路。疏勒河灌区对甘肃省的异地移民扶贫搬迁起到了示范作用,作出了很大贡献。灌区一直以来都是全省的商品粮基地,传统农业相对发达,第一产业在国民经济中的占比较高,农民人均纯收入高于全省平均水平,农业一直是灌区的主导产业,也是甘肃省粮食稳产增产的重要基地之一。

疏勒河灌区作为甘肃省最大的自流灌区,位于国家实施“一带一路”建设的重要节点,也是甘肃省传统农业基础条件较好的主要经济区,更是河西走廊西端的重要生态屏障区。但是,与经济社会发展要求和各方面需求相比,疏勒河灌区的水安全保障能力还存在不小差距,防洪减灾体系仍有不少薄弱环节,灌区水利基础设施还有一些短板,灌区信息化建设尚不完善,水资源供需矛盾依然存在,水生态环境十分脆弱,农业产业发展的质量还不高,灌区管理和服务能力仍有不足。

1.2.4.2 灌区是西部的重要生态屏障

疏勒河灌区区域生态环境的维系主要靠疏勒河的水源补给。灌区内部的生态林网,对于减少当地风沙、改善环境气候起着重要的作用,灌区内部林网全部靠疏勒河水灌溉。疏勒河水滋润了古疏勒河河道两岸的大片区域,下游河道两岸胡杨林、红柳丛生,不同的季节有不同的风景,是干旱区独特的旅游区。国家西湖自然保护区,也是古疏勒河的尾闾生态区域,也需要疏勒河水量的补给,20 世纪 80 年代,国家将疏勒河尾闾划为国家级的自然保护区,保护区对于稳定敦煌绿洲起着重要的作用;在《敦煌水资源合理利用与生态保护综合规划》中,将该自然保护区作为重要的生态目标,提出了水量补给要求,除疏勒河的支流党河下泄的生态水外,疏勒河干流,也要通过节水,下泄一定的生态水量,满足自然保护区域的生态需水;按规划,在双塔水库断面,需要下泄 7 800 万 m^3 水量,沿疏勒河到达西湖自然保护区。疏勒河的水量是西湖自然保护区生态水源的组成部分。疏勒河是玉门以西的大片区域生态用水的主要供给源。

1.2.4.3　灌区是"一带一路"的重要区域

甘肃历史厚重、文化灿烂,区位独特、资源富集,作为古丝绸之路的战略通道和商埠重地,曾对东西方合作交流起到重要作用。我国提出"一带一路"国际合作,不仅为丝路沿线合作伙伴共建共享打开了全新视野,也使甘肃成为中国向西开放的前沿阵地。甘肃是华夏文明的重要发祥地,历史遗产、经典文化、民族民俗文化、旅游观光文化等四类资源位列全国第五。甘肃规划借助"一带一路"发展机遇,挖掘潜力,奋起直追,从门票经济向产业经济、从粗放低效向精细高效、从封闭循环向开放融合、从单打独享向共建共享、从部门行为向党政统筹推进转变。推进区域内资源、产品、业态和产业融合发展,构筑共建共享、相融相促的发展新格局。疏勒河灌区是国家"一带一路"倡议的节点地域,"一带一路"将使灌区迎来新的发展机遇,对于推进灌区现代农业的发展,打造绿色、健康、生态、可持续发展的疏勒河现代化灌区,提供良好的发展机遇。

1.2.4.4　灌区是美丽宜居乡村建设和生态文明建设的基础支撑

《全国主体功能区规划》确定了国家城镇化战略格局,《国家新型城镇化规划(2014—2020年)》明确提出,培育发展中西部地区城市群,同时要以严格保护生态环境为基础,保护耕地特别是基本农田,严格保护水资源,严格控制城市边界无序扩张,严格控制污染物排放,切实加强生态保护和环境治理,彻底改变粗放低效的发展模式,确保流域生态安全和粮食生产安全。这些要求为疏勒河灌区发展提供了良好的外部环境,也为灌区生态文明建设提供了支撑和保障。2017年中央一号文件提出深入开展农村人居环境治理和美丽宜居乡村建设,培育宜居宜业特色村镇,也提出大力发展乡村休闲旅游产业,利用"旅游+""生态+"等模式,推进农业、林业与旅游、教育、文化、康养等产业深度融合,打造各类主题乡村旅游目的地和精品线路。疏勒河灌区可充分延伸丝绸之路的历史文化和生态文化内涵,打造特色乡村旅游路线、丝绸之路重镇等,借以不断改善农村生活生产条件,灌区需要从水利服务上支撑乡村生态文明建设。

综上所述,以现代化灌区来支撑和保障农业现代化,从而为建设经济发展、山川秀美、民族团结、社会和谐的幸福美好新甘肃,努力与全国同步建成小康社会、开启建设社会主义现代化建设的新征程作出积极贡献。疏勒河灌区开展现代化建设是十分必要的。

1.3　国内外研究现状

1.3.1　国内研究现状

我国灌区信息化建设起步较晚,2002年以来,水利部启动了26个大型灌区的信息化试点建设,全国各灌区开展了不同程度的信息化建设,经过十余年的初步建设,在灌区运行安全、降低运行成本、节约灌溉用水、提高管理水平等方面取得了明显效益。灌区信息化建设被认为是水利信息化建设最重要的组成部分,同时是灌区现代化的基础和标志,使水资源合理调度得到及时、准确的分析和预测,为灌区管理部门进行水资源管理提供科学依据,达到提升灌区管理的水平和管理效率的目的,水利信息采集系统是信息化管理系统基础信息的重要来源,也是水利信息化综合系统发挥作用的必要条件。谢芳等基于 WebGIS 技术开发南阳灌区水资源管理系统,建立了灌区水情信息基本站点,完善了传输方式,管理上基本实现了计算机对基础水雨情信息的采集、处理和预报功能,但也反映了软件标准化、通用化程度低及维护成本高等问题。张庆秋等通过对灌区数据在网络信息平台上的集成问题进行研究,为实现灌区信息共享提供借鉴。李德幸等研究实现了 WebGIS 平台和 JAVA 技术在水利信息系统中的应用,设计的灌区水资源实时优化调配,实现了优化配水及可修正的灌溉决策。裘劲松等为了有效地采集太湖蓝藻的信息,将卫星遥感、GIS、浮台水质监测和 3G 图像传输等技术进行了充分结合,大大提高了采集信息的准确性和实时性。夏辉宇应用环境减灾卫星数据完成了黄河凌汛的实时监测工作,在此过程中国产遥感数据及时、可靠等优势得到了良好的发挥,为水利防凌工作作出了重大贡献。方晶等通过多功能航标在水文信息采集中的应用,不但及时地得到了航道中的水文、水情信息,还解决了数据传输共享性差、效率低、安全以及信息储存等问题。李晓辉等在灌区信息系统研究中为了使灌区信息能够共享和协同服务,利用 GIS 技术将灌区内的水资源信息进行统一管理,同时使系统异构和信息孤岛得以消除屏蔽。张汉松等采用虚拟和联邦数据技术,使数据库群构成一个有机的整体,使数据信息能够进行查询、分析、统计,最终使网格 GIS 能够为大型灌区的水资源信息化管理提供技术支持。李智慧利用粒子群算法,实现了供水量最大,缺水量、弃水量最少等供水与调水的耦合运行。田宏武等研究物联网在灌溉管理中的应用,使得灌溉管理从农艺、工程、管理等各个独立体系向相互融合转变,实现灌溉节水从管理、分配到使用的各个环节的纵向贯穿。许维明等利用遥测设备进行水文、气象信息数据的实时采集,然后通过通信设备将信息传输到中心站,利用相关软件对信息进行储存、处理,最终实现信息的自动化采集、传输、处理,为水资源合理调度配置提供有效的实时信息。马宏伟利用数字孪生系统通过先进的信息采集技术,能够动态地反映水库大坝及灌区系统的各种情况,利用动态图形来描述复杂的水质、水情以及大坝与灌区安全监测的动态变化过程,实现多种信息的采集和集中传输。

针对现代化灌区或者灌区现代化研究方面,不同学者开展了不同方面相关研究。韩振中分析了大型灌区现状、存在问题及现代化建设的必要性,结合我国大型灌区实际情况对大型灌区现代化发展提出了对策。梁灿忠给出了现代化灌区的概念,现代化灌区是广泛应用先进科学技术建设和管理灌区,从而不断增强对环境的控制能力,适应国民经济和社会发展,达到水资源高效利用和灌区可持续发展目标的过程。楼豫红等根据都江堰灌区水利现代化示范建设的实践,提出了都江堰灌区水利现代化建设的总体框架和目标。陈金水等从信息化建设方面提出灌区现代化的发展与顶层设计要结合灌区的实际情况,做到实用、有效和可靠,深入研究关键技术。李江安等对高邮灌区如何建设现代化节水生态型大型灌区,更好地适应南水北调通水运行的要求,以及其建设发展的模式和发展方向作了初步探讨。谢崇宝等提出灌溉现代化的定义、基本特征和评价标准,构建了灌溉现代化水管理技术模式。王修贵根据灌区发展的现状与社会经济发展的要求,提出现代化灌区的特征以及建设的重点内容。罗琳从农业现代化出发,分析农业灌区现状,提出适合农业发展的现代化灌区建设的总体思路。苏江霖等对江苏渠南灌区从灌溉渠系的布置、生态环境的建设、管理制度的建立来进行现代化建设。张国瑞等研究内蒙古河套灌区主要从防洪抗旱减灾体系、水资源协调利用体系、水利工程建设管理体系、水利科技创新体系、水环境保护监控体系等5个体系建设现代化灌区。陈建国提出灌区现代化是水利现代化和社会现代化的一种综合性体现,需要合理利用科学技术,确保灌区能够适应社会与国民经济的发展,全面提高灌区水资源的利用效率。杨晓慧认为现代化灌区建设是一个稳步发展、逐渐成熟、全面实现的长期过程,现代化灌区的核心理念是以人为本、科学创新、节水高效、生态良好、安全可靠。李大银等利用现代信息技术,深入开发和广泛利用灌区水利信息资源,搭建水利信息网络和数据库,实现信息的采集、传输、存储、管理和服务的数字化、网络化、智能化,进而作出准确及时的信息反馈和预测,为灌区管理提供科学的决策依据。刘长荣等提出"三测、三网、一平台"的信息化管理系统设计框架,在耦合水雨情监测、水质养分及重金属信息采集、量水测水管理、水费计收等模块系统的基础上,设计了适宜龙凤山灌区的信息化管理系统。何雨田等结合新的社会经济形势下灌区功能特点,明确了我国灌区智慧化发展内涵及建设架构,剖析了现阶段我国灌区智慧化建设主要集中在灌区管理平台及信息感知方面,存在数据、算法支撑不够,多专业融合协作不足,信息化工程专业化运维缺乏和统筹发展能力不足等问题,提出了未来我国灌区智慧化发展的措施与建议。马倩基于NSGA-Ⅲ算法的灌区信息化灌溉控制调度系统在我国灌区信息化管理的领域,基于NSGA-Ⅲ算法对灌区水资源调控系统进行优化,构建灌区水资源调度优化模型,并通过设计试验证明其有效性。王鹏分析了不同时期节水灌溉的政策、技术措施及节水效果,并结合灌区引黄水量状况、农业种植结构、地下水位、节水灌溉工程状况等情况,从水资源优化配置、节水灌溉工程建设、推广高效节水灌溉技术、调整作物种植模式等方面明确了今后的农业节水灌溉发展重点和方向。章广腾基于大数据技术在数据采集、传输、处理、共享等方面的优势,在总结山东省潘庄灌区现有管理站段通信网络弊端的基础上,进行了基于大数据的灌区信息化综合应用系统设计,可有效实现对灌区渠系建筑物运行状态、水情工情、供配水等过程的实时监控,为灌区水资源利用效率及管理效率的提升提供基础保证和技术支撑。季宗虎等运用大数据、3S技术、云技术、现代网络技术,中心综合测控调度、闸门测控一体化和斗口水量测系统的测控调度技术,构建了基于信息采集、信息综合管理和信息安全的灌区灌溉信息技术系统,构成了疏勒河流域现代化灌区智慧应用技术体系。赵文琦等以疏勒河流域为研究区,构建了由水资源保障体系、工程体系等5个方面39个评价因子组成的流域现代化灌区建设评价指标体系,建立了流域现代化灌区建设评价模型,综合评价了流域现代化灌区建设情况。总体来说,现代化灌区要利用现代的思维理念和科学技术,实现灌区的安全可靠、设施完善、节水增效、科技提升、环境友好,壮大自身实力,保障灌区的可持续发展。

1.3.2 国外研究现状

国外的灌区信息化建设实行得较早,很多国家在灌区信息化应用方面取得了大量的成果。例如,美国佛罗里达大学就针对佛罗里达州的农业特点开发了可用于灌区灌溉需水量的AFSIRS系统,该系统可以根据当地的气候条件及作物类型来合理分配灌溉用水,在当地灌区得到了广泛应用。日本大型灌区渠首以及其分干渠位置均安装有电子遥控闸门和控制水泵使用时间的装置,这些装置的使用不仅提高了灌区的管理水平和技术,同时减少了人力,提高了效率。Vellidis 等研发了用于监测农田土壤水分状态的基于 RFID 技术的传感网络并基于此技术开发了可给出灌溉决策建议的手机应用;Goumopoulos 等基于无线传感器网络技术与机器学习技术在大棚中布置与应用了适用于精准农业的微喷灌系统;Kawakami 等已经在水稻灌溉控制系统中应用了水位压力传感器来感知水深,并配置了视频监控设备;Sathya 等研究发现水田灌溉系统的控制器也可以方便控制阀门与水泵的启闭,实现全自动灌溉。美国大农场成为农业物联网技术应用与“精准农业”的引领者,美国土木工程师学会编写了渠道自动化控制工程的实践手册,重点关注灌区的现代化管理;荷兰的温室农业高效生产体系世界闻名,通过计算机可以精准控制温室光照、需水、需氧量,远程控制系统也比较成熟;韩国与以色列通过建设农业物联网科技创新服务体系,大大促进了农业物联网技术的研发、推广和应用。它是一种大量应用于水利行业的集现代通信和计算机网络等技术于一体的先进信息技术。灌区信息化就是以现代信息技术为基础,最大限度地开发利用灌区信息资源,实现信息采集、处理的高精准性以及信息的高速传输,应用到农业生产中,实现了农业的自动节水灌溉。发达国家在灌溉水资源管理中形成了一定的模式,即信息的采集—传输—处理—分析统计—决策支持,系统由信息自动采集系统、渠系自动化控制系统、水库联合调度系统组成。Gowing 等将灌溉时段划分为历史、预测、未来阶段,考虑未来一旬内的降雨和未来调度计划进行短期灌溉预报和修正,提高了预报精度。David Meigh 等通过介绍印度尼西亚阿齐省和尼亚斯地区灌溉系统灾后重建的情况,指出灌区参与规划设计、施工方法的可取之处。Martin Donaldson 结合在巴基斯坦和越南的灌区建设经验,介绍了不同的控制水流、修复灌溉网络、建筑和渠道衬砌、安装监测设备方法,并对现代化改造所需费用进行了预估。Joseph Haule 等介绍了无线传感器网络技术在灌溉管理自动化和灌溉时间调控方面的应用,指出基于无线传感器的网络技术(WSN)田间土壤墒情自动采集和灌溉系统智能化控制,是实现水资源优化管理潜在解决方案。Luis Olivera-Guerra 等使用光热通量数据估计整个农业季节的灌溉时间和灌溉水量,证明了利用高空分辨率光学和热数据来估计灌溉水量,可以更好地削减农业地区的用水预算。

1.4 研究目标与内容

1.4.1 研究目标

基于疏勒河流域现代化灌区建设目标和业务需求,开展灌区信息化立体感知体系、智慧应用体系、自动控制体系、主动服务体系和支撑保障体系研究,提出符合现代化灌区实际的信息化建设体系架构;开展水资源高效利用技术、灌区水情实时监测和联合调度技术等多要素耦合技术研究,提出符合灌区农业现代化发展要求的水资源综合利用技术架构;开展流域现代化灌区标准化规范化管理技术研究,提出基于组织、安全、工程、经济和供用水管理的现代化灌区标准化规范化综合管理技术;基于流域灌区信息化建设、水资源综合利用技术、灌区标准化规范化综合管理技术等方面,集成提出流域现代化灌区建设关键技术,选择典型区域,开展现代化灌区建设综合技术集成试点示范,为全灌区实现“节水高效、设施完善、管理科学、生态良好”的现代化建设目标提供可靠的技术支撑。

1.4.2 研究内容

1.4.2.1 流域现代化灌区信息化建设关键要素及架构研究

基于现代化灌区建设目标和业务需求，结合疏勒河灌区实际，依托现代化物联网技术、3S技术、云技术、大数据技术和软件应用技术，开展基于不同管理对象、监测和采集方式的立体感知体系研究；开展基于智能仿真、智能诊断、智能预警和智能调度的智慧应用体系研究；开展基于取水、输水、供水、配水管理以及田间高效用水等自动控制体系研究；开展基于灌区集中管理、统计分析、数据挖掘和水综合管理的主动服务体系研究；开展基于调度指挥中心、支撑平台和数据存储的支撑保障体系研究，提出符合现代化灌区实际的信息化建设体系架构。

1.4.2.2 基于多要素耦合的现代化灌区水资源综合利用技术研究

基于流域现代化灌区建设和农业现代化发展要求，以及骨干水利工程运行管理与农业田间工程建设管理现状，开展基于高标准农田建设技术、地面精准灌溉技术、高效节水灌溉技术和综合节水集成技术的水资源高效利用技术研究；开展灌区水情实时监测和联合调度技术、现代化量测水技术、多水源优化配置技术和水肥一体化技术等多要素耦合技术研究，提出符合灌区农业现代化发展要求的水资源综合利用技术架构。

1.4.2.3 流域现代化灌区标准化、规范化管理技术研究

针对国内灌区发展中普遍存在的“重建轻管”问题，本书总结疏勒河灌区已有经验，以提高灌区管理能力和服务水平为研究重点，基于灌区工程类别、运行管理及维修养护模式等情况，完善制度体系，研究提出管理标准。从进一步推进水权、水价改革，完善服务管理体系等方面开展研究，提出基于组织管理、安全管理、工程管理、经济管理和供用水管理的现代化灌区标准化、规范化综合管理技术。

1.4.2.4 流域现代化灌区建设关键技术集成与示范研究

基于流域灌区信息化建设、水资源综合利用技术、灌区标准化规范化综合管理技术等方面，集成提出流域现代化灌区建设关键技术，选择典型区域，开展现代化灌区建设综合技术集成试点示范。

第2章 现代化灌区建设理论

2.1 现代化灌区内涵及特征

现代化灌区是一个区分于既有的灌区建设的概念,随着社会生产力的发展,人们对水资源如何使用、生态如何保护、如何又好又快地发展新型农业,有了新的认识和新的要求。灌区建设现代化就是要通过现代管理制度、合理的水利布局、先进的浇灌技术、配套的水利设施、先进的用水理念,形成新型灌区系统,实现农业与水利的和谐发展。当前科技与经济发展水平下,原有的农业、工业布局有了新的发展,在国家新的政策、指标的要求下,传统的灌区管理模式面临新问题,有的灌区内农业产业布局不合理、工程老化、水资源利用效率低下、效益衰减等问题表现了出来,迫切需要加速转型。现代化灌区是运用现代新型先进的科学化、信息化技术来进行灌区管理与改造,其目的是提高水资源的综合利用率,增强对生态环境的保护能力,从而使得灌区能够得到有效的持续发展,带动灌区周边经济价值以及社会价值的提高,同时现代化灌区不是简单地等同于灌区的现代化或水利的现代化。现代化灌区是通过人工干预建设的"人工-自然-社会"复合生态系统,借助于气候变化和人类活动影响,优化灌区生态系统结构,保持和扩展系统功能,使得系统内物质平衡动态循环且无污染,保证资源的节约高效产出,实现人与自然和谐发展。建设可持续发展的现代化灌区,是按照生态文明、生态与经济协调发展的要求,实施习近平总书记"要坚持山水林田湖是一个生命共同体"的系统思想,实现区域建设目标,保证农业生产结构和农作物的合理布局、水资源的合理开发和调配,实现节水、优质、高效的目标。

现代化灌区的建设是一个要将原来传统的农田生产方式和方法慢慢转换为一个较为符合当今时代先进模式的长期复杂过程,实质上就是采用当今一些先进理念与方法,即符合当今时代潮流,并且有助于可持续性发展的思维想法和当今较为先进的科学手段,全面提高农田灌溉的用水效率,以及灌区的生产能力的一个过程,同时现代化灌区的建设也应当遵循一些核心的理念。现代化灌区建设指的就是采用现代化的管理手段、现代化的制度和现代化的技术方法来建立新型的当代灌区,最终形成一个水利与农业和谐发展的系统。现代化灌区内涵应包含山水林田居的生态景观与高标准农田的结合,现代灌排机械工程与绿色高效技术的结合,现代经营管理与社会化服务体系的结合,科技创新驱动与友好生态环境的结合。现代化灌区建设就是将传统的生产、生活方式逐渐转变为现代化的一个复杂的长期过程,实质就是利用现代的思维理念和科学技术全面提升灌区生产、生活及精神文化水平的过程,现代化灌区建设应秉承一些核心理念。现代化灌区应该以山水林田湖草沙一体化治理为出发点,以整体观和系统思维为指导,在协调农业生产-水资源-生态环境耦合关系的基础上,统筹考虑生产、生活和生态用水,以水定地、以水定产、以水定居、以水定域,聚焦提升山水林田湖草沙系统服务支撑能力、农林牧渔生产系统增产增效能力以及乡村宜居环境质量，支撑粮食安全、乡村振兴、生态文明和美丽中国建设。

新时代下现代化灌区的内涵可概括为：①有力的防涝减灾，灌区要有安全保障措施，建设强有力的防涝减灾设施；②健全的工程设备，主要体现在灌区水利工程中的水源工程、输配水工程、灌溉排水工程、渠系建筑物及设备的健全；③先进的信息化管理体系，体现在灌区信息化的监测、采集和管理，用水计量设施的完善，以及灌区现代化管理制度；④高效的灌溉生产，灌区要以节约水资源和高效优质生产为核心，集约化与机械化的生产方式，建设成高效型现代化灌区；⑤绿色的生态环境，兼顾水体净化、减少面源污染、盐碱地治理，打造地绿、水清、景美的现代化节水型生态灌区。

新时代下现代化灌区特征可概括为：安全防灾、水电保障、设施完善、用水节约、管理先进、经营集约、生产高效、市场运作、绿色环保、发展持续。打造成“安全”“健全”“先进”“高效”“绿色”型现代化灌区。现代化灌区的标志是工程完善、管理科学、创新驱动、智慧精准、节水高效、生态健康、高质量发展，具体特征如下：

(1)灌排工程设施现代化。以比较完善的现代化灌排工程系统为基础，即有比较完善可靠的水源保障工程、输配水工程、田间灌水设施、排水工程和排水容泄区、防护工程、水生态景观工程、计量监测设施、信息化工程等，实现高效率的引、输、配、用水和排水，从而达到提高灌溉除涝保证率和旱涝保收能力、农业用水效率和效益以及灌区生态环境质量的目的。

(2)灌区管理方式现代化。有相对稳定、具备现代科学技术知识和技能水平、高效的灌区管理队伍；具有很高的组织化程度和较高的管理能力与管理水平，广泛采用先进的管理技术和管理手段进行标准化规范化管理；具有高效率地把分散的农民组织起来的组织体系，建立完善的农民用水合作组织；完成了水价综合改革任务，建立了非常完善的水权交易市场体系；具备工程运行维护保障经费，落实了“两费”财政补贴；灌区信息化管理水平高，能做到精准管水和精准用水。

(3)灌区创新能力现代化。灌区现代化的过程实质上是先进科学技术在灌区广泛应用的过程。如果离开科技的注入，灌区的现代化就会停滞不前。新技术、新材料、新能源、新装备的出现，将使灌区发生巨大的变化。现代化的灌区应该具有筛选或者联合研发适合当地的先进实用技术，并广泛应用这些先进实用技术的能力，以提高灌区工程设施配套与更新改造质量、降低工程成本并通过灌区科学运行实现节水高效、生态健康和高质量发展。

(4)节水高效和生态健康。灌区工程设施现代化、管理方式现代化、创新能力现代化的最终目标是实现节水高效、生态健康和高质量发展。节水高效要求灌溉系统节水技术、田间节水灌溉技术和农艺节水技术有机集成，采用先进的节水灌溉技术、节水灌溉制度和节水型种植制度，优化配置和联合运用多种水资源，形成调动农民主动节水的激励机制，具有较高的灌溉水有效利用率和灌溉水效益。生态健康体现在灌区具有良好的生态环境，维持山水林田湖草生命共同体和谐稳定。

现代化灌区建设聚焦“工程完善、管理科学、创新驱动、智慧精准、节水高效、生态健康和高质量发展”进行，用山水林田湖草生命共同体和谐稳定的理念和更广阔的视野，将传统的工程观、技术观与科学观、系统观、市场观、生态观、全球观、未来观相结合，通过广泛应用信息技术、生物技术、生态环境技术、新材料技术、新能源技术、智能制造技术等高新技术,实现灌区工程设施、管理方式和创新能力的现代化改造,大幅度提高灌区水土资源利用效率和农产品供给质量与市场竞争力,用技术创新和制度创新双轮驱动灌区高质量发展,补齐保障国家粮食安全和农业农村稳定发展的短板。

2.1.1 现代化灌区发展历程

2.1.1.1 灌区

灌区一般是指有可靠水源及引、输、配水渠道系统和相应排水沟道的灌溉区域,这些区域承担着国家粮食安全、引水灌溉、防洪排涝、生态恢复等重要任务。简单来说,灌区就是由水库(塘坝、湖泊)、渠道(管道)、田间、作物等构成的一个综合体系,是一个农田灌溉面积集中、灌溉排水保障率高、稳定高产的农业生产优势区。我国大中型灌区主要分布在沿黄两岸、长江中下游和西北内陆河地区,东南沿海、西南平原区、东北中西部也有少量分布。小型灌区则星罗棋布、遍布全国各地。

2.1.1.2 现代化

现代化一词更多地表明达到某一标准或某一门槛。与传统相对应,是一个不断发展进步的过程,在此过程中不断出现新现象,所以需要选择先进的,淘汰落后的,是一个不断更新的过程。党的十九大报告提出中国特色社会主义进入新时代,现代化的目标是到2035年基本实现社会主义现代化,现代化紧跟新时代的步伐。党的二十大报告提出团结带领全国各族人民全面建成社会主义现代化强国、实现第二个百年奋斗目标,以中国式现代化全面推进中华民族的伟大复兴。

2.1.1.3 灌区现代化发展过程

我国大多数灌区建于20世纪50—70年代,是国家重要的粮食生产基地,担负着农业发展、农民增收、粮食安全的重要使命。由于当时的技术条件不足,加上常年的运行,灌区存在建材标准低、工程设施老化、效益与效率低下、管理不到位等很多问题。1988年,我国开始启动大型灌区续建配套与节水改造工程,对灌区的基础设施、管理服务、生态环境等均进行改造,提高了灌区的灌溉水有效利用系数与粮食生产力。2002年,为了提高灌区的管理水平,先后启动了50处灌区作为信息化试点,将灌区打造为一个工程建设与管理信息相关联的系统。灌区由于多年的运行管理,整体上不能顺应新时代的发展要求,所以要补齐灌区目前存在的短板,加强灌区信息化的管理,将灌区建设成为现代化灌区。

2.1.2 现代化灌区建设发展要求和使命

2.1.2.1 农业现代化要求

农业现代化是我国实现现代化的重要支撑与基础,建设农业现代化仍处于补齐短板时期,所以我国对农业现代化十分重视,为努力建成国家现代化而不断加强农业现代化。科技创新是实现农业现代化的第一动力,农业机械化是实现农业现代化的基础保障,农业信息化是实现农业现代化的重要手段,劳动者素质是加快农业现代化的重要因素,水利现代化是农业现代化的支撑。水利现代化是农业现代化“四化”中重要的内容,水利现代化的发展应具备现代化的科技与设备、现代化的管理手段与制度。要适应新常态,坚持可持续发展的理念,坚持走中国特色新型农业现代化发展的道路。

2.1.2.2 乡村振兴战略要求

我国实施乡村振兴战略是要解决快速推进现代化进程中的"三农"问题,加快我国农业、农村同步实现现代化。坚持以农业供给侧结构性改革为主线;坚持以绿色生态为导向,推动农业、农村的可持续发展;坚持立足于国内粮食自给的方针;坚持农村改革不断深化;坚持保障与改善农民生活。推动农村现代化的进程,要求灌区现代化的发展。

2.1.2.3 社会主义基本现代化要求

新时代下,提出到 2035 年我国基本实现社会主义现代化的目标,我国经济与科技的实力均将有所提高,国家的治理体系与治理能力都应基本实现现代化,社会的文明程度明显提高,生态环境有所改善,建设成为一个人民共同富裕的现代化社会。在国家实现社会主义现代化的大框架下,需要灌区现代化并行推进,作为实现社会主义现代化的基础。

2.1.2.4 现代化灌区自身发展的需求

现代化灌区是灌区本身发展的需求,是节水改造与续建配套后又一次提质增效。从灌区的基础设施、管理手段、生态环境等,以现代化的手段与技术融入灌区。在建设改造上不断地与时代发展相结合,新时代下淘汰灌区老旧建设与技术,将先进的技术、新颖的材料(设备)、创新的管理制度及信息化技术应用到灌区中,并加强灌区的生态文明、安全保障建设。

2.1.2.5 新时期的现代化灌区

根据 2017 年中央一号文件精神,农业现代化中的水利现代化落实到灌区上,就是实现现代化灌区,农业现代化的发展决定现代化灌区新的发展要求。粮食的供需增加,导致农业用水面临紧张的局面,要保证在农业用水不增加的情况下,提高农业生产粮食的综合能力,所以需要加强灌区基础设施的建设,保障灌区供水用水的安全性,实现现代化灌区管理与控制;现代化农业的种植结构,要求灌区的灌溉方式、灌溉制度与灌溉技术等都应融入现代化的元素;农业经营方式的现代化,需要加快灌区管理的新机制;农业现代化要坚持可持续发展理念,要求灌区在进行现代化建设的同时要重视生态环境的保护,做到高效节水,将灌区污染源降低到最低程度。

新时期下现代化灌区更加突出服务于现代化农业的定位、传统水利与现代化信息技术深度融合、绿水青山的生态理念。新时代下现代化灌区,功能上应适宜或服务现代化农业集约化与机械化生产方式、现代化农业种植方式、家庭农场经营方式,技术上应是灌区生产运行管理与互联网+、大数据、云平台信息化的深度融合,发展上坚持灌区绿色与生态,绿水青山就是金山银山。

2.2 现代化灌区建设理念与技术

2.2.1 灌区建设理念

现代化灌区是一个逐步发展、不断成熟、全面实现的过程。通过技术设施革新和体制机制改革，不断提高灌溉供水服务的安全性、公平性、可靠性和灵活性水平，达到“供水可靠、调度灵活、用水精准、管理信息”，打造灌区“服务改善、效率提高、运转持续、生态良好”的功能。随着科学技术的进步，灌区现代化正在以一种更加先进的方式推进，它将以技术创新、体制创新、管理创新为支撑，以更加完善的方式提升灌溉供水服务的安全性、公正性、可靠性和灵活性，使得灌区的运行更加稳定、效率更高、生态更加良好，从而实现“供水可靠、调度灵活、用水精准、管理信息”的目标。转变灌区发展理念，从人改变自然向人与自然和谐、人与人和谐转变，从强调管理向重视管理+服务转变，从工程满足灌排需要向兼顾生态健康转变，从传统手段管理向现代智慧管理转变，从追求产量和效率向追求效率和效益转变，从单纯保障农业生产向全社会发展的基石的转变。建成一个防灾抗灾有力、灌排设施完备、灌溉用水高效、管理与服务先进、生态环境健康的现代化灌区。

2.2.2 现代化灌区核心理念

2.2.2.1 以人为本

现代化的核心是人的现代化，实现现代化灌区就要提高生产效率、用水效率和生活质量。目前，现代化灌区建设往往偏重自然环境、工程设备、科学技术等要素，而忽视人的要素，单纯技术现代化或水利现代化并非灌区现代化。以人为本的核心理念要求现代化灌区建设必须依赖于加强人的现代化，包括加强教育培训，提高劳动者的文化知识水平、技能水平、现代化思维能力，使劳动者具备世界领先水平的劳动生产率，使其具备管理和经营现代化灌区的水平和能力。以人为本的核心理念要求现代化灌区建设要加快灌区建设、管理体制和运行机制等改革创新，探索市场机制与政府职能的结合，既提高用水效率也提高灌区服务。以人为本的核心理念既是灌区现代化的目标，又是实现灌区现代化的重要保障。

2.2.2.2 科学创新

所谓现代化就是要具有有别于传统的新特征、新发展。科学创新的核心理念要求现代化灌区建设应采用先进适用的科学技术，提高农产品产量、改善品质、降低生产成本，以适应市场对农产品智慧化、多样化、标准化的发展趋势，使以经验为主的传统农业转变为科学指导的现代农业。现代化灌区应建立以互联网为基础的墒情监测、需水预报、用水计量、信息查询系统，应建立以机理模型与生产经验相结合的辅助支持决策系统。应加强试验站的建设，提高科技服务体系和科技贡献率，加强结合生产实际的自主创新研发，加强灌区生产与科研的结合，加强灌区农业与市场的结合，推进灌区农产品商业化，提高灌区专业化和社会化水平，促进灌区经济高效发展。

2.2.2.3 节水高效

节水高效是现代化灌区建设必不可少的核心理念，现代化灌区应采用现代的管理理念、制度、方法，推广低压管道输水、喷灌、微灌等高效节水灌溉技术，建立适应现代农业和现代经济发展需求的节水灌溉技术管理与服务体系，大幅提高灌溉水有效利用率，提高水分生产效率。现代化灌区核心是要具备国际市场核心竞争力的土地产出率、劳动生产效率、水分利用效率，节水高效的生产方式让灌区农产品有较高的经济效益和市场竞争力，并需配备完善的农产品现代销售流通体系。现代化灌区应由单纯追求高产向优质高效转变,由单纯农产品生产向农产品加工及休闲生态农业转变。

2.2.2.4 环境友好

现代化灌区寻求的是经济、社会与自然环境的协调发展。现代化灌区规划应山水林田村统一规划,使灌区与本地的自然环境相协调。现代化灌区建设应广泛采用机械化、集约化、标准化的生态农业、有机农业、绿色农业,加强资源的可持续利用,使生产与生态形成高效的良性循环,避免过度取水,加强生态补偿,兼顾景观与生态功能。减少污染排放,加强灌区资源可回收利用,包括灌溉设备的持续利用、生物资源的利用、生物能源的利用等。现代化灌区不仅是生产区也是生活区,不仅是经济区也是生态区,要为人们提供一个高质量的生产、生活环境。

2.2.2.5 安全可靠

现代化灌区不仅是经济高效的灌区,也是安全可靠的灌区。一方面指灌区日常运行安全可靠,水源工程保证率高、水质达到标准,农田灌排体系完善,满足生产、生活及生态需求,满足农业机械化、集约化和现代化生产要求。一方面指面临洪涝旱风雹雪等灾害时,有快速响应的自然灾害预警体系和防御机制,能在面对灾害时保障灌区人民生命与财产安全。另一方面指能够实现供需平衡、持续稳定供应现代化生活所需健康、绿色、安全、高品质的农产品,赢得市场的信赖。

2.2.3 现代化灌区建设原则

2.2.3.1 结合当地发展战略

现代化灌区建设工作需要与当地的发展战略形成有效的结合,将灌区建设融入当地的农业、生态以及生产等方面的发展战略中,综合考虑乡村发展的全局,以发展的眼光看待现代化灌区建设,提高灌区建设的科学性、综合性以及长远性。在制订灌区建设规划时,应重点考虑灌区在运行过程中的节能性与环保性,并且为现代化农业的发展提供便利条件。与此同时,还要考虑现代化灌区运行的安全性,充分发挥灌区建设的价值,使灌区获得可观的灌排效益,实现良好的生态效益与社会效益,让灌区成为融合农业、生态及生产要素的现代化水利综合体。

2.2.3.2 满足信息化建设要求

现代化灌区建设工作要重视采集信息资源,还要根据工作去实时采集各类动态数据信息,例如灌区渠道引水量和地下水量及土壤湿度等,根据数据信息科学地调度水资源,全面提升现代化灌区建设水平,提升灌区工作效率。在现代化灌区建设过程中,信息资源属于工作依据,在灌区建设阶段要充分利用现代化信息技术,使信息管理系统的通信能力不断提升,高效传输信息资源,满足现代化灌区建设需求。增强灌区信息管理系统的通信能力,可以合理地调度水资源。水利部门在下发调度计划的过程中,可以利用信息管理系统向下级管理站及时下发计划方案,各个管理站要根据通知要求,高效地调度和管理水资源,提高灌区管理水平。落实现代化灌区建设要设置数据库,根据信息化系统的要求,在设置现代化灌区数据库的过程中,要合理选择数据化服务器,有效存储水利信息数据,高效开展灌区信息管理工作。管理现代化灌区建设要结合采集到的水利数据信息,远程控制灌区水闸和分水闸等,优化升级灌区相关工作。在现代化灌区建设中融入自动化系统,实现无人控制的效果,降低管理人员的工作压力,突出灌区现代化建设的综合效益。

2.2.3.3 满足现代化灌区建设标准

现代化灌区建设的标准是影响建设质量、运行管理水平以及灌区作用的关键因素,因此灌区建设必须满足现代化灌区的建设标准,保证灌区建设的质量与先进性。在以往的灌区建设中,受到建设资金等方面因素的限制,大部分灌区骨干渠道的混凝土衬砌厚度只有5~8 cm,对工程建设质量造成了不利影响,存在一定的质量隐患,导致后期的维护保养难度增大。与此同时,渠顶检查道路的建设标准偏低,工作条件较差,增加了渠道管护工作的难度。此外,渠道的绿化存在严重不足,无法满足绿色灌区、生态灌区的标准,无法满足现代化灌区的要求。只有妥善解决这些问题,才能满足现代化灌区建设标准要求。

2.2.3.4 应用先进的灌区设计思维

现代化灌区建设需要积极的应用先进的设计思维,加大力度运用先进的材料与工艺。随着科学技术的快速发展,更多先进的材料与工艺可以应用在灌区建设中,例如为了避免混凝土渠道衬砌发生断板、风裂的问题,提升混凝土的抗冲击性与耐磨性,可以选择具有更好性能的卷材混凝土、自密实混凝土等作为材料。为了提高渠堤坡面的景观绿化效果,可以选择现浇植生型生态混凝土作为材料。为了提高灌区建设中渠道衬砌的施工效率,可以使用振碾式渠道混凝土衬砌机械完成施工。

现代化灌区的建设应坚持"节水优先,首先要判断其是否真正、充分节水"的原则,以提高效率与效益为核心,保障保证水安全、粮食安全、生态安全。通过工程安全运行手段、管理信息化手段、监控智能化手段、机制体制保证和服务保障手段,完成灌区输配水工程、田间灌排工程、防洪工程和生态工程建设任务,完成灌区现代化建设。

2.2.4 现代化灌区技术特征

现代化灌区应保证多过程、多用户、多目标,以提升灌区服务能力为核心,通过各种技术的融合,带动现代化灌区的服务功能。常用的技术手段主要有:①信息感知技术,多要素、时空多维、精准、实时、可靠;②信息处理技术,有效传输、多源融合、尺度扩展(或降维);③优化决策技术,多用户、多目标、智能化/智慧化(数据挖掘);④反馈控制技术,管理预案与实测数据对应、反馈调整、机器学习。

2.2.5 现代化灌区建设技术体系

现代化灌区建设技术体系按照信息的传递特征主要包括四大部分内容,分别为灌区信息采集、灌区供给侧调控、灌区需求侧优化以及供需耦合智能决策。

(1)灌区信息采集主要包括基础信息采集、种植信息采集和用水信息采集。

(2)灌区供给侧调控包括输配水系统实时调控和田间水肥高效配施。输配水系统实时调控技术主要采用水动力学仿真理论技术、输配水系统优化调度技术和渠管道水流量调控技术。田间水肥高效配施技术主要采用滴灌水肥一体化技术、喷灌变量控制技术、精细地面灌溉技术、灌溉传感自控技术。

(3)灌区需求侧优化包括作物水肥亏缺诊断与定量表征和灌区水肥亏缺预测预报。作物水肥亏缺诊断与定量表征主要基于灌区温差水分诊断、光谱信息水肥诊断和作物水肥需求定量表征。灌区水肥亏缺预测预报主要包括空间变异定量表征、水肥亏缺智能诊断、水肥需求预测预报和气候变化下需水预测。

(4)供需耦合智能决策技术主要包括多水源优化配置技术、标准化水肥方案集、灌区用水调控智能决策技术、灌区用水综合评价和灌区用水云服务平台建设。

2.3　现代化灌区建设目标、内容与标准

2.3.1　现代化灌区建设目标

现代化灌区建设要使灌区成为现代农业生产体系的重要基础,达到用水管理手段智慧,用水全过程技术先进、高效,"生产—生态—生活"和谐兼顾,"体现'用水—护水'"人文历史特色的目标,实现资源配置合理、灌排高效节水、工程自动监控、决策智能高效、机制灵活可行、人水和谐共处,使灌区成为人文灌区、生态灌区、智慧灌区、效率灌区和生产灌区。

现代化灌区建设,主要实现以下几个目标:

一是安全保障。保障供水正常,保证灌溉设计的地面灌溉旱作区、水稻区、经济作物区,需要区分对待浇灌的方式与覆盖面积比例,确保农作物正常生长。城市居民生活用水、工业用水比例要达到95%以上。保障排水正常,要按照季节不同、降雨量不同、不同农作物的灌溉需要,对农田的排水、排渍要达到一定的标准。防洪保障,确保灌区设施完好,达到防洪防涝标准。

二是工程设施建设。做好田间灌水、节水灌溉、灌排工程、灌区林网、田间道路、供配电等整体设备的设计与建造,确保设施能够正常发挥作用。

三是兼顾灌区效益效率。要注意实地调研,根据实际划分灌区的规模等级,确保因地制宜,有效灌溉。

四是管理与服务功能。包含信息化、智能化的现代化智能技术,对水质、水文地理、季节特征等因素进行统计与测量,还要包括现代化的治理体系与管理体系,形成一整套关于环境与水资源利用的制度,提高管理效果。

五是生态保护的目标。要求灌区建设的沟、渠、田、林、路符合生态环境保护要求,灌区建设要兼顾防治水土流失的功能,另外,灌区建设还要与生态景观建设相结合,兼顾环境美观。

2.3.2　现代化灌区建设内容

2.3.2.1　资源利用

一是要充分考虑灌区水土资源开发、利用、节约、保护的全面工作,要通过全面规划来实现灌区现代化建设的统筹兼顾与综合利用,进一步协调好人们生活、生产和生态环境的关系。

二是充分考虑所涉及土地的利用,充分考虑城市、乡村规划建设项目对灌区土地利用的影响,规划好灌区覆盖耕地面积和如何使供需水量相匹配等问题。

三是节约用水。积极推行节水型农业布局,调整好产业结构,提高农作物的产量和经济效益。

四是水资源利用的合理规划。根据当地水资源使用规划,加强灌区建设,在保持灌区水量平衡保证灌溉的前提下,充分利用好水资源,实现灌区水土资源最优配置,防止浪费。

2.3.2.2 水源工程

水源工程是灌区设计建设的最主要工程。一是蓄水水源工程。蓄水水源工程主要是建造蓄水功能的水库、蓄水池等,在设计过程中要充分考虑到流域面积、库区面积、降水量、蓄水能力、上游来水量等,一方面要充分考虑蓄水功能,另一方面要确保水库在汛期安全。二是引水水源工程。灌区建设中要承担引水功能,要考虑引水河流年内最大水位、流量如何变化,汛期、枯水期的水位差,以及持续时间等。另外,还要考虑到水质、含沙量因素对水库及大坝的冲击与破坏等。三是提水水源工程。提水水源工程重要的是考虑排灌能力、设备运行顺畅等特征参数,确保供水效果与供水安全。

2.3.2.3 灌排工程

一是对灌区各级渠道的灌溉流量进行合理的分析与设计,对流量、横断面、纵断面作好计算,并反复进行复核计算和经济技术分析,选择适宜的衬砌形式,选用合适的材料如混凝土、模板、模料、防渗设施等。二是完善排水措施建设。主要是针对防洪设计,合理地进行耐涝、耐渍设计,做好排水、排渍工作。三是田间工程。按照田间工程的实际、水文地质现状及变化趋势,布置斗渠、渠道等。做好田间沟渠布置,做好地形复杂地区的渠道建设。做好田间道路和林带布置,按国家有关标准规定布置,田间渠道上、交通建筑物等设施旁应配置齐全,保证管理运行方便。

2.3.2.4 环保与节水

灌区建设的另一个重要功能是环保和节水。将节水和生态的理念融入整个设计、施工、管理、运营的整个过程中,综合考虑渠道水头损失、输水效率,提升灌区环境质量和做好污染治理。

2.3.2.5 信息化、智能化技术的应用

一是要完善档案管理,对水文特征、降水量、基本参数、地下水位、农田与工厂分布、城市居民用水等因素进行较为准确的记录统计,形成真实性较高的数据,进行数据整理与分析,为大数据分析与监督提供数据基础。二是要利用信息系统管理,对灌区建设与运营要有一整套的信息化系统作为管理与监督手段,进行及时有效的监督。三是利用信息化设备,做好灌区水资源情况的调查,作出优化灌区设置的方案,及时调整。

2.3.3 现代化灌区建设标准

到2035年前后能够基本实现灌区现代化,包括安全保障、工程建设、信息化管理与服务、效率与效益、生态环境五个方面,现代化灌区应包括以下建设内容并达到相应标准:

(1)安全保障。防洪标准重现期应为10~20年;各类建筑物的防洪标准应符合《防洪标准》(GB 50201—2014)等技术规范要求;灌区灌溉水源的水质应符合《农田灌溉水质标准》(GB 5084—2021)。

(2)工程建设。渠(管)输水渠道以及配套建筑物、各类机电设备设施等完好率达到

100%;灌区节水灌溉工程面积比应为 80%以上;科学合理地开展土地平整工程、灌溉与排水工程、田间道路工程、农田防护与生态环境保持工程等田间基础设施建设,满足田间管理和农业机械化、规模化生产的需要。合理布置耕作田块,保持各项工程之间的协调配合,使田间基础设施配套齐全;灌溉设计保证率不应低于《灌溉与排水工程设计标准》(GB 50288—2018)的规定;渠道防渗应符合《渠道防渗衬砌工程技术标准》(GB/T 50600—2020)的规定;田间工程配套率应达到 95%以上;实现用水总量控制、斗口计量目标,斗口计量数量占比应达到 100%。

(3)信息化管理与服务。管护责任明确、管理经费应到位,管理人员大专以上占比应大于 90%;管理手段应符合现代化管理的要求,采用 3S、互联网等先进手段;建立信息化监测系统,灌区内信息共享、智能决策;水费收取率应达到 95%以上;用水协会管理规模应达到相应的面积。

(4)效率与效益。灌区灌溉水有效利用系数应在 0.5 以上。

(5)生态环境。生态环境保护工程应与灌区沟、渠、坡等相结合;生态灌区建设应与生态景观建设相结合,坚持绿色景观、可持续发展观念;农田防护面积比例不应低于 90%;灌区水土流失治理面积不应低于 80%;地面水和废污水水质满足《地表水环境质量标准》(GB 3838—2002)和《污水综合排放标准》(GB 8978—1996);地下水开采平衡,地下水位适宜,灌区内无次生盐碱化的发生。

2.4　小　结

(1)从现代化灌区发展历程、建设发展要求、核心理念、建设原则、技术特征和建设技术体系等方面论述了现代化灌区内涵、建设理念和技术特征等内容。

(2)从安全保障、工程设施建设、兼顾灌区效益效率、管理与服务功能、生态保护目标方面论述了现代化灌区的建设目标;从资源利用、水源工程、灌排工程、环保与节水、信息化、智能化技术的应用方面阐述了现代化灌区的建设内容;从安全保障、工程建设、信息化管理与服务、效率与效益和生态环境方面阐述了现代化灌区建设应达到的标准。

第 3 章　研究区概况

3.1　自然地理特征

3.1.1　地理位置

疏勒河流域位于甘肃省河西走廊西部,东至嘉峪关—讨赖南山以讨赖河为界,西面与新疆维吾尔自治区塔里木盆地的库穆塔格沙漠毗邻,南起祁连山的疏勒南山、阿尔金山脉的赛什腾山、土尔根达山,与青海的柴达木盆地相隔,北以北山和马鬃山与蒙古人民共和国和我国的内蒙古自治区接壤。流域范围为东经 92°11′~99°00′,北纬 38°00′~42°48′。疏勒河流域可分为北部的疏勒河水系与南部的苏干湖水系两部分。流域总面积 16.998 万 km^2,其中:疏勒河水系 14.888 万 km^2,苏干湖水系 2.11 万 km^2。行政区划属于甘肃省酒泉地区的玉门、安西、敦煌、肃北、阿克塞 5 县(自治县)市以及张掖地区肃南自治县的一部分。北部的疏勒河水系又可分为疏勒河干流、党河、榆林河、石油河及白杨河等。

3.1.2　地形地貌

疏勒河流域地形可分为南部祁连山地褶皱带、北部的马鬃山块断带、中部的河西走廊拗陷带 3 个地貌单元。南部祁连山有多条东西走向的平行山岭,主要山峰都在 4 000 m 以上,祁连山雪线以上终年积雪,有现代冰川分布,降水较多,植被良好,是水资源产流区。苏干湖盆地完全位于祁连山内,海拔在 2 500~3 000 m。北部马鬃山由数列低山残丘组成,海拔多在 1 400~2 400 m,地势北高南低。由于气候干燥,风力剥蚀严重,山麓岩石裸露,植被稀少。由于北山山脉的局部隆起,中部走廊平原又被分为南北两个盆地,按地貌类型划分为中游洪积冲积扇形平原(其中又可分为洪积扇形戈壁平原与扇缘细土平原两个子单元)、下游冲积平原及北山南麓戈壁平原 3 个地貌单元。

3.1.3　气候条件

疏勒河流域位于欧亚大陆腹地,远离海洋。东邻巴丹吉林沙漠,西连塔里木盆地的塔克拉玛干沙漠,北为马鬃山低山、丘陵、戈壁,南为祁连山崇山峻岭。太平洋、印度洋的暖湿气流被秦岭、六盘山、华家岭、乌鞘岭、大黄山、祁连山等山脉所阻,北冰洋气流被天山所阻。南方湿润气流虽可到达本区,但已成强弩之末,且经过广大沙漠、戈壁蒸发,空气中水汽很少,是我国极度干旱地区之一。

南部祁连山区,地势高寒,属高寒半干旱气候区,降水量 200 mm 左右,冰川区降水量最大可达 400 mm。年平均气温低于 2 ℃,具有四季变化不甚明显、冬春季节长而冷、夏秋季节短而凉的气候特点。

中部走廊地区属温带或暖温带干旱区，年平均气温 7～9 ℃，降水量 36～63.4 mm，蒸发量 1 500～2 500 mm（E601 蒸发皿），气候特点为降水少、蒸发大、日照长（3 000～3 300 h）、太阳辐射强烈（150～155 kcal/cm^2）、昼夜温差大（13～17 ℃）、年积温高（≥10 ℃的积温 2 900～3 600 ℃）、干旱多风、冬季寒冷，是“无灌溉就无农业”的地区。在灌溉条件下，适宜于种植小麦、玉米、甜菜、胡麻、瓜类、啤酒花等作物，在敦煌和安西还适宜种植棉花。该地区灾害性天气主要有干旱、干热风、大风、沙尘暴、低温、霜冻等。

3.1.4　河流水系

疏勒河流域分苏干湖水系和疏勒河水系。苏干湖水系由大哈尔腾河和小哈尔腾河组成；疏勒河水系自东向西有白杨河、石油河（下游称赤金河）、疏勒河干流、榆林河、党河及安南坝河等。

白杨河及石油河发源于祁连山，出山后即被引用供玉门市工农业生产使用，洪水经新民沟、鄯马城沟、火烧沟、赤金河等流入花海盆地。

疏勒河干流发源于祁连山深处讨赖南山与疏勒南山两大山之间的沙果林那穆吉木岭。源头海拔 4 787 m，上游汇集讨赖南山南坡与疏勒南山北坡的诸冰川支流，经疏勒峡、纳柳峡、柳沟峡入昌马堡盆地，左岸有小昌马河汇入，出昌马峡后入走廊地区，是河西走廊最大、最完整的洪积扇，东起巩昌河，西至锁阳城，形成十余条辐射状沟道，其中一道沟至十道沟和城河向北与西北流入疏勒河，巩昌河向东北经干峡、盐池峡、红山峡流入花海。另外有一部分水沿北截山南麓西流，汇榆林河，入安西-敦煌盆地。疏勒河干流全长 665 km，其中河源至昌马峡的上游段长 346 km，昌马峡至双塔水库坝址处的中游段长 124 km，双塔水库至哈拉湖的下游段长 195 km。

榆林河又称踏实河，在石包城以上，河流由泉水补给，北流出上水峡口，至蘑菇台，入南截山峡谷出下水峡口入踏实盆地，再北流过踏实城西流至北截山（属祁连山前山）南，与东来的南北桥子泉水汇流成黄水沟，沿北截山南麓西流出芦草沟峡，入白旗堡滩漫流消失。1973 年榆林河水库修建后，基本无水入黄水沟。

党河全长 490 km。上游分为冷水河和大水河两支，均为戈壁河床，河水全部渗入地下，至乌兰瑶洞复以泉水出露，西北流至盐池湾乡，接纳许多小沟，西北流至大别盖，汇入最大支流野马河，在大小别盖附近，有大量泉水出露，形成沼泽地，再西北流出水峡口，水峡口至党河口之间，河床经过深切第三、第四纪峡谷，出党河口后，即流入党河冲积扇，经敦煌县城，北流到黄墩城在土窑洞西汇入疏勒河干流，终于哈拉湖。实际上在 20 世纪 50 年代已无水入疏勒河。

与河西走廊各河流一样，疏勒河流域各河流在出祁连山山口以上为上游区，是河川径流的形成区，出山口以后，在走廊中部局部构造隆起处分为流域的中下游，中游为径流的引用处和入渗补给地下水的区域，在局部构造隆起处，地下水受阻而涌出成泉，成为下游的水源。下游的水资源与中游用水状况有着十分密切的关系。

3.1.5　土壤

疏勒河流域地域宽阔，山地、平原对照强烈，自然条件复杂。因此，在土壤形成过程和土壤类型上表现为多种多样，受不同高程、气候、植被的影响，垂直分带性十分明显。祁连山区海拔4 000 m以上分布着高山寒漠土及草原土，2 700 m以上为山地灌丛草原（栗钙）土和半荒漠棕钙土，2 700 m以下为山地荒漠灰棕漠土和风沙土。北山区自高至低分布荒漠草原棕钙土和荒漠灰棕漠土。平原区在绿洲内部，土壤发育为灌漠土和棕漠土。扇缘中段为潜水溢出带，地下水位较高，分布有草甸土、沼泽土、草甸盐土，其间的小片农业区为潮土。扇缘下段地下径流因受北山的阻挡而不畅，普遍分布有草甸盐土、干旱盐土。平原北部冲积平原分布有暖温带荒漠棕漠土、草甸土、沼泽土、盐土、风沙土以及人工绿洲中的灌耕土，下游因地下径流不畅，分布有沼泽盐土、草甸盐土、干旱盐土等。

根据甘肃省土壤分布图，疏勒河流域的土壤分区有Ⅳ温带暖湿带荒漠土壤区（走廊平原及北山区）和Ⅴ高寒山地土壤区（祁连山地）两个区，有$Ⅳ_2$走廊东部荒漠土盐土亚区、$Ⅳ_4$马鬃山灰棕漠土亚区、$Ⅳ_2$走廊西部棕漠土风沙土亚区、$Ⅴ_4$祁连山高山草原土亚区及$Ⅴ_5$祁连山麓棕钙土亚区等5个亚区。

该区的主要土壤类型在高山地区有高山寒冷荒漠土、低山灰土、棕漠土、山麓棕钙土等。在走廊平原区的耕地土壤主要有灌漠土、潮土及其他土类，包括灌耕棕蓬土、灌耕草甸土、灌耕风沙土。在走廊平原荒地的土壤主要有棕漠土、盐土、草甸土、沼泽土及风沙土等。盐土在荒地土壤中占有大部分，盐土的形成是由于该流域特定的土壤、气候及水文地质条件，成土母质中的可溶盐类被水不断地搬运到下游，汇集于下游低洼地区。同时由于气候干旱，在强烈的蒸发作用下，通过毛细管作用向地表移动、积聚，继而形成盐土，对本区荒地开垦利用十分不利。

3.1.6　植被

疏勒河流域位于新疆荒漠、青藏高原和蒙古高原的过渡地带，生态区域复杂，植被多样。由于地形地貌、土壤质地、气候水文等生态因素的分布特点，境内植被的垂直和水平分带性十分明显。

祁连山区由于降水稀少、气候寒冷，主要分布半灌木高寒荒漠草原植被，并且随着高程的增加，植被从山地荒漠植被向山地草原及寒漠稀疏植被过渡。马鬃山地区降水更为稀少，植被为沙生针茅和戈壁针茅荒漠草原植被及稀疏草原化荒漠和荒漠植被。

走廊平原区主要分布有以胡杨为主的乔木和以红柳、毛柳为主的灌木组成的森林植被；由耕地中的防护林（杨、榆、沙枣等）、农作物及田间杂草组成农业绿洲植被；成小面积分布在泉眼周围的沼泽植被；广泛分布于绿洲荒地中的草甸植被（其中又可分为盐生草甸和荒漠化草生草甸两个亚型）；以及分布于绿洲周围和沙漠戈壁上的荒漠植被（其中又可分为盐生荒漠植被、土质荒漠植被、半固定和固定沙丘区植被及砾质荒漠植被几种亚型）。平原区降水异常稀少，天然植被主要依靠吸取地下水存活。但一些耐旱性极强的植被依靠十分稀少的降雨有时也能存活，并能阻拦风沙形成小沙包，而这些沙包又能凝结大气水和起保墒作用，反过来为植被生存创造了条件。但此种植被覆盖度很低，仅5%左右。每隔几年发生的一场雨洪有时可使冲沟内的灌木半灌木覆盖度达到40%～50%。而流域内大部分植被则主要因地下水的深浅决定着其生长态势。地下水位较高地区的沼泽植被及盐生沼泽化草甸植被的覆盖度可达到70%～80%，盐生草甸植被覆盖度可达

40%~80%,荒漠植被的覆盖度一般均在 20%以下,砾质荒漠植被的覆盖度只有 5%左右。上述天然胡杨林,由于上游水资源消耗增加,下游地下水补给减少,水位降低,已发生大片退化以致死亡,尤以安西的桥子及双塔灌区为甚。该流域由于灌溉农业的迅速发展,农业绿洲植被已成为走廊平原区的重要植被生态系统。

3.2　社会经济概况

3.2.1　人口及其分布

疏勒河流域在行政区划上共涉及 2 市 1 县,包括玉门市、敦煌市和瓜州县。研究区 2020 年总人口 47.83 万人(城镇人口 28.92 万人、农村人口 18.91 万人)。其中,玉门市总人口 15.57 万人(城镇人口 7.99 万人、农村人口 7.58 万人);敦煌市总人口 18.07 万人(城镇人口 10.67 万人、农村人口 7.40 万人);瓜州县总人口 14.19 万人(城镇人口 4.51 万人、农村人口 9.68 万人)。

3.2.2　国内生产总值

2020 年疏勒河流域国内生产总值为 391.13 亿元,其中玉门市为 189.29 亿元、敦煌市为 113.72 亿元、瓜州县为 88.12 亿元。

3.2.3　工业生产

2020 年流域工业增加值为 195.33 亿元,其中玉门市为 130.10 亿元、敦煌市为 29.54 亿元、瓜州县为 35.69 亿元。

3.2.4　农牧业生产

疏勒河流域 2020 年总耕地面积 221.91 万亩,粮食作物播种面积 170.29 万亩,粮食总产量 15.39 万 t;农田有效灌溉面积 193.52 万亩,农田实灌面积 193.52 万亩,林草面积 32.10 万亩;存栏大牲畜 8.91 万头。

3.3　水资源利用现状

3.3.1　水利工程建设现状

截至 2020 年底,全流域共有水库 3 座,其中大(2)型水库 2 座、中型水库 1 座,总库容 4.72 亿 m^3;已建成总干、干渠 17 条,总长度 445.86 km;支干渠 11 条,总长度 116.77 km;支渠 97 条,总长度 1 467.53 km;斗渠 619 条,总长度 1 105.07 km;农渠 6 247 条,总长度 2 950.40 km。

3.3.2 现状用水与耗水

3.3.2.1 现状用水

2020年流域总用水量15.51亿m^3,其中工业用水量0.65亿m^3,占总用水量的4.19%;农田灌溉用水量9.04亿m^3,占58.28%;林草渔畜用水量0.88亿m^3,占5.67%;城镇公共用水量0.07亿m^3,占0.45%;居民生活用水量0.21亿m^3,占1.35%;生态环境用水量为4.66亿m^3,占30.05%。疏勒河流域农田灌溉用水明显偏高,导致流域工业及生活用水比例明显偏低。

3.3.2.2 现状耗水

2020年流域总耗水量8.29亿m^3,其中农田灌溉耗水量6.60亿m^3,林牧渔畜耗水量0.61亿m^3,工业耗水量0.23亿m^3,城镇公共耗水量0.04亿m^3,居民生活耗水量0.12亿m^3,生态环境耗水量0.69亿m^3。

3.4 灌区基础设施改造建设

3.4.1 水库工程改造

3.4.1.1 昌马水库

昌马水库工程于2001建成并投入运行,总库容1.94亿m^3,兴利库容1.0亿m^3,是一座以农业灌溉为主兼顾工业供水、结合水力发电等的大型水利枢纽工程。工程主要由拦河大坝、泄洪排沙洞、溢洪道、输水发电洞和发电厂房等建筑物组成。水库存在的几处破损问题,已经列入《昌马水库坝后电站水毁修复工程实施方案》项目。

3.4.1.2 双塔水库

双塔水库工程于1958年始建,1960年3月建成蓄水,水库原设计总库容2.4亿m^3,其中兴利库容1.2亿m^3。水库先后经过4次除险加固,第4次除险加固于2016年12月开工,除加固坝体外,还加大了泄洪能力。现状运行存在的主要问题是库容泥沙淤积严重,从2005年起,平均每年淤积250万m^3,水库的调蓄能力逐年大幅度降低。

根据2005年9月双塔水库库容曲线测绘成果,双塔水库死水位1 317.5 m以下库容全部淤满,坝前淤积高程达到1 319.0 m。根据2017年9月双塔水库库容曲线测绘成果,坝前淤积高程已达到1 323.0 m左右。如维持水库的特征水位不变,2017年双塔水库总库容为11 846万m^3,其中死库容接近淤完、兴利库容7 221万m^3、调洪库容10 775万m^3,总库容由于泥沙淤积减少了原设计库容的51%,兴利库容减少了原设计兴利库容的40%。

2005—2017年的12年中,双塔水库库内总淤积量2 933万m^3,平均每年淤积量244.4万m^3,若按此年淤积量,推算水库运行至2025年,库内淤积量再增加约2 000万m^3,水库的调蓄能力大幅度降低,兴利库容减少至5 221万m^3。经初步水库兴利调节计算(见表3-1),如遇径流平水年,2025年双塔灌区用水高峰期7月、8月缺水量分别为3 688万m^3、2 430万m^3,而12月至次年2月水库弃水量较大,水库的调蓄库容不满足双塔灌区供水要求。因此,对双塔水库进行清淤,增加水库的兴利库容是十分必要的。根据兴利调节计算成果,初步规划双塔水库清淤 1 000 万 m^3,此外 7 月和 8 月用水高峰期可利用三道沟专用输水渠向双塔水库输水,以满足下游用水需求。

表 3-1　P=50%平水年双塔水库径流调节成果　单位:万 m^3

月份	坝址来水量	用水量	水库蒸发渗漏损失	总用水量	来水-用水	月末水库蓄水量	各月缺水量	各月弃水量
3	3 990	3 064	272	3 335	926	5 221	0	926
4	3 153	4 353	469	4 822	-1 200	4 021	0	0
5	2 297	2 700	695	3 395	-403	3 618	0	0
6	1 594	5 651	0	5 651	-4 057	0	439	0
7	3 961	7 649	0	7 649	-3 688	0	3 688	0
8	2 361	4 791	0	4 791	-2 430	0	2 430	0
9	2 743	1 049	137	1 186	1 694	1 694	0	0
10	1 757	1 038	171	1 209	719	2 413	0	0
11	3 083	0	94	94	3 083	5 221	0	275
12	2 628	0	56	56	2 628	5 221	0	2 628
1	2 358	0	52	52	2 358	5 221	0	2 358
2	2 164	0	102	102	2 164	5 221	0	2 164
合计	32 089	30 295	2 048	32 342	1 794		6 557	8 351

双塔水库清淤区分为坝前和库中-库尾两个区域,坝前清淤区考虑采用水力清淤模式;库中-库尾清淤区结合水库运行水位及淤积治理规划方案,采用挖掘机干挖和普通挖泥船绞吸的方式进行。

3.4.1.3　赤金峡水库

赤金峡水库始建于 1959 年,曾先后 3 次扩建加高,2002 年为了彻底解决大坝的安全隐患,对大坝坝体局部进行防渗处理,并完善大坝基础设施,使赤金峡水库整体面貌有了大的改观。水库总库容 3 878 万 m^3,兴利库容 2 118 万 m^3。

现状水库中,昌马水库存在的问题不大,已经列入相关项目进行改造;双塔水库、赤金峡水库主要存在淤积问题,赤金峡水库因为淤积较轻,可以通过合理调度运行、加大汛期排沙等方式,解决淤积问题;双塔水库为疏勒河下游的平原水库,淤积严重,又难以通过排沙等方式减轻淤积,故仅对双塔水库清淤。

3.4.2　骨干渠道提升改造工程

疏勒河灌区经多年运行,现状骨干渠系较为完整,渠系布置基本合理。昌马灌区、双塔灌区经过大型灌区续建配套项目和《敦煌水资源合理利用与生态保护综合规划》项目的改造,渠系衬砌完好率有了大幅提升,但仍有部分渠道未得到改造提升;花海灌区自灌区建成运行至今，骨干工程改造项目很少，现状渠道破损较严重。经统计，疏勒河灌区现状骨干渠道衬砌完好率约为60%，与现代化灌区建设标准还存在一定差距。

规划在维持现有渠系布置、走向不变的前提下，对灌区骨干渠道未衬砌段进行衬砌，衬砌破损段进行改造，提高渠系水利用系数，达到灌区现代化骨干渠道衬砌完好率标准95%。

3.4.2.1　改造任务

规划疏勒河灌区改造骨干渠道总长度425.733 km，其中改造总干渠53.06 km、干渠137.123 km、分干渠23.33 km、支渠186.7 km、分支渠25.52 km，改造各类渠系建筑物共计836座。其中昌马灌区改造骨干渠道总长223.46 km，改造总干渠24.96 km、干渠47.52 km、分干渠23.33 km、支渠102.13 km、分支渠25.52 km、改造各类渠系建筑物共计427座；双塔灌区改造骨干渠道总长128.121 km，改造干渠69.379 km、支渠58.742 km，改造各类渠系建筑物共计61座；花海灌区改造骨干渠道总长74.152 km，改造总干渠28.1 km、干渠20.224 km、支渠25.828 km，改造各类渠系建筑物共计348座。疏勒河灌区骨干工程改造任务见表3-2。

表3-2　疏勒河灌区骨干工程改造任务统计

区名称	序号	渠道名称（条数）	渠道		渠系建筑物	
			总长/km	规划改造长度/km	现状/座	改造/座
昌马灌区	1	总干渠（2条）	74.535	24.96	136	22
	2	干渠（5条）	110.988	47.52	214	13
	3	分干渠（10条）	109.288	23.33	345	54
	4	支渠（52条）	252.173	102.13	935	222
	5	分支渠（18条）	66.167	25.52	266	116
	6	小计	613.151	223.46	1 896	427
双塔灌区	1	总干渠（1条）	32.613		22	0
	2	干渠（3条）	109.049	69.379	318	1
	3	分干渠（2条）	18.289		54	4
	4	支渠（27条）	115.821	58.742	551	37
	5	分支渠（3条）	10.374		135	19
	6	小计	286.146	128.121	1 080	61
花海灌区	1	总干渠（3条）	81.017	28.1	116	150
	2	干渠（3条）	22.764	20.224	69	69
	3	支渠（13条）	54.95	25.828	656	129
	4	小计	158.731	74.152	841	348

续表 3-2

区名称	序号	渠道名称（条数）	渠道		渠系建筑物	
			总长/km	规划改造长度/km	现状/座	改造/座
疏勒河全灌区	1	总干渠(6 条)	188.165	53.06	274	172
	2	干渠(11 条)	242.801	137.123	601	83
	3	分干渠(12 条)	127.577	23.33	399	58
	4	支渠(92 条)	422.944	186.7	2 142	388
	5	分支渠(21 条)	76.541	25.52	401	135
	6	合计	1 058.028	425.733	3 817	836

3.4.2.2　渠道提升改造思路

规划在维持现有渠系布置、走向不变的前提下，根据现状渠道的具体破损原因，拟定合理的改造方案。通过本次骨干工程的提升改造使灌区骨干渠道的衬砌完好率达到95%以上，整体提高灌区渠系水利用效率，进而实现灌区灌溉水利用系数目标。

昌马新、旧总干渠初步采用套衬方案；双塔广至干渠及北干渠初步采用混凝土矩形座槽改造结构；花海总干渠初步采用重建的方案，部分渠段渠道需要调整高程；其他分干渠、支渠、分支渠大部分采用拆除重建的改造方案。

支渠改造中考虑到部分支渠渠基属冻胀性土和盐渍土，为提高渠道抗冻胀及抗盐胀性能，规划采用混凝土无压埋管的改造方案，能够减少渗漏与蒸发损失，提高水利用系数，减少渠道占地，输水快速，缩短灌溉周期等，规划拟选取 50%比例的支渠工程采用混凝土无压埋管的改造方案。

3.4.3　田间节水改造

3.4.3.1　田间节水发展方向

高标准农田是现代农业的重要基础，是农业综合生产能力的重要体现，自 2014 年开始连续出现在中央一号文件中，在 2018 年两会上，时任总理李克强提出：新增高标准农田8 000 万亩以上、高效节水面积 2 000 万亩。2017 年 2 月，经国务院同意，国家发展改革委、财政部、国土资源部、水利部、农业部、中国人民银行和国家标准委等 7 部门联合印发了《关于扎实推进高标准农田建设的意见》（发改农经〔2017〕331 号），指出，高标准农田建设要以确保谷物基本自给、口粮绝对安全和保障重要农产品有效供给为目标，以提升农业综合生产能力为主线，以永久基本农田保护区、粮食主产区和重要农产品生产保护区为重点，建立健全协调推进机制，加强资金整合，加大投入力度，提高建设标准，充实建设内容，加强建后管护，切实抓好高标准农田建设和管理。扎实推进高标准农田建设，对发展疏勒河灌区现代化、确保河西走廊粮食安全生产和重要农产品有效供给、推进乡村振兴战略、加快城乡一体化，具有重要意义。

1. 完善农田灌排工程体系

规划期末灌区具备完善的农田灌排工程体系,渠、沟、田、林、路综合配套升级,满足农业机械化、集约化和现代化生产要求。具体布局如下:

(1)规划对渠灌面积优先实施激光平整小畦灌溉,对于玉米、枸杞和棉花等宽行距的中耕作物适当开展沟灌,节水灌溉面积达到灌区总面积的90%,田间水利用系数达到0.90以上。

(2)田间渠道及配水、分水建筑物完善,配套率达到98%以上,灌水顺畅及时。

(3)排水工程健全,农田排涝标准达到10年一遇以上,能有效调节和控制农田水分状况,避免作物遭受涝渍灾害,防止土壤盐碱化。

(4)田间工程布局合理,配套齐全;农田平整、田块规模适中;单条支渠控制面积种植作物多样化,灌水技术先进合理,能适时适量为作物提供所需水分,保证农业稳产高产,优质高效。

(5)田间道路、防护林带与灌排渠沟协调布置。

2. 大面积实施高标准农田节水灌溉

结合土地经营权流转发展多种形式适度规模经营、改造小块插花地、提升灌区农业集约化、现代化、智能化水平,开展灌区高标准农田建设,大面积推广高效节水灌溉。结合疏勒河灌区的水土资源条件、骨干工程设施、区域经济条件等因素,在统筹兼顾的条件下,集中连片,逐步推进高标准农田节水灌溉项目,首先在饮马农场、黄花农场和小宛农场大面积实施,作为高标准农田建设的示范区,其后结合土地流转政策在灌区其他村、协会推广实施。至2025年,高标准农田节水灌溉面积占比30%,2035年占比60%以上。

3. 推广水肥一体化技术

在管灌、微灌高效节水灌溉面积集成推广水肥一体化,集成应用全程农药减量增效技术,实现灌区化肥、农药施用量零增长目标,有效控制农业面源污染,将疏勒河灌区建设成为环境友好型的生态灌区。

3.4.3.2 高标准农田建设

1. 高标准农田建设内容

高标准农田建设主要包括以下内容:土地平整、土壤改良、灌溉与排水、田间道路、农田防护与生态环境保持、农田输配电及田间监测系统。

1)土地平整

改造小块插花地,去除田埂,进行土地平整,田块连片成为1 000亩以上的大条田。平地作业先采用常规机械平地技术进行粗平,再应用激光控制平整技术进行精平,之后每2~3年平整一次。田面平整过程中充分保护和利用原有耕地的熟化耕作层,平整前进行表土剥离,平整后还原铺平。

2)土壤改良

疏勒河灌区内部分土壤次生盐碱化程度较高,盐土的改良规划以水利、农业、生物措施相结合,综合治理,在改良的不同阶段,应各有所侧重、因地制宜。

3)灌溉与排水

2025年通过骨干各级渠道提升改造,50%的支渠实现管道化,大幅度提高骨干渠系水利用系数。现状田间渠灌面积占比 91%，目前的田间节水措施还是以斗农渠衬砌的渠道常规节水为主，田间水利用系数约 0.88，田间水资源利用效率偏低。至 2025 年部分田间渠道实现管道化，田间修建调蓄水池发展大田滴管、移动式管灌等高效节水灌溉，通过高效节水建设实现农业的规模化种植，进一步提高土地集约化程度，建立定时、定量、定点精准控制灌溉的高效用水技术体系。渠灌面积大力推行小畦灌溉、沟灌等地面节水灌溉，田间水利用系数提高至 0.90。通过以上措施大幅度提高农业灌溉水资源利用效率。

4）田间道路

现状田间存在机耕道、跨渠农桥等基础设施配套不完善的现象，规划对缺失的路、桥进行建设完善。规划期末田间道路通达率在 0.9 以上，桥涵配套率 100%。田间道路面采用混凝土、沥青硬化措施，路面宽 3～6 m，满足农业机具通行、运输、作业需要，与周边道路、村庄相连接，方便生产生活。

5）农田防护与生态环境保持

根据因害设防原则，疏勒河灌区常年多风沙，应全面规划、综合治理，与田块、沟渠、道路等工程相结合加强农田防护林网建设，有效保护高标准农田耕地面积。

6）农田输配电

建设为调蓄水池加压泵站、机井、微灌首部、自动化闸门等信息化工程等提供电力保障所需的输电线路工程和变配电装置，符合电力系统安装与运行相关标准，保证用电质量和安全。

7）田间监测系统

智能化、自动化控制系统在现代农业，特别是高效节水灌溉方面的实际应用尤为重要，通过这一技术的应用，实现实时水压调节，远程监控并控制阀门、电机启停，满足用户对灌溉过程中监控、灌溉质量分析和灌溉工艺改进的需求，从而达到灌溉、分析等过程的自动化运作，实现社会效益和经济效益的双丰收。结合灌区农业从业人口逐步减少、人力资源费用增加的现状，采用智能化控制灌溉技术，探索适宜于疏勒河灌区特色的节水省工灌溉模式，将灌区建设成为全国大面积推广智能化灌溉的高标准农田示范区。

2. 实施水肥一体化技术

规划期末灌区高效节水灌溉面积全部实施水肥一体化，在管灌、微灌首部设置施肥罐，结合管道灌溉系统，将可溶性固体肥料或液体肥料配兑而成的肥液与灌溉水一起，均匀、准确地输送到作物根部土壤。采用灌溉施肥技术，可按照作物生长需求，进行全生育期需求设计，把水分和养分定量、定时按比例直接提供给作物。

水肥一体化技术是将灌溉与施肥、施药融为一体的农业新技术，具有“三节”（节水、节肥、节能）、“三省”（省工、省力、省心）和“三增”（增产、增收、增效）的良好效果，是发展灌区现代化的关键技术之一。

3. 农艺节水措施

灌区以实施田间工程节水措施为重点，并规划大力推行土壤培肥、农艺措施和农业机械化作业。持续开展土壤培肥，强化农业科技支撑，加快推广土壤有机质提升、测土配方施肥等地力培肥技术；全面推广覆盖保墒技术、垄沟栽培、深耕中耕技术和保水技术等农艺节水措施。充分挖掘农业节水增产潜力，着力提高单位面积产量，促进优质、高效、高产农业发展,提高农田水分利用率。

3.4.4 灌区排水改造工程

3.4.4.1 排水系统改造的原则

为满足现代化灌区对防洪、排渍、防治耕地盐碱化的需要,保证灌区排水畅通,对灌区排水体系进行改造十分必要。排水系统改造要满足以下原则:对现有干沟及主要支干沟道进行清障及清淤、理顺河势,按照斗沟 3 年全面维修一次、支沟 4 年全面维修一次、干沟 5 年全面维修一次的标准进行;对 50%的干沟、支干沟进行全面维修,对 80%的干沟的下级沟道进行全面维修;维持原沟道布置,对沟道进行清淤、修复,对损坏的建筑物进行维修改造;工程以排水沟道治理为重点,同时配套治理段支斗沟尾水工程,完善排水系统。

3.4.4.2 工程布局

疏勒河灌区由昌马、双塔、花海 3 个子灌区组成,已形成的干、支、斗、农沟排水体系,局部区域各级沟道坍塌淤积严重,排水不畅;排水沟挖深不够,起不到降低地下水位的作用;灌区排水改造工程维持现有排水体系布局,重点结合灌区盐碱地改造,对尚未整治的骨干排水沟道进行综合整治疏通,满足灌区除涝、排渍等需要。

3.4.4.3 工程建设内容

昌马灌区规划整治排水沟道 25 条,长 460 km,其中清淤沟道 25 条,长 460 km,草皮护坡 460 km。双塔灌区规划整治排水沟道 1 条,长 3 km,其中清淤沟道 1 条,长度 3 km,草皮护坡 3 km。花海灌区规划整治排水沟道 4 条,长 30 km,其中清淤沟道 4 条,长度 30 km,草皮护坡 30 km。改造配套建筑物 22 座。

3.4.5 灌区安全体系建设

3.4.5.1 防洪安全

防洪减灾体系是保障疏勒河流域内经济社会稳定安全、减少洪涝灾害损失的重要基础,规划以进一步完善 3 座水库联合调度为核心,完善建设各沟道防洪设施和预警机制为基础的流域统一指挥调度的防洪体系。对河道主流摆动较大可能造成危害的河段,采用堤防、丁坝等工程设施,使其相对稳定,部分过窄或淤积段,疏浚河道;渠道引水段,加强渠道防洪,对山前洪水对流域内的渠道、灌区及居民点防洪,应采取因势利导、防治与疏导结合,尽量利用天然低洼和浅滩作为滞洪区,对重点地段可堆土或建砂砾石堤,进行疏、挡联合治理。在汛期河源来水量大的时期,周密计算、制订合理的调度计划,充分考虑洪水,利用汛期向西湖自然保护区排放生态水。确保流域内水库、水利工程、河道、堤防的度汛安全,全面提高水旱灾害防御能力,有效地减少戈壁局地暴雨洪水冲毁水利工程造成的危害。

健全疏勒河流域防洪安全体系,规划一方面加强工程措施建设,开展流域内防洪工程建设,提高灌区内防洪能力。另一方面是加强非工程措施建设,制订、完善防汛应急预案,提高预测、预报、预警和调度的水平;建立洪水管理制度,制定合理的洪水风险控制目标和规避洪水风险的措施;加强河道管理,建立长效管理机制;建立和完善抢险救灾网络,提高抢险救灾工作的快速反应能力。

1. 防洪工程

疏勒河流域重点防洪工程有昌马、双塔、赤金峡 3 座水库和灌区内昌马渠首引水枢纽、双塔灌区西湖片北河口取水枢纽、昌马新旧总干渠、双塔总干渠、疏花干渠、花海新旧总干渠等重点骨干水利工程设施。到规划水平年 2025 年,完成流域内主要河道、沟道防洪治理,完善灌区引水、排水设施,建设完成主要干支渠防洪工程,建筑物防洪达到相应标准要求。

规划新建和维修防洪堤 70 km、排洪沟 4 km、排洪渡槽 43 座、排洪涵管 5 座。其中,昌马灌区新增防洪堤 7 km,加高及维修防洪堤 8 km,拆除重建昌马旧总干渠排洪渡槽 5 座、新增排洪涵管 1 座;双塔灌区新建总干渠防洪堤 33 km,总干渠和南干渠及广至干渠新增排水沟 4 km,总干渠新建跨渠排洪渡槽 6 座,西湖所新增排洪涵管 2 座;花海灌区加高及维修疏花干渠渠旁防洪堤 22 km,新建跨渠排洪渡槽 3 座,维修跨渠排洪渡槽 29 座,新增疏花干渠排洪涵管 2 座。

根据需防护渠道级别确定洪水标准,新建防洪堤设计采用梯形断面土堤结构,顶宽 2.5 m,迎水面根据现场料源采用 20 cm 厚混凝土或 30 cm 厚砌石;排洪沟设计为梯形砌石渠道,底宽 0.5~5 m 不等,边坡 1∶1.5;排洪渡槽改造分为新建及维修两种,新建排洪渡槽 14 座,维修排洪渡槽 29 座。新建排洪渡槽采用 C25 混凝土衬砌,厚 15 cm,槽宽依据沟道洪水流量确定为 3~25 m,高度 1.5~2.5 m。在排洪渡槽的上下游分别设置长 10 m 浆砌石渐变段,为防止洪水对排洪渡槽的冲刷破坏,下游渐变段末端设置深 3 m 的防冲齿墙,保证建筑物的安全。维修排洪渡槽拆除已剥离的结构后,局部修复或补充缺失部分结构。

2. 防洪预警体系

流域防灾预警体系根据水利防洪减灾总体规划,结合水利部门在山前洪灾沟道布设的防洪预警体系,利用灌区信息化平台,进一步提升信息化水平,健全防洪减灾非工程措施,补充完善现有的山洪灾害监测预警系统,流域内形成一套完整的预测、预报、预警能力和应急指挥能力的防洪预警系统,提高全流域防洪减灾能力。

目前流域上游沟道洪灾预警体系尚不完善,洪水监测点少,没有完全建立气象站、雨量站等现有观测系统的联动机制,信息系统尚不具备对后台数据的分析整合的功能。流域和灌区管理中防灾预警和应急指挥、应急响应预案等信息化、自动化程度不高,急需补充完善,提高自动化管理水平和信息应用平台建设。

规划完成疏勒河灌区灾害监测与预警信息化建设项目,实现灌区周边灾害监测与预警系统全覆盖和群测群防体系,建立河、沟道水情测报与地方气象站、雨量站的数据综合分析系统,及时预测山洪灾害发生的时间、地点和情况等,提高监测范围与监测水平。建立与省市及酒泉、玉门、瓜州等地方防汛部门的山洪预警系统的信息共享和联动机制,完善应急响应机制和预案,提高防灾预警水平和灌区整体防灾减灾能力。

3.4.5.2　安全防护工程

灌区防护工程建设薄弱,站在珍惜生命、和谐发展的高度,进一步增强社会责任感,转变思想观念,充分认识加强渠道工程安全运行管理工作的重要性。坚持预防为主,综合治理,积极加快灌区安全防护设施建设,有效提高灌区安全防护水平。主要措施包括:①落实区段管护责任,建立管护长效机制。实行划段包干巡护,加大水政执法力度,促进灌区安全防护。②利用媒体广告、印发传单、出动宣传车辆等方式,大力开展安全宣传活动,提醒沿渠群众增强安全防范意识,同时各灌区要在骨干渠道内分段设置救生绳索、救生杆等设施,增添落水逃生设施。③针对安全防护任务重、范围广的实际,按照“应防尽防”原则,编制了渠道防护实施规划。④遴选设计方案,确定采用合理的渠道防护栏类型。按照灌区渠道安全防护工程建设规划,有力有序地推进此项工作,为建立渠道安全防护长效机制奠定更加坚实的基础。

1. 防护工程规划

按现代化灌区建设要求,为运行管理方便,规划实施建设渠旁道路 265 km,其中混凝土路面 225 km,砂石路面 40 km。

为保障渠道工程安全运行和人民生命财产安全,满足现代化灌区水利安全管理的要求,规划实施渠道防护及建筑物防护长度 125 km。根据防护对象不同及现场实际情况,分别采用钢波形、混凝土、混凝土钢管、绿篱等护栏。规划实施警示牌 140 个、标识桩 400 个,均采用大理石材料。

2. 水利工程运行安全保障体系

一是加强工程运行管理。坚持“安全第一、预防为主”的方针,健全和落实水利安全生产责任制,制定和完善行业安全生产规章制度,建立安全生产考核制度和指标体系,严格遵守水利设施安全技术操作规程,完善安全生产事故应急预案,落实好各项防范措施。二是强化安全生产监管。要立足当前,做好监督检查、专项整治等工作,及时消除安全隐患;要着眼长远,推动安全文化、法制、责任、科技、投入的落实,建立安全生产长效机制。三是制定和完善应对地震等各种应急预案,建立防、控、治三位一体的安全保障体制和应急应变机制,提高应对各种突发事件的预测能力和应急处理能力,把危急事件所造成的损失降到最低。

3.5 生态建设

3.5.1 灌区生态建设

3.5.1.1 构建生态灌区

1. 生态型渠道衬砌

结合标准农田化的建设,田间逐步推广管道化和生态化,生态型渠道衬砌材料采用环保型绿色植被混凝土、无沙大孔隙混凝土,以利于植被生长。衬砌技术方面,只对渠道最高水位线以下的断面进行混凝土衬砌,最高水位线以上部分种植人工草皮。对于灌区内部的混凝土衬砌渠道,根据实际情况,可选用护坡不护底及复合式衬砌形式,或采用植生型防渗砌块技术、原生态植被防护、三维土工网垫技术等,其原理均是在衬砌渠道内开辟与外界相连的生态通道,形成类似于土渠的生态区域,在提高渠系水利用率的同时重现渠道生机。

2. 明渠暗管排水系统

暗管排水技术是干旱和半干旱地区防止土壤盐碱化的一项重要水利措施，淋洗盐渍土后的含盐水通过暗管集中排到明渠。灌溉、排水、湿地系统的优化调度不仅能够减少农田排水中氮、磷的含量，还能从源头减少农田污染物排放，提高灌溉保证率、水分利用率和粮食产量及保护与修复生态系统。暗管排水装置可与控制排水闸门协作，根据旱作物对地下水降落速度的不同要求，选择启用相应的排水措施，由此实现灌区内地表、地下两种水位的有效控制。

3. 集成应用先进的灌水技术

灌区节水灌溉是一项系统工程，要将农业措施与水利措施相结合、工程措施与非工程措施相结合，实现各种灌水技术的组装、配套与集成。在灌溉模式方面可采用非充分灌溉、调亏灌溉、控制灌溉、间歇湿润灌溉等。节水灌溉使渗漏量和地表排水量减少，土壤通透性增强，抑制了渗漏和地表排水中氮、磷浓度的升高。在灌溉技术方面，采用喷灌、滴灌、渗灌、微灌、膜上灌、波涌灌、膜下滴管等，均有不同程度的节水效果，同时考虑灌区的生态需水量，可充分发挥水资源的经济效益和生态效益。

4. 构建灌区林草生态系统

灌区林草生态系统主要由乔、灌、草及栖息在其中的动植物构成。灌区林草的不同种植模式对生态环境改善的贡献程度不同。林草套种，同时考虑适宜不同地区的树种草种及其生长的相互影响，利用当地充足的光照、便利的灌溉资源，能有效地改善生态。通过对景观斑块均匀性、多样性的构建，使林草生态系统兼具景观价值，提升灌区景观环境，充分发挥各景观斑块的生态功能。

另外，通过在灌区周边、坡面防洪渠道合适的位置，结合防洪滞洪，建设一定的滞洪区，构建湿地生态系统，加强生态环境自净能力和增大其消纳容量，有利于坡面洪水的容纳和利用，也有利于改善灌区周边的生态环境。

5. 搭建智慧型灌区模式

智慧型灌区是以灌区的信息化为基础，强调管理信息系统分析和解决问题的能力。通过对基本原理的理解与运用，能够自动收集、处理、反馈信息，形成对事物发展的前瞻性看法，从而实现对灌区自动、精准、及时地管理。

(1)利用3S技术、通信技术、网络技术等在节水型生态灌区的基础上寻求自动化、信息化、精准化，动态性、实时性，节水、高产、高效，更少人参与，决策更智能的智慧型灌区构建模式是灌区未来发展的方向。

(2)实现农业耕作机械化和工程施工机械化，在工程建设、维修、养护和运行管理中广泛采用高科技，对灌区的基本信息、工程资料等进行管理，建立工情管理系统。

(3)建立信息采集系统，实现灌区水管理的自动化、信息化，保证水利信息网互联互通，实现对灌区各地的雨情、水位、流量及灌区干支渠配水量、灌区土壤墒情、农作物生长情况等信息的自动监测、数据采集、传输和处理。

3.5.1.2　灌区生态治理措施

(1)进行河道整治和疏浚，实现河道畅通；采用自然植被护坡、块石、梢料排体、铅丝石笼或铅丝网垫、混凝土空心块等材料和结构进行生态岸坡治理。

(2)加大污水收集处理及利用的措施。城镇污水处理设施和排水管网统筹建设、协调运行,乡村建立起或集中或分散的污水处理系统。开展沿河企业废污水、村庄生活污水、畜禽养殖污水截管纳污、集中收集处理。

(3)加快完成灌区农村环境综合整治工程项目。加快建设农村垃圾收集转运设施、农村生活垃圾简易填埋场、乡镇生活垃圾卫生填埋场,做到定点存放、定时转运、定点集中处理,规范垃圾处置,改善农村环境卫生。以生活污水处理、生活垃圾处理为重点,综合整治农村水环境,推进美丽乡村建设。

(4)灌区防护林网建设。2016 年农田防护林带总面积 7.93 万亩。其中,昌马灌区 4.37 万亩,双塔灌区 2.71 万亩,花海灌区 0.85 万亩。灌区林草生态系统主要由乔、灌、草及栖息在其中的动植物构成。灌区景观的不同种植模式对生态环境改善的贡献程度不同。林草套种,同时考虑适宜疏勒河灌区的树种、草种及其生长的相互影响,利用当地充足的光照、便利的灌溉资源,能有效地改善生态。疏勒河灌区具有较为完善的灌区防护林,为进一步推动疏勒河绿洲建设,有效保护灌区耕地面积,规划至 2025 年灌区农田防护林带面积扩大约 15%,总面积达到 9.15 万亩。其中,昌马灌区 5.03 万亩,双塔灌区 3.12 万亩,花海灌区 1.0 万亩。防护林现状水平年供水量昌马灌区 1 438 万 m^3,双塔灌区 602 万 m^3,花海灌区 570 万 m^3。2025 水平年供水量分别为昌马灌区 1 653 万 m^3,双塔灌区 692 万 m^3,花海灌区 656 万 m^3。规划结合灌区灌水时间,合理调配水量,分时段对灌区生态林带实施灌水,保障灌区林网生态用水。

3.5.2 流域生态治理

为保证整个疏勒河流域生态平衡、保障区内经济社会的可持续发展,疏勒河流域上游应坚持生态保护和建设同步进行,花儿地以上加强河流源头祁连山冰川、湿地资源保护。花儿地至昌马堡现状两岸光山秃岭,植被较差,水土流失较为严重,规划开展封山育林、水源涵养林、水土保持林建设,扩大上游森林植被覆盖率,增强森林水源涵养、水土保持等生态功能,进一步改善流域生态环境。中游冲洪积扇区采取工程措施和生物措施治理水土流失、土地沙化:大面积采取麦草方格,种植抗旱沙生植物,并探索种植戈壁景观性植物、戈壁经济林果树,以经济林和防风固沙植物弥补天然植被的不足,建立有效的人工生态体系,营造良好的防风固沙屏障,提高区域戈壁旅游景观收益及经济效益。中下游灌区应进一步建设完善的灌区防护林带。

3.5.2.1 加强上游水源涵养

上游区域生态环境较好,植被覆盖率较高。近年来,玉门市加大水土流失治理力度,项目建设和水土保持措施有效实施,乱挖乱填乱倒现象逐步得到遏制,建设项目区扰动造成的水土流失得到治理,植被逐步恢复,局部水土流失得到了遏制。

疏勒河上游自然风貌基本没有被人为干扰和破坏,水源涵养条件较好,规划在上游加强水土保持建设,增强水源涵养能力。水土保持依靠相关市县,根据对应的水土保持项目和投资渠道,上游的水源涵养工程需要与林业部门共同建设。

采用法律、政府行政手段遏制上游砍伐树木行为,大力开展节约用水行动,及时对防护林进行生态用水灌溉,恢复和重建已退化和受损的湿地,开展植树造林、退耕还草,建立人工湖,改善生态环境。

3.5.2.2　保障特定生态区域的生态供水

疏勒河灌区周边有国家级、省级自然保护区 3 个,分别是从昌马供水的桥子生态湿地,双塔水库供水的甘肃敦煌西湖国家级自然保护区,花海下游的干海子湿地。其中,桥子生态湿地有专门的供水工程,年供水量 1 200 万 m^3;甘肃敦煌西湖国家级自然保护区从双塔水库下泄生态水量 7 800 万 m^3;北石河湿地年供水量不定,花海灌区多余水量全面汇集后补充北石河湿地。另外,灌区内部的疏勒河干流下游沿岸有成片的胡杨、红柳等生态植被,受疏勒河水量的滋润,生态状况良好。

根据《敦煌水资源合理利用与生态保护综合规划》,甘肃敦煌西湖国家级自然保护区规划从双塔水库断面下泄 7 800 万 m^3,沿疏勒河河道补给,确认的生态目标所需的水量列入年度生态用水计划保证供给。通过增加和保障供给下游生态水量,恢复甘肃敦煌西湖国家级自然保护区湿地面积,使区域地下水位稳步回升,提高区域自然植被的覆盖率,区域自然生态环境得到较大改善。

3.5.2.3　合理开采地下水

根据区域水资源供需情况和地下水开发利用状况,对不同水平年地下水资源进行合理配置,严格控制灌区地下水位变化在一个合理的范围内,避免地下水位过高造成的次生盐碱化和地下水位过低造成的土地沙漠化。对目前开采过度的区域,逐步减少开采量;对地下水位过高,导致次生盐碱化等灾害严重的地区可适度增加地下水开采量。到规划 2035 年,疏勒河区域目前超采的地下水得到退减,使地下水得到修复与涵养。

在灌区内完善灌区地下水位动态监测设施,严格控制地下水开采量,加强盐碱地治理,进一步提升水资源水环境承载能力。

3.5.3　美丽乡村建设

3.5.3.1　统筹山水林田湖草沙系统治理

落实国家生态安全屏障综合试验区各项部署,推进灌区周边自然保护区建设与管理,扎实做好祁连山国家公园体制改革试点。抓好山水林田湖草沙系统治理,深入推进天然林保护、三北防护林、新一轮退耕还林还草、退牧还草、野生动植物保护、防沙治沙、草原治理和湿地保护修复等重点生态工程,建立成果巩固长效机制。开展国土绿化行动,推进荒漠化、水土流失综合治理。实施耕地质量保护与提升行动,扩大耕地轮作休耕试点。实行水资源消耗总量和强度双控行动。开展河湖水系连通。推行市场化多元化生态补偿机制,增加农业生态产品和服务供给。

3.5.3.2　大力发展绿色循环农业

优化农业种植、养殖结构,大力推行高效生态循环种养模式。落实农业功能区制度,加大废弃农膜回收利用,充分利用农作物秸秆和畜禽粪污及农业有机废弃物,加工生产饲料、有机营养枕和有机肥,实现种养结合、农牧互补和资源的循环利用,推进农户小循环、企业中循环和区域大循环良性互动。加强农村水环境治理和农村饮用水水源保护,实施农村生态清洁小流域建设和农村河塘清淤整治,深入落实河长制。加强土壤污染监督和农业面源污染防治,严禁工业和城镇污染向农业农村转移,杜绝受污染的农产品流向市场。搞好水生态环境的保护,加强农村环境监管能力建设,落实县乡两级农村环境保护主体责任。

3.5.3.3 集中整治农村人居环境

以建设美丽宜居村庄为导向,以农村垃圾、生活污水治理和村容村貌为重点,开展农村人居环境综合整治。制订全省农村人居环境整治三年行动计划,创新投资方式,推进乡村山水林田路房整体改善,持续推进美丽乡村建设,进一步深化建设内涵、提高建设标准、健全管护机制、搞好经营开发。扎实推进全域无垃圾三年专项治理行动,集中解决农村道路难行、院落破旧、垃圾乱堆、人畜混居等突出问题。启动"厕所革命"三年计划,开展农村改厕、改水、改灶、改暖、改圈等专项整治,采取城乡统筹、打包打捆等办法,有条件的地方引进专业环保公司参与治理。开展乡村公益设施村民共管共享,实现村民自治与管护相结合。强化新建农房规划管控,加强"空心村"服务管理和改造。

以建成"生态良好、环境优美、整洁卫生"的幸福家园为目标,对美丽乡村示范村,推进污水集中处理设施建设,配足配齐封闭式垃圾桶、垃圾运输车等设施,定期统一收集和处理生活垃圾、农业废弃物及生活污水,结合土壤污染防治行动,控制畜禽养殖污染、农业面源污染,严禁环境卫生不达标区域新建、扩建规模化畜禽养殖区域,对粪便实行无害化处理,推行无害化卫生厕所。

对一般乡村,重点整治生活垃圾、农业废弃物等卫生问题,定期组织、动员开展乡村卫生清洁工作。

对灌区渠道垃圾定期进行集中清理,建设清洁灌溉渠道;推进乡村美化绿化,有条件地在通村道路两侧进行绿化。

3.6 生态保护

3.6.1 水资源保护

3.6.1.1 严格水功能区监督管理措施

根据水功能区确定的河流水域纳污容量和限制排污总量,落实污染物达标排放要求,严格控制入河湖排污总量。

3.6.1.2 强化水资源承载力刚性约束措施

落实最严格水资源管理制度考核工作和双控指标,到 2025 年完成疏勒河流域水资源、水环境承载能力评价。

3.6.1.3 加强水环境监测

在现有监测能力和常规监测项目的基础上,进一步规范水功能区、入河排污口、饮用水水源地的常规监测,加强监测能力建设,完善监测站网建设、实验室建设(改造)、仪器设备建设、自动监测站建设和人员队伍建设。加强水功能区监测断面水质监测监管,确保水质达标,灌区范围内涉及的水功能区水质达标率达到 100%。

3.6.1.4 强化水环境治理管理措施

划定水环境治理网格,建立水环境治理信息上报平台,线上受理举报,线下及时处理,探索水环境风险评估办法和预警预报机制。

3.6.2　水域岸线管理

(1)有序推进水域岸线确权划界。严格水域岸线等水生态空间管控,依法划定保护区、保留区、控制利用区和开发利用区,并提出分区管控要求,加强管控。逐步确定管理范围内的土地使用权属,建立范围清晰、权属明晰、责任落实的河道管理保护责任体系。

(2)编制岸线保护与利用规划。确定河湖水域岸线保护利用规划编制主体,落实编制经费、人员,按时间节点完成规划并审查印发。

(3)侵占河道整治。加强涉河建设项目审批管理,加大乱占滥用河湖岸线行为的处罚力度。通过在河洪道边缘地带建立警示牌,对村民进行宣传教育,组织专人定期检查,对农村河洪道内乱倒生活垃圾、建筑垃圾等行为进行严肃查处。

(4)建成结构完整的河道堤防,对河道进行治理。

3.6.3　水污染防治措施

加大水污染防范治理力度,大力推进水生态环境保护与修复,建立水环境监测预警机制,加强对水环境的监督与管理,不断提高水环境质量。

3.6.3.1　加大水污染预防与治理力度

以疏勒河干流为重点,深入开展流域主要河道及县乡河道的综合整治,结合县、乡(镇)的污水处理设施配套,提高尾水排放标准,加强配套管网的改造与建设,提高污水收集处理效率。完善县、乡(镇)、村生活垃圾处理设施,逐步实现生活垃圾集中收集全覆盖。结合“美丽乡村”“生态家园”“清洁小流域”建设,加强农村面源污染防治,以集中处理和分散处理相结合的方式,健全垃圾收运系统。

3.6.3.2　减少农业面源污染

加大灌区农业面源污染治理力度,强化灌溉退水管理,通过设置植物缓冲沟、生态截留沟和人工湿地等方式,改善灌溉退水水质,削减农业面源污染。大力发展绿色产业,积极推广现代循环农业、生态农业、有机农业,逐步建立农业面源污染监测体系,减少面源和内源污染。

以提高土壤环境质量为核心,按照国家统一部署,根据省、市要求落实好全国第二次土壤普查工作,积极争取国家农业部门耕地修复的政策支持,加大有机肥生产企业的政策扶持力度,鼓励农民及各农业经营主体增施有机肥,以保障农产品质量和人居环境安全为出发点,以农用地、产业园区为重点区域,坚持预防为主、保护优先、风险管控,实施分类别、分用途、分阶段治理,促进土壤资源永续利用。到 2025 年,土壤环境污染的趋势得到改善,土壤环境质量总体保持稳定,农用地和建设用地土壤环境安全得到基本保障,土壤环境风险得到基本管控。到 2035 年,土壤环境质量稳中向好,农用地和建设用地土壤环境安全得到有效保障,土壤环境风险得到全面管控。土壤污染防治由国土部门管辖,规划统一要求,各部门对应防治,综合治理。

3.6.3.3　入河排污口监控和整治的措施

加强入河排污口监测监控,加大偷排直排行为的处罚力度,督促工业企业实现废污水处理。排污口水质达标排放;所有入河排污口均有监管与控制,规模以上入河排污口设置规范,须登记批复,排污量和污水水质记录在案。

3.6.3.4 加强水环境监测预警机制

在现有监测能力和常规监测项目的基础上,进一步规范水功能区、入河排污口、饮用水水源地的常规监测,加强监测能力建设,完善监测站网建设、实验室建设(改造)、仪器设备建设、自动监测站建设和人员队伍建设。

3.6.4 提高大气环境质量

以提高大气环境质量为核心,以保障人民群众身体健康为出发点,以能源产业结构调整、秸秆焚烧污染防控、城乡扬尘污染防控、机动车排气污染整治等为突破口,倡导绿色低碳的生产生活方式,提高灌区大气环境质量。

3.7 小 结

(1)从地理位置、地形地貌、气候条件、河流水系、土壤和植被方面概括了流域自然地理特征;从人口及其分布、国内生产总值、工业生产、农牧业生产方面概括了流域社会经济概况;从水利工程建设现状和现状用水与耗水概括了流域水资源利用现状。

(2)从水库工程改造、骨干渠道提升改造、田间节水改造、灌区排水改造和灌区安全体系建设方面论述了灌区基础设施改造建设情况;从灌区生态建设、流域生态治理和美丽乡村建设方面论述了灌区生态建设情况;基于水资源保护、水域岸线管理、水污染防治措施和提高大气环境质量方面论述了灌区生态保护状况。

第 4 章　流域现代化灌区信息化建设关键要素及架构研究

4.1　灌区信息化建设目标

以《全国水利信息化规划（“金水工程”规划）》《水利信息化顶层设计》《甘肃省水利信息化顶层设计》为指导，充分利用疏勒河灌区经多年探索建设而积累的灌区信息化基础设施和建设经验，按照“一张图、一个库、一门户、一平台、一张网”的水利信息化建设要求，在现有疏勒河干流水资源监测和调度管理信息系统的基础上，通过完善、拓展、升级，建设满足疏勒河现代化灌区要求的信息化体系。以服务疏勒河现代化灌区工作特点、用户需求为导向，融合新技术、新理念，利用物联网、3S、三维虚拟现实、云计算、大数据等先进技术，针对灌区工程管理、灌溉管理、供配水管理、水电站管理、生态监护、水文测报、自然灾害监测预警等现代化灌区业务开展信息化建设，对决策层、执行层、用户、其他政府部门、相关单位群体等不同服务对象进行统一用户和界面定制，实现疏勒河灌区管理信息采集数字化、信息展现可视化、信息共享集成化、信息利用智能化。构建疏勒河全流域、全灌区统一的管控平台，实现现代化灌区全业务、全生命周期管理，达到工程调度控制统一可靠、安全防护及时可控、工程运管精细高效、信息服务便捷流畅的目标，基本实现流域管理、工程管理、灌区管理的自动化、智能化，逐步实现互联网、大数据、云计算、卫星遥感、人工智能等高新技术与灌区管理业务的深度融合。以水资源的准确预报、精准配送和高效管理为目标，按照“物联感知、互联互通、科学决策、智能管理”的思路，以水联网为手段，充分利用大数据、智能手段实现水量配置环节的节水，实现水资源调度和行政管理的信息化、自动化、扁平化和精细化，使调度和管理从人摇手拉中解放出来，从经验主义中摆脱出来。

在深入了解灌区运行管理模式经验的基础上，充分利用现代社会飞速发展的 NBIoT、ELTE 等物联网技术，广泛应用先进的建筑物安全监测技术、墒情及气象监测传感技术、水质监测分析技术和精准的水量测控技术等，计划 2025 年末端设施与管理所、段、局的网络连通率达到 98%；干渠直开口的水闸测控一体化达到 98%；水资源监测、工程安全监测数据采集达到 95%，逐步实现灌区水信息的实时感知和全面感知。在完善疏勒河灌区管理局现有信息化软硬件平台的基础上，建设灌区大数据平台，通过云服务整合实时滚动的墒情、旱情、作物需水、可供水、供水可递达等在线预报技术，流域多水源实时联合调度与管理技术等，实现面向在线服务的水文短期、中期、长期概率预报和用水预测，2035 年建成覆盖全灌区的管理业务应用系统，实现全线自动化管控。灌区信息全面公开，基于一张图、移动 App 实现灌区管理人员与用水群众协同互动式用水服务，灌区服务达到智能化，实现流域灌区水资源有效利用和高效管理。

4.2　灌区信息化建设内容

在灌区现代化建设中,信息化主要是在《敦煌水资源合理利用与生态保护综合规划》、疏勒河干流水资源监测和调度管理信息系统建设的基础上,从现代化灌区的业务需求、性能需求、安全需求等方面入手,对现有采集监控体系、通信传输系统、硬件平台、灌区应用系统等进行完善升级。其中,采集监控体系完善升级的建设内容主要有水情信息采集系统、终端计控设施改造、墒情及气象信息采集系统、灌区节水灌溉试验站建设、全渠道无人巡护监视系统建设、大坝安全监测系统升级改造等;通信传输系统完善升级的建设内容主要有物联网监测便捷网关、物联网传输节点网络及物联网监测数据平台等;硬件平台完善升级的建设内容主要有大数据平台建设、高性能计算系统、灾备中心建设、网络安全防护加强等;灌区应用系统完善升级的建设内容主要有应用支撑平台、数据库管理平台、水信息综合管理系统、地表水资源优化调度系统、地下水监测系统、移动应用及微信平台等,同时新建水环境水生态管理系统、防汛抗旱减灾系统、三级可视化管理系统、大数据分析与辅助决策系统。通过现地监测站点改造补充、通信网络全面覆盖、硬件平台计算存储能力提升、应用系统软件性能大幅增强,建设满足灌区现代化建设要求的信息化支撑系统,为科学决策、科学管理提供保障,充分利用信息化技术解决灌区管理难题,不断优化水资源利用率。

4.3　信息系统总体架构

灌区信息化建设中,本着重点服务农业、服务农村的原则,在增加传统水利信息监测、监控点,实现水利管理多要素充分整合,达到运行、控制、管理自动化、智能化的同时,充分考虑农业生产过程管理系统建设其他需求,在灌区配置基于遥感信息、无人机观测、地面传感网等多源信息的采集系统,加强物联网设施设备建设,为耕整地、水肥一体化、养分管理、病虫害防控、农情调度监测、农产品交易、种植结构调整等提供数据支撑,为疏勒河灌区打造农业信息服务平台提供数据支撑和决策服务。

现代化灌区信息化建设规划是在疏勒河干流水资源监测与调度系统建设的基础上,对采集监控体系、通信传输系统、应用支撑平台及灌区业务应用的系统完善升级。疏勒河干流水资源监测和调度管理信息系统总体框架如图 4-1 所示,规划的总体框架如图 4-2 所示。

基础设施:主要包括服务器、PC 客户端、智能手机、监控大屏,操作系统、数据库系统、安全防护软件、中间件,局域网、VPN、无线网等基础软硬件网络环境。

业务系统:除已经建设的管网 GIS、SCADA、热线、营业收费等业务系统外,还将扩展巡检抢修系统、短信平台、工程管理系统。实现各业务领域工作的日常开展,同时遵循运营调度数据中心和运营调度指挥平台的数据集成、业务协同的要求。

数据资源:重新规划整理构建集成地形数据库、管网数据库、运营调度运行数据库。建立各类文档、图片、表格、视频等文件资源库,存放非结构化数据,集成整合在线监测数

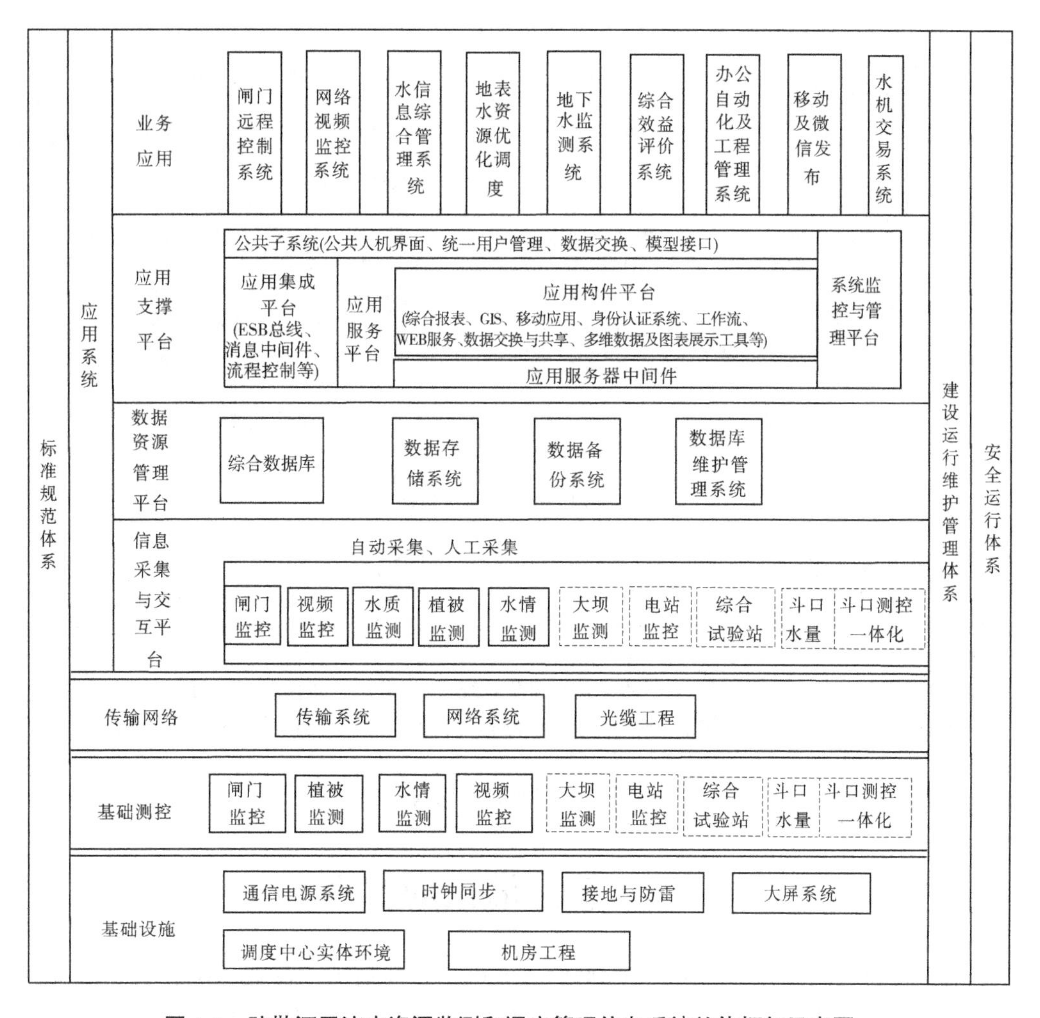

图 4-1　疏勒河干流水资源监测和调度管理信息系统总体框架示意图

据库和各领域业务数据库。

数据管理工具:提供地形图、管网图的更新维护工具,各业务系统数据集成更新工具,后台分析汇总工具,以及双机热备数据同步更新工具。

业务服务:采用面向资源的标准 SOAP、REST 服务,提供 GIS 查询分析服务、实时数据监测服务、业务数据汇总统计服务和综合应用分析服务等接口,并对服务的发布和应用统一管理和监控。

综合应用:供水运营调度指挥平台客户端、供水运营业务工单平台客户端、供水运营移动工单系统,主体分别采用 Flex 富客户端技术、JavaScript 技术、Android 平台进行开发,实现企业的运营监控、实时监控、运营分析和运营调度。

执行标准:以国家和行业标准规范为基础,结合实际制定一套符合灌区运行管理的规范体系。主要包括数据处理规范、接口规范、数据系统使用规范、服务器管理规范等,以保证系统安全稳定地运行。

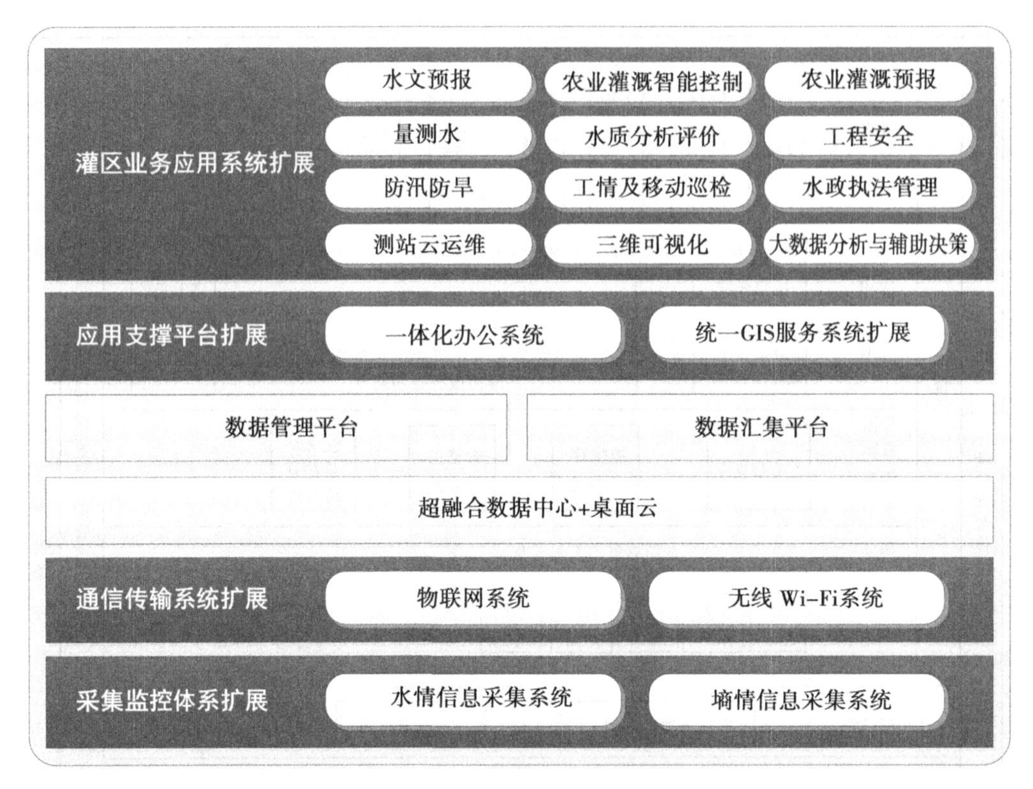

图 4-2　系统总体结构图

4.4　智慧灌区的实现

基于疏勒河流域 5-50-500-50 000 亩(5 亩全自动地下水灌溉、50 亩全自动地表水灌溉、500 亩多水源节水灌溉和 50 000 亩全渠道控制灌溉)不同内涵嵌套的灌溉示范灌区的研究,通过水汽通量、山区水量(降雪)、河道水文、渠道控制、土壤墒情和地下水的感知和传输体系,建立了统计与物理结合、长期与短期结合的径流预报模型集,建立了主要作物的耗水、产量、灌溉制度优化模型,建立了径流预报-地下水-水库调度-渠道水力学耦合的多水源联合调度模型,建立了灌溉系统水联网链路,确定了表征各子系统运行的状态变量、控制变量和响应变量,开发了耦合水资源系统响应过程模拟与水资源优化调度的水联网体系下水资源系统风险规避控制技术。实践表明,基于云采集、云计算、云服务、云预报、云调度、云决策的水联网可有效提高灌区水资源管理的效率、效益和效能。

水的形态变化、存在形式多样且在不同介质中的运动规律复杂多变,来水、需水、耗散过程千变万化且捕捉困难,导致涉水信息要素采集难以快速、准确、全覆盖地获取;农业灌溉供水存在多水源,从水源到田间过程存在水分耗散且感知困难。与其他商品不同,水在自然界处于不断循环中,不同形式的水还可以相互转化,需要利用物联网思维,结合水资源科学融合创新,以加强行业应用的针对性和专业性,建立全新的一体化的水联网平台架构。水资源风险调度与精细化管理,迫切需要精确、完整、互相匹配的水信息数据的全面

支撑。建立实时、集成、动态、智能的水信息系统,是实现水资源高效管理的必要支撑条件。

水联网可实现流域内自然和人类利用的全部水资源(如大气水、河湖水、土壤水、地下水、植被水、工程蓄存水等)的实时监测与联网,进而实现对水的智能识别、跟踪定位、模拟预测、优化分配和监控管理,具有"实时感知、水信互联、过程跟踪、智能处理"的特点,可实现水循环和水利用过程的高度信息化和智能化,从而为水资源的全局优化配置和高效利用提供了可能性。但是,水联网作为新兴技术,其平台架构、技术和功能标准、实现方式等,仍然有待于认识和关键技术上的突破。在云计算和物联网技术的基础上,进行关键技术研发,并追踪新一代信息技术的最新发展,研究开发水联网平台,可以服务于全流域水资源实时调度与管理,提高水资源的配置和利用效率及效能,建设智慧灌区,实现科学灌溉,引导农业灌溉生产方式的变革,推动水资源高效利用的跨越式发展,促进水资源管理现代化革新。

4.5　疏勒河灌区自动控制体系建设

疏勒河流域管理中心局域网通过光缆连接闸门监控40处126孔,昌马水库分中心局域网主要通过1处4孔进行监测;灌区分中心局域网通过24处53孔对闸门进行监控,通过超短波监测6个管理所181个采集站。花海灌区分中心局域网通过25处53孔对闸门进行监控,通过光缆连接3个管理所177个采集站。双塔灌区分中心局域网通过24处65孔对闸门进行监控,通过超短波监测3个管理所95个采集站。从而完成疏勒河灌区的自动测报、大坝安监、视频监测,实现灌区信息化管理。疏勒河流域信息自动监控系统见图4-3。

4.5.1　闸门监控系统

4.5.1.1　自动监控系统结构

闸门自动监控系统中的很多设备,由于长期处于复杂环境中,随着使用年限的延长和材料的老化,容易出现各种各样的问题。要应用闸门自动监控系统,就必须设计状态监测和自动诊断功能。其中,状态监测是一种即时监测模式,利用前端监控设备,在采集闸门电气设备运行参数的基础上,同步传递给监测终端。PLC(可编程控制器)会将实时监测参数和数据库中存储的标准参数进行对照,如果发现实测参数超出了标准范围,则判断闸门电气设备运行异常,进行告警。自动诊断则是每隔一段时间对闸门自动化监控系统的运行工况进行一次全面检查。

闸门自动控制系统按调度级别划分为管理中心、管理分中心和现地监测站3个级别,整个系统控制权限按管理中心、管理分中心、现地监测站从高到低排列,控制权限可以通过操作开关和计算机软件进行切换。

闸门监控系统原理、闸门就地监控单元PLC和远程控制计算机构成上下控制层。PLC作为现场监控单元的核心控制单元,实现了闸门的集中控制。本地监控单元为低端,上层控制端为远程控制计算机。远程控制计算机通过图形用户界面提供操作和控制

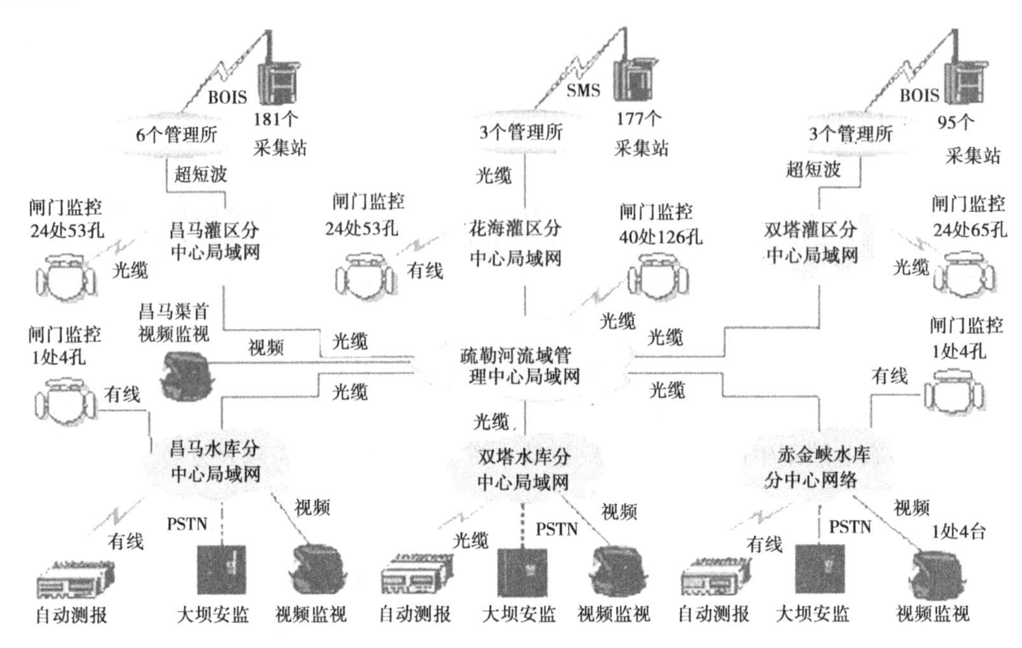

图 4-3 信息自动监控系统

功能。它是水库运行管理人员与水库闸门监控系统之间人机信息交互的接口。管理人员通过监控装置发出各种指令,以控制闸门的运行。下控制端是闸门的本地 PLC 监控单元。PLC 是实现控制功能的载体,它由上位监控计算机控制,并接收其控制指令,完成对本地闸门的控制。根据水库的灌溉方案和自动调节,实现整个灌溉发电系统的节水和自动调节,以提高水库的运行效率,提高整个灌溉发电系统的安全性。闸门监控系统原理见图 4-4。

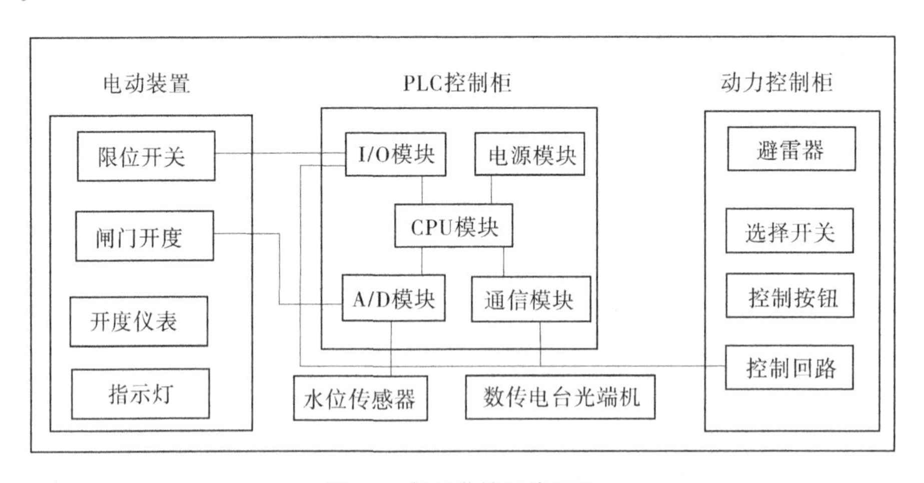

图 4-4 闸门监控系统原理

4.5.1.2 闸门监控系统实现的功能

控制系统采集闸门的运行参数和状态信号,是闸门自动化监控系统运行的基础。该系统前端分布着大量传感元件,如位置传感器、压力传感器等,能够实时收集并反馈闸门相关信息。这些信息通过通信模块,定期发送至终端控制设备,然后根据实际需要,发送相应的控制指令。指令发出后,要利用状态信号采集功能,监控各项指令是否得以执行。以闸门闭合为例,由PLC发出闭合指令后,通过接收闸门状态信号,判断是否完成闭合。直到状态信号显示完成闭合后,发出终止指令。

闸门监控系统可靠性包括:系统可靠性和设备可靠性两个指标。在规定条件下、规定时间内,系统可靠性是通过月平均数据采集顺利率、数据处理完成率和站内主要设备的平均无故障时间来衡量的。在每个数据采集周期中,站内主要设备平均无故障运行时间可达25 000 h。

由于闸门监控系统中的主要设备采用的是MOS CAD,其平均无故障时间为225 000 h。

实时监视功能:自动采集闸门的开启高度、闸门的上下水位和闸门的运行状态,并通过远程数据通信网络发送至控制中心。通过动态图形实时监控控制中心的计算机屏幕,并在运行过程中动态显示端口。显示内容如下:闸门开度、闸门上下水位、闸门运行状态(升、降、停)、闸门启闭机及相关设备状态、闸门启闭机电源状态、当前进水量、累计进水量。

现场闸门测控站操作者可以利用闸门操纵集中控制台控制相关按键及控制器,或直接利用闸门电器箱操控闸门启闭机的动作,或利用人工观测或利用已经由现场管理单位所收集和显示的信号,遥控闸门至所要求地点。

数据查询功能:根据日期、闸门号、操作员等信息查看历史操作;根据日期、故障信息等查看故障状态;根据时间、闸门号查询该闸门的进水量、实时进水量、累计进水量;通过时间、闸门号查看该闸门的开度。

报警和紧急处理功能:是闸门自动监控系统的必要功能。闸门工作时间,通过现场管理单元实时监测设备的工作状况。如果当前操作系统发生了故障,将立即上报并随时处理,方法包括设备自动或工作人员手动中断操作系统。

在中心站,不管当前是什么屏幕,故障窗口都能及时弹出,并报告故障信息。

4.5.1.3 远程闸门联合监控系统

疏勒河流域开发的综合水信息管理系统、地表水资源优化配置系统、远程闸门控制系统和网络视频监控系统只能点对点运行,不能综合利用,因此有必要开发一套综合管控平台,统一当前闸门监测、水情测量和报告、大坝安全监测等业务,实现联合自动化监控,实现闸门、水情、安全监控等的综合调度、综合分析和综合应用。基于一张地图的安全监控和其他业务系统,不仅可以有效地提高灌区的智能化管理水平,还可以降低值班人员和办公室管理人员在灌溉过程中的工作强度。

远程控制中心是整个闸门自动化监测系统的关键,其核心是PLC。作为一种工业计算机,PLC可以通过预设程序指令的方式,实现对闸门的自动化监控。如终端控制模块接收到传感器反馈的信息后,通过识别信息内容,自动调用相应的程序,发送控制指令。整个过程不需要人工操作,实现了全程自动化。远程控制模块支持C++、Java等语言,可以根据水利工程闸门管理的需要,人为调控程序,满足监控需要。为了防止PLC故障等意外情况发生,闸门自动化监控系统也设置了手动控制模式,可以根据需要进行切换。

远程闸门联合监控系统是利用计算机完成疏勒河灌区所有灌溉调度业务的一套综合应用系统。该系统收集灌溉面积、预测用水量、水量平衡分析和灌溉计划制订等早期基础数据;整合和开发现有地表水监测数据、综合水信息管理、远程闸门控制和视频监控系统,紧密结合防洪灌溉调度运行方案和项目运行管理原则,准确分析预测用水量,创建可靠高效的运行调度方案,为灌溉调度服务。

闸门联合监控系统的基本功能包括年水量、公共远程闸门调度系统、公共应急远程闸门监控系统、公共远程闸门监控方案评估等。此外,还应能够自动生成昌马、双塔和花海3个分灌区的本地配置方案,并在系统中定义权限管理。分灌区及其责任区的规划方案,须经上级部门批准后方可实施。系统应具有自动远程监控方案和手动控制模式,以便在处理紧急情况时进行手动干预。

在远程模式下,用户通过选择监视列表中的测站类型"闸门"来进行一体化闸门实时控制,并可以实时显示当前闸门的水位、流量、闸门开度、状态、最新数据时间等信息。通过闸门监控模块可以对所选闸门进行目标流量或目标总量设置,以及对闸门进行上升、下降等操作,远程闸门监控界面见图4-5。

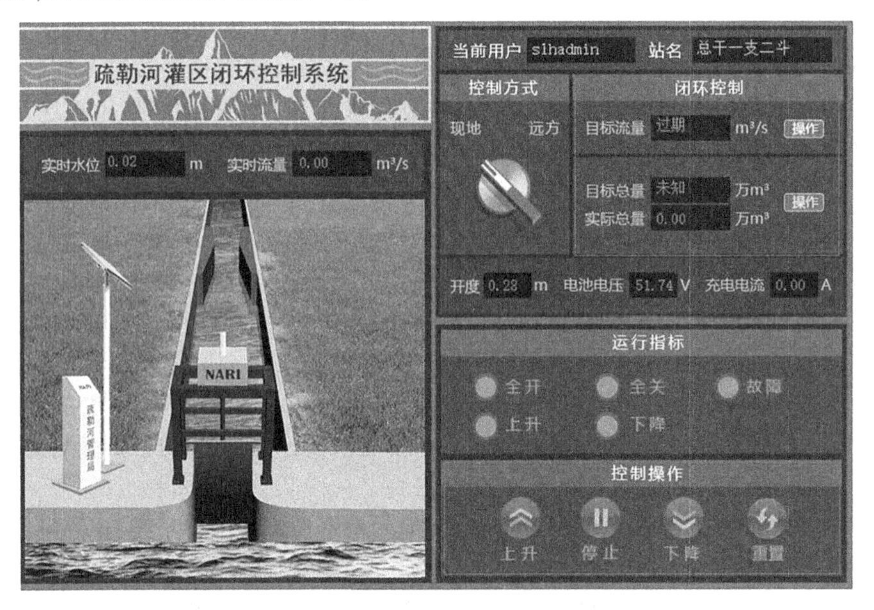

图4-5　远程闸门监控界面

年度监控方案:年度MRP控制系统基于多年的手动MRP操作经验。基于地表水监测系统、水信息系统和闸门控制系统,根据水库来水和水量以及3个灌区的用水需求,根据《水量分配暂行办法》(水利部令32号),采用配水模型,为平衡用水户和水源的供需矛盾,结合自动监测系统,自动制订科学有效的年度配水计划。接着,根据时段和配水分类,将灌区各配水出口的闸门分层布置,利用联合自动监控系统的调度命令远程执行。年度配水计划的制订应遵循"总量控制、定额管理"的原则,以满足灌区农业灌溉用水需求为目标,确保灌区协调发展,创造人与自然和谐共处、生态友好的局面。在制订系统蓄水、调蓄、引水、灌溉和排水方案时,应充分考虑提高渠系利用率,检查配水率,确保方案的准确实施。利用年初制订的调度控制计划实施年度配水计划,可以减少突然变化时人为的不合理和不科学的运输决策,消除运输错误的可能性,提高灌溉水的利用率,加大生态用水排放,促进疏勒河灌区环境友好发展新局面的形成。

4.5.2　测控调度系统

以疏勒河灌区为例,引流至各个田块的灌溉水均途经农渠、斗渠、支渠和干渠。灌区管理网络利用无线通信和传感测量技术能够实现全渠道覆盖,并结合过闸总水量或目标过闸流量,以远方控制中心站为枢纽使各农渠、斗渠、支渠闸门达到闭环控制,可真正实现按需供水、渠系少人管理或无人管理模式,测控系统架构如图4-6所示。

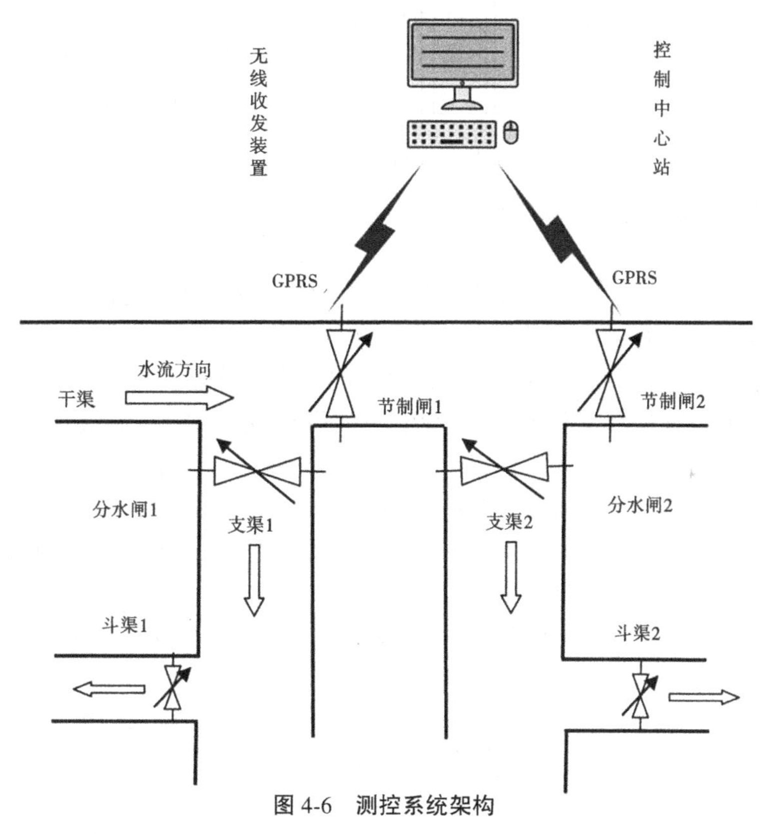

图4-6　测控系统架构

控制中心站可以考虑用户的实际需求,采用无线通信技术发送控制目标信息,并远程监控支渠、斗渠终端;接受指令后闸门终端驱动闸门升降,过闸流量与闸门开度信息用安装于闸门内侧的传感器进行实时采集;然后按照反馈的数据及时修正闸门开度,以实现控制目标及分水口供水稳定。渠系建成后具有管理高效、信息完善、操作简便、数据实时采集等功能,依据所采集的闸门开度、过闸流量等信息实现多级联动一体化控制,可明显提高灌水效率,充分发挥渠系灌溉功能。

疏勒河灌区单纯地的依靠原有渠道闸门还无法实现渠系闭环控制的目标,所以除闸门自动升降外,测控一体化闸门系统还要有供电和测控系统,测控系统主要实现对整个灌区各测控点的输水设备和渠道流量的自动监控,实现灌溉系统的优化配置。测控系统组成如图 4-7 所示。

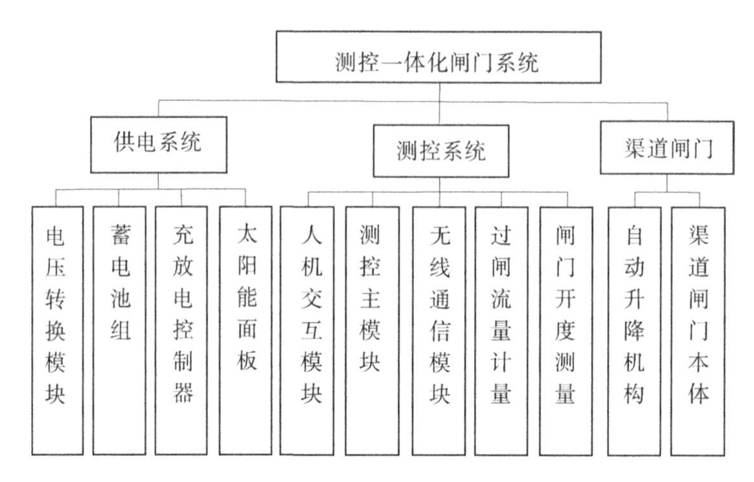

图 4-7 测控系统组成

4.5.2.1 测控调度系统层次结构分析

在测控调度系统中,通信系统负责传输指令数据,因为大型灌区情况比较复杂,零散分布着各个闸门监控点,再加上有线通信网络结构比较复杂,因此在系统中需要利用 GPRS 通信网络,可以保障数据传输的可靠性和抗干扰性。渠道闸门一体化测控系统包括现地通信系统和远程通信系统,工作人员利用手持移动设备和现地通信网络实现通信,可以合理设定和校准参数。利用 GPRS 通信方式,可以遥测水位、流量、闸位等。调度层是整个系统的上层管理与决策机构,其功能主要是对灌区各设备的运行参数和状态进行监测,接收气象、水文、三防等公用和专用网络的相关信息,对全局性的数据进行处理、模拟和优化,并制订调度方案和下达控制命令,显示运行所需的各种数据、表格和图形,并对灌区和本身系统进行综合管理。

实现灌区的测量、控制和配置的目标是实现"少人服务或无人服务",因此它是根据这一原则进行设计的。大型测控系统和就地测控系统的流程图可分为 4 层:中心测控层、本地测控层、现场控制层和设备驱动与检测层。测控调度系统层次结构如图 4-8 所示。

其中,中央测控层是指面向决策层的办公信息中心的远程测控;本地测控层是指面向管理层和运行层的各灌溉管理站、灌溉水过渡站和灌溉执行站的本地测控;现场控制层是指通过智能控制单元(PLC)对设备进行现场自动化;设备驱动与检测层是指安装在基层的设备驱动装置,通过各种智能仪表实现设备的开闭和数据采集。从图 4-8 可以看出,测控调度系统从测控功能上共包括中心测控调度子系统、本地测控调度子系统和现场控制子系统 3 部分。

1. 中心测控调度子系统

中心测控调度子系统是全灌区的监控中心,设置在疏勒河流域水资源利用中心信息调度管理中心,为过程级,既可对全局所有被控设备进行监控,也可以接管某一个站点的本地控制系统,实现局信息中心远程控制。

由配水管理功能/数据分析可知,该部分主要包括调度方案制订、配水监控和用水统

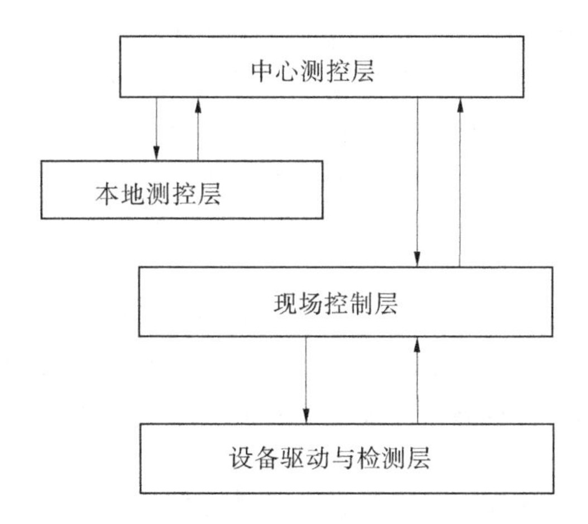

图4-8　测控调度系统层次结构图

计三大功能,对各功能模块进行扩充和重新组合,得出灌区测控调度系统功能结构,如图4-9所示。

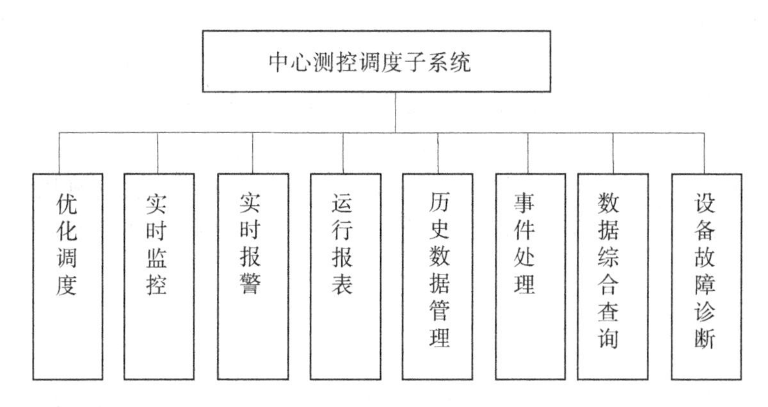

图4-9　中心测控调度子系统功能结构

优化调度:该功能模块为灌区用水优化调度而设计,可以直接使用“灌溉决策支持系统”的数据,也可以通过组件的方式调用决策支持模块,生成调度方案,执行设备控制动作,主要实现对机组或闸门的优化调度。

实时监控:实现对设备运行状态的实时监控,对流量的实时监测。

实时报警:实现对设备故障、事故信息的实时显示、声音提示和实时打印。

运行报表:实现对重要生产数据、设备运行参数和报警信息的报表输出。

历史数据管理:实现对采集的历史数据的存储和维护。

事件处理:实现对报警、调度、修改参数等操作的登记和查询。

数据综合查询:实现对各种数据的组合查询。

设备故障诊断:实现对一些重要的监测参数,采用神经网络、聚类分析、信息融合、数据挖掘和专家知识库的现代信息处理技术,进行在线或离线的设备故障诊断。

2. 本地测控调度子系统

本地测控调度子系统用于对灌区的各个具体的管理总站、管理站或抽水站进行本地测控,和中心测控调度子系统相比,其功能结构是相同的,主要是测控范围和测控权限不同。本地测控调度子系统的测控范围是局部,而中心测控调度子系统的测控范围是全灌区,而且中心测控调度子系统的测控权限要高于本地测控调度子系统。整个系统采用 C/S 模式,测控服务器放在疏勒河流域水资源利用中心信息调度管理中心,配置服务器端软件,各站点根据测控需求安装客户端软件,访问中心服务器。

3. 现场测控子系统

现场测控子系统是整个测控调度系统的基础,主要包括智能控制单元(常指 PLC)、数据采集单元和设备驱动装置,它的核心部分就是 PLC,主要实现三大功能:一是根据 PLC 内部的控制程序实现对现场设备的自动监控和自动保护;二是实现测点数据的实时采集和上传;三是执行中心测控调度子系统和本地测控调度子系统发布的控制指令。

这样就构成了以现场测控子系统为基础、以本地测控调度子系统为辅助、以中心测控调度子系统为主体的全灌区测控调度体系。

4.5.2.2 测控调度系统关键流程分析

疏勒河灌区的实时监控调度管理系统可按照用水方案进行在线的即时调度与管理。该管理系统主要由灌区基本信息管理模块、GIS 模型、信息采集与监控子系统、灌区水利施工安全与监控子系统、闸门管理子系统、调度计费子系统,以及防洪抗旱预警模型等构成。控制系统利用前端采集的监测系统,收集灌区降雨信号、水工建筑信号以及用水量信号等,并按照灌区水资源分配预案,进行水资源的动态调整与有效计费管理。在雨季或旱灾来临时,控制系统将针对水旱情适时做出动态调度,以保障灌区内各种用水者的合理用水,以适应国家抗洪抗旱的要求,并减少险情的出现。中心测控调度系统的一级数据流程分析如图 4-10 所示。

4.5.3 斗口水量实时监测系统

在 3 个灌区内的各渠首、主干渠分水口均设置了水况监控断面,并通过雷达数据水位计的自动测流,及时将信息传送至疏勒河流域水资源利用中心信息调度管理中心和管理办公室、水管所,为灌溉调度规划的合理实施与监测提供正确的依据。同时,还在所属 3 个灌区建设的末级渠系设置了斗口水量实时监控信息系统平台,并通过斗口测量设施采集终端磁致伸缩水位计,即时收集水况信息,再利用 GS/GPRS 公网作为信息传递载体将信息传送至疏勒河流域水资源利用中心信息调度管理中心,灌区斗口水量实时监控管理系统,完成了各斗口水位流量数据的实时在线监控并汇总,历史上水情信息、水量数据,进而完成了灌区工程的水况采集和用水测量自动化。与此同时,随着现代水务的进一步推进及灌区建设项目内用水权管理制度试验建立工作的逐步深入,在三大灌区建设项目的末级渠系上建立了斗口水量监控系统。

4.5.3.1 疏勒河灌区斗口量测水设备

疏勒河斗口水量实时监控使用磁致伸缩水平计进行水量计算,完成了灌区工程的水况实时收集和用水计算自动化。

在闸门位置设置传感器,提供闸门调节数据,利用机械编码器转换闸门位移为电信号,利用齿盘连接闸位传感器和丝杠,丝杠带动传感器转动。测量渠道流量的过程中利用

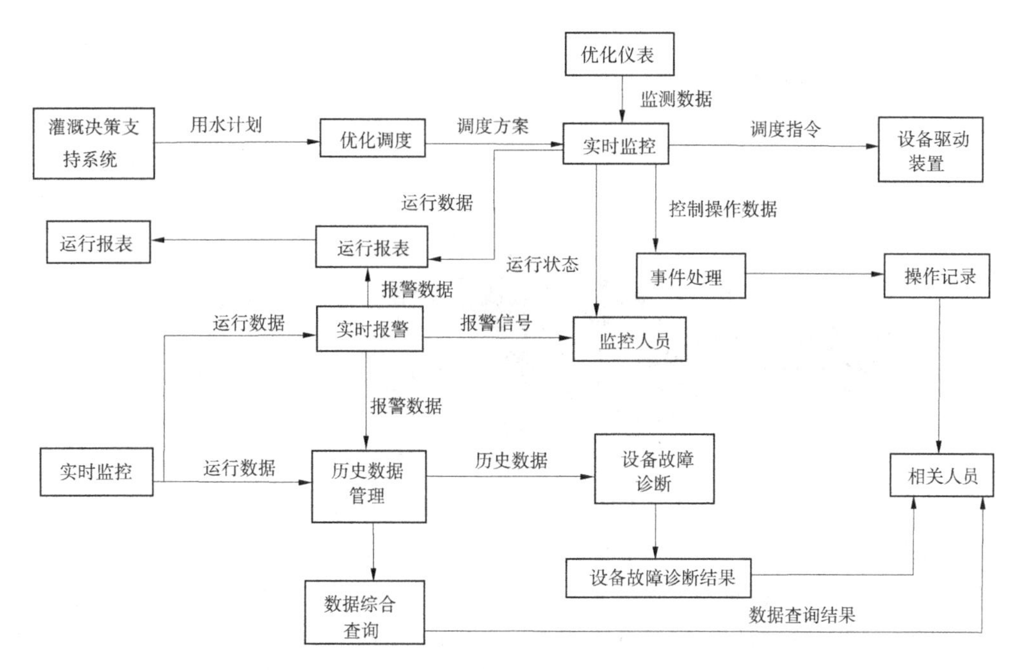

图 4-10　中心测控调度系统的一级数据流程分析

超声波遥测水位计,核心控制仪表包括单片机和模块等,利用计算机和软件技术建立渠道量水模型,单片机负责采集水位闸的信号,利用低功耗运行模式,降低渠道斗口测控系统耗电量,断开外界电源之后,维护工作的稳定性。

采用 DC 电源电压技术,利用太阳能供电系统对不同电源使用单元完成分级供电。在现场加强安全防护和设备保护工作,维护渠道斗口测控系统运行的稳定性,降低维护工作的投入。针对系统的现场设备需要利用不同的安全防护措施,以维护闸门安全运行。

利用电动机过载波保护方式,避免因为电流较大烧毁闸门启闭机。利用限位保护方式,保障闸门启闭机始终在工作范围内运行。利用过力矩保护方式,维护闸门运行的稳定性,避免因为受力过大损害闸门硬件设备。通过过电保护工作,实时监测电动机电压,如果电压超过了工作范围,系统可以自动切断电源,维护电动机运行的稳定性。加强保护主机设备,设置野外保护罩,在防盗门上安装防盗锁,有效保护整体设备。

4.5.3.2　灌区斗口云平台监控系统

应用 B/S(客户端/服务端)架构,采取全组态式设计、基于业务(SOA)、层次分布式的组件模型方法,构建了灌区一体化平台业务总线(见图 4-11),为灌区综合系统平台管理提供了专业性、规范性、统一的业务网络平台,做到测、控合一。

移动应用系统可以分为手机端和管理端。手机端和管理端采用的是 J2EE 架构,使用 SSH(struts,spring,hibernate)整合框架,具有良好的拓展性。数据交互采用了一种轻量级的数据交换格式——JSON,为基于安卓系统和苹果系统的应用提供统一的数据服务。

系统同步开发了手机 APP 客户端软件,水管人员、用水协会及农户都能方便快捷地使用智能手机实时查询,及时掌握用水情况。方便、准确、公正、透明的系统功能,让用水户用上了明白水,同时减轻了基层管理人员的劳动强度。

图 4-11 灌区斗口水量监测系统主界面

灌区斗口云平台是集灌区管理、灌区运行监测、灌区水资源配置与调度、灌溉服务与管理、灌区土壤环境信息监测等功能于一体,能实现灌区信息的采集、处理、加工、存储、传输、反馈的一体化和自动化。灌区水资源的监控和调配、灌溉信息采集是灌区云平台管理信息的基础和中心内容,合理调配、科学灌溉、提高灌区水资源的利用效益均需通过灌区云平台提供准确、可靠、及时的灌区水信息。灌区斗口云平台基本结构如图 4-12 所示。

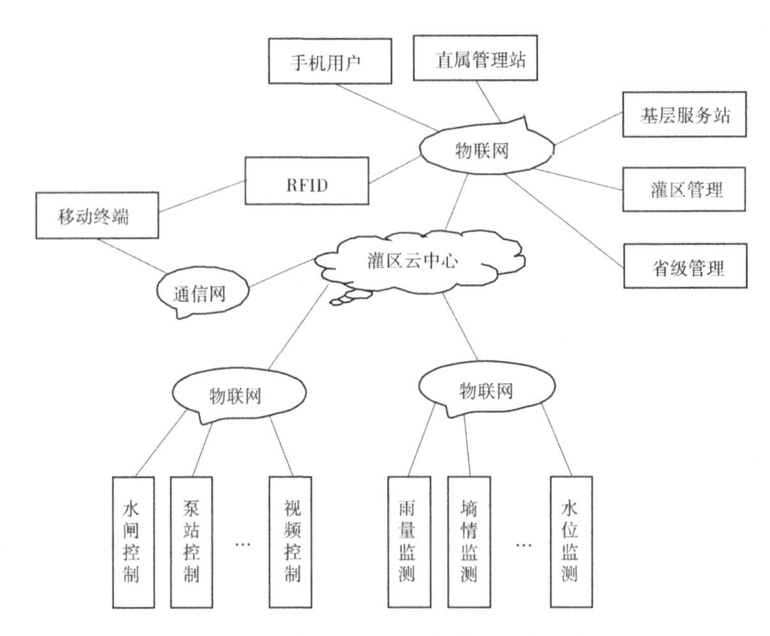

图 4-12 灌区斗口云平台基本结构示意

4.5.4 三大水库联合调度系统

通过对水库汛期时间、洪峰值水位、灌区供水量、用水量,以及库存储水能力的优化调节模拟得到了水库优化调节方法和水库联合调水方法。水库的实时调节功能模块利用了三库联动调节模式，从时间上和空间上对蓄水量实行了调节、控制和调整，有效合理配置了灌区工业、农业和生态水资源，为发展疏勒河流域水利事业提供了最大经济效益。

疏勒河流域三大水库自动化模拟调度系统的建设目标是以水库水情、大坝与闸门运行状态信息自动采集为基础，以公用、专用结合的信息网络平台为支撑，以水库工程的安全运行为主体，以水库信息管理与决策支持为核心，以水库闸门的自动化监控为手段，实现三大水库的联合调度与水资源的统一管理和优化配置，全面提高水资源的利用率和水利工程管理水平，增强防灾减灾能力。

4.5.4.1　基本情况

疏勒河灌区地处甘肃省河西走廊西部，位于酒泉市所辖的玉门市和瓜州县境内，地理位置为东经96°15′~98°30′，北纬39°40′~41°00′，属温带、暖温带大陆性干旱气候。灌区内建成昌马、双塔和赤金峡3座大中型水库，总库容约4.72亿m^3（昌马水库总库容1.934亿m^3、双塔水库总库容2.4亿m^3、赤金峡水库总库容3 878万m^3）。灌区包括昌马、双塔、花海三大农业灌区，总灌溉面积134.42万亩，是甘肃省百万亩以上大型自流灌区。

灌区内建设有3座大型水电站和3个子灌区。3座大型水电站，依次为昌马水电站、双塔水电站和赤金峡水电站，昌马水电站和双塔水电站处于疏勒河干流上，而赤金峡水电站则处于同一流域面积的石油河干流上，如图4-13所示。灌区总灌溉面积为65 140 hm^2，3个子灌区灌溉面积分别为，昌马农村灌区33 342.7 hm^2、双塔农业灌区23 070.7 hm^2、花海农村灌区面积8 726.6 hm^2。

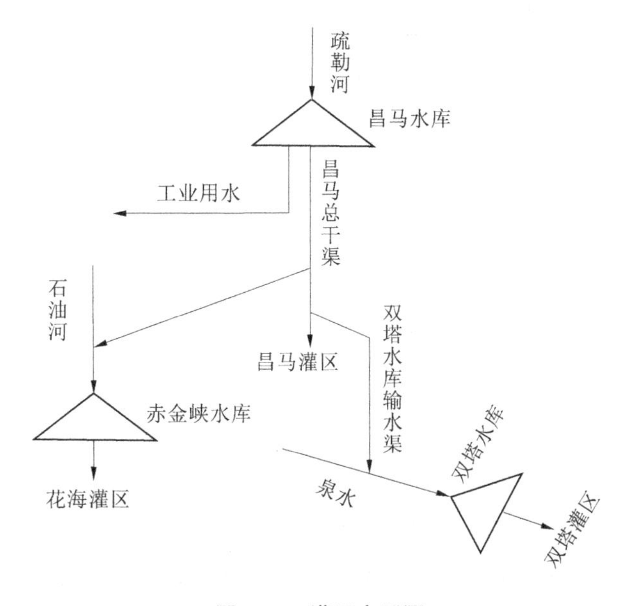

图4-13　灌区主干图

三大水库中，昌马水库以农业灌溉为主，兼顾工业供水、水力发电以及下游防汛，同时承担着向下游赤金峡水库和双塔水库补水的任务；双塔水库为多年调节水库，以农业灌溉为主，兼顾防洪、养殖和旅游；赤金峡水库属年调节水库，主要以农业灌溉为主。针对疏勒河流域来水量不足、水量供需矛盾突出、调水过程复杂的情况，建立了以全灌区国民经济效益最大、灌区全年缺水量最小、灌溉保证率最高为目标的三大水库联合优化调度模型,开发了相应的联合优化调度应用软件。利用该软件,可以确定三大水库运用时期的供、蓄水量和调节方式,对灌区有限的水资源进行联合调度和科学配水,使流域水利工程发挥其最大的兴利效益。

4.5.4.2　软硬件系统体系

利用传感器收集水利信号,并利用计算机局域网、GPRS、2G/3G/4G、有线通信网络等实现监测点、监测中心和灌区信息中心之间的信息传输,实现信息采集,灌溉面积的传输和处理,形成一个综合数据库。同时,进行对灌区水量、降雨流量信息、水质信息、土壤水分、闸门情况和天气信号的实时监控管理工作,以及对各类水利工程机电设备的自动控制管理工作(如灌区各配水点闸门位置、供水站电动泵阀和闸门的远程自动监控和管理工作)。实现了灌区的统一管理工作,包含水量调节、水费征收以及企业办公管理。

根据功能的不同,系统所需硬件类型可分为服务器、交换机、客户端、大坝监测、数据采集器、视频监视器、闸门控制器、办公设备和信息网络。双塔水库、赤金峡水库的硬件构成与昌马水库一致。系统硬件构成如图 4-14 所示。

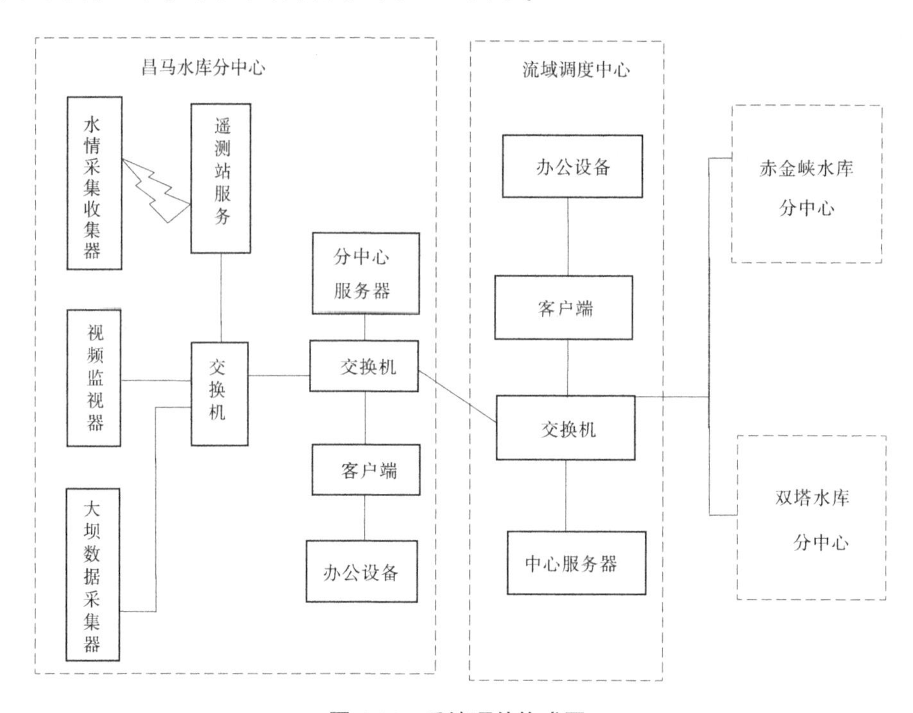

图 4-14　系统硬件构成图

全系统软件结构如图 4-15 所示,图 4-15 中双塔水库和赤金峡水库的软件组成与昌马水库的软件组成一致。流域运行中心使用 3 座水库的联合优化运行子系统和水库流入预测子系统,后者直接使用中央广泛的数据库数据进行计算。分中心水库管理办公室使用水情监测软件、洪水预报软件、水库管理软件、闸门监测软件、大坝安全监测软件和单水库大坝系统监测软件,并使用变电站数据库进行计算。接口和应用服务的主要功能是提供数据和信息的处理和交换。

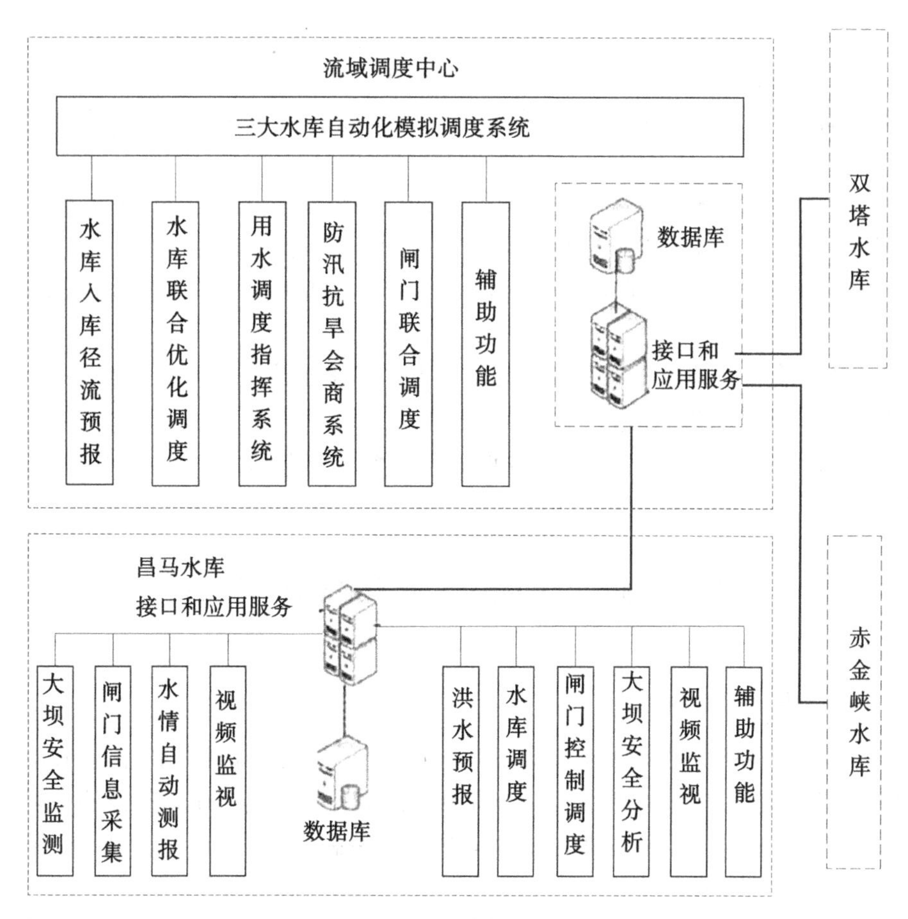

图4-15　系统软件结构

4.5.4.3　三大水库联合调度建设内容

(1)三大水库信息化调度管理分中心。利用昌马、双塔、赤金峡三大水库管理处的计算机局域网,构成水库优化调度决策信息化网络基础平台。

(2)水库水情自动测报系统。在昌马水库、赤金峡水库的上游、入库控制断面、坝前和下游控制断面等关键部位建设水位自动监测站,实时监测水库运行状态。

(3)闸门自动监控与视频监视系统。建设昌马水库、赤金峡水库主要闸门监测控制系统和视频监视系统,实现用水的优化调度。

(4)水库大坝安全监测系统。建设昌马水库大坝安全监测自动化系统,保障水库安全运行。

(5)水库信息传输系统。通过流域数据通信网络系统和计算机网络基础平台,采集三大水库及附属水工建筑物的各项水情及工情信息,与中心数据库保持信息同步。根据预定义的优先级别,执行分中心或管理中心的调度指挥方案,并将执行结果上传至管理中心。

(6)基础数据库系统。建立流域地理信息,水库工程基础信息,历史水文气象信息,工农业生产、人畜饮水、流域生态需水量信息等数据库,满足水库调度决策和安全运行分析处理的需要。

(7)水库实时数据库系统。接收并处理自动化监测系统实时传输的各种信息,实现自动分析处理、动态监视、越限报警等功能,并为洪水预报、水资源优化调度决策提供必需的基础信息。

(8)水库入库径流预测系统。通过融雪(冰川)—径流预报、产汇流、河道水流演算等模型的建立,开发水库入库径流预测系统,实现长、中、短期径流预报和实时洪水预报,推算相关河道断面(包括入库)的流量过程和水量,为进行防洪优化调度和水库兴利调度提供依据。

(9)水库联合优化调度决策支持系统。根据水库来水流量和库存蓄水量,对各类用水部门的需水要求进行综合分析处理,建立基于优先约束破坏级别的三大水库单独及联合的优化调度模型,提供三大水库单独及联合调度概率调度图,达到合理用水、提高经济效益和社会效益、改善生态环境等目标。

4.6 疏勒河灌区支撑保障体系

4.6.1 灌溉决策支持系统

灌溉决策支持系统主要研究通过测量、人工采集(或反演)雨情、水情、工情、墒情、水文气象和视频等信息,综合灌溉预报、农艺措施、多水源分配、地下水位等条件决策闸门或泵站启闭、测站、用水单元、渠系建设物、管理机构诸多输水关联信息,达到最佳时间、最少灌水量、输水安全、水闸运管服务等目标,进而减少配水矛盾,发挥水资源最大效益,并通过监控、反馈执行过程信息,调整组织过程计划,使生产效益最大化,概述了执行申请灌溉管理过程,自动生成并更新灌溉调度计划的方法,设计了手机 APP、闸门智能锁、调度决策支持子系统功能,应用这些子系统规划水资源的时空分布,督促用水户和管理员分工协作,最大化提升水资源的生产效率。

4.6.1.1 灌溉决策支持系统功能结构

灌溉决策支持系统主要包括制订年度用水计划、灌季用水计划、干支渠实时配水计划、应变配水计划、管理站配水计划、防洪计划、抗旱计划和用水总结 8 个功能模块,现将这 8 个功能模块按照功能相似程度聚类。制订年度用水计划、制订灌季用水计划、制订干支渠实时配水计划、制订应变配水计划、制订管理站配水计划和用水总结都属于优化配水模块,故这 6 个功能模块共同组成灌区水资源调度子系统;制订防洪计划、制订抗旱计划共同组成防洪抗旱调度子系统。

现代灌溉决策支持系统日益重视灌溉调度方案与方案仿真的有机结合,朝着更加可视化、智能化、集成化方向发展,所以灌区灌溉决策支持系统需要在前两个子系统基础上再增加一个系统仿真子系统。根据灌溉决策支持系统的需要及灌区实际情况,系统仿真子系统主要包含渠系水流模拟仿真、灌溉过程仿真、防洪的调度仿真、抗旱调度仿真、用水数据仿真和田间含水率仿真共 6 个功能模块。灌溉决策支持系统功能结构见图 4-16。

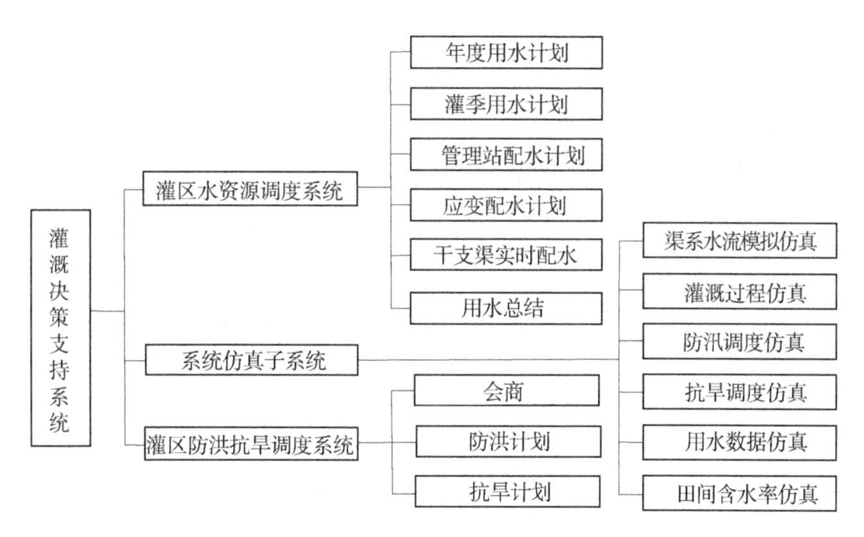

图 4-16　灌溉决策支持系统功能结构

4.6.1.2　灌区水资源调度

灌区水资源调度的主要功能是及时为灌区主管单位提出科学合理的用水规划，为灌区用水管理提供基础依据，从而进行整体水资源优化分配。

灌区年度用水计划：实现在每年用水前确定下年全灌区及各管理站冬、春、夏灌的斗口水量、灌溉面积和计收水费的各项指标，如图 4-17 所示。

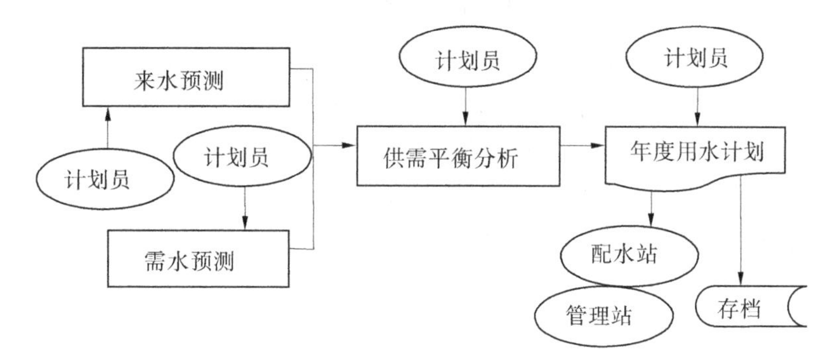

图 4-17　灌区年度用水计划

灌季用水计划：在各个灌溉季配水前，先按照灌溉系统和主要作物的实际需水量确定用水量，然后通过用水量预测及各种途径的用水系数，决定按照计划分配给农民各用途的净水量。通过供需平衡分析，可以自下而上地逐级计算各灌溉周期的渠道导流方案和渠道配水方案，如图 4-18 所示。

用水总结：实现对灌区各阶段的用水信息进行总结，包括某天用水总结、轮期用水总结、灌季用水总结和年度用水总结，如图 4-19 所示。

4.6.1.3　灌溉决策支持系统层次结构分析

灌溉决策支持系统主要用于灌区配水的辅助决策。通过对灌区天气、水文、土地、作物情况等统计资料的准确采集、储存与管理，利用预报方法与优化技术手段，适时开展水

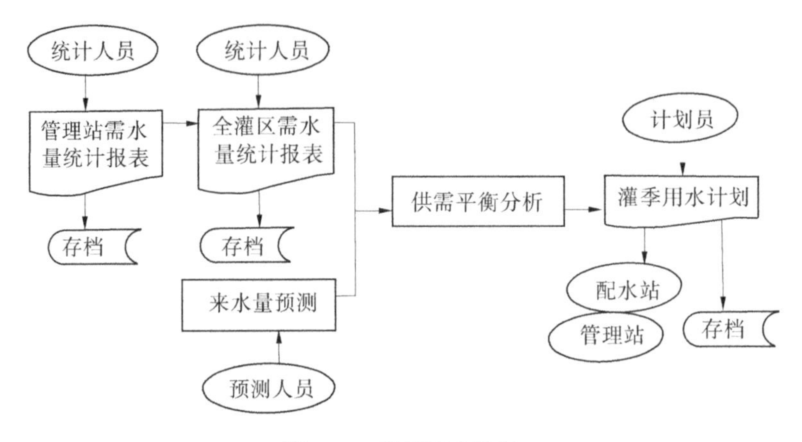

图 4-18　灌季用水计划

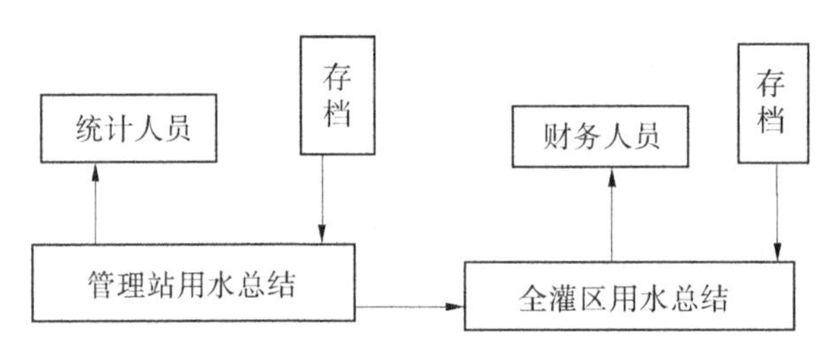

图 4-19　用水总结

量预报与灌溉预警，制订有利于作物需水量的灌溉用水规划。如果来水和用水信息变化，就能够迅速调整配水预案，利用测控调节系统适时调节水量，并进行配水动态规划等。决策支持过程主要包括 4 个阶段：监测层、处理层、决策层和支持层。监测层监测和收集输入水信息、现场信息和用户信息，并预测处理层的输入水和需水量。决策层利用支持层的功能模块形成问题的解决方案，并通过调度测控系统及时发送发货指令。实现灌区最优配水和自动控制的集成，以及管理和控制的集成。灌溉决策支持系统层次结构如图 4-20 所示。

4.6.2　洪水预报调度系统

洪水预报调度系统朝着数据标准化、业务集成化、服务智能化、展示立体化的方向发展。数字孪生流域、“四预”功能等理念的提出也为洪水预报调度系统的研发提供了新的思路。按照新的理念，选取疏勒河流域为典型区，结合流域防洪工程体系，梳理防洪业务逻辑，融合“四预”功能，构建流域数据底板，集成一、二维耦合的水文水动力模型，设计典型区洪水“四预”系统总体构架，并进行系统功能开发。

充分利用疏勒河灌区现有的经济统计和地图数据，实时采集水位和降雨信息，结合历史水位和降雨数据，通过分析计算，快速准确地模拟不同洪水流量下的洪水淹没面积。该系统的应用不仅可以有效提高水库洪水预报的准确性和预报调度的及时性，而且可以合理配置水资源，提高水库供水保障率，减少洪水灾害，充分发挥水库防洪救灾效能，保护人

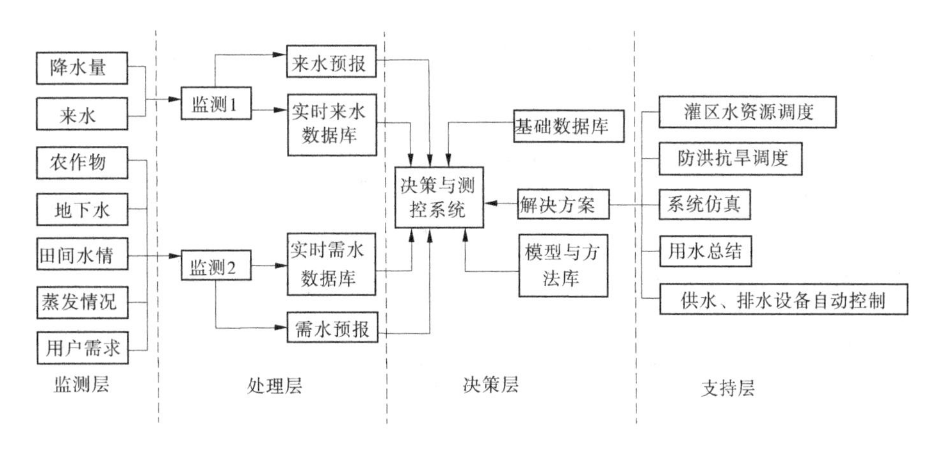

图4-20 灌区决策支持系统层次结构

民生命财产安全。

4.6.2.1 **系统总体架构**

疏勒河流域洪水“四预”系统采用B/S模式,采用数值模拟、智能算法、数字孪生等信息技术,建设“三网合一、四层融合、二体系贯穿”的架构体系。横向融合层面,主要包括数字汇聚、数据底板、孪生平台与“四预”体系4个功能层;纵向贯穿层面,主要构建洪水预报调度标准化和数字信息安全保障两大体系,满足水文预报、洪水预警、调度预演、预案发布等业务功能的需求。系统建设的总体架构如图4-21所示。

基于水物理网、水信息网、水管理网三网合一的水网全要素信息,结合疏勒河流域洪水预报调度的业务需求,按照基础数据、监测数据、管理数据、跨行业数据、地理信息数据5个类别,收集汇聚物理流域相关的水网信息。其中,基础数据包括干支流、水库、枢纽、堤防、蓄滞洪区等;监测数据包括雨水工情、视频监控、洪水淹没灾情等;管理数据包括工程调度规则、运行维护台账等;跨行业数据涉及气象预报、交通运输、社会经济等;地理信息是指地理空间数据,包括数字高程、数字表面模型、正射影像、点云等。

制定数字流域数据资源目录,形成数据资源管理规范,结合雨水工情等已建数据库,按照标准化的数据结构进一步补充数据库建设,对物理流域相关的数字信息进行管理。按照“面—线—点”的建设思路,借助数据治理、3S技术、BIM模型等信息技术,结合高精度遥感数据,构建疏勒河流域面数据底板。

利用水文预报、一二维洪水演进、工程调度等水利专业模型与遥感解译、视频识别、机器学习等智能算法为流域的数据底板进行赋能,提供洪水预报调度相关业务场景的解决方案。结合虚拟现实、三维建模等可视化技术,为业务场景的模拟仿真提供实时渲染和三维可视化呈现,形成物理流域的孪生体,实现数字孪生流域与物理流域实时同步仿真运行。

按照“预报是基础、预警是前哨、预演是手段、预案是目的”的理念,梳理洪涝灾害防治中预报、预警、预演、预案的业务逻辑。针对疏勒河流域,需要对各控制节点的入流进行精准的滚动预报,实现控制节点水位、流量变化过程的预先判断;预警是指根据预报结果,结合预警阈值标准,提前向水利主管部门和公众告知警情信息,为应急措施的制定和社会

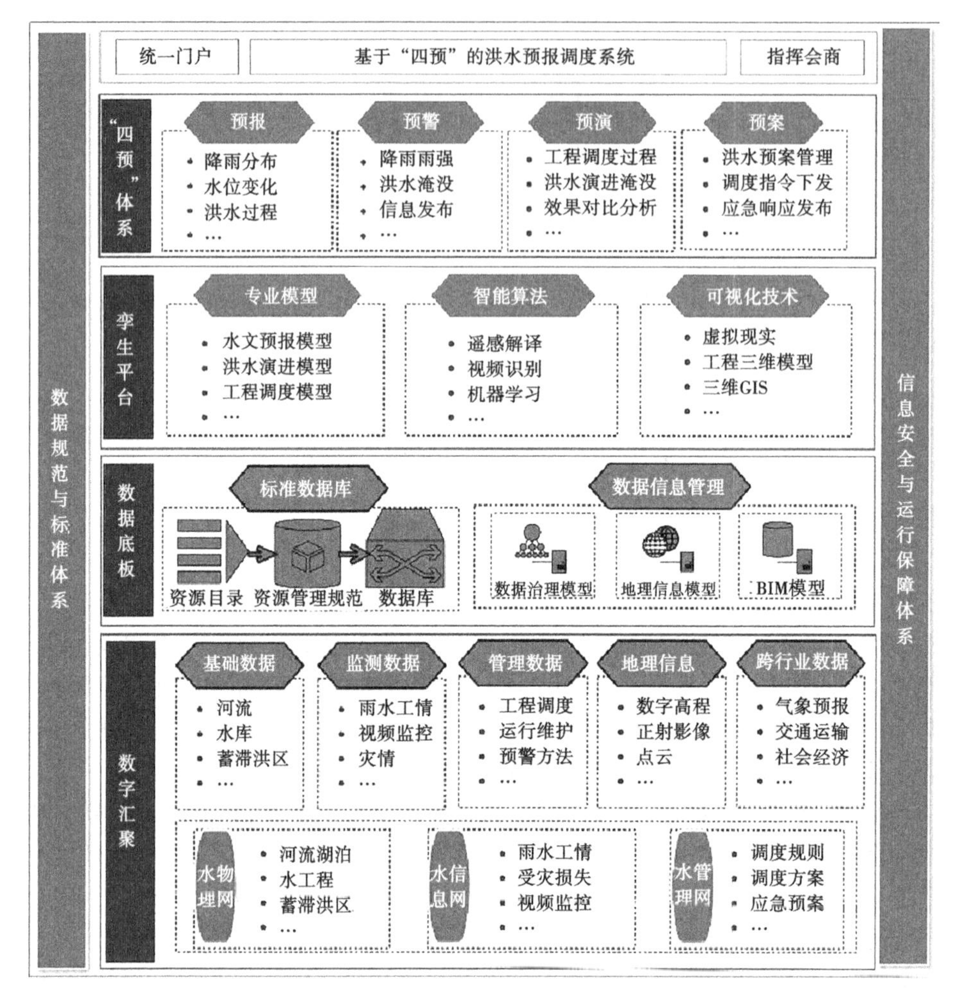

图 4-21　系统建设的总体架构设计

公众的避灾提供指引；预演是指在特定的降雨、初始水位等边界条件下，利用模型对疏勒河流域不同河段防洪工程运行方案的调度效果进行模拟仿真和结果动态展示，为调度方案的科学制定提供支撑；预案是结合预演结果对比分析，综合考虑洪水防御的关键因素，选定工程调度方式，以此制订调度预案，并能够在洪水演进过程中实时、快速下发调度指令。

4.6.2.2　系统主要功能

基于“四预”体系，按照流域防洪预报调度业务需求，结合水利一张图矢量数据以及重点防洪工程的数字化三维模型，构建系统的数据底板；采用数字孪生、三维建模、VR 全景、数值模拟和智能分析等技术手段，实现流域雨水工情的实时监测、洪水的预报预警、工程调度的预演以及预案的管理下发等业务功能。系统主要业务功能模块如图 4-22 所示。

疏勒河流域以现有物理感知站网为基础，以降雨量、水位、流量、视频等要素为对象，构建系统的实时监测模块。提供标准化接口，对接流域水文监测数据，结合不同站点水文要素的警戒阈值，实现雨水工情的全面感知与实时告警，并对水文要素的变化态势进行实

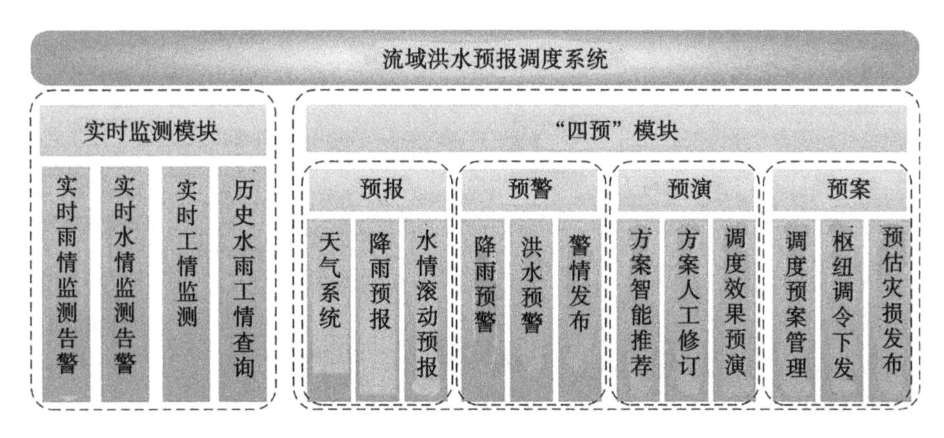

图4-22　系统功能模块设计

时动态分析;接入重点水利工程视频,实时掌握闸门启闭情况、闸门开度等工程运行状态,并对异常运行进行告警;建立面向不同要素的监测数据库,实现历史雨水工情信息的存储与查询。

4.6.3　灌区水量信息采集系统

使用GSM公网的短信系统,可以完成对信道流量的自动监测。按照灌区的控制规定,系统共在3个灌区设置了412个本地测量点,对水位、流速、流量、水量等进行收集、统计、传输、保存、管理和使用,并通过短信系统定期传递至管理办公室。管理办公室通过采集所管理区域内的土壤条件资料形成信息库,并按照分中心的管理规定及时或定期上传水分数据结果。同时,还通过GSM公网的传输方式,将售水票数据及时地通过无线技术传送至各水站,并逐级报告给管理中心,以有效监控售水票的状况,并帮助及时制订供应方案。

灌区的水量信息收集系统主要由本地收集终端与信息收集设备所构成。其中,以新型智慧水文数据录入仪为重点设施,并配有压阻式液位传感器、超声测速仪、通信模块等装置,共同构成了灌区水信息收集系统的采集端口;数据信息采集管理中心主要由PC机、通信模块、应用软件和打印机等构成。本地采集终端能够24 h无人值守,而生产监控与管理等工作也能够集中到采集管理中心。水文数据则通过水量信息采集终端集中采集、处理和存储。现场流量数据收集终端使用太阳能即时或定期地收集水位、流速等数据,以统计实际流量,并利用与第三方进行的GPRS网络系统与所属管理站实现联系。GPRS用作信息传送媒介,或直接与PC机相连进行传输。通过数据收集中心,进行农业数据的收集、处理、汇总和储存,为管理层提供决策依据,为农业水量统计和水费计收提供依据,并完成了农业灌区水况收集和水表测量自动化。疏勒河灌区水量信息采集系统组网如图4-23所示。

4.6.3.1　灌区水量信息采集系统配置技术

系统配置采用成熟工艺和技术,各类产品选择都符合国际及国家的有关技术标准,系统安全性高,适应性强,扩充灵活,运行维护简便;管理系统平台软件采用了稳定、安全的国外主流控制系统,方便系统应用与维修;工程管理软件、应用软件,以及工程现场控制应

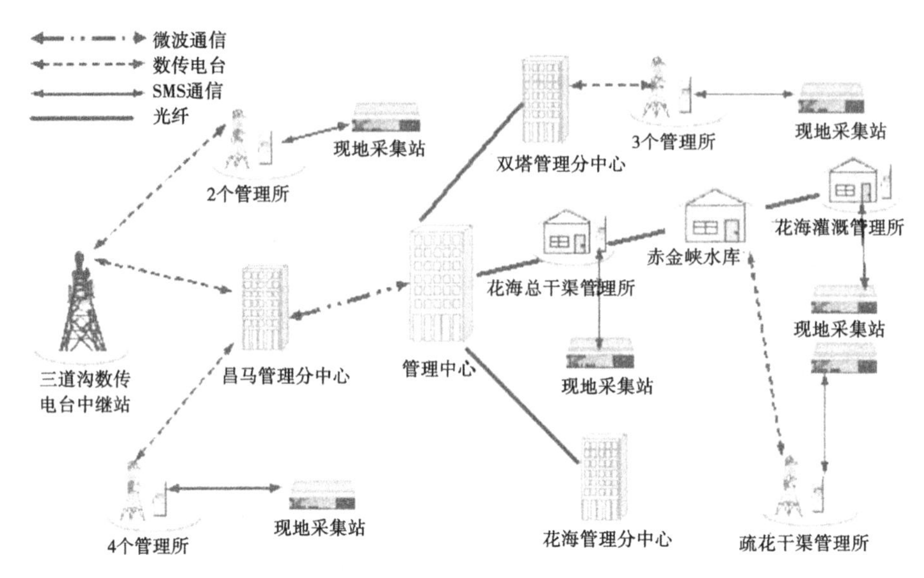

图 4-23 灌区水量信息采集系统组网

用软件的编制都采用了符合国际先进应用软件技术标准的研发平台。该系统通过运用工程智能化检测技术、现代计算机以及通信手段,总结了水利领域的应用经验,形成了整个灌区的分层分布式综合智能化体系。逐步建立涵盖了全部灌区的先进、适用、快捷、安全可靠的水量数据收集体系,逐步达到了数据收集储存智能化、工程数据管理电子化、决策支持电子化、工程调度指挥现代化。该体系由人工计算变成了自动精确计算,由人工传递信息变成了自动报告,从而大大降低了职工的劳动强度,既减少了供水的用水成本,也提高了供水的清晰度,从而完成了对整个灌区的动态规划和科学配水,进而有利于节水,提高了效益。

4.6.3.2 信息采集系统的功能

水信息采集系统由 GPRS 通信机、水位传感器、流速传感器、太阳能电池、蓄电池等组成(见图 4-24)。其功能主要有以下方面:

(1)数据采集。终端的采集模式有 2 种,分别为实时采集和定时采集。

(2)越限报警。实时监测水位、流速、电源电压等数据,若出现数据高于上限或低于下限(数据上、下限可以设置),采集终端本地显示电源故障报警、信息越限报警,并向中心站发送报警信息。

(3)数据处理、统计、运算和输出功能。对采集的数据处理、统计、运算、存储,并通过 GPRS 形式将信息传送到管理总站。

(4)数据合理性检查,滤除不合理数据。

(5)数据缺损手动补插。

(6)数据加注日期和时标。数据在采集、处理完后,存储时附加采集日期和时间,便于查询历史信息。

(7)引水时段数据统计。数据计算、统计并现地显示引水时段内累计总水量、当日水量、当日最高水位出现时间和最低水位出现时间等信息。

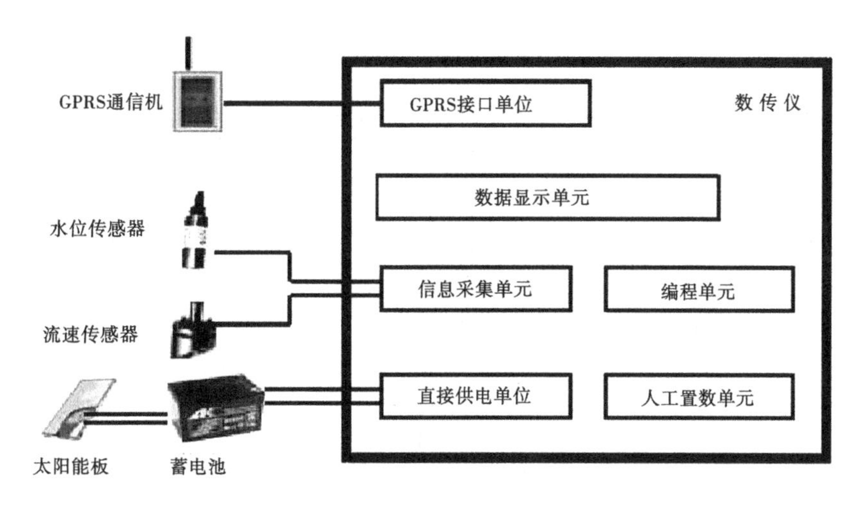

图 4-24　水信息采集系统组成

(8)自诊断功能。采集终端在上电工作时,进行自诊断。若发现设备有故障显示报警信息;正常工作时,在数据口无增量变化时定时自检,并将接口及电源状态发送至接收站。在自诊断过程中,若出现无法恢复运行的情况系统自动重启。

(9)数据的转发和暂存功能。若信息发送失败可以暂存,隔一段时间继续发送;若连续发送失败可转发给备用的接收站。

(10)可人工设置终端设备的参数(如站号、采样时间、水位上/下限报警值、电源电压报警值等),中心站也可利用短信异地更改设备参数。

(11)实时或定时向中心站发送本站运行状态、电源电压等信息。发出的每一条信息,都自带本站的地址码、信息采集时间和当前采集终端的时间标志,表明该信息的来源、采集时间,保证各个站点与接收站时间一致、同步工作。

4.6.4　网络信息处理平台系统

该系统主要服务于疏勒河灌区的服务数据信息、地下水服务以及城市饮用水治理服务,系统通过网页结合 WebGIS 网站的形式在全国不同地区互联网上分布,采用 B/S 结构系统,使用者能够很简单地利用互联网访问信息,使全部的应用逻辑都在客户端上实现,从而减少了客户端的系统要求和系统整体的服务成本。其主要功用是便于客户查看疏勒灌区的服务信息。网络信息处理平台系统如图 4-25 所示。

4.6.4.1　网络信息处理平台系统功能

(1)建立疏勒河灌区灌溉、防汛调度的多媒体计算机监控系统。监控系统由一个中心控制系统和多个闸门监控、遥测站组成。建立系统的目的是根据灌区实时雨水情和工程运行情况,及时报出各干渠进水闸、节制闸的上下游水位、闸门开启度、过闸流量、雨量的参数,并将所收集的实时数据存入数据库。然后利用统计数据信息、卫星云图、有关的水量调度原则,提出灌溉、防汛调度运行方案并通过桌面地理信息系统,以图形、表格、文字等方式(可显示在大屏幕上)给出灌区各干渠雨、水、工情实况,以供领导决策时参考。在系统中使用会议电视系统,当发生汛情等特殊情况时,在网络上能看到现场的实况,也

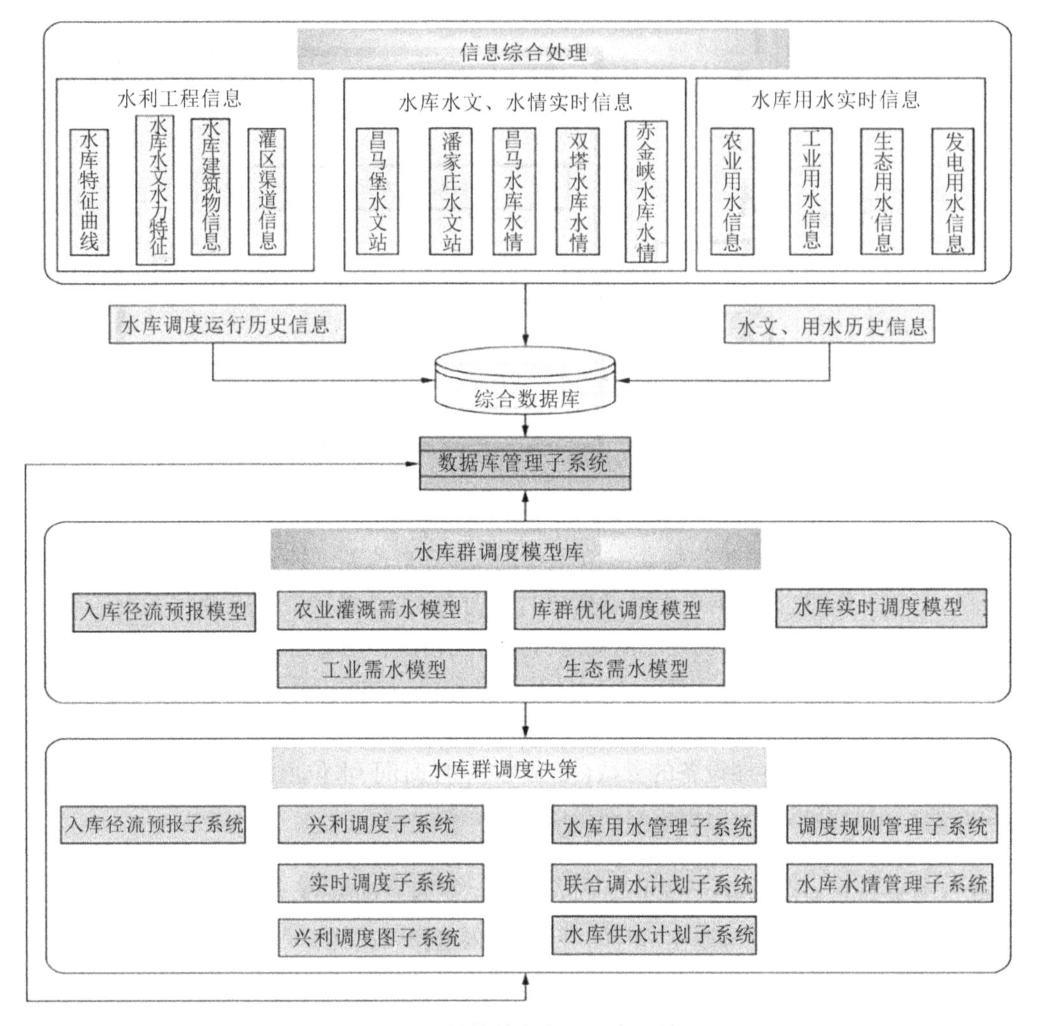

图 4-25　网络信息处理平台系统

可通过摄像机观测闸门开启及建筑物运行情况。

(2)建立办公自动化系统。各级领导干部及工作人员逐步推行计算机现代化管理,对文件、档案、资料进行计算机管理,并进行分级、分权限控制。只要具备合法的权限,就能共享网络上的信息资源及计算机网络上的设备。所有文档的管理均可按照 ISO 9000 标准执行。在网络上建设远程登录服务器后,无论是节假日在家或是出差在外,都可通过电话线将身边的电脑接入网络上,方便地进行工作,如同在办公室内办公一样。

(3)建立 Web 站点。通过在国际互联网(Internet)上建立自己的 Web 站点,将灌区的对外宣传资料放在自己的主页上,这样全世界任何一个地方都能通过 Internet 了解灌区的情况,灌区也能通过 Internet 了解世界各地的信息。通过 Internet 在计算机网络上打开对外联系的窗口,有利于灌区的全面发展。

4.6.4.2　信息处理平台设计原则

(1)网络要求覆盖全灌区,使灌区需要监测和控制的点均能在网络覆盖范围内。

(2)网络应具有先进性。选择最先进的网络技术和产品,如局域网的交换技术、广域网的多路由技术、结构化布线技术等，网络在带宽、接口、协议等方面均能满足多媒体应用的要求，以适应新技术的发展和灌区现代化管理的长远目标。

(3)网络应具有开放性。即网络应能方便地接入国际互联网(Internet)，并与省防汛网及其他相关单位的数据专用网等实现企业内部网(Internet)。所建网络还应具有远程访问服务器功能，灌区内具有访问权限的用户都能在全国任何一个地方登录到网络上，获取网络上的数据资源。

(4)网络应具有安全性。应从软、硬件两方面考虑网络的安全性，以便保证在网络上进行正常的合乎规范的遥测、遥控操作，并根据不同的用户、不同的权限共享网络上的信息资源，防止人为的破坏行为发生。

(5)网络应具有可靠性。尽可能采用最可靠的连接方式和设备，网络的安全可靠体现在数据的完整性和网络设备的可靠性、冗余备份、容错功能、完善的网络管理、全面的灾害恢复能力等，在网络设备选择上要注意标准化、减少品种，便于维护。

(6)网络应具有可扩展性。本网络的建设是按统一规划、分期实施的方案进行的，所以网络应具有良好的可扩展性，符合开放系统互连的规范，随时能够根据发展的需要扩充和升级，并且不影响网络的基本结构，不影响已建好网络的正常运行，同时费用要低。

4.6.4.3　疏勒河灌区信息处理平台建设

结合疏勒河灌区现有的数据成果，按照“一数一源一责”的原则，开展数据汇聚、治理、运维工作，建设疏勒河灌区数据体系，搭建疏勒河灌区应用数据库和感知数据前置库，同时考虑打通省厅和酒泉市级水利数据仓，实现各级管理机构的数据共享和交换，提升疏勒河灌区水利数据资源质量和共建共享水平，为推进水利数字化改革提供坚实基础。其中，疏勒河灌区数据前置库的定位是通过充分借鉴当前业界的数据平台的建设实践经验，从疏勒河灌区自身的核心需求出发，从垂直业务数据入手，打通从数据资源盘点、汇聚、数据治理、数据交换与共享、数据 API 共享服务的工作全流程，建设“一数一源一责”的疏勒河灌区前置库。

疏勒河灌区以灌区业务应用、决策支撑、社会服务为主线，形成统一的智慧灌区云应用(灌区现代化管理和服务平台)。平台主要包含场景分析大屏、业务应用、掌上应用等，灌区的业务应用主要包含灌区综合地图、灌区遥感监测、计划用水决策、灌溉前视频巡航、实际用水计量、旱汛预警、工程安全预警、公众参与以及系统管理等业务模块。业务和服务应用要在统一平台框架下，改变灌区管理模式，为灌区管理从“传统型管理”向“数字化管理”转型提供适用工具。

4.7　疏勒河流域立体感知体系建设

立体感知体系建设主要内容是对灌区运行管理过程中相关站点采集到的量测控数据信息进行传输、反馈及整合，包括灌区用水量信息、水文信息、输配水调度信息、水利工程信息、基础地理信息、遥感监测信息、渠道建筑物等工程矢量信息以及用水与社会经济统计信息等相关信息的采集与立体感知。具体建设内容包括泵站自动化监控工程、闸门(干渠节制闸、分水闸、退水闸)自动化改造工程、量测水工程、水情墒情监测工程、险工险段安全监测系统工程、数据网络传输系统工程。将灌区范围内涉及的相关量测控节点采集与感知的数据信息进行整合与反馈,从而构建集信息采集、信息传输、用水决策、信息反馈、智能控制于一体的灌区智能化管理系统。

立体感知体系采集的数据主要包括灌区基础 GIS 数据(卫星影像、DEM、地形图等)、灌区静态基础数据(水工建筑物及渠/沟/管网节点及拓扑关系)、灌区动态监测数据(量测控监测控制数据)等,形成数据流,通过分级数据传输及共享,作为灌区管理局及泵站(渠道)管理站供水决策及配水调度的数据支撑,并实现上级部门数据共享,以及与农业、住建、生态环境等业务部门的数据交互。灌区数据流程见图 4-26。

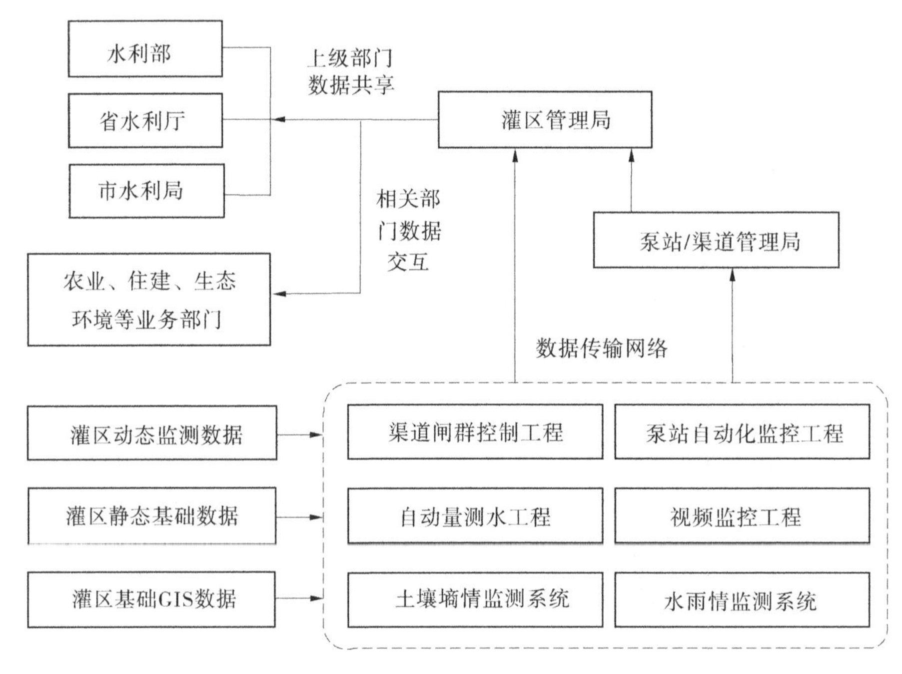

图 4-26 灌区数据流程

该系统由中心站、远程数据通信网络、遥测工作站、数据通信、数据管理和数据处理等组成。遥测站主要由感应器、遥控终端、供电系统、通信装置、防雷设施等构成。自动进行资料采集,对水、雨、湿、旱数据进行预处理并传输至中心站,并手动上传手动观测数据。中心站的主要功能是接收各遥感台站的实时数据处理以及人工输入数据,在存储的基础上对数据统一管理,并利用计算机信息网络系统将数据传输给上级政府以及相关水利工程、防洪单位。中心站一般由实时监测数据服务器、预警分台站、通信设施、电源装置、防雷工程、软件等构成。

疏勒河灌区不仅负责农业灌溉和生活用水,还负责区域重要的工业用水。因此,工业供水的计量也是灌区水资源管理的重要组成部分。

4.7.1 水情采集系统

在疏勒河灌区,水情信息收集是获得最多的数据类型,但覆盖密度还不高。因此,为了获得更详细的水情信息,在原有基础上实现水资源更精细的管理,有必要继续推进水系收集点的建设。水情采集点是水情信息的主要来源,也是疏勒河灌区水资源合理调度的重要信息来源。水情收集点的选择应根据疏勒河灌区的实际情况,重点收集疏勒河灌溉区所有进水口和水连接处的水情信息。

水情自动测报系统是一种先进的水情信息实时采集系统,它应用通信、遥测和计算机技术,完成流域内降雨量、水位、流量等参数的实时收集和处理,为防洪、供水、发电等优化调度提供基础数据支持。随着技术的不断进步,水情测报系统的功能日益完善,可监测到的物理参量也越来越丰富,但被监测对象仅能以数值方式呈现,对现场情况缺乏全面的、综合性的、形象化的展示。

4.7.1.1　水情采集系统的构成

(1)遥测台的构造:遥测台是其最基础的组成部分。整个遥测系统主要由传感器、遥测终端、通信系统、电源设备、支撑接头等构成。遥测站的作用是根据系统的设计条件,及时、准确地采集、编码、预处理并将其传送至数据存储中心。

(2)系统的可靠度:在恶劣的自然环境中,水环境的稳定性是其最根本的需求。所以,对可靠性的要求是严谨和可靠。在严酷的工作条件下,系统的稳定是系统的设计与配置。所以,该体系应该从两个层面进行:最优的选型和最优的品质保障。该远程控制站在维持城市电力供应界面的情况下,利用多供电体系(太阳能和蓄电池)来确保该系统的持续操作。特别是在雷电灾害时,要做好防范雷击的工作。为了保证系统的长时间稳定性,采用微型电源的结构。

渠道水位采集点和水库水位采集点由现场设备和接收端设备组成。现场设备包括遥测 RTU 终端设备、水位传感器、通信单元和供电单元;接收端设备包括数据库服务器和安装了水位流量接收处理软件和水位库容接收处理软件的工作站。水位采集系统结构如图 4-27 所示。

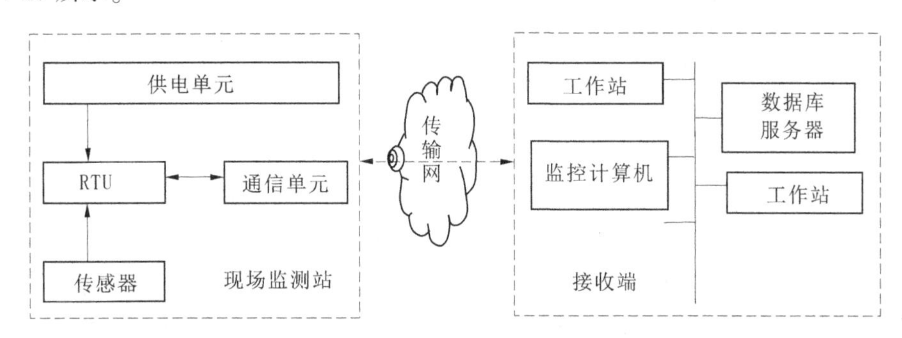

图 4-27　水位采集系统结构

根据图 4-27,采集点主要由遥测终端(RTU)、通信单元、传感器及供电单元组成。水位传感器选择压力式水位传感器;供电单元选择太阳能供电系统,由遥测终端机控制太阳能电池板给蓄电池充电,防止太阳能板对蓄电池无限制充电,导致蓄电池充爆损坏,再由蓄电池给遥测终端供电。水位传感器感应水位信号,由遥测终端采集并临时存储,再通过 GPRS 通信模块传送到中心站数据库服务器存储。

其中,部分引水枢纽水位点通过浮子式水位计采集库区水位,采用超声波液位计采集总干渠首水位,将数据利用 GPRS 发送到水管所信息中心监控计算机上。采用 GPRS 通信的 29 点水位采集点通信系统结构如图 4-28 所示。

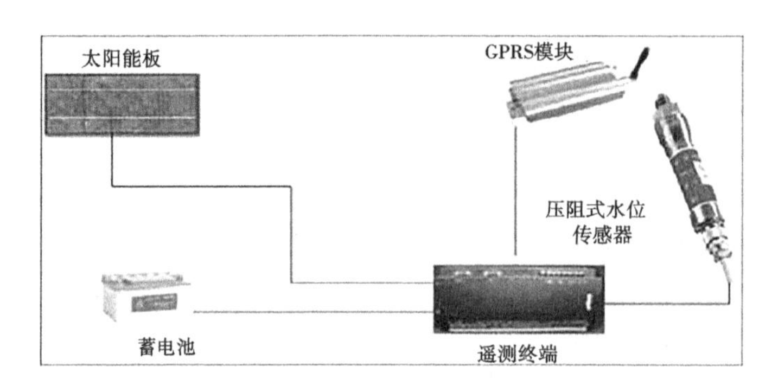

图 4-28　水位采集点通信系统结构

采用 GPRS 通信方式的水情采集由现场 RTU 定时采集水位数据,通过传输单元分别传输到水管所数据库服务器中存储;在水管所信息中心,分析处理应用软件,实现数据分析、统计、查询功能。水情监测系统在遥测 RTU 终端设备控制下,自动完成各引水口水位参数的采集和预处理并存入固态存储器,并经 GPRS 通信链路向信息中心站传送所采集的数据,利用 GPRS 网络通信方式传输到水管所,所有水位采集点采用太阳能板供电。

水情监测站向信息中心报送数据的方式可采用定时上报、中心监测应答、事件报送的混合体制。事件报送时,每当流量参数发生一个计量单位的变化时,采集终端机就自动采集,并进行数据扰动滤波,加注时标,按指定的格式存储。采集终端机中至少可保存一个月的数据。如采集站与中心站发生长时间通信线路中断,数据能通过 IC 卡转存,并通过水管段上报到水管所信息中心。

水情监测现地站是由太阳能电源供电系统、水情监测终端机(RTU)、水位传感器、GPRS/CSM 通信模块、防盗探测器、信号避雷器等组成,可选配 IC 卡数据提取接口。其中,RTU、防盗探测器、信号避雷器、液晶显示模块、胶体蓄电池等设备集成在终端机箱内。水情监测现地站系统结构如图 4-29 所示。

4.7.1.2　水情遥测系统通信网络

水文数据采集管理系统是指利用遥感、通信、计算机等现代科技手段收集、传递、管理的综合性信息系统。遥测站的任务是收集和存储水文数据,并将数据传输到调度中心。遥测站一般都是在野外分布广泛的,通信方式的选取直接关系到整个系统的稳定。由于短波通信的不足及其对环境的巨大影响,短波通信在水文系统的通信中很少使用。

通用分组无线服务(GPRS)是运用分组交换的概念研究的一种无线数据传输模式。GPRS 被理解为 GSM 的更高级别。分组交换是将数据分成多个独立的分组,然后逐个传输这些分组。分组交换的优点是根据传输的数据量计算价格,当没有数据传输时,它不会占用带宽。这种计费方式对用户来说更合理。

GPRS 网络覆盖广,基本没有盲区,而且 GPRS 在河套灌区这种数据体量较小、发送频率高的水利行业应用中,有以下显著优势:无须自建通信网,投资费用少;无须自己维护网络,使用简单;利用公用网络平台,网络的稳定性比较强,可靠性较高,数据传输迅速准

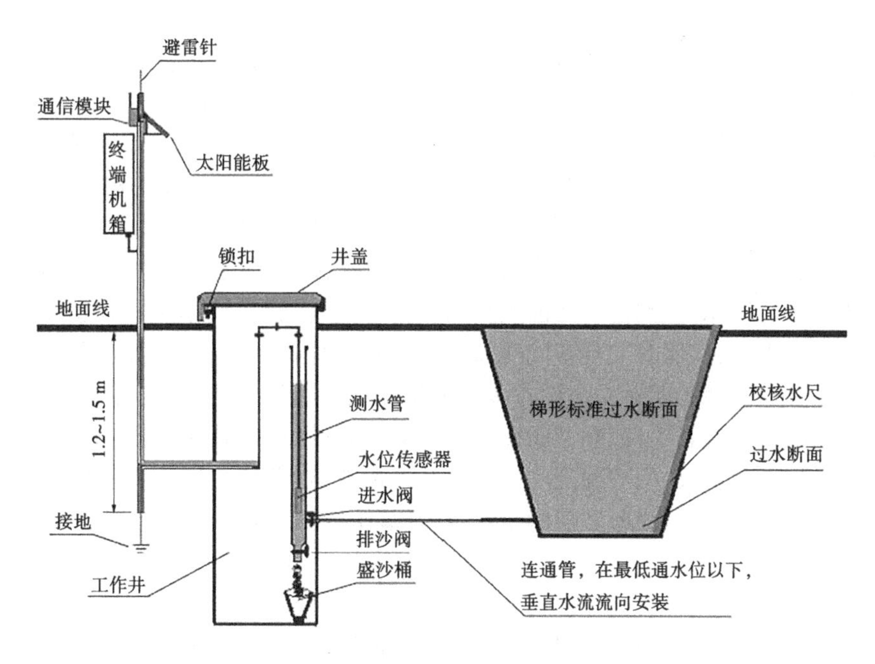

图4-29　水情监测现地站系统结构

确;按流量计费,降低运行费用;网络覆盖范围广泛,布点方便,扩容简单;系统兼容性强,组网简单而迅速。

根据上述对两种通信方式的对比,不难发现GPRS更适合用于水情数据的传输,能够保证水情信息及时准确地送至信息中心或信息分中心。

4.7.1.3　水情采集系统的功能

水情观测数据的采集需要一定的观测仪器和设备。为了保证观测数据的准确性和可靠性,必须尽可能选用稳定性好、精度高、自动化程度高的现代化观测记录仪器。水情监测点的建设必须满足实时测量水位和流量的基本功能要求,以及遥测、定时、远程参数设置等功能要求。

1.采集

从常用的几种传感器中采集实测数据。传感器电气接口为RS485或最终转化为RS485,通过网络转换模块连接至中心服务器,数据采集系统运行于中心服务器上,根据各传感器的通信协议与传感器进行通信并获取数据,协议具体内容可以参考附件。通信方式应包括串口通信和网络通信。应用串口通信时,服务器上安装虚拟串口软件,相当于所有传感器在一条RS485总线上,运行时通过串口进行通信;应用网络通信时,传感器端为Client端,服务器为Server端,传感器端通过公网IP地址连接至服务器,运行时通过网络进行通信。

2.处理

首先应从接收到的通信码中提取有效数据,然后计算出传感器实际测得的数值,再根据用户的需求对数值进行调整。程序在采集到数据后,要同时记录采集时间,还要从通信码中提取设备的地址值。

3. 存储

数据处理完毕后,要将设备地址、设备所在站点名称(通过设备表查得)、采集时间、最终数据、数据状态等项目存进数据库。存储前要对最终数据进行校验,看其是否在正常的数值范围内。数据存储频率默认为2 min/次。系统运行一段时间后,数据库中的数据会越来越多,为了避免综合展示系统运行缓慢,程序需要考虑数据库结构和存储方式的问题,若10 min都没有从某个传感器处获得数据,则自动填入1条数据,存储监测数值外的其他内容,在数据状态中填入"故障",在重新获得数据之前不再存入此传感器的数据。为减少数据库的体积,监测值和之前重复的数据不重复记录,但要能保证通信状态的判断和历史数据的查询,存储时要具备同时写入多个数据库的功能。用户应可以对以下参数进行设定:①采集周期,即对1个设备多久采集1次。②采集的设备,即对哪些设备进行轮询。③增减设备,用户可以登记新设备和删除已有设备,增减设备时对设备表作相应的调整。④增加通信协议,用户确定的内容包括发码规则、收码的数据位及字节数、数值计算规则。⑤存储周期、各设备数值的正常范围、显示故障的限制时间。参数设定模块需要加密。

4. 自报功能

远程定义水情采集终端的参数,按一定时间间隔采集数据并发送至信息中心或分中心。收到数据后,信息中心或子信息中心将对其进行分析,存储在数据库中并显示。

5. 远程控制功能

信息中心以及子信息中心可向水况采集终端发出查看装置状况/设定装置参数、改变收集数据方法、时间间隔等命令,从而获取由水况采集终端反馈的数据。

6. 自动校时功能

水情数据中心和水情数据中心自报时差为5 min的数据采集终端,可以自行作出日期的变更命令。

4.7.2 雨情采集系统

雨水采集作为疏勒河灌区的信息类型之一,在疏勒河水资源调控中发挥着重要作用,因此也被列为近期信息的建设内容。雨情主要用作了解灌区水资源的重要来源。对于疏勒河灌区而言,近期收集雨水信息主要是为了了解农业灌溉情况,进一步优化水资源调度,充分提高水资源利用率。因此,应以疏勒河灌区的土壤类型、种植结构和地形结构作为选择雨点的依据,并与在建和拟建的现有土壤含水量点相配合。

4.7.2.1 基本功能

数据实时采集及处理功能:能够准确地实时采集和传输水雨情信息,具有定时自报功能,中心站能实时接收有关数据,并对数据进行合理性检查和纠错处理,并自动对接收到的数据进行分类并存入数据库。

系统监测及报警功能:具有水雨情要素越限监测及报警,设备故障监测、报警及诊断,设备电源电压异常监测及报警等功能。

数据管理功能:可通过人机对话的方式方便地对数据进行查询、检索及编辑,可灵活地显示、绘制和打印水雨情图表,可方便地对数据库进行维护管理,对软件功能进行扩充及修改。

水文预报功能:可进行定时水文预报(时段长度可调整)、随机水文预报以及给定雨量或流量的模拟水文预报。

遥测站功能。疏勒河灌区雨量遥测站采用翻斗式雨量计,水位遥测站采用浮子式水位计。遥测站在被测水文参数发生规定的增量变化时(雨量变化1 mm,水位量计升或降1 cm)自动发送被测参数的数值(雨量为累计值,水位为实际值)。考虑到水位值的测试环境防波浪措施难以做得很理想,水面可能有波浪存在,为防止无谓地过频发送水位数据,遥测站设备限定水位数据发送最短时间间隔为5 min。遥测站把数据直接或经由中继站发给中心站。

中继站功能。中继站用数字中继机,由12 V蓄电池供电,并由太阳能电池板充电,中继机的接收机和解调器长期值守工作,当接收到数据信号时,中继站被激活,并将所收到的数据通过调制器和发射机传送出去。

前置机功能。前置机可接收遥测站数据,完成各种数据文件存储,并通过安装在台式计算机里的水雨情信息读取软件,读取所有水雨情数据。

4.7.2.2　系统组网设计

系统组网设计应充分考虑目前应用于水雨情测报系统的多种通信方式(包括电话、PSTN、手机短信、手机GPRS、北斗卫星、海事卫星、通信卫星、计算机网络等信道),并考虑新建设水雨情系统现场的实际情况,提出系统的通信网络设计,通过通信信道,利用统一的数据传输协议和数据调制方式将这些不同厂家的物理设备集成连接为一个有效运作的、开放的水雨情自动测报遥测网。

水雨情自动遥测系统拓扑组成包括遥测数据采集子系统(终端遥测设备)和中心站子系统两部分,全系统网络拓扑结构基本为常见的星状结构,各遥测站与分中心站构成星状网络,中心站为中心节点。

从信息采集及处理流程过程分析,这两个子系统分别处于整个系统的不同层次,承担不同的任务。其中,遥测数据采集子系统位于系统底层,承担流域内全部测站的数据采集任务,中心站子系统处于系统的顶层,负责全系统控制、数据处理和与上级或其他同级系统的联系。

4.7.3　墒情采集系统

土壤湿度收集和管理是一种实时收集和管理土壤水分的智能化管理系统。它运用了精密传感器技术、通信技术、数据库存储和数据处理等技术,在没有监测的情形下自动收集、传递和保存土壤湿度数据,为土壤湿度变化趋势的计算、分析和预报提供依据。该系统还可应用在水利工程抗旱、精细农业等应用领域。

4.7.3.1　土壤墒情预报

土壤墒情预报系统主要是依托信息技术为平台,利用遥感技术和极轨卫星等先进的技术为核心技术对地面气象、土壤墒情观测等信息进行实时获取,并以获取到的土壤水分、植被指数以及热惯量为主要依据,通过多元线性拟合、非线性拟合和最小值查找法等数学方法对土壤墒情、遥感数据和气象数据之间的关系进行分析和探究,同时通过对遥感数据、地面墒情数据的采集、分析和处理，对整个监测区域内的土壤表层、耕层和根层的旱情进行实时在线分析，系统还能够根据这些数据，对短期内监测区域内旱情发展的趋势进行预测，从而为该区域的防旱、抗旱提供技术指导方案。

土壤墒情可根据用户选择分别使用 GIS 图形、等值线/面、时间过程线和表格等形式显示，能充分显示土壤含水率时空分布规律。墒情显示模块调用本研究开发的空间数据插值组件对实测或历史散乱点数据进行插值处理后使用图形显示组件显示出来，其中空间插值根据研究采用了泰森多边形法（自然邻点插值法）、反距离加权插值法、克里格插值法、径向基函数插值法等方法。在运行参数设置中可设置默认插值方法及该方法的控制参数。泰森多边形插值法使用计算几何方法自动形成泰森多边形（Voronoi 图）并得到各点的权重。在监测点位置不变情况下，除第一次计算外，后续计算将直接从数据库中得到权重，加快图形显示和平均含水率的计算。克里格插值法需要半方差函数或变异函数的类型及其控制参数，在实际应用中需要做前期研究，因此有一定局限性。径向基函数插值法稳定性高，对散乱数据空间位置要求低，但针对土壤墒情空间分布的径向基函数及控制参数的选择需要进一步研究。系统缺省使用径向基函数插值法进行土壤墒情空间插值和平均含水率计算。

实时墒情预报模块主要采用水量平衡法和消退指数法两种方法。在研究中也对其他方法如叶面积指数法等进行研究，但效果不是很理想。田间小型气象站逐渐普及，使得用水量平衡法预报土壤墒情成为可能。通过将改进彭曼法做成模型组件嵌入系统中，可根据实测气象资料实时计算土壤墒情，并在此基础上结合气象预报信息预报土壤墒情。针对有前期墒情预报模型研究的情况，编写多元逐步回归、最小二乘法、支持向量机和 ARMA 自回归滑动平均等模型组件。通过在模型参数库中设置各模型控制参数即可使用。水量平衡法采用如下公式：

$$D_i = D_{i-1} + \mathrm{ET}_i - P_{0i} - I_i - K_i$$

$$\mathrm{ET} = \mathrm{ET}_0 K_c K_s$$

$$P_{0i} = \beta P_i$$

$$K_i = \mathrm{e}^{-nH}\mathrm{ET}_i$$

式中：D_i、D_{i-1} 分别为第 i、$i-1$ 天计划湿润层内相对于田间持水率状态时的土壤水分亏缺，mm；ET_i 为第 i 天作物实际蓄水量，mm；P_{0i} 为第 i 天渗入土壤的降水量，mm；I_i 为第 i 天灌水量；K_i 为第 i 天地下水对根层的补给量，mm；K_c 为作物系数；K_s 为土壤水分胁迫系数；β 为径流系数；P_i 为实际降水量，mm；H 为地下水埋深，m；n 为经验系数。

消退系数法采用如下公式：

$$D_i = D_{i-1}\mathrm{e}^{-k\Delta t} + P_{0i} + I_i$$

式中：k 为土壤消退指数。

根据不同作物生育期土壤水分观测资料得到回归公式。

4.7.3.2 墒情信息采集及传输方式设计

土壤水分信息采集与设计的原则是使不同土壤深度下的测量误差最小化。应在不同深度设置 4 个土壤水分传感器，2 个在 10 cm 处，1 个用于校正，然后分别在 20 cm 和 30 cm 处各设置 1 个，3 处取均值，并通过信息网络通信实现土壤水分信息的传输。由于土壤水分信息无法实时传输,因此无须使用专用网络或专业通信线路。每个测点的主通道可以使用 GPRS(GSM)无线通信网络。在 GPRS(GSM)网络信号较弱的环境中,可以用电话代替。在满足信息传输需求的同时,最大程度地降低了系统建设成本和管理成本,实现速度更快、更简单。

远程呼叫测量、巡测、终端主动传递是目前获取土壤含水量数据的主要方法。它们所决定的条件是对终端工作状况进行采集,并精确地设定了参数。远程电话监测的目的是通过无线通信网络,如有线(PSTN)或 GPRS(GSM),通过信息子站或农资信息中心,对数据采集终端用户发布指令,以获得目前的土壤含水量信息。在接收指令后,通过土壤温度、湿度传感器对土壤水分进行实时采集,并对数据进行编辑后,将其传输至监控中心。而在终端主动传输系统中,通过地面采集终端,利用 PDA 等电子设备,将指令传达给终端主机,并对目前的土壤湿度数据进行传输。而终端主机在收到指令后,会利用土壤温度、湿度传感器来接收当前的土壤含水量数据,并将其整理后发送至地面监测装置。

4.7.3.3　遥感墒情信息辅助提取系统

应用遥感技术对土壤含水量进行监测,具有成本低、宏观、实时等特点。利用 GIS 作为数据处理平台,将 3S 技术与全球卫星定位技术相结合,并采用了大量的数据库和计算模型,将遥感和干旱预报模式有机地结合起来。实现降雨、水分、土壤水分数据库和 GIS 之间的实际关联。

该系统通过测得的降雨、水和土壤水分信息,对干旱进行空间统计和分析。该系统基于土壤水分预测模型和干旱系统的空间定位,对土地利用状况、灌区建设状况、水利状况、历史数据、社会经济状况和遥感图像等数据进行叠加,以干旱信息采集为原则,实现干旱决策支持。

4.7.4　旱情采集系统

旱情信息采集由旱情监测站负责实施。监测内容主要包括:土壤相对湿度控制、降雨量、地下水埋深 3 项,在有条件的旱情监测站还需要监测土壤蒸发量、风力风向、温度等信息。限于客观条件不能观测的借用附近其他监测站的资料。

直接利用卫星遥感技术测量土壤需水量,在土壤类型划分上会遇到一些重大问题,不同含水量下土壤类型中各种物质的光谱分析特征不同。这个问题重要,因为其涉及光谱中不同含水量和土壤类型的不同特征。到目前为止,还没有人能就这个问题提供完整准确的数据报告。从这方面来看,它不仅会消耗巨大的资源,而且可能不会取得显著的效果,因此这种方法并不能直接帮助解决问题。

调查干旱的目的是了解在干旱条件下植被的生长状态,而不是了解土壤的真实细节。因此,可以直接选择植被指数的变化来反映不同时期土壤干旱对植物的影响。这相当于直接观察干旱土壤中植物的生长状况,不仅避免了复杂的土壤含水量问题,而且避免了先测量土壤再测量植物的麻烦,并直接测量了不同土壤含水量条件下植物的状态。

旱情监测系统由信息采集系统终端和旱情监测应用软件两部分组成。各组成部分在系统中所处位置和相互关系如图 4-30 所示。

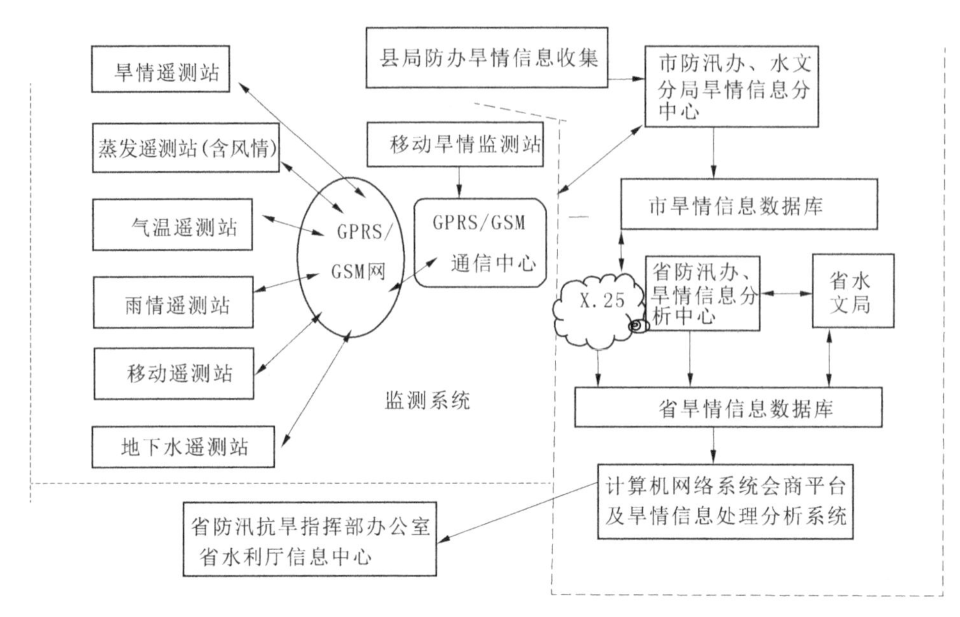

图 4-30 各组成部分在系统中所处位置和相互关系

4.7.4.1 系统构成及功能

干旱信息采集系统是干旱监测系统框架下干旱监测的重要组成部分。干旱监测系统主要由监测系统、采集传输系统、信息存储服务系统和运行保障系统组成,其基本构架如图 4-31 所示。

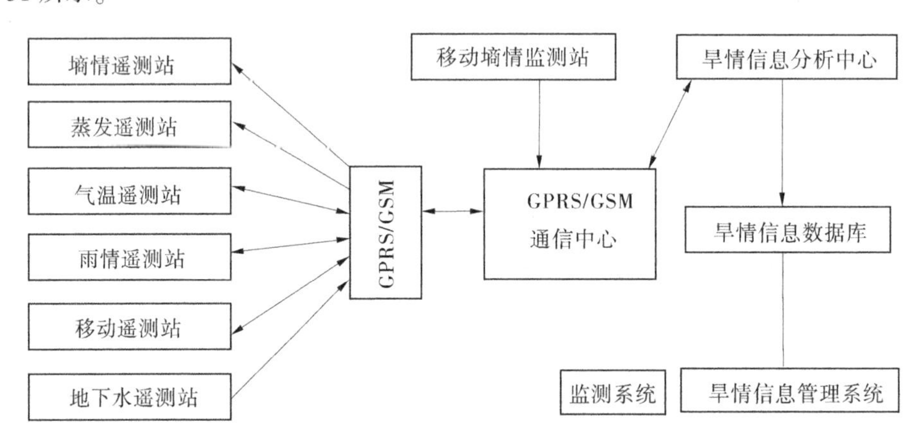

图 4-31 信息网络发布

传输系统主要以水利通信网为基础,建成了比较稳定成熟的全区水情自动测报系统网络。网络中各省(自治区)水利厅至水利部、各流域委的传输通道称为一级线路;以各市水利局、水务局、市水文分局、区属大型水库为分中心至全区中心的传输通道称为二级线路;报汛站点中市水文分局、区属大型水库遥测站点至区属大型水库、市级报汛站点和县水务局及乡水利站至市水务局(市防办)的传输通道称为三级线路。

4.7.4.2　设计原则与目标

建立旱情资料收集系统,是在充分调研、探讨目前和今后旱情管理对干旱信息需要的前提下,借鉴了前期工程的有关建设原理和经验,并充分利用现有资源,采用先进实用的方法进行设计的。

旱情资料收集系统的总体目标是:建成全国旱情资料收集系统,扩大旱情监测站点的建设范围,建成旱情资料收集系统。旱情资料收集系统的建设主要包括旱情统计与上报、土壤水分状况监控。其中,以现有的抗旱资料为基础,以因特网信息技术为依托,建立旱情资料报告系统;土壤墒情监测系统的建设主要与工程质量监测站和流动土壤墒情监测系统的有机结合,初步形成了土壤墒情的收集、传递系统,提高了土壤墒情的自动采集传输和应急移动监测能力。

旱情资料收集与处理系统的主要任务是建立土壤湿度监测与干旱资料的信息,并对干旱资料的规范化表达内容与要求进行规范。它的主要信息种类包括数据、文字、报告、图像、视频等。

4.8　疏勒河灌区主动服务体系建设

智慧灌区的基本功能主要有:可以对各种尺度的灌溉要素实施多信息水平的主动监测;可以在多源信息中精确分析灌区水资源、土壤水分、作物生长、生态、环境污染和工况变化的定量特性,可以自动识别灌区旱涝、盐碱类、土壤侵蚀、环境退化和污染变化的特性;可以精确描述灌区水分、盐度、养分、物质迁移变化、作物生长等生态系统发展,具备动态独立建模与模型演化能力,以及其基于观测数据之上的理论推演能力;也可以自主、精确地提出水资源调度调配、水旱灾害防控、水利生态修复、生物多样性维护等综合对策,可以正确评价各项管理活动的成果与效率,并具备实时调控能力。

4.8.1　水网信息化技术标准规范建设

4.8.1.1　水量自动化计量监控管理系统

管理系统结构上采用了智能化、物联网认知、无线通信、大数据分析、中间件组件等核心技术,从而进一步拓展了系统软件的使用范畴。管理系统通过整体规划、全局管控、集中监测的方法,融计量系统、无线网络、数据中心、服务管理系统于一身,为使用者提供优质快捷的整体服务。而根据总体结构分析,该管理系统又可分为 4 个层面:感知层、网络层、数据层和运行层。

感知层:这一层处在整个架构的最底层,是所有数据和感知信息的主要来源。支持远程信息收集与监测功能的智能无线测量客户端,包含了计量数据感应器、无线传输模块以及高精度的测量仪器。智能装置可在极短距离内保存仪器读数。而无线终端模块则可以将所读出的数据传到上层网络层。

网络层:该层包括了局域网、无线以及远程的 GPRS 或移动网路。若距离较短,为满足对灌区的仪器测量,使用较低功耗、长距离的区域专用无线互联网。而广域传输则主要通过 GPRS 或移动互联网,各个用户之间共有一条无线通道,并通过分组交换技术进行大数据的高速传输。

数据层：该层一般承担基本信息处理和测量数据的收集、保存、分析与管理工作，为上层行业应用建立了统一的数据中心网络平台，便于所有业务层面的数据信息同时与信息资源共享。该层包括 3 种数据信息网络集群系统：资源获取的主机数据信息网络集群、全局信息管理器网络集群和数据库系统网络集群。根据所有统计层的分布式系统设计，基于灌区规模对各种资源数据信息进行搜集、管理工作与储存。

运行层：该层可同样支撑对灌区供水管网、工业生产大用户水表，以及一般住户水表等的远距离测量、监控、检测、维修与管理等工作。包括了用户水量统计、水网运行状况监控、用户水量数据分析、区域水量数据分析、管线信息漏损监控、水质信息查询等功能，并通过公共数据层和标准化的访问界面，支撑了各类给排水服务子系统间的高度整合、数据资源共享与服务协同。

4.8.1.2　水网大数据等标准规范

数据中心是整个软件系统的基本支撑，主要承担对历史数据的分析、保存、管理。计量监控软件系统共分为四大子系统：自动化计量抄表、大用户流量监控、管网监控调度和综合供水分析。营业管理系统软件产品主要分为以下五大子系统：营业费用管理系统、安装和节水管理系统、网络设备管理系统、计量管理和客户关系管理。软件、模块和系统数据中心结构如图 4-32 所示。

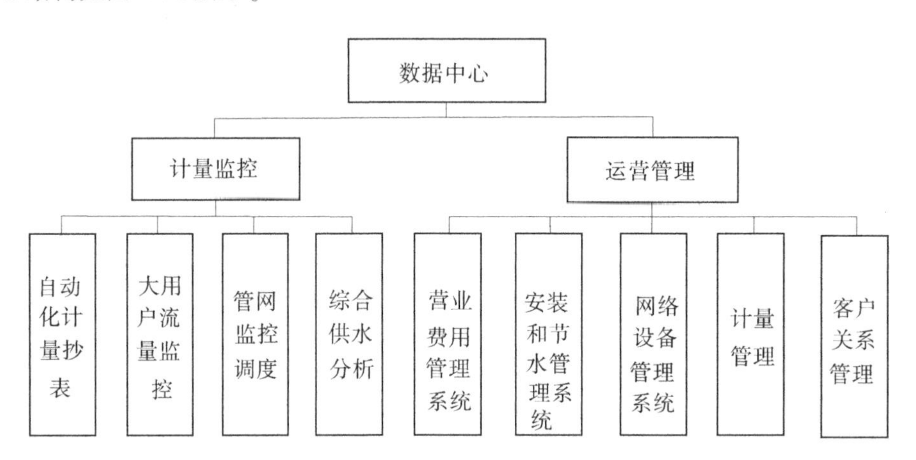

图 4-32　软件、模块和系统数据中心结构

(1)集群管理主要由 3 部分构成：集群数据库系统、集群数据库管理和集群客户端。全局管理客户端是一种管理配置系统，用来监督采集通信系统的全局运行。主要用来监测并采集网络通信数据库系统中集群计算机的统一运行数据、采集通信服务器的实时和离线通信信息、集成器的在线和离线告警，以及各客户端的系统运行负荷、CPU、存储器等资源利用率。数据库系统集群主要由关系数据库集群和分布式数据库集群构成，可以实时保存所采集的测量信息。采集通信系统可以通过与全局的信息库建立联系来获得所提供服务的集中器列表，并根据规定的通信协议向集中器传输数据帧，在分析数据帧后将其保存到数据库系统上。

(2)收集和通信服务器集系统是数据中心的关键部分，担负着对数据接收、保存和分析的全部信息处理过程。集中器系统经过对数据信息帧格式的定义，主动、定时地把数据信息上传给收集与通信服务器。收集通信系统无须再经过轮询机制收集数据，大大提高了收集通信系统的资源效率和信息处理能力。同时利用多线程异步处理工作机制，实现了接收、分析、保存和分析等功能，大大增强了系统的并发性能，也增强了系统的数据处理能力，可进行大约 6 000 台集中器的内联网。

4.8.2　水网感知体系建设

水网感知体系是一种智能感知系统，主要负责水事对象及其环境数据的采集。水网感知网络采用多种感知设备、技术手段和方法，动态监测和实时采集 3 类主要水情感知对象的业务特征和事件信息，并对其进行动态监测和实时采集，形成物联网数据传输、灌区定位、卫星和无人机遥感监测观测数据、视频解析数据和分析信息。通过水利信息网、各级汇集平台、视频监控平台、卫星遥感接收处理与分发中心等系统数据和信息，经基础加工、分级分类，进入水利云平台，为水利大脑提供内容全面、可靠的感知大数据。智慧水务总体架构如图 4-33 所示。

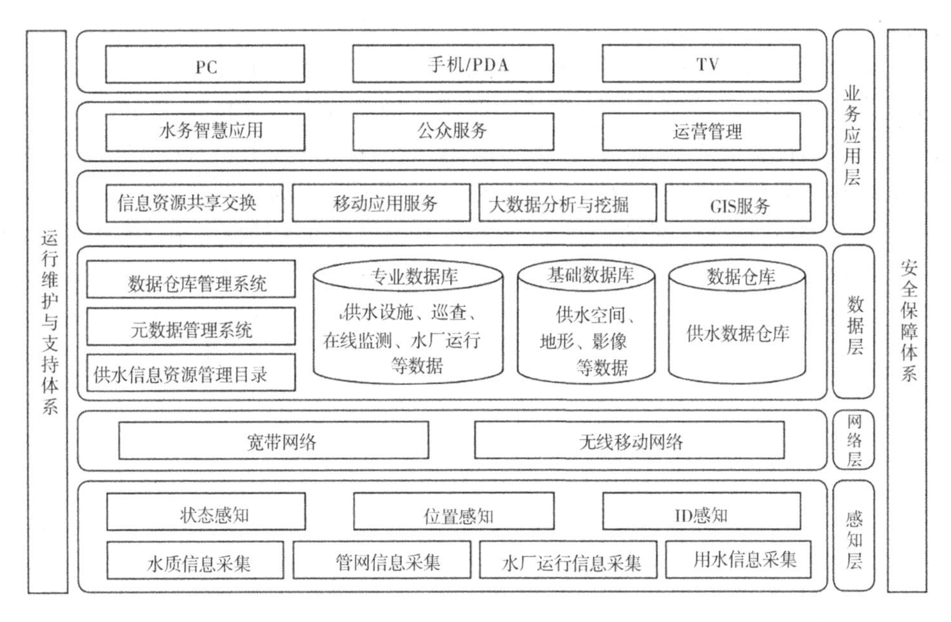

图 4-33　智慧水务总体架构

4.8.2.1　自动感应系统

自动感应控制系统由感应器、智能网关和后台的监测控制系统、无线网络电磁控制器，以及供水系统等构成。

首先，通过传感器检测并记录土壤的温度、湿度等信息，传输到智能网关，进入云中心。移动终端通过云中心进入移动终端。移动终端将处理所有来自传感器的信息（如转换、滤波和放大），然后将其转换。当测量到的湿度数值低于预先设定值时，无线电磁控制器将启动，把水流送入喷头，然后喷嘴也将转动并以不同角度喷射。同时，当空气湿度超过设定值时，移动终端将调节的无线电磁阀关掉并完成浇水工作。在实际安装流程中，无线电磁控制器的旁边还将放置一个压力表,以避免水压不足而缩小喷嘴的范围。整个控制系统可以相互配合,实现了灌区灌溉的智慧管理,也能够有效提升自动化生产效能,进而大大降低人工生产和管理工作投入,显著提高生产效率。更为关键的是,它同时是节省自然资源、提升水资源利用效率的有效途径,系统模块如图 4-34 所示。

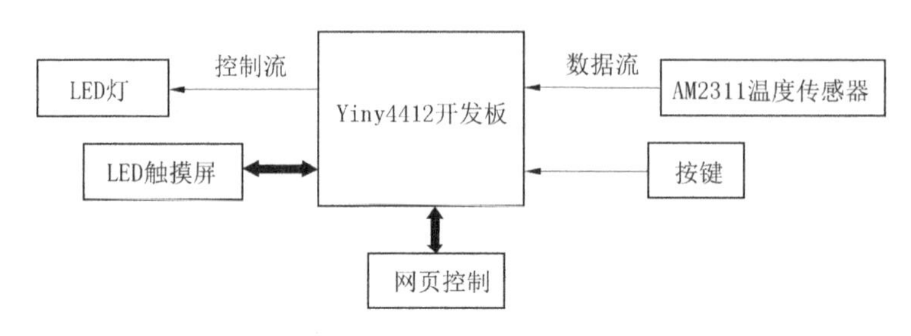

图 4-34　系统模块

4.8.2.2　远程传输系统

该网关基于 Linux 系统开发,具有良好的稳定性和可靠性,它支持双向连接。通信网络提供支持 TCP/UDP 传输层技术。每个接口都提供支持二十包串行接口数据缓存空间,当数据传输不畅时可有效保证数据的高保真度。它还提供了套接字分发技术,能够转发数据信息到不同的套接字。工作模块同时支持网络数据传输模式和 http 数据封装模块。在网络数据传输模式下,通过已建立的套接字向互联网关系和 Server 间发送数据包;而在 http 数据封装模式下,网关对通信接口和服务器所返回的信息进行封装和分析,进而将数据发送给 MCU 或通信网络。另外,该模块还提供了 at 短消息、串口和网络指令等,便于工作模块设定和命令管理。网关的数据通信网络结构如图 4-35 所示。服务器端还可以开发 Socket 服务器后台程式,可以即时监测 Socket 数据分析信息的传送情况,并可以把收集到的大数据分析保存到伺服机端的数据库中,方便客户端访问和提取。

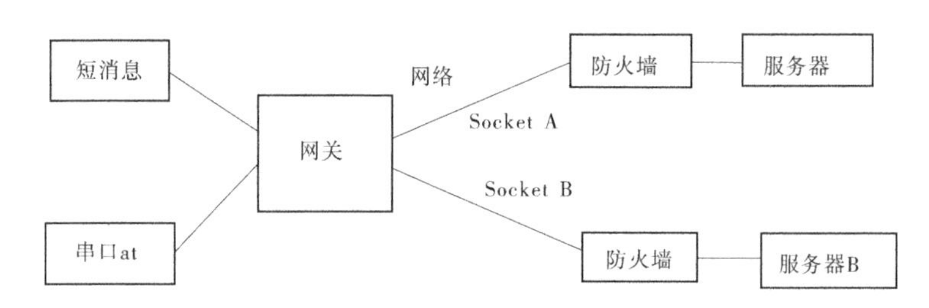

图 4-35　网关的通信网络结构

4.8.3　三维 3S 技术综合管理系统

3S 技术是遥感(RS)、全球导航定位系统(GNSS)和地理信息系统(GIS)的统称。它是运用遥感、空中地理计算资料、卫星定位导航、无线电网络等信息技术来获取、分析、传播和使用空间信息的现代信息技术。

4.8.3.1　遥感技术(RS)

在现代化灌区管理中,灌区监测是灌区管理的重要组成部分。灌区的分布和面积将确保对灌区的水管理、控制和分配进行有效管理。除传统依靠人工统计外,还有一些基于数学分析和预测的方法,如神经向量法、支持向量机法、灰色预测模型等。随着预测步骤的增加,预测结果与实际数据之间的误差越来越大,不能满足实际生产和应用的精度要求。这种方法只能获得大面积的灌溉面积,不能达到整个灌溉面积的监测阶段。卫星遥感为灌区及其分布提供了一种经济、准确、快速、广泛、有效的方法,时间分辨率和空间光谱分辨率都得到了显著提高,使数据调查的基础更加稳固。目前,国内外的研究表明,通过采用遥感监测技术、多源信息提取方法等不同的技术和方法,可以有效地提取灌区的实际灌溉面积,但灌区尚未达到整个灌区的实时监测水平。未来研究将侧重于应用遥感数据对灌区灌溉过程进行动态监测和管理。

遥感技术是获取和更新农村空间信息内容的主要技术手段。使用遥感技术获取灌区信息内容,有着覆盖面广、迅速、数据信息量大的优点,而遥感图像信息内容则涵盖了 GIS 中所需要的空间信息内容及其属性信息内容。采用现有的用水者行政区划地图为底图,并在遥感技术影像版图上描绘了各支航道、不同作物、交通、铁路、村庄、渠系工程等区域,通过精准定位,得到用水者的详尽版图。除宏观数据与微观资料外,遥感技术的应用也在农业灌区建设上有着更广泛的使用前景。

灌溉渠道系统的布置制约了整个农业灌区的水密闭式循环。实时了解和更新灌溉渠道分布状况,是现代灌溉工程管理系统的主要内容之一。灌溉水管理所要求的作物栽培结构与实际灌溉面积指标,涉及了很大的空间范围。如果完全靠传统的地面观测方式则费时费力,将难以实现。长期以来,当地管理人员根据经验进行估算和报告,缺乏客观数据。根据灌区灌溉管理的业务需求,从渠系分布、作物种植结构和实际灌区遥感监测 3 个方面对遥感技术的应用进行研究。

基于 3S 技术的灌溉水资源优化配置的主要流程如下:首先,收集和处理研究区内的 RS、水利、气象等多源空间信息及属性资料;其次,分析各灌溉渠道的控制灌溉面积以及不同级别渠系之间的隶属与关联关系,基于作物-水模型与农田水量平衡系统地研究灌溉用水量关系,同时分析影响灌溉增产效益的因素,确定优化目标及约束条件,建立灌溉水量优化分配模型,并利用智能算法对模型进行求解,来寻求最优的灌溉面积和配水流量,以实现灌区尺度上的智能优化灌溉配水(见图 4-36)。

随着 RS 技术在区域蒸散发计算模型、作物分类识别和作物产量估算等领域应用技术的快速发展和日益成熟,为灌区尺度的农业灌溉效果和水资源利用效率定量评价提供了科学的数据基础,见图 4-37。基于 RS 技术的农田灌溉效果和农作物水分利用效率评价思路如下:首先,基于 RS 技术利用蒸散发模型估算灌区蒸散发量,并利用蒸散发量除去基于降水得到的灌溉水的有效消耗量,继而可估算出灌溉水的有效利用率;其次,基于 RS 作物识别技术得到灌区主要农作物空间分布信息,并利用基于 RS 技术的作物产量估算模型估算各类主要农作物产量,进一步基于作物的蒸散发量和产量估算作物水分利用效率。

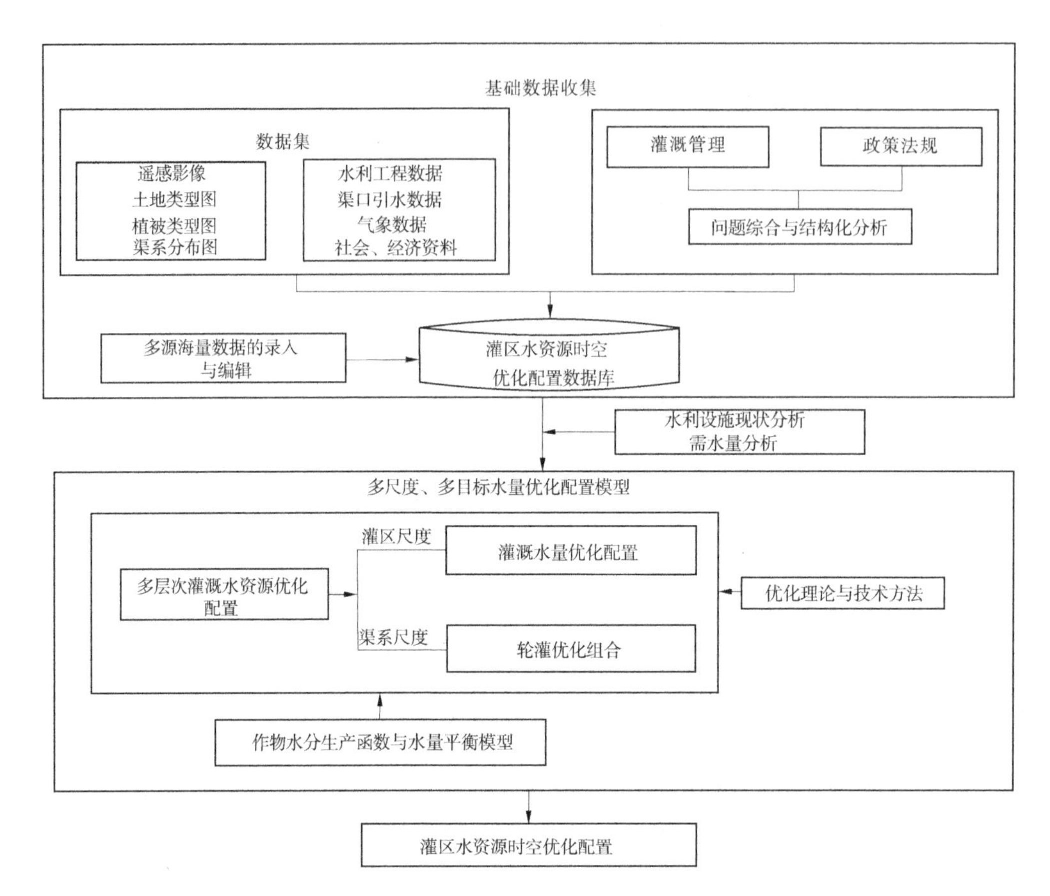

图 4-36　基于 3S 技术的灌溉水资源优化配置技术路线

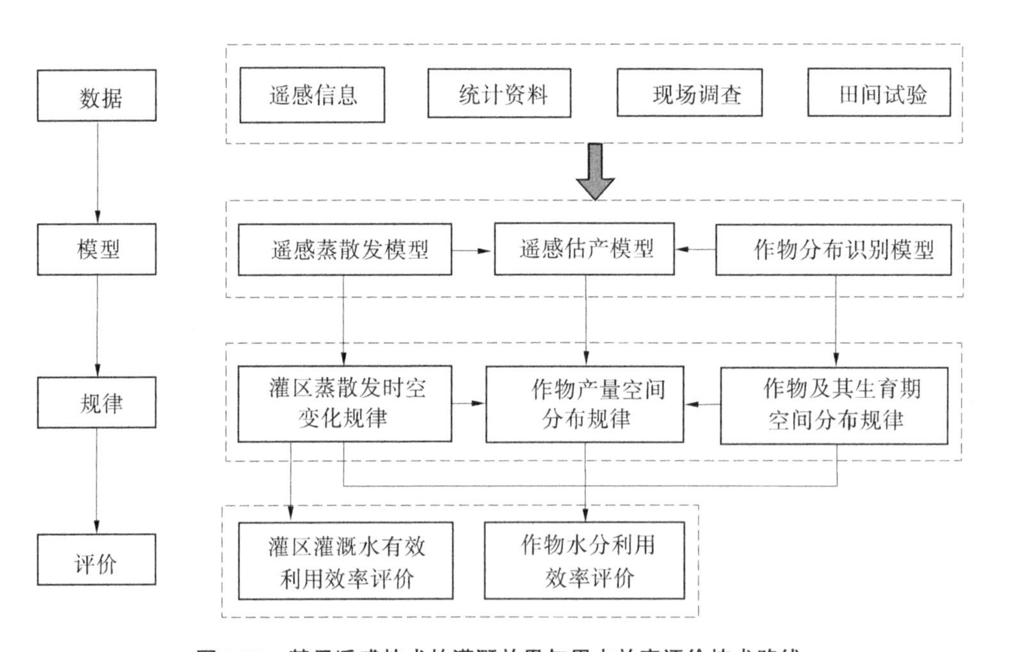

图 4-37　基于遥感技术的灌溉效果与用水效率评价技术路线

4.8.3.2 全球导航定位系统(GNSS)

GNSS是掌握灌区空间与地理位置信息的最科学的方法。根据这些特征,GNSS技术在灌区控制中的运用主要表现在如下5个领域:

(1)为了构建灌区的数字地形模型(DEM),必须通过GNSS的静态相对定位技术进行控制测量,并为其详细测量提供基础。

(2)实现数字测图、补充测量、补充制图和更新。用于计算并测绘新建管道、渠系结构、机井和路面等的具体位置图,或将其更新成原始的数字位置图。

(3)为灌区遥感摄像提供精确的几何校正数据。使用GNSS的RTD位置技术,能够为遥感校正系统提供更精确的位置数据(3D),从而形成3D高阶模式,以提升遥感几何校正的准确度。

(4)利用动态全球定位系统定位技术绘制数字灌区现状图。

(5)用动态GNSS技术,绘制灌区的渠系图和交通图。GNSS技术在灌区管理工作中的广泛运用将推动灌区信息化进程,为GIS管理系统奠定属性数据。

4.8.3.3 地理信息系统(GIS)

灌区管理站与测控站分别在不同的地方,因此所有信号都较为离散。如果信息处理是手工的,那工作过程将非常烦琐,效率也相对较低。同时,也不利于整个灌区的信息沟通和资源共享。通过将GIS技术导入灌区管理,就能够更直接地提供有关灌区的供给/要求、涌水量、村庄、耕地、渠系分布情况等的数据,从而明确决策,准确报告和共享灌区内各管理站和测控站的工作情况,包括对灌区各部分信息的提供、储存、管理工作,综合评估和成果传递。

地理信息系统分层结构主要有现场测控层、数据交换层、信息处理层、管理层4个层次,所对应的分层为第四、三、二、一层,其实现依据为面向对象编程基础和GIS技术,见图4-38。

系统管理子模块和主控模块是系统第一层的主要构成要素,而配水管理子模块、渠道综合信息管理子模块及其下属子模块共同组成了第二层,数据通信交换子模块为第三层的主要内容,第四层主要包括现场数据控制与采集模块、水情监控子模块,图4-39反映了各子模块之间的拓扑结构。

GIS技术在灌区管理中的运用,能够完成如下功能:

(1)将4个子模块集成构成主控模块,根据管理运行要求在主控模板界面中进入相应的子系统。另外,系统管理子模块的主要功能为管理与维护整个系统,因此它只能由管理员访问。

(2)灌区受益灌溉面积、总面积、人口规模、行政区划、交通状况等方面的属性和空间信息的查询主要通过灌区综合信息查询子模块实现,按照相关信息绘制专题地图,同时可对各种统计报表和日常管理记录进行打印。

(3)灌区内河流、配水站、管理所、闸门、渠道等属性和空间信息的查询主要通过渠道信息查询子模块实现,依据查询结果绘制相应的专题地图。

(4)空间分析子模块具有面积、距离计算和空间搜索功能。

(5)灌区春、秋两季的用水分配主要通过配水管理子模块来实现,通过统计比较灌区

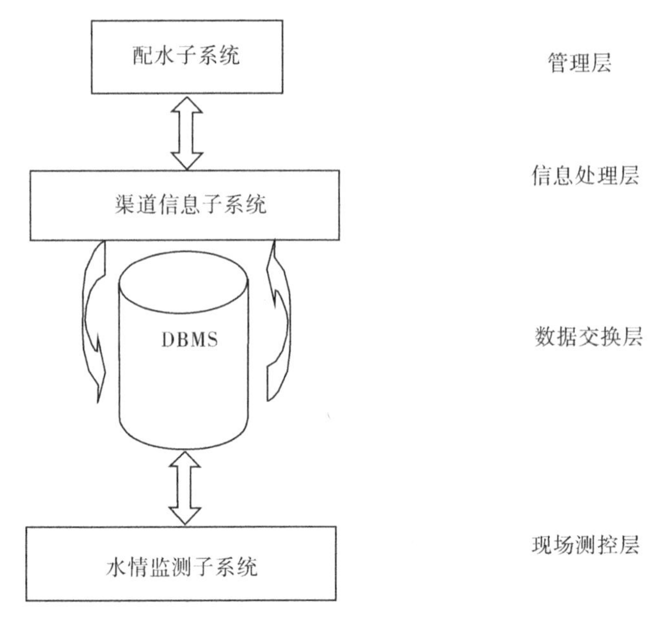

图 4-38　系统分层结构

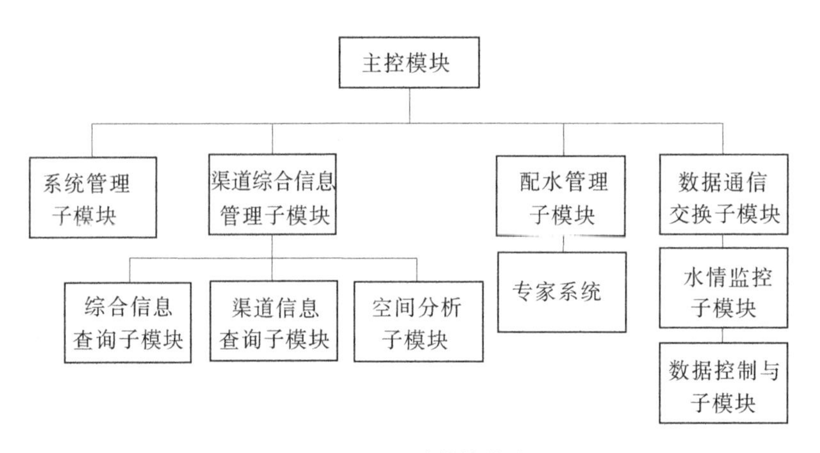

图 4-39　系统模块构成

历年的用水情况,专家系统分析降水分布、地下水位、农作物收成和用水效益等情况,最终提出最优的配水方案。

综上所述,GIS 在灌区中的运用可以很好地实现地图数字化、信息可视化、直观检索、快捷更新,以及信息可扩充等。

4.8.3.4　3S 技术促使灌区信息收集、处理和决策一体化

3S 中的三大子系统各具特色,功能各有优势,但也有各自的不足。GIS 具有强大的空间与属性信息一体化管理及空间分析能力,但数据源是个瓶颈;RS 在数据获取方面具有范围广、多时相、多波普等特点,但存在数据管理、定位等缺陷;GNSS 显示了全球性、全天候、连续定时定位的优势,也存在数据管理与显示等方面的局限,所以 3S 技术集成成为发展的必然。3S 技术集成是指将遥感、空间定位系统和地理信息系统这 3 种对地观测新技

术有机地集成在一起。以GNSS为精密测地矢量数据源,RS为海量栅格数据,GIS为数据、图形、图像管理平台实现对地观测。3S的相互作用与集成如图4-40所示。

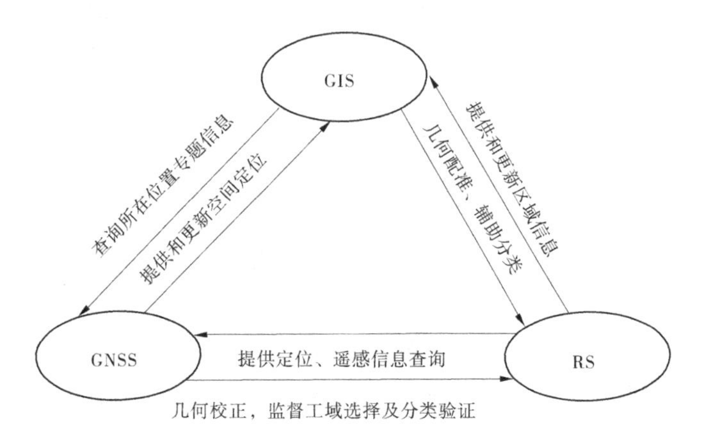

图4-40　3S的相互作用与集成

3S集成信息技术在灌区中的运用,是充分发挥各自的信息技术优势,迅速、精确、经济地向人们提供有关农业灌区信息内容的科学技术手段。其基本思路是,使用RS提取更新的农业灌区信息内容图片(包含渠道、乡村、公路、铁道、作物生长等),GNSS提取图片信息内容中所需的方位信息内容,并把使用GNSS和RS所获得的丰富地形资料和使用其他方法所获得的各种信息内容提交给GIS,由于运用空间数据库技术,GIS能够完全集成于属性数据的管理中,并允许对各种属性数据进行保存、分类与管理工作。空间技术能够更高效地管理和处置各种地理信息和综合分析数据信息,并实现对海量数据的集中管理,有效地促进了灌区信息内容的检索、数据分析、输入与传递。

4.9　疏勒河灌区智能应用体系研究

4.9.1　智能仿真系统

智能应用体系是灌区智慧水管理体系的核心组成部分。通过立体感知体系采集的数据,立足灌区发展需要,实现数据汇聚与融合、过程模拟仿真与推演,构建“实用、先进、安全、可靠”的灌区智能应用体系,以软件模块及平台的方式提供智能应用服务,并集成统一且分级管理的业务应用平台,支撑灌区治理体系和治理能力信息化。具体建设内容包括基础地理信息系统平台、业务应用交互平台和其他涉水业务平台3类信息化平台的开发,智能应用体系建设拓扑结构见图4-41。

4.9.1.1　智能仿真系统主要内容

智能仿真系统是把计算机3D(三维空间)技术、多媒体技术、数据库技术和通信技术结合在一起,仿真模拟疏勒河灌区的实际情况,并在网上向外展示。智能仿真系统的主操作界面相当于一个灌区流域的电子立体沙盘,它将灌区实际地形图按一定比例缩略成3D动画彩图,上面的山脉、渠系、闸群一一模拟真实的立体形态。其中的河流、闸群,还可以

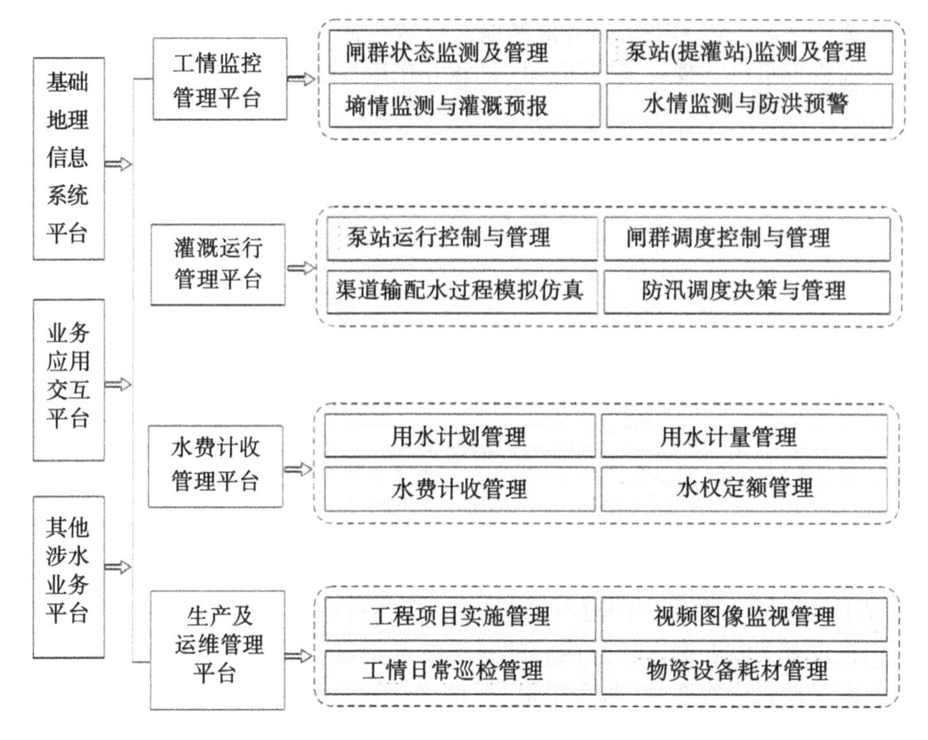

图 4-41　智能应用体系建设拓扑结构

随计算机从现场传来的实时数据,做出涨落、升降的动态反应,并配上按照真实情况变化的河水流动声、闸门起落声及报警声(发生危急报警处,会有闪烁的红色警灯在画面中揭示)等。

疏勒河灌区各测控点,在电子系统中都会有明显的标志。管理者如果想更详细地了解某一点的具体情况,可通过计算机所分配的不同权限级别,以鼠标点击的方式,调出它的实时数据、历史资料(图片或文字)及解说等。同样,这些点的详细情况,也会做成一个附有非常逼真立体效果的动态模拟图形式的分级操作界面,控制者可以直观地看到放大的随实时数据变化的河水涨落情况、闸门起降等立体视觉图像,同时配以水声、闸门升降声等各种声音。在该操作界面上,还可加上选择条目,供观测者选择查看。当然,仿真系统的数据流向,不应该只是单向式的,它同样可以向另两大主干系统回馈信息数据,如地理信息数据等。

4.9.1.2　智能仿真系统的实现技术及特性

为了快速获得实时水情等数据,智能仿真系统必须与水资源实时调度管理系统取得数据联系。这样,整个水利管理调度自动化体系就分为 3 个子系统:办公自动化系统、水资源实时调度管理系统和多媒体仿真系统。它们各自独立又协同工作,以 Server/Client(服务器/客户端)的模式,各自拥有自己的服务器和客户端。智能仿真系统充分利用办公自动化系统、水资源实时调度管理系统的数据,实现资源共享,减少投资,提高硬件和软件的利用效率。电子沙盘中的三维地形图,可用市面上已有的地理信息系统应用软件,通过实际地形数据的采集(如对地形勘测资料的扫描),存储进计算机中心服务器数据库,再用 AutoCAD(辅助设计软件)生成静态立体图,最后用 3DMAX(三维动画软件)功能,结合实时水情等数据,生成一个立体的动画沙盘。这样,一个反映实时情况的动态的主操作界面就形成了。以下各级操作界面的形成,也是由数据库及协同软件,以类似办法做出的。还可以扩大它的使用范围,通过网络技术,即使是远在异国他乡的决策者、管理者、专家和热心游客等,都一样可以根据不同的使用权限级别来登录网站,了解第一手资料。这就是多媒体仿真系统基于 Web 网页的功能。其类型可以有:①一些应用程序提供允许远程客户与网站服务器上运行的多媒体仿真系统进行交互的界面,即仿真模型在服务器端运行,远程客户可以指定一定的参数,控制服务器的仿真,仿真的结果返回到客户端。②与类型①相似,除用 Java 编写的仿真应用程序(Applet)可以被下载到远程客户端外,仿真模型也可以被下载到远程客户端运行。智能仿真演示系统整体结构如图 4-42 所示。

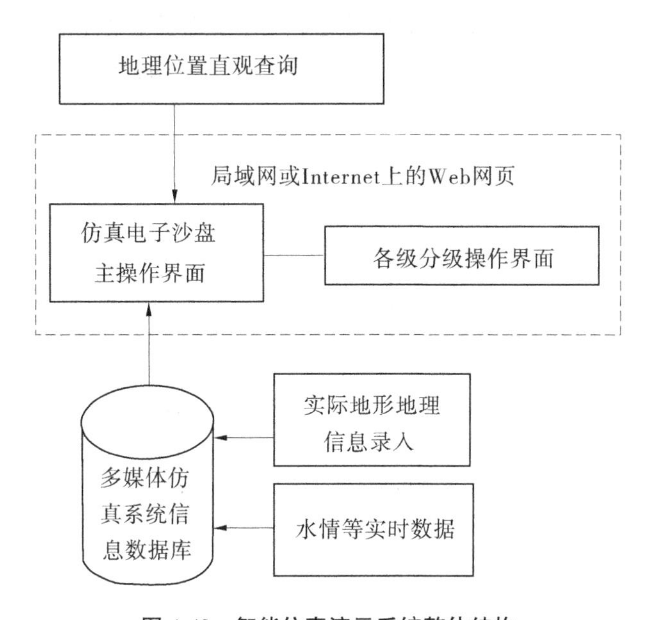

图 4-42　智能仿真演示系统整体结构

这种以 3D 技术为基础开发出的多媒体电子沙盘仿真系统,不仅具有平面系统所拥有的各项功能,还具有更大的优越性:

(1)直观性。各级领导、专家学者、管理者等,不在现场便可直观地了解灌区的实际状况,从而为外界了解灌区提供了更多的便利。

(2)生动性。随鼠标一点,所要了解流域的情况,便以带有强烈声光效果的视听觉形式展现出来,多媒体参与的丰富表现形式,极具渲染力和震撼力,提高了人们观看的兴趣,大大加深了人们的印象。

(3)易操作性。正如电信、旅游、医疗等行业,把行业的宣传和介绍系统做在柜式机上一样,灌区多媒体仿真系统,也可以做成柜式机形式,屏幕为电子感应触摸屏,并将它放置在一定地点供观测者查询使用,操作界面形象直观、简洁易懂,非常便于观测者操作使用,具备很少的计算机知识便可掌握。

4.9.1.3 地下水智能仿真系统

随着灌区规模的扩大和经济社会的发展,对水资源需求的增加,新的水利工程改变了流域原有地表水和地下水交替转化的过程。水量的变化对灌区及周边生态环境产生了不可避免的影响。同时,由于内陆河流域脆弱的自然环境主要依赖地下水,为实现疏勒河流域自然环境的最小自修复功能与地区可持续发展,必须最大限度地降低工程开发建设项目对自然环境的负面影响,开发并完成了地下水三维模拟系统。其主要特点是依据当年水量和地下水开采量,形成了灌区地下水流量的初始场,以确定预报周期,并形成内部流场、地下水位深度等数据文件,通过模型计算后预报当年的水位采样量和观测孔水位。上述统计数值作为预报结果加以综合处理,生成流场图、水位深度图、水位下降图表、观测气孔水位变化图表等特殊数值,并结合 GIS 区域分析方法,通过深入研究流域水文条件,预测地下水动态变化规律,分析与评价工程对地下水环境保护的影响,提供流域水资源可持续使用规划管理意见与防治对策,优化灌区建设地表水与地下水资源配置,维护自然环境,防止土地盐渍化。

地下水智能仿真软件系统主要由地下水位传感器、数据库服务器、GPRS 等综合应用处理软件构成。其组成如图 4-43 所示。

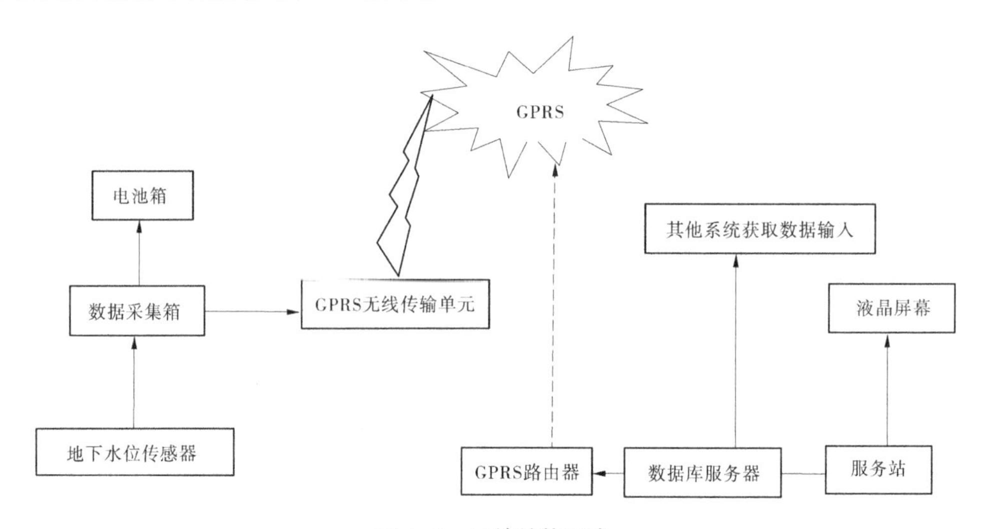

图 4-43 系统结构组成

遥测台站的主要任务是通过接入多个感应器,并手动收集、显示、储存和预处理水文数据,然后按照中心站所规定的工作模式(查询响应、自报或二者兼有)将数据传输到中心站,并手动设置人工观测的水文数据(如水位等)。遥控台站由遥控终端(包括手动设置和数据场显示功能)、定向天线、天线避雷装置、水位传感器、电池和太阳能板构成。

远程数据通信网络,主要是指数据传输的设备通道。通信方案应当按照系统所在区域的实际应用环境、遥测点的网络布置方案以及数据流向加以选定,并明确了各条通信线路与主备通道的通信方案,以及数据传输工作方法。整个网络系统可采用一个通信模式或多个通信模式的混合组网。组网方案主要包括了超短波、有线电话网(PSTN)、GSMGPRS 公网、卫星通信(INMARSAT、VSAT、国家北斗星等)、CAN 总线多种通信组网方案。

中心站的主要任务是负责管理和监督各种遥测台站,并显示、保存和分析遥测台站所传送的数据。中心站一般由中央电脑、路由器和配套的数据显示器、打印机等设施构成。

中继站也是一种可选站,具备保存和转发数据的能力。中继站主要考虑在地质条件不利于信息传递时,设置于地势较高的山顶上的站点。其目的是中继信息,从而达到使信息传播平滑的目的,以便提高中心站和遥测站间数据的可信度。

应用处理系统软件一般包括信息库、统计预处理、动态展示与信息管理模板,另外还有水位动态模拟模块,一般进行储存、检索、分类和模拟数据。

地下水位监测信息系统主要由地面现场装置和国家信息监控管理中央的接收端装置所构成。地面水位传感器计划布置在监测现场的同一个日志中。数据则采用地面数据采集器集中获取,数据采集器具备现场存储功能。所收集到的数据能够利用 GPRS 无线通信模块定期、定量地发送至国家信息监控管理中心。现场装置包含水位感应器、信息采集器、GPRS 无线通信模块、太阳能电池等辅助装置。接收端装置包含数据库系统服务器、应用软件工作站。

水位传感器定时收集水位信息,并经由 GPRS 无线通信系统发送到环境信息监测中心的数据库服务器。数据库系统服务器中的数据采集软件系统,根据相应的规格要求把数据保存在基本数据库系统中,而其他的应用软件系统则称为基本数据库系统,可以进行分析、计算、预测和预警。

4.9.2 智能诊断系统

4.9.2.1 灌区基本情况

疏勒河灌区修建年代比较久远,受修建时期发展的限制,缺乏完善的工程设计,形成了调蓄工程缺乏、灌排工程无明显区分及部分灌区只有灌水系统无排水系统等一系列的工程布局问题,由此引发了许多环境破坏现象和水事纠纷。加之缺乏后期维护和更新资金的投入,大部分工程老化失修、损坏严重,大部分灌区已达到甚至超过使用年限;灌溉可利用水量少,随着人口的急剧增加,以及工业化和城镇化的发展,人们在日常生活中以及工业发展中对水的需求量越来越大,而在区域水资源短缺的情况下,用于灌溉农业用水的水资源量不断下降;灌溉水利用效率低,水资源利用不充分,由于受传统灌溉方式、不合理工程布局以及技术水平较低的影响,疏勒河灌区的水资源利用不充分,采取淹灌的方式导致灌溉水利用效率低下。管理体制不健全以及水价不到位等,一部分的中大型灌区面临着工程标准偏低、工程管理落后、可利用水量不足以及老化失修严重等一系列问题,已不能适应新世纪我国农业和国民经济发展的要求,成为制约我国国民经济可持续发展的主要因素之一。因此,对灌区的运行状况诊断以及优化调控模式的研究,是当前十分迫切的任务。

伴随着灌区的不断发展,众多学者加大了对灌区运行状况诊断及调控模式的研究。对灌区状况的诊断评价是搞好规划的基础,通过诊断发现灌区存在的主要问题,有针对性地进行节水改造规划。灌区节水改造分步实施,投入逐年到位。建立合理的评价指标体系,构建最优灌区运行状况评价模型,可以确保评价过程的高效性以及评价结果的准确性;研究灌区运行状况驱动机制,对识别影响灌区运行状况的关键因子有重要的学术价值;探究灌区运行状况调控模式,对改善灌区运行状况水平具有重要的学术价值和现实意义。

4.9.2.2 灌区状况诊断评价指标体系

灌区状况诊断评价技术与方法研究是在对灌区水源、工程、管理、效率和环境影响综合分析评估的基础上,研究确定灌区状况诊断评价指标体系、灌区状况诊断评价指标的定量化分析评估方法,以及关键指标筛选和排序方法。在此基础上构建适合疏勒河流域灌区运行状况的评价指标体系和方法,初步构建流域灌区状况诊断评价指标体系(见图 4-44)。

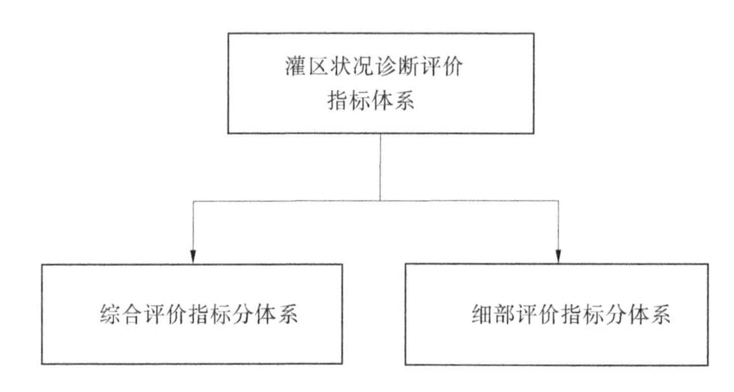

图 4-44 灌区状况诊断评价指标体系

1. 综合评价指标

综合评价指标用于评价灌区系统的总体运行状况,这类指标只分析和比较整个灌区的输入量和输出量,如需水量/总的可用水量、作物产量/输到田间的灌水量。综合评价指标只能反映结果,而不能揭示产生结果的原因,也不能表达出如何改进灌区内部管理以提高绩效。

对于综合评价指标分体系初选了 8 类综合指标,全部用定量化的方法表示,采用比值或百分比的形式来比较灌区的输入量和输出量;采用水量、产量等形式表示灌区的效率。综合评价指标体系包括以下 8 类:

(1)输配水效率与灌水效率,包括渠道输配水效率和田间灌水效率。

(2)灌溉面积,包括有效灌溉面积、实际灌溉面积、复种指数。

(3)灌溉可供水量,包括灌溉引水量、灌溉面积范围内的总降雨量、灌溉面积范围内的有效降雨量、提取的深层地下水量、灌区供水总量。

(4)灌区内部可供水量,包括灌区范围内循环利用的地表水量、由农民提取的地下水量、由管理处提取的地下水量、年调水总量、地下水提取总量。

(5)输配到用水户的灌溉水量,包括从水源输配给用水户的水量、从灌区范围内获得的水量、输配给用水户的总灌溉水量、总灌溉引水量、总输水效率。

(6)田间净灌溉需水量,包括田间蒸发量(ET)、水的蒸发量(ET-有效降雨量)、盐碱防治所需灌溉水量(净需水量)、农艺措施所需灌溉水量、净灌溉需水总量(ET-有效降雨量+盐碱防治所需灌溉水量+特别农艺措施所需灌溉水量)。

(7)其他关键值,包括干渠引水口的过水能力、干渠在引水口处的实际最大引水流量、农田最大净灌溉需水量、最大毛灌溉需水量。

(8)汇总对比指标,包括最大入渠流量、相对供水量、灌溉效率、田间灌水效率、农业年总产值等。

2. 细部评价指标

细部评价指标反映的是灌区管理服务和硬件设施状况的情况,是评价供水质量、确定工程改造、提高水量控制的关键因素。细部指标分为10类,每类又分为若干子指标。通过访问管理处、管理人员、用水户和对干渠、支渠、斗渠和农户的调查而获得细部指标数据并进行评价赋值。

(1)服务水平,包括计划和实际向用水户提供输水服务、灌区末级渠道计划和实际提供输水服务、干渠向支渠计划和实际提供输水服务、渠系管理中的社会秩序。

(2)干渠状况,包括干渠上的节制闸、分水闸、调节水库、通信状况、维护状况、运行状况。

(3)支渠状况,包括支渠上的节制闸、分水闸、调节水库、通信状况、维护状况、运行状况。

(4)斗渠状况,包括斗渠上的节制闸、分水闸、调节水库、通信状况、维护状况、运行状况。

(5)财务状况,包括以工代赈和水费占灌区运行和维护费的比例情况、运行和维护费充足程度、设施更新和现代化费用的充足程度。

(6)员工状况,包括对灌区职工进行培训的次数和程度,书面操作规程的有效性,职工进行决策的权利,管理处因故解雇职工的能力,由于工作出色而对职工给予的奖励。

(7)用水户协会状况,包括有一定组织能力的用水者参与配水的比例、用水户协会实施其章程的能力、用水户协会的法律基础、用水户协会的财力。

(8)水资源评价,包括需用水量与可用水量的比值、实际水质/灌溉水质标准的比值。

(9)环境影响评价,包括对生态与环境的影响、对景观文物的影响、实际排水水质/排水水质标准、多年地下水位变化。

(10)经济分析,包括水价、补贴与供水成本,灌区收入与支出的比值,收费方式,单方水效益。

在以上灌区诊断评价指标体系的基础上,建立一套灌区状况诊断评价定量化的分析评估方法以及关键指标的排序方法,为行业主管部门在进行灌区改造项目规划决策时提供可靠的技术支撑,提高灌区改造投资的使用效率和效益,也为灌区管理单位提供一个评估灌区逐步改进完善的比较分析工具。

4.9.3　智能预警系统

疏勒河灌区的自然灾害包括山洪和旱情两大部分。建设采集设备,监测山洪、旱情,分析数据以及汇总上报。通过建立安全有效、自动化程度高的自然灾害预警系统体系,完善自然灾害预警和防治能力。

4.9.3.1　山洪预警系统

山洪预警系统保障第一时间掌握山洪灾害发生的时间、地点和情况等,提高监测范围与监测水平,实现对各监控点信息的自动观测和处理,提升山洪监测预警的及时性和准确性,为山洪灾害应急指挥决策提供支撑。无线减灾发布系统的主要功能是对外发布预警信息。

灌区水情的自动化测报是实现灌区用水管理信息化和自动化的基础。已投入运行的疏勒河灌区山洪预警系统总体结构包括水雨情监测系统、监测预警平台和预警系统3部分(见图4-45):①监测系统。在有效利用现有水文、气象站点资料基础上,结合山洪灾害防治工作特点,建设自动和人工观测结合的监测站网,实现了全灌区内水文信息的采集和传输,是一个及时准确的防汛雨水情自动监测体系。②监测预警平台。通过共享水文、气象、水管、工管等部门的雨水情信息及国土资源部门信息,架构集网络、数据库、地理信息技术于一体的监测预警平台。③预警系统。结合地区降雨及数据管理特点,编制反映疏勒河灌区水文特征的山洪灾害预报方案,建设有效且符合国家标准的预警系统。

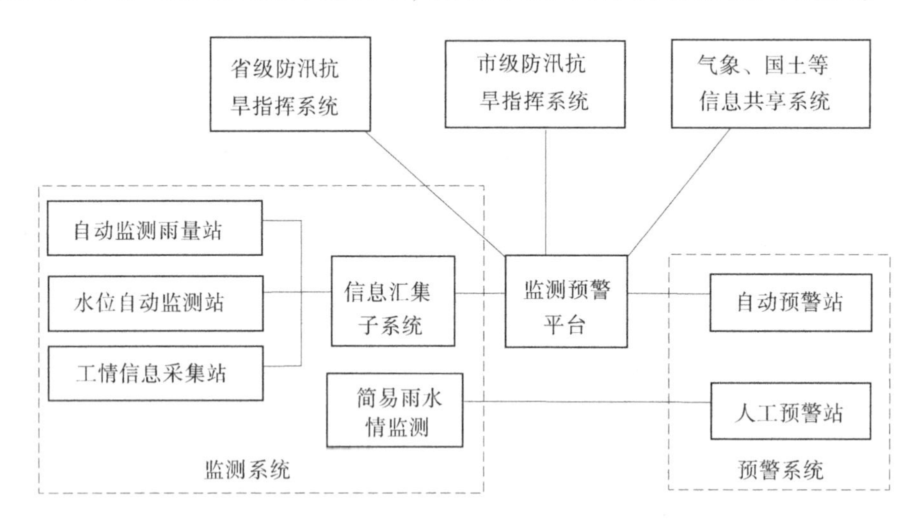

图4-45 疏勒河灌区山洪预警系统总体结构

山洪预警系统可宏观掌握境内雨情时空变化趋势,并按照前期分析设定的成灾雨量等级或成灾水位等级实现实时预警;重点防控流域可依照降水及相关要素预报重要节点水情变化趋势或按相邻边界水情要素变化趋势预报下游相关节点的山洪形势;依据致灾要素等级实时启动警报。

4.9.3.2 旱情预警系统

旱灾是所有自然灾害中影响人口最多、范围最广、驱动因素最复杂的一种灾害,常威胁区域农业经济发展与社会稳定。而现行的旱灾应对体制多关注气象驱动与旱情监测,对干旱事件发展的过程模拟与危机管理缺乏研究,尤其是对人类活动的驱动性影响考虑不足,常因整合性预警体系的缺失,导致旱灾危机诊断和抗旱决策信息不够充分,进而造成农业经济损失。因此,完善旱情预警系统对区域防灾减灾以及社会可持续发展具有重要意义。

构建旱情预警系统之前,需要明确灌区干旱、旱灾、旱灾危机几个关键性概念之间的辩证关系。其中,干旱与旱灾,两者都是耳熟能详的概念,其间既有联系,又有所区别。从自然角度理解,干旱一般是指长期的水分短缺的现象,而旱灾则是由不正常的干旱而形成的气象灾害。以灌区为对象来看,旱灾一般多由气象干旱诱发,并可能伴生或转化为水文干旱、农业干旱或社会经济干旱;灌区干旱并不一定会导致旱灾的产生,其会受到自然及社会因素的综合驱动。具体来说,当灌区当前时段的降水或来水较少而作物需水较多时,则会引发干旱,倘若此时灌区水库蓄水较少、地下水开采受限且无跨流域调水工程,无法采取调节措施而任凭旱情恶化,累积到一定程度之后灌区将会产生旱灾,换句话说,在这种情况下灌区存在严重的潜在旱灾威胁;若此时灌区水库蓄水较多、地下水可供开采量充足或可利用跨流域调水工程进行适机供水,则会缓解当前灌区的旱情,而不会导致旱灾的产生,而此时可认为灌区虽然受旱情影响,但其潜在的旱灾威胁并不大。从以上的分析中,不难发现干旱和旱灾定义了自然状态干旱事件发生发展的全过程,但是人类活动在其中所发挥的关键性作用或扰动并没有反映到该过程中。因此,为了刻画灌区潜在的旱灾风险,将灌区在当前干旱状态或情势下存在的潜在旱灾威胁,即发生旱灾的可能性和潜在的破坏度定义为灌区旱灾危机,其主要表征的是在灌区已发生干旱而未发生干旱灾害这一过程中而存在的干旱致灾的潜在风险,也可以说是灌区在当前干旱状态或情势下产生旱灾的可能性和潜在的破坏度。

若要对旱灾危机进行表征与预警,则必须构建旱灾危机诊断指标体系。拟从干旱致灾的形成机制出发,考虑影响灌区旱灾形成的自然水循环及社会水循环因子,结合已有评估指标,通过优选最终确定基于表征干旱状态的土壤墒情指标(M)以及表征抗旱能力的水源情势指标[S,包括水库蓄水量指标以及地下(可供)水量指标]来构建面向灌区的旱灾危机诊断指标体系,具体筛选过程如图 4-46 所示。

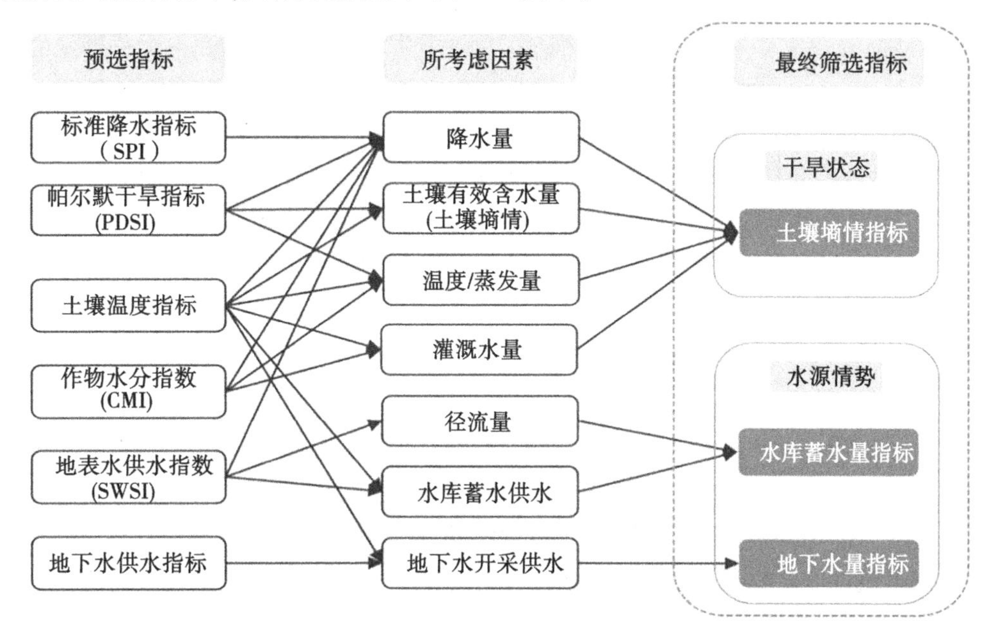

图 4-46　灌区旱灾预警指标筛选过程

4.9.4　智能调度系统

疏勒河流域地处西部内陆,水资源严重匮乏,因此通过非工程措施实现水资源合理利用和优化配置具有重要意义。根据灌区水库特点和功能,结合三大水库联合调度系统实现灌区水量智能优化调度。

4.9.4.1　智能调度系统结构

国内针对灌区建立计算机管理系统的研究较多,对于提高灌区管理水平和减轻灌溉管理工作强度都起到了一定的作用。这些系统绝大部分都是 C/S(Client 客户端/Server 服务器)模式系统,灌溉管理部门一般需要安装许多专门的客户端程序,这类系统的特点是:系统维护工作量大,升级困难,可移植性差,信息难以共享。

B/S(Browse/Server)模式系统是在 C/S 系统的基础上发展起来的一种多层结构系统,在 B/S 模式系统中,服务器端实现业务规则层和数据层,而用户端界面将全部是 Web 浏览器页面,不需要安装任何专门的软件。由于服务器全部由专业人员维护,大大地降低了系统运行成本,同时提高了工作效率。系统逻辑结构如图 4-47 所示。

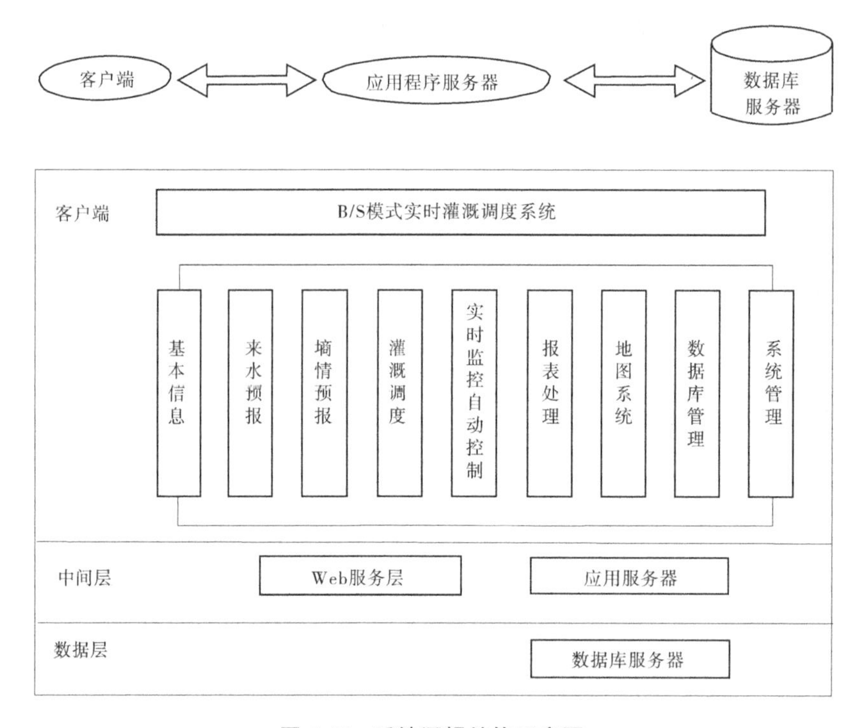

图 4-47　系统逻辑结构示意图

实时灌溉调度系统是一个涉及灌区方方面面的动态系统,它需要从大量的信息、相关数据中,通过资料整理、分析,进行土壤墒情测报,然后制订灌溉调度方案并进行方案优选,从而为科学灌溉决策提供技术支持。

(1)结构分析。根据灌区日常管理运行模式,可将灌区的数据流程进行概化,将系统结构分为监测部分、数据处理部分、决策支持部分三大模块。

(2)结构设计。根据灌区管理工作的实际特点和工作需要,结合系统的逻辑结构,对系统进行功能分区,主要分为 9 个主要模块。系统总体结构如图 4-48 所示。

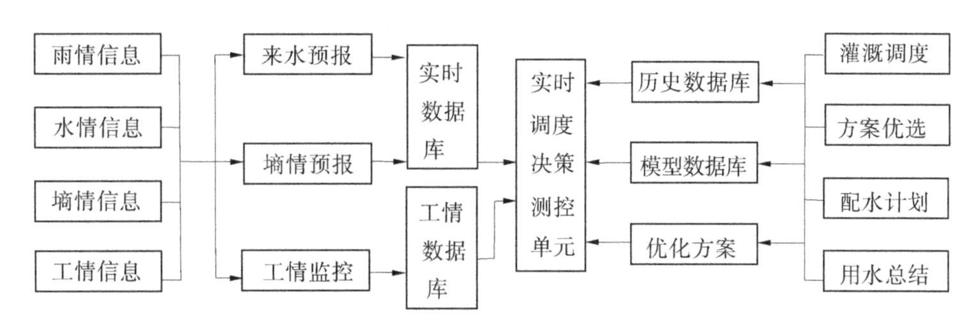

图 4-48　系统总体结构

4.9.4.2　智能调度策略

大部分灌区解决水资源供需问题的基本途径有开源和节流。在水资源较丰富,但水资源利用率较低的灌区,可以通过加强水利工程及设施的建设,增加水的供应量,主要途径是集雨,这种方式称为开源。而对于水资源相对短缺、水资源利用率较高的灌区,主要通过节流的方式节约水资源,减少浪费,这就需要从节水技术和方法角度实施节水措施。除了以上两种方式,目前比较适用的是水资源优化调度,主要是运用科学技术和方法,改变传统的管理模式,对灌区有限的水资源进行优化调度,结合计算机技术、控制方法和技术以及管理模式等,可以使水资源得到充分高效的利用,是建立节约型灌区的有力措施。大型灌区一般在紧邻河流或水库等较多水源地的地区,其渠系分布在灌区的各个区域,通过干、支、斗等渠道向每个地区的作物输配水,以完成灌区所有农作物的灌溉任务。

结合灌区渠系配水过程中各个闸门的管控区域,采用控制各个闸门的开度及渠系间流量的方法,使灌区水资源优化调度方案得以实施,并达到节约用水的目的。灌区水资源调度及智能控制策略分别从水源供水区、渠系调度、需水调度控制 3 方面展开研究。具体内容如下:

(1)水源供水区。在灌区供水过程中,当水资源充足时,即灌区引水水库有充足的蓄水量或者可以从补水水库调水,以满足灌区作物需水量时,通过特定的渠系闸门的开关状态向渠系及作物输水即可。当引水水库水资源可供水量不足以提供灌区作物需水量,外调水成本又很高时,则采用将有限的水资源经过优化调度后的供水方案供灌区灌溉,实现独立水库灌溉方案。通过水库控制闸门开度,以及水位检测仪和水位传感器等控制设备,充分发挥水库灌区调蓄功能。

(2)渠系调度。在灌区渠系配水过程中,闸门的调节次数也是影响配水效果的一个重要因素。大型灌区内支、斗渠纵横,分水闸和节制闸更是较多,每一次调度需要多个闸门协同管理,结合计算机技术及智能控制技术,通过无线控制各个闸门的开度及开关状态,进而达到智能控制灌区闸门的效果。通过调节配水渠道首闸门的开关程度,合理安排渠系的配水时间和流量,来控制配水渠道水流量的平稳性,提高渠系配水过程中的配水精度。

(3)需水调度控制。根据供水方案,结合各个阶段的作物生长规律,通过一些控制技术及计算机技术,收集汇总作物各个阶段的生长状态及各个参数值,比如湿度感应器可以准确测出土壤含水率。

综上所述,灌区整体的调度过程需要多方面技术的融合和协调进行,主要是控制技术和计算机技术,并且结合无线控制领域技术,才能达到灌区智能化的水平。灌区调度的整体结构分布如图4-49所示。

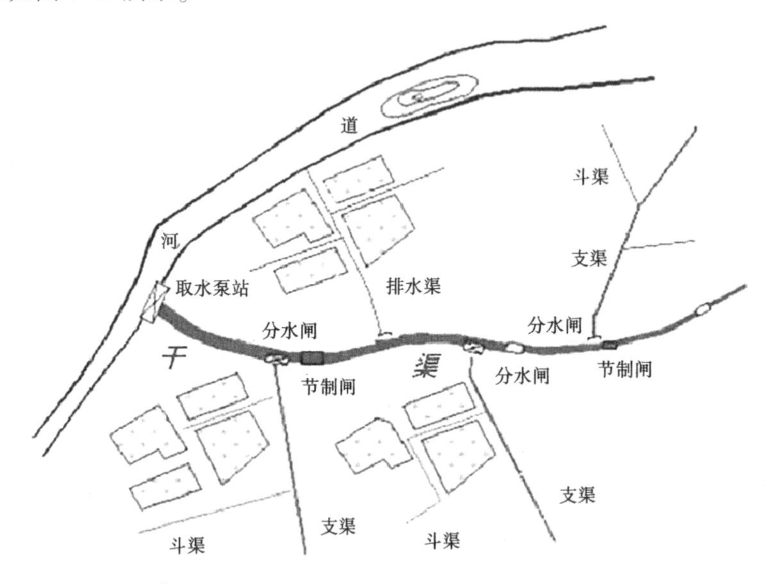

图4-49　灌区调度的整体结构分布

4.9.4.3　智能调度系统功能

智能调度系统功能主要包括水资源供配平衡分析及配置、水资源调配会商决策、实时水量调度监控、水资源利用考核评估等4个子功能。

1. 水资源供配平衡分析及配置

水资源供配平衡分析及配置如图4-50、图4-51所示,根据灌区水资源供配分区情况,在所获取的水利基础信息的基础上,对灌区供、需水量进行统计,确定不同水资源分区的可供及可调配水量,进行水资源供需平衡分析。

2. 水资源调配会商决策

借助三维空间技术及智能模型手段辅助计算分析年/旬/月/日内水量供需、水量调配、调度模拟等,同时按照不同的调配需求,输出多套调配计划和方案,实现对调配计划的滚动修正,为灌区水资源调度提供科学的会商决策。

3. 实时水量调度监控

对闸门启闭/水位流量、渠系断面的水位/流量的实时监控,根据渠道内水位波动、流量变化、闸门开度情况,系统率定控制参数,从而自动调整各节制闸、分水闸的流量,并实施闭环控制系统运行,用于指导实际的现场闸门控制。

4. 水资源利用考核评估

基于灌区现状用水与高效用水不同模式,构建灌区水资源考核指标体系,包括定额类指标和效率类指标,主要有用水总量、灌溉水利用系数、工业回水利用系数、人均用水等。

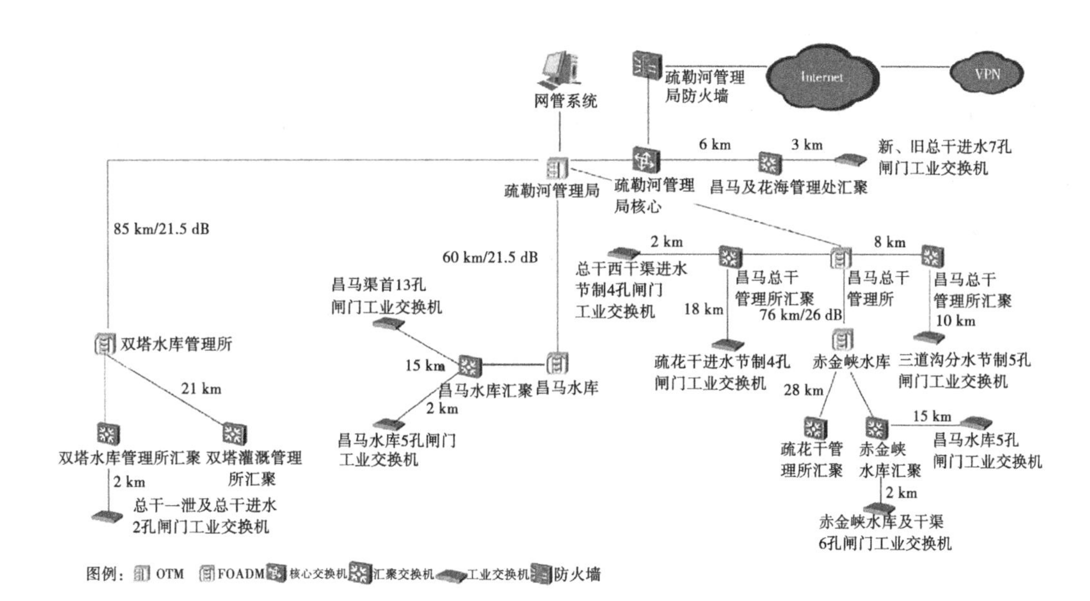

图4-50　业务需求分析

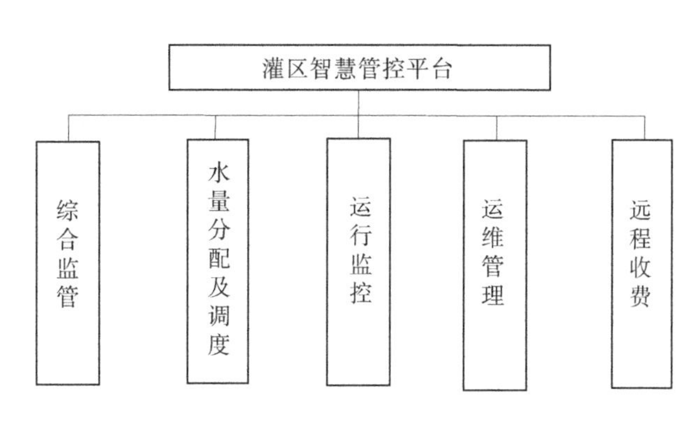

图4-51 平台功能

具备对水库、渠系、闸门等运行工况的监测能力，同时布设视频监控点辅助运行监控；能够根据所监测到的数据信息提前设置阈值，实现联动报警预警，并且具备可下达远程控制远端设备命令的能力，比如对全部闸门进行实时视频监控及远程控制；同时能够查看闸门运行情况，并且实现数据的远程自动化采集和传输，实时管控各生产环节设施设备的运行状态，利用网络技术实时传输视频监控数据至监控中心服务平台，满足远程监控需求。

4.10　小　结

（1）基于灌区信息化建设目标、建设内容、信息系统总体架构和智慧灌区的实现方面论述了灌区信息化建设方面的关键要素和组成。

（2）采用现代化物联网技术、3S技术、云技术、大数据技术和软件应用技术，构建了基于闸门监控系统、测控调度系统、斗口水量实时监测系统、水库联合调度系统的自动控制体系，构建了基于灌溉决策支持系统、洪水预报调度系统、灌区水量信息采集系统和网络信息处理平台系统的支撑保障体系，构建了基于水情采集系统、雨情采集系统、墒情采集系统、旱情采集系统的立体感知体系，构建了基于水网信息化技术标准规范建设、水网感知体系建设和3S技术综合管理系统的主动服务体系，构建了基于智能仿真系统、智能诊断系统、智能预警系统和智能调度系统的智慧应用体系。基于上述研究，提出了疏勒河流域现代化灌区信息化建设体系架构。

第 5 章　基于多要素耦合的现代化灌区水资源综合利用技术研究

5.1　疏勒河灌区高标准农田建设技术

5.1.1　疏勒河灌区高标准农田建设监测监管系统

该系统采用实地拍照采集、无人机航飞、遥感等动态监测方式，对项目信息进行多维度交互可视化展示与统计分析，为实现项目信息化管理提供支持保障，实现了省、市、县三级联合在线实时监管。

建立"一张图"。对已建成的高标准农田进行统一监管，能够有效掌握已开发和未开发区域，利于开展各种专题分析和有关决策。

项目全程跟踪。对项目的建设面积、规划设施预算、种类、个数等基本信息进行统一入库管理，各类设施建设状态拍照上传，在项目实施过程中，及时上报项目进展情况，实现建设全流程信息化管理。

5.1.1.1　系统架构及技术路线

项目建设从逻辑上分为支撑层、数据层、服务层、应用层和用户层。系统架构如图 5-1 所示，系统由信息录入子系统、信息采集子系统、实时监测监管子系统组成，其中信息录入系统和信息采集系统为数据入口，高标准农田建设项目基本信息、建设信息、空间位置信息由此存入数据库，保障实时监测监管子系统中数据的鲜活性和监管的及时性。技术路线如图 5-2 所示。

5.1.1.2　各子系统及描述

1. 信息录入子系统

该系统为用户提供项目相关信息填报及资料上传的入口，主要包括项目基本信息、合同信息、边界范围、建设情况等。实现项目的基本信息及规划统计信息与全国监管平台的及时同步、项目详细规划数据的导入和信息数据管理等功能，为实时监测监管提供底层数据和人员管理提供保障。

2. 信息采集子系统

该系统用于项目全过程的工程照片采集工作，包括工程各部件位置信息采集、工程实地照片或视频采集与管理、建设问题记录与反馈、项目验收信息上传、遥感影像地图浏览等功能模块。用户主要为项目监理，项目监理仅有其所负责区域管理权限，省、市、县用户拥有管辖区内所有项目权限，可以查看各个项目建设信息、问题记录以及验收信息。

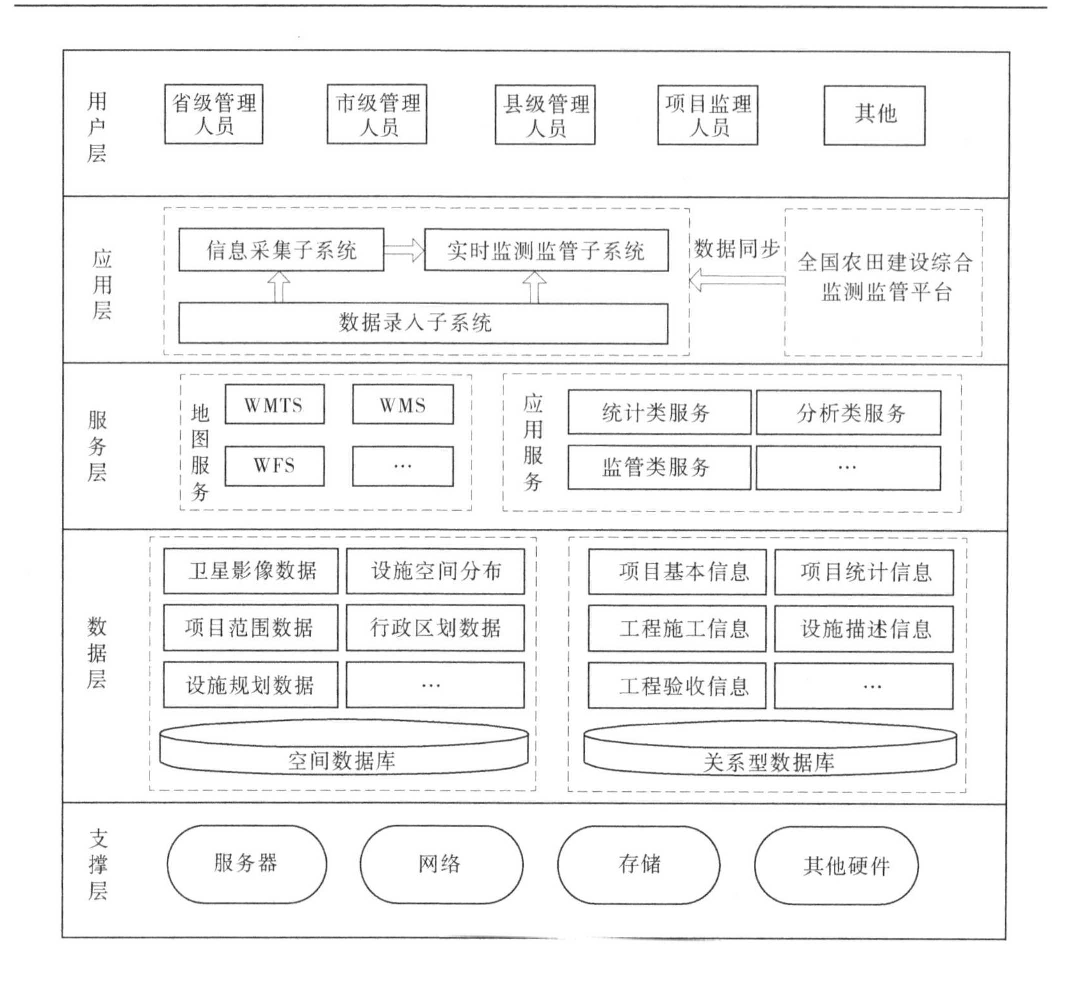

图 5-1　系统架构

3. 实时监测监管子系统

该系统分为省、市、县三级用户管理模式，实现对项目信息的查看以及建设情况、监管信息的上报管理与统计分析，包括项目管理、项目信息统计、项目信息查询、项目建设现场情况查看、部件位置信息、实地照片或视频等功能模块。

5.1.2　高标准农田设计

5.1.2.1　改良耕地质量

疏勒河流域耕地质量较差，土壤环境含水量及肥力均偏低且极易出现沙化现象，导致疏勒河流域农田农业作业环境较差，农田生产力无法满足高标准农田的建设要求。为提升疏勒河流域地区农田的质量，首先对其耕地质量进行评估，具体方法见式(5-1)：

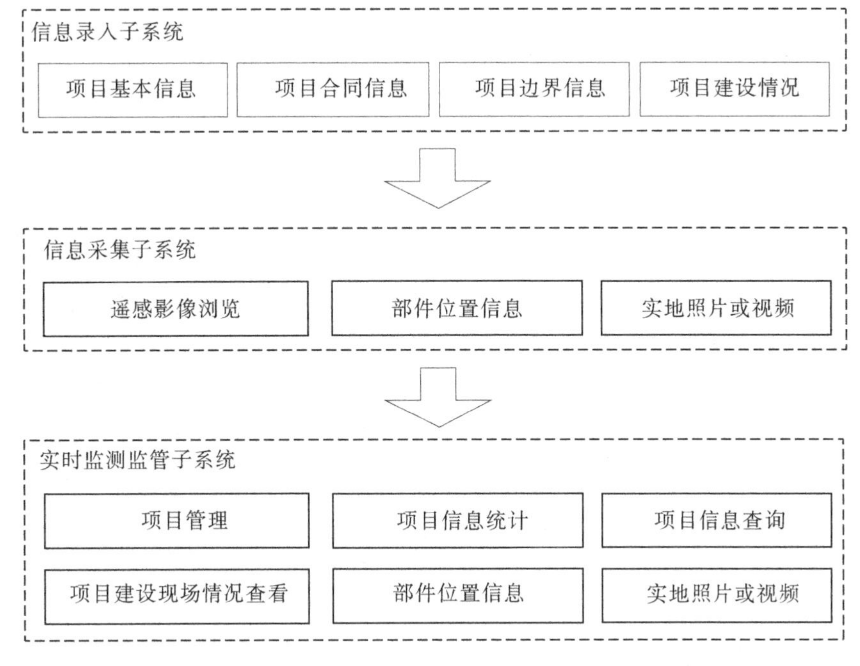

图5-2 系统技术路线

$$\left.\begin{aligned} E_u &= \sqrt{\frac{\sum_{u=1}^{x} m_{uc}(F_{uc} - F_{\max})^2}{M(1 - \frac{1}{x})}} \\ Q_u &= \frac{F_u}{F_{\max}} \\ K &= \sum_{u=1}^{n} Q_u \cdot y_{mu} \end{aligned}\right\} \tag{5-1}$$

式中：E_u 为对耕地质量进行评估中第 u 个指标与区域最优水平之间的偏差(%)；m_{uc} 为指标 u 中第 c 级的耕地面积，km^2；F_{uc} 为指标 u 中第 c 级获得的评估分值；$F_{\max}$ 为其中最优一级；M 为耕地总体面积，km^2；x 为此指标中包含的分级数量；Q_u 为指标 u 在评估对象中的均匀程度；n 为指标数量；y_{mu} 为各评估指标的占比。

最后得出的 K 为评估目标耕地质量的平均程度。以 K 值来衡量耕地与最优水平间的差距度，K 值越大，代表差距度越大，即耕地质量越差。在此基础上，进一步确定评估目标的改良潜力，见式(5-2)：

$$H = \sum_{1}^{t} E_u \times y_{du} \tag{5-2}$$

式中：H 为改良潜力；t 为改良难度等级中拥有的指标个数；y_{du} 为各指标的占比。

H 值越大，则表示改良潜力越低，评估目标的改良难度越大。通过评估区域内的耕地质量及其改良潜力，将疏勒河灌区农田划分为不同等级，遵循高标准农田建设中“先易后难”的原则，针对不同耕地斑块自身的障碍性因素采取差异化的改良措施。实行用养结合的策略,逐步恢复耕地的肥力;辅以有机肥对土壤层结构差、沙化现象严重等不良质地进行改良;进行土地深翻深松工作,人工加厚土壤耕种层,并进行培肥,优化土壤内部的颗粒结构,提升其有机物质的含量,以实现对高标准农田耕地质量的改良,为接下来的建设工作提供良好的基础环境。

5.1.2.2 改良耕地质量

高标准农田的建设效果不仅受农田耕地质量影响,而且受区域内水资源现状的制约,其中土壤持水量是影响高标准农田建设中水资源利用的重要因素,疏勒河流域农田土壤质地普遍持水量不高,且地处内陆,气候少降水多干旱,蒸发现象强烈,水资源条件并不理想,导致非灌溉期土壤含水量低,不利于农田生产。因此,为达到疏勒河流域高标准农田的建设要求,要着重优化农田灌溉体系的用水配置,在水利工程、灌溉渠道及农田间形成循环良好的灌溉体系,从而提高水资源的利用率,确保农田的高产量。首先利用区域灌溉面积和灌溉定额对灌溉所需流量进行计算,具体见式(5-3):

$$S_{\mathrm{v}} = R\sum_{i} z_i l_i \tag{5-3}$$

$$S = \frac{S_i}{\alpha}$$

式中:S_{v} 为特定时间段内所需的灌溉用水量,m^3;R 为灌溉面积,km^2; $\sum_{i}(z_i l_i)$ 为区域的灌溉定额,m^3;S 为毛灌溉用水量;S_i 为净灌溉用水量,m^3; α 为灌溉用水利用系数。

滴灌失水率较低,更适合疏勒河流域地区的实际情况,因此农田灌溉的主要模式选择滴灌,并对其灌溉周期进行设定,见式(5-4):

$$O = \frac{d}{B} \times \alpha \tag{5-4}$$

式中:O 为滴灌模式的灌溉周期,min;d 为设定的灌溉定额,m^3;B 为设定的灌溉补水强度,mm/d;α 为灌溉用水利用系数。

在此基础上,将低压管道输水模式融入现有的滴灌方式,在已经划分好的灌区中铺设梳齿状低压管道网,灌区之间利用分干管进行衔接,间隔 50~70 m 设置地桩,利用分干管和支管实现轮灌制度,强化灌区高标准农田灌溉体系建设。

5.1.2.3 优化农田建设时空布局

高标准农田的建设周期较长,因此需要对建设的时空布局进行规划,并遵循“先易后难”的原则,实现高标准农田建设的最优效果。首先利用耦合关系对疏勒河流域的农田区域建设进行适宜性评估,见式(5-5):

$$P_j = \min \frac{L_j}{L_c} \tag{5-5}$$

式中:P_j 为第 j 个农田斑块的适宜性耦合值;L_j 为第 j 个农田斑块的适宜度指数;L_c 为适宜度最优的耦合值。

通过对适宜度的评估和衡量,将疏勒河流域农田整体规划为几类地区,如图 5-3 所示。

由图 5-3 可知,对高标准农田的建设时序应从适宜建设区向不适宜建设区发展,以达

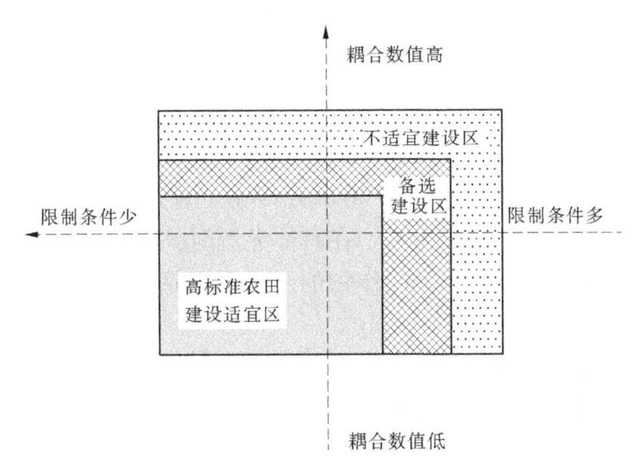

图 5-3　疏勒河流域农田时空布局规划

到预期的建设设计结果。空间布局方面以对田间道路的改良为核心,目前针对疏勒河流域农田区域内田间道路存在的建设质量较低、路面宽度不足及超负荷运行等诸多问题,将机耕路扩宽至 6 m,由于区域季节温差较大,因此田间道路铺设使用砂砾石材料,并适当增加厚度,以提升其耐磨性;其他用途的田间道路宽度控制在 4 m 以内,以维护道路良好的使用状态。

5.1.3　高标准农田建设中节水灌溉技术的实际应用

5.1.3.1　喷灌技术的应用

喷灌技术主要依靠水压助推力,通过管道、喷头等设备达到均匀喷射的效果。其显著优势在于:一是可以使水资源更为均匀地喷施至田间,确保不同区域的作物皆可以获得比较充足的水分,且节省大量劳动力;二是技术适应性强,可以适用于不同的景观及地质条件,既适用于作物灌溉,也适用于花田、草地等处,且具备较好的防霜冻、防降温、防灰尘效果。

但在实际灌溉时,需要提前观察好风向及风力情况,若是风力太大,则应暂停喷灌,否则会影响到喷灌的实际射程和均匀程度,最好选择在风力较小的天气或在夜间进行,并把握好喷灌时间,防止水分过量散失。需要强调的是,喷灌技术的应用需配备多个喷灌设施,还要事先设置好通道,会占用一定的农业用地。因此,前期准备所需花费较大、损耗能量较多,农户要基于生产实际做好选择。

5.1.3.2　滴灌技术的应用

有别于喷灌技术,滴灌技术的实施不必依靠大型机械,可以最大化防范水分外泄,节水效果明显。就特征与功能而言,滴灌技术普遍适用于温室、大棚作物灌溉。在实际灌溉时,需要借助 PVC 管道将水输送至田地,之后再以半径为 10 mm 左右的毛管对准作物根部直接进行灌溉,可以大大提高灌溉的针对性,规避不必要的水分消耗问题。同时,依托于自动化装置,结合作物需水量实际,就具体的出水速度、数量提前做好调控,维持在低压环境中运转,能进一步降低能量消耗,提高适应水平,方便在不同的地形中得到应用。农户在灌溉时,还可以基于作物栽培状况在水中添加适量化肥为作物补充养分,优化灌溉品质。但喷灌技术的缺点在于可应用范围有限,不适合在室外对作物进行灌溉,且所用的滴水管、毛管直径较小,一旦清理不当,容易造成泥沙堵塞。

5.1.3.3 管灌技术的应用

管灌技术是一种以低压管道取代明渠进行水分输送的灌溉方式,借助于农机动力将水分自水源处提取,之后再在压力影响下将水分传输至管道中,并循序传输至田地中,通过管道分水口对田间各个沟畦加以灌溉。在具体灌溉时,应注意强化对管道压力、水流速度及强度的合理调控,同时,应基于不同作物的栽培需要适时加装管道,控制好管道内水压的大小,继而优化灌溉用水的实际效率。

采用管灌技术能大大缓解灌溉期间的水分外渗问题,达到节水灌溉的目的,加之所需设备成本低廉,安装起来比较轻松、易于操作,既省时省力又省水省地,在作物栽培中广受基层农户喜爱。管灌技术的大范围普及,使得干旱少雨地区的灌溉问题不再是难题,同时也避免了渠道占地问题,且因管灌水流较大、速度较快,不会因泥沙淤积而导致管道拥堵,免除了繁重的渠道维护压力。

5.1.4 高标准农田建设的技术要素

5.1.4.1 高标准农田建设技术中的农田土地平整工程

(1)应因地制宜地进行耕作田块布置,充分考虑宜机作业、水蚀、风蚀等因素。

(2)田面平整以田面平整度指标控制,包含田面高差、横向坡度和纵向坡度 3 个指标。水田格田内田面高差应不超过±3 cm,水浇地畦田内田面高差应不超过±5 cm;采用喷微灌时,田面高差不宜大于 15 cm。田块横、纵向坡度根据土壤条件和灌溉方式合理确定。

(3)高标准农田有效土层厚度和耕层厚度应满足作物生长需要,按相关规定执行。

(4)平原区以修筑条田为主,条田长度北方平原区宜为 200~1 000 m,南方平原区宜为 100~600 m;田块宽度宜为 50~300 m,并宜为机械作业宽度的倍数;丘陵、山区以修筑梯田为主,并配套坡面防护设施,梯田田面长边宜平行等高线布置,长度宜为 100~200 m,田面宽度应便于机械作业和田间管理;水田区耕作田块内部宜布置格田,格田长度宜为 30~120 m,宽度宜为 10~40 m。

5.1.4.2 高标准农田建设技术田间道路工程

(1)田间道路工程是为满足农业物资运输、农业耕作和其他农业生产活动需要所采取的各种措施的总称,包括田间道和生产路。

(2)通过实施田间道路工程,构建便捷高效的田间道路体系,使田块之间和田块与居民点保持便捷的交通联系,满足农业机械化生产、安全方便的生活需要。

(3)田间道的路面宽度宜为 3~6 m,生产路的路面宽度宜为 3 m 以下。在大型机械作业区,田间道的路面宽度可适当放宽。

(4)道路通达度平原区应不低于 95%,丘陵区应不低于 80%。

田间道路详细要求如下:

(1)田间道路工程的布局应力求使居民点、生产经营中心、各轮作区和田块之间保持便捷的交通联系,力求线路笔直且往返路程最短,道路面积与路网密度达到合理的水平,确保农机具到达每一个耕作田块，促进田间生产作业效率的提高和耕作成本的降低。

(2)田间道路工程在确定合理田间道路面积与田间道路密度的情况下，应尽量减少道路占地面积，与沟渠、林带结合布置，避免或者减少道路跨越沟渠，减少桥涵闸等交叉工程，提高土地集约化利用率。

(3)田间道的路面宽度以3~6 m为宜，根据需要并结合地势设置错车道，错车道宽度不小于5.5 m，有效长度不小于10 m；在大型机械化作业区的田间道路面宽度可适当放宽，承担农产品运输和生产生活功能的田间道路面宜硬化；田间道路基高度以20~30 cm为宜，常年积水区可适当提高；在暴雨集中区域，田间道应采用硬化路肩，路肩宽以25~50 cm为宜。

(4)生产路路面宽度宜为3 m以下，在大型机械化作业区的生产路路面宽度可适当放宽，生产路路面宜高出地面30 cm。生产路宜采用素土路面。

5.1.4.3　高标准农田建设技术未来发展趋势

1. 自动化

高效节水灌溉技术基于中央处理控制器来实现节水灌溉设施的操作，在正式运行之前，可以设定出一个可行性较高的高标准农田日节水灌溉计划，然后将该计划融入灌溉控制器中，最后由数据监控系统来执行命令。不同于以往的人为操作，自动化节水灌溉体系在实际运行中，会基于对土壤含水量、天气，以及农作物叶面的干湿度情况及时修正节水灌溉计划。同时，还可以及时向中央处理控制器传输数据监控系统收集到的一系列信息，这样在农作物、土壤缺水的时候，便可以实现自动灌溉，或者是适当增加灌溉次数、延长每次的灌溉时间，以确保农作物生长需求可以得到充分满足；反之，若土壤含水量较高，或者是外界环境湿度较大，灌溉频率、水量也会随之降低，以此来尽可能避免或减少水资源浪费现象的产生。

2. 网络化

高效节水灌溉技术可以基于无线传感器网络的节水控制系统来完成自动灌溉。在物联网的有力支持下，将高效节水灌溉软件安装到计算机中，然后应用特定的算法、模型设计将不同的传感器有效构建成一个能够实现相互联系的传感器网络。之后，管理人员再输入命令，将移动设备、PC端连接起来，操作人员便可以通过手机软件来对农田灌溉作出合理控制。这样的灌溉模式在具体实施中，既可以体现出较高的精准性，也能够为灌溉用水利用率的提升提供有力支持。

3. 智能化

在新时代高速发展背景下，高标准农田建设过程中引用的高效节水灌溉技术也要向智能化这一方向发展，可以通过节水灌溉数据库的合理归纳为节水灌溉方面的一系列智能化操作提供有力支持。智能化系统主要是由数据库、服务器、数据处理软件平台等系统构成的，通过这一智能化系统，农户可以做到对农作物生长发展情况及土壤结构、农田气象环境等方面的实时了解。然后该系统会在收集、处理、整合相关数据后，智能化地计算出一种更适合的节水灌溉模型。这样既可以达到节约水资源的目的，也能够结合土壤湿度、盐碱性以及微生态等各项指标，在灌溉的同时，选择更适合的土壤肥料，为水肥灌溉的科学有效落实提供有力支持。

5.1.5 高标准农田建设技术存在的问题及其影响因素

5.1.5.1 影响因素

1. 硬环境因素

硬环境因素本质上就是在固定时空范围内的环境因素,具体来说,包括自然环境、人为因素、经济因素等方面的因素。自然环境因素就是当地农业发展灌溉中所面临的气候、水资源、地形地貌等自然层面因素;人为因素主要就是指农户的具体特征对于灌溉技术具体使用的影响;经济因素具体就是指农户的家庭收入情况、劳动人口数量等。

2. 软环境因素

软环境因素绝大多数都集中在技术、组织、社会、政策几大层面,其中的技术因素主要就是指技术的质量及适应性,还包括和水利灌溉工程相配套的基础设施。而组织因素则包括经营及集约组织等方面影响;社会因素对于高效节水灌溉技术应用的影响因素就是社会化服务的信息渠道及相关条件;政策因素也很容易理解,就是相关管理制度、政府部门的资金及政策支持。

5.1.5.2 存在的问题

1. 农民节水意识缺乏,灌溉技术推广效果不佳

大部分农民文化水平相对较低,无法理解水资源缺乏带来的后果,认为只要有河流,就可以使用大水灌溉的方法,并坚持"足量浇水",水短缺的困难尚未引起农民的重视,这不仅会造成地表水失衡,还会加重水资源的浪费。此外,农民对政府部门大力发展和使用的高效率节水灌溉技术缺乏一定的认同感,主流媒体的宣传策划预期效果不佳。节水农牧业发展趋势的重点是农民接受农业节水灌溉技术。只有农民同意并大力开展这项工作,农业节水灌溉技术才能有效地推广,进而有效节约水资源。但很多农民的收入不高,节水农牧业的发展将需要大量的人工成本和其他费用,很多人无法承担,存在一定的风险。相关政府机构应正确处理,加强主题教育,增强农民节水观念,提高水资源使用效率。

2. 资金来源渠道单一

当前在高标准农田建设的过程中,资金来源一般为政府出资,渠道相对单一,没有充分调动社会组织的力量,造成政府部门压力较大。对于高标准农田建设的融资政策尚不完善,没有激发社会力量参与其中的动力。

3. 缺乏协调统一性

在进行高标准农田建设的过程中,土地整理项目与农业综合开发土地治理项目是建设的基础,但很多部门在具体实践过程中,缺乏细致深入的沟通与了解,造成相关规则统一效果达不到理想目标,没能实现整体发展,导致高标准农田建设质量与标准要求相距甚远。很多部门都自顾自地开展工作,只顾自己眼前的工作任务,缺乏协调性与统一性思维,造成整个高标准农田建设的土地利用结构受到影响,从而导致重复建设、资源浪费等现象频繁发生。

4. 缺乏科学的管理体制和方式

为了解决农业用水困难,政府机构已经配置了农业节水设备。掌握节水设备使用方法可有效提升节水幅度。近些年,农业节水设施工程项目存在很多没完成待修复现象,政

府全力支持建造的高效率节水设施并没有达到预期的效果，在基本建设过程中也没有高度重视管理阶段。因此，推广高效农业节水灌溉技术的障碍不仅仅在技术上，在管理模式和管理方法上也存在一定的缺陷。促进农业节水快速发展的关键是建立与我国经济相结合并贯彻农村经济结构和规范发展趋势的保障体系。

长期以来，农业节水灌溉技术的市场营销和推广通常只着眼于加速节水设备技术的发展和基础设施项目的建设，忽略了管理模式方面的问题，缺乏完善的水资源管理制度，导致节水现代农业发展缓慢。部分已经建立的管理制度未结合本地地理环境、社会经济水准和社会文化服务质量，在机制制定上缺乏一定的创新性。

5. 缺乏专业的培训

优秀的技术推广和实际应用离不开专业人员的指导和培训。优秀的农业节水灌溉技术具有较高的技术组成和难度，在操作步骤中会遇到各种困难，如果没有专业人员的指导和使用，即使将所有农业节水灌溉机械设备转让给农民，节水设备仍然无法被充分使用，最终将被搁置，加上具有成本效益的水价，农民更倾向于使用大水灌溉。此外，乡村基层部分水利局工作人员在节水灌溉技术运用方面的素养相对较低，技术工作能力低且人员不足，导致在具体指导农户操作过程中心有余而力不足。

6. 缺乏后期检修管理机制

所有技术设备都有一定的使用寿命，定期对技术设备进行检修维护可明显增加机械设备的使用寿命，从而节省机械设备的更换成本，减少机械设备损坏造成的损失。目前，部分项目管理不及时，农田水利灌溉工程机械设备受到损坏，导致部分农田水利灌溉工程无法正常运行。

5.1.5.3　改进建议及策略

1. 落实规划设计工作

在高标准农田建设过程中，需要落实工程规划设计工作，为高标准农田建设工作提供技术基础。有效安排规划设计工期，做好设计前期准备工作。严格审查方案评审程序，在评审之前，专家需要开展实地考察设计出科学的规划方案。完善考核制度，加大力度评估设计方案。全面掌握项目区域的生产条件，了解当地水源和交通情况，保障规划工作的科学性。多次比选工程设施位置和规格等方案，提高项目规划工作的科学性。

2. 做好选址规划工作

在高标准农田建设过程中，需要保障粮食安全，所有的工作都要围绕这一工作目标。在开展高标准农田建设阶段，针对生产条件良好的地区，可以根据实际生产需求配置农业种植机械设备，提高农业生产效率和生产质量。工作人员需要科学地分析农业生产区域的自然环境和地理情况等，确定该区域适合种植的农作物种类和种植方式，保障农业生产质量，结合地域特征合理安排规划。

3. 完善高标准农田建设指导制度

在农业生产过程中，不仅需要保障耕地数量，同时需要保障农业生产用地的质量，提高农业生产的生态环保性，这些情况关系到农业生产发展。在农业生产过程中，需要重视生态环保工作，实现生态化建设。为了提高农业生产用地养护水平，建设农业生产基础设施，相关工作人员需要科学地调查研究，结合农业生产的实际情况，提出科学的改造计划。

在项目规划阶段,需要结合农业供给侧结构性改革的标准,进一步提高农业生产力和农民收入水平,并且改善农业生态环境。同时需要利用项目建设,促进产业融合发展。

4.提高群众参与度

高标准农田建设项目关系到群众的切身利益,因此在勘察设计阶段,工作人员需要听取群众心声,在方案规划阶段要有意识地保护群众利益。在征求群众意见的过程中,可以引导群众参与到方案讨论阶段,及时沟通不合理情况,推动项目建设的可持续发展。

5.优化选择高标准农田项目区

建设高标准农田,选址工作是非常重要的,要注意集约利用土地流转地区。当前一些农村宅基地退出,需要重新集中利用多余的闲置土地,并且融合到高标准农田建设范围内落实土地流转支持策略,有利于开展高标准农田建设工作。在高标准农田选址阶段,需要综合宏观产业布局,土地流转情况较好的地区可以给予政策倾斜。通过建设高标准农田,落实现代化经营理念,保障高标准农田建设效益,实现现代化经营理念。

6.完善高标准农田利用制度

当前地方政府非常重视农村农业生产基础设施,尤其重视高标准农田建设工作,并且投入较多的财政资金建设农业生产基础设施。前期投入较大,在工程项目使用后期却忽视了后续维修养护工作,而且是在户外利用农业生产基础设施,增加了自然因素的影响,从而引发各种问题,如果没有及时开展维修养护工作,将会损坏基础设施,影响基础设施基本功能的发挥。因此,管理部门需要承担维修养护的责任,加强监督管理农业基础设施维修养护修理工作,相关责任人要及时修理和解决设施发生的故障,避免故障问题进一步扩大。

7.结合用户理念和规划设计

开展高标准农田规划设计,需要从宏观角度开展高标准农田选址和布局,同时需要结合项目微观经营,针对农村未来发展,充分对接规划设计和建设后的经营,实现土地整治的以人为本。在高标准农田建设阶段,需要鼓励农业企业参与进来。在实际建设阶段,需要鼓励企业编制规划和建设方案,提出针对性的建议。

8.提高综合管理能力

建设高标准农田需要加强对高标准农田的管理。相关管理部门需要加强建设自身队伍,积极引进优秀的技术人才。同时,需要加强系统性培训管理人员,使管理人员的素质水平不断提高。相关部门需要详细划分农田整治工作,根据人才的专业特征,合理配置具体的工作岗位,使管理队伍的专业性和综合管理水平不断提高,从而科学合理地做好高标准农田建设管理工作。

9.加强管理工作进度

开展高标准农田建设管理工作,存在较多的外界影响因素,因此会影响到高标准农田建设管理工作进度。为了顺利开展高标准农田建设项目,工作人员需加大宣传力度,帮助更多农民了解高标准农田建设的价值。在建设过程中,要根据当地的地形地貌和交通情况等,避免损失农民利益,保障高标准农田建设的科学性,顺利完成工程项目。

10.强化安全管理

在高标准农田建设过程中,需要加强安全管理工作。在建设之前需要采取有效的预防措施,调查项目区域的路基情况和宽度情况等,及时预防可能发生的问题,有序开展后续工作。工作人员要注意安全管理工程设备设施，及时关闭设备开关，避免发生漏电事故。在施工现场设置警示标语，同时在施工场地周围设置警戒线和警示标语，避免引发安全事故。承建单位需要做到安全用电，加强安全设施培训，促使更多的工作人员掌握用电常识内容。承建单位在实际施工过程中，需要准备好安全防护用具，同时要定期检查安全防护用具和设备。

高标准农田的建设应当因地制宜地结合国家要求的技术标准开展。在建设内容方面，应紧紧围绕国家要求的高标准农田建设技术标准要求，开展农田建设工作。根据年降水量较少和地形复杂多样的特点，将高效节水灌溉、农机农艺技术推广作为基础建设，辅助绿色标准化建设、生态保护、产业结构升级等，来推动流域建设高标准、高质量的现代化农田，并推动农业管理规范和质量提高，确保流域粮食安全。能够加快灌区现代化的发展进程，促进疏勒河流域的现代化灌区农田向机械化、信息化、科学化方面发展。符合区域现代化农业生态一体化发展要求的建设才能够为甘肃省农业产业结构升级和农业经济增长带来更加长远的促进作用，才能推动甘肃省农业发展与生态保护的健康可持续发展。

5.2 疏勒河灌区高效节水灌溉技术

相关学者对农业节水技术推广问题进行了大量研究，并取得了一定成果。但从研究侧重角度来看，主要体现在重微观农户角度轻宏观系统角度、重农业高效节水灌溉技术推广建设轻农业节水灌溉系统管理，尤其是对农业高效节水灌溉系统管理与长效利用的系统研究尚不多见。高效节水灌溉工程通过使用工程技术从而可以提高灌溉水利用率。与传统灌溉相比，高效节水灌溉工程在不降低甚至提高作物产量的同时，可节约大量的水资源。农业高效节水灌溉技术模式有多种，各种灌溉工程对植物、地形地貌、社会经济、土地格局等要求都不一样。在建设节水灌溉工程时，应优选适宜的工程技术模式。因此，对高效节水灌溉工程技术模式进行适宜性评价显得尤为重要。

疏勒河流域包括疏勒河干流中、下游的昌马灌区、双塔灌区和石油河下游的花海灌区。灌区内地势南高北低、东高西低，海拔在 1 100~1 600 m，属暖温带极干旱区，年平均气温为6.9~9.3 ℃，无霜期为182~198 d。光热资源丰富，对农作物和天然植被的光合作用有利，而夏季气温日差较大也有利于植物干物质积累；降水少、蒸发量大，干燥度高。灌区内年降水量仅为36.8~61.8 mm，年蒸发量高达2 490.6~3 522.3 mm，多年平均风速为2.2~4.2 m/s。全流域总灌溉面积141.61万亩，全灌区现状平均灌溉定额为802 m^3/亩，粮、经、草比为20.4∶69.3∶10.3。疏勒河灌区农业灌溉用水以地表水为主要灌溉水源，疏勒河灌区农业灌溉现状需水量为9.35亿 m^3。

5.2.1 疏勒河灌区高效节水灌溉技术应用现状

疏勒河水系主要有3个支流，即昌马河、党河和哈尔腾河，其次还有白杨河、石油河、榆林河等几条较小的支流。疏勒河发源于纳嘎尔当，在昌马峡以上的河段俗称昌马河。疏勒河最大的支流党河，在下游的黄冬子农场以北汇入，然后流入位于玉门关以西的哈拉湖滩地,河流全长约 945 km,全流域面积约 10.19 万 km^2(未含苏干湖水系)。党河水库修建以后,党河的大部分水量均被敦煌市就地消化,不再汇入疏勒河干流。同时,由于流域所经过的市县,尤其是酒泉地区工业、农业用水量相比以往大大增加,使得进入下游哈拉湖滩地的水量也急剧减少,哈拉湖滩地也面临着逐渐消亡的困境。

所以,必须在疏勒河流域推广节水灌溉技术。第一,节水灌溉技术能达到用水量与灌溉面积的最佳平衡,在保证农作物正常生长的前提下用最少的水量灌溉最大的面积,提高水资源的利用效率,节约疏勒河流域的水资源,缓解缺水现象。第二,节水灌溉技术能够优化现行的传统灌溉技术,促进农业的发展,提高农产品的质量。微灌溉等节水灌溉技术不仅能够提高水资源利用效率,而且能够有针对性地满足作物不同阶段的水肥需求,提高农作物的产量与质量,创造更高的经济价值。第三,节约水资源也是在保护生态环境,避免过度使用水资源导致土地荒漠化、湖泊枯竭等问题。

节水灌溉模式是一项依赖于现代灌溉技术,涉及诸多技术领域协调配合的一项综合工程,包括科学合理地利用水土资源、调整农业种植结构以及开展用水管理体制改革、保护流域生态环境等。疏勒河灌区在上位法律法规的基础上建设了节约利用水资源的规章制度体系,水资源管理工作有法可依。水权改革试点取得突破,按照总量控制指标将水权分配到流域、县域、灌区、农户。水价改革稳步推进,水价接近运行成本水价。小畦灌溉、大田激光平地、垄播沟灌等田间常规节水技术在疏勒河灌区已获推广。农业高效节水灌溉面积在疏勒河灌区不断增加。

疏勒河流域建成了一批工程设施(水库和调蓄水池等),极大地提高了水量供应稳定性和供水保证率。对于解决“卡脖子”旱的问题及生态用水补给的问题,三大灌区灌溉渠道基本配套,支渠以上骨干渠道衬砌率达到 80%左右,减少了灌溉渠道的水量损耗,渠系水利用率不断提高,部分田间渠道也进行了衬砌,田间渗漏损失水量得到控制。灌区斗口以上分水点均安装了计量设施,大部分为自动计量,部分可自动控制,已全面实现按方收费。灌区农田建设中强化对高效节水灌溉技术的合理应用,可以有效提升农田灌溉效率,减少水资源消耗,增加农业生产效益,促进农业持续健康发展。高效节水灌溉技术主要是利用现代化的工程技术,融合先进的农耕技术,配置完善的设备设施,实现对农田灌溉水资源的高效管理和应用,提升农田灌溉中水资源的利用率,减少输水过程中的蒸发、渗漏,强化农田灌溉效率,提升农业发展水平。其中,高效节水灌溉技术主要有滴灌技术、微喷灌技术、渠道衬砌技术、管道输水技术、膜上灌溉技术。

5.2.2　疏勒河灌区高效节水灌溉技术研究

5.2.2.1　滴灌技术

通过对滴灌管道进行认真研究,发现其可以分为以下 4 种类型。其一,地面固定式的滴灌系统。此项滴灌系统无法实现灵活移动,将管道和滴头全部设置在地面,在对高秆植物和果树进行灌溉的过程中,能够发挥出自己的作用,但是此项滴灌系统中,毛管在作物收获之后以及在播种之前需要拆卸下来,以免相关的操作对其产生影响和破坏。其二,地下固定式的滴灌系统。此项系统的毛管和滴头也是全部埋在地下,无法真正地实现灵活移动,对农作物耕种等各方面不会带来任何影响,但是农户对专业设备运行的具体情况,在掌握过程中会遇到许多困难。其三,移动式的灌溉设备。此项设备从字面意义上便可理解,可以在地面之间实现自由移动,移动灌水设备能够降低水利基本设施投入的资金,帮助农户节约更多的灌溉成本。其四,间歇式灌滴系统。通过将此项设备与其他设备的比较,会发现此设备灌水流量较大,在大面积农田灌溉中可以发挥出自己的作用。

滴灌主要是利用PVC管把水分运输到农田中,然后利用半径为5 mm的毛管孔口对植物根部进行直接灌溉。滴灌技术的应用提升了农田灌溉的针对性和高效性,避免水分运输过程中的蒸发消耗,减少水资源浪费,而且可以通过调节自动化装置,对滴灌的出水量、出水速度进行控制和调节。滴灌是在低压状态下运行,对能源消耗比较少,适应性强,能够对多种地形进行应用。但是由于滴水器、毛管等都比较细小,容易造成泥沙堵塞现象。在疏勒河灌区需要选择出适合的滴灌模式和策略。

滴灌属于微灌的一种,可满足不同气候、地形、水质以及施肥施药要求,降低水肥的淋溶和坡面流失,提高作物的水肥吸收利用率,实现水肥时空上的耦合,被誉为现代农业"一号技术",对精准农业发展具有十分重大的意义。滴灌施肥技术是集工程、农艺、生态以及管理等多项技术要素于一体的系统工程。但目前滴灌系统管理与农艺技术管理结合不够紧密,缺乏行业间的协作和交流,导致滴灌系统的稳定运行、作物的增产增效和土壤的可持续发展还没有实现更好的协同统一,滴灌技术与施肥技术的结合还有待进一步提升。滴灌水质、肥料类型、肥料浓度以及滴灌管理制度选择和运行不善引起的滴头堵塞问题严重影响了滴灌施肥技术的推广和应用。滴头堵塞问题已导致一大批滴灌工程灌溉工程报废。

应用田间试验手段研究水肥耦合对作物生长和水肥利用效率的影响是制定高效灌溉施肥制度的重要途径。特别是随着滴灌水肥一体化技术广泛应用于农业生产中,该技术能提高作物根区水肥分布的均匀度,在保证作物高产的同时,既能节水节肥,又能大幅度地提高作物的水肥利用效率。已有研究表明,在沙质土壤下玉米滴灌比传统灌溉的水分利用效率更高。施肥可调水、灌水可调肥,水分不足时肥料用量增加可提升互作效应,水分过多则降低互作效应,水肥互作增产效应是在适宜水肥用量下获得的。滴灌施肥条件高水高氮获得最大的干物质和产量,干物质和产量均随水氮施用量的增加而增大,但中水中氮处理收获指数最高。由此可知,水分增产效应随氮肥增加而增大,氮肥增产效应随水分增加而增大,但这种增产效应不是无限制的。水肥一体化分期施肥是将肥料分次依据作物的需肥规律施入作物根区土壤,这种施肥方式可以依据作物水肥需求实现水分和养分的精准供应,能够显著提高作物的水肥利用效率,实现以肥调水,以水促肥,协调水分和养分间的供应状况,同时可以显著减少肥料的损失,特别是降低施肥对环境的负面影响。然而,依据作物水氮状况进行精准的水氮管理就需要准确地估算作物的水氮状况。因此,要充分发挥水肥一体化的优势,就需要制定合理的灌溉制度和依据作物生长发育状况及时准确地做出营养诊断和水肥供应决策。

滴灌技术在农业生产中应用的主要弊端如下:

(1)滴头堵塞:滴头堵塞是水肥一体化农田滴灌技术应用中常见的一个问题,主要是因为滴灌装置中滴头流道直径通常小于1 mm。因此,在这样的情况下,极易受淤泥、不溶盐、铁锈等的影响,致使滴头产生堵塞,从而严重影响水肥一体化农田滴灌技术的使用性能。此外,在水肥一体化农田滴灌技术应用过程中,若肥料浓度相对较大,则会在一定程度上加速堵塞问题的产生，且堵塞现象极其明显。

（2）影响农作物根系分布：水肥一体化农田滴灌技术的应用，对农作物根系分布有直接的影响，主要是因为农作物根系与滴头位置有近距离直接接触，因此其会对农作物根系分布带来一定的影响，表现为位于滴头附近的农作物根系非常发达，但离滴头距离较远的农作物根系发达程度会相对较差。在应用水肥一体化农田滴灌技术时，滴头位置若发生较大偏差，则极易导致农作物根系畸形，严重影响农作物的正常生长。因此，在水肥一体化农田滴灌技术应用过程中，对滴头的要求非常严格。

（3）技术配套设施较差：由于目前水肥一体化农田滴灌技术的使用范围仍不广泛，因此在技术配套设施方面相对较差，滴灌设备以及自动化管理手段较为欠缺，从而一定程度上影响了水肥一体化农田滴灌技术的使用效果。同时，配套设施的不完善还导致水肥一体化农田滴灌技术的推广效果相对较差，由此严重阻碍了水肥一体化农田滴灌技术的发展进程。

5.2.2.2 微喷灌技术

微喷灌技术是一种新型的灌溉技术，其节水效果非常强，适合水资源非常紧缺的西北干旱地区的农业灌溉使用，其最显著的特点是要利用高压管道系统进行喷灌，充分结合了传统滴灌和喷灌技术的优势。由于喷头的喷水孔直径极其微小，虽然喷流的流速很大，但受到空气阻力的影响，其就会立马形成雾状，落到农作物表面时，已经是细小的水滴。由于微喷灌的水流速度较快，且水压较高，因此可以有效地避免传统滴灌的喷头堵塞现象。应用该技术可以起到很好的节水和节肥效果，能够实时进行灌溉，有效保持植物根系附近的湿润度，保证植物得到充足的水分供应，避免采用漫灌造成的大量水资源自渗漏，还可以有效提高植物生存空间的湿度，减少因为水分蒸发而带来的水分损失，从而取得理想的节水效果。如果采用微喷灌技术进行施肥，则可以有效地将肥料注入植物根系处，使这些肥料充分发挥出作用，提高肥料的利用率。

微喷灌系统从结构上看主要包括专用的泵房、水泵、过滤器、输水管路、微喷管以及微喷头等，其中输水管路压力较低，分布在管路上的微喷头以较小的流量向土壤中输送水源。微灌技术的优点体现在以下几个方面：①节水效果突出。相比于喷灌技术，这种灌溉方式可节约15%~25%的水资源。②节能。微灌技术只需灌溉农田中的局部位置，因而输水管线压力较低，整体的能耗水平也比喷灌技术更具优势。③灌溉均匀。微灌系统在整体设计上更加精细化，灌水器的间距分布均匀，其灌水的均匀度可达到80%~90%。④地形及土壤适应性强。微灌技术在输水时施加了一定的压力，因而在坡地上也可应用，并且可将喷灌设备设置在地面或者地下，无论哪一种类型的土壤，均可采用这种技术，对地形和土壤的适用性较强。

在进行微喷灌系统布置前，应该对土壤种植环境作认真的调查，并得到准确的数据，这是大田作物种植的必要工序，在大田农作物土壤调查中应该包括以下几方面的内容：①应对田间的持水量进行测定。采用室内润湿土，如大田400~500 mm深度的原土，并进行多处平均的测定。②土壤计划湿润层深度调查。该层是植物根系的主要存在地，也是土壤中可溶性盐的所在位置，施肥方式、施肥量、土壤实际作业的厚度，是影响土壤计划湿润层深度的主要因素。③农作物对种植环境的适宜性。农田农作物的多样性非常丰富，其受到气候的影响因素非常大，应该对种植地的气候和环境因素进行仔细的调查，并做好应对措施计划,从而为农作物提供一个良好的生长环境。在进行详细的调查工作后,才能根据具体的情况制定详细的种植计划,并严格审核计划的合理性,这样才能进行种植。

(1)微喷灌强度计算。微喷灌强度是指单位时间内微喷头喷洒在单位土壤表面上的水层深度,通常用ρ表示,按下式计算,即

$$\rho = q/(S_e \times S_r) \tag{5-6}$$

式中:S_e为喷头间距,m;S_r为毛管间距,m;q为喷头流量,L/h。

(2)微喷灌日耗水强度的确定。微喷灌主要用于保护果园、农作物及部分条播作物,此时只有部分土壤表面被作物覆盖,灌水时也只湿润部分土壤或冲洗作物叶面。与地面灌溉相比较,作物耗水量主要用于本身的生理蒸腾,地面蒸发损失较小。因此,其耗水强度用下列两式计算,即

$$E_a = K_r \cdot E_c \tag{5-7}$$

$$K_r = G_c/0.85 \tag{5-8}$$

式中:E_a为微喷灌的作物设计日耗水强度,通常取3~7 mm/d;K_r为作物遮阳率对耗水量的修正系数,当计算的K_r大于1时,取$K_r=1$;E_c为作物遮阳率,又称作物覆盖率,随作物和生育阶段而变化,对蔬菜而言,设计值可取0.8~0.9。

一般来讲,除为冲洗作物叶面或降低保护地温度的微喷灌外,应选择全生育期月平均作物耗水强度最大值作为设计耗水强度。

当前自动化技术发展很快,可以利用自动化技术对微喷系统进行控制,它的组成也很简单,包括传感器、操作面板、喷灌电气系统。操作人员只需将喷灌量和喷灌时间输入系统中,自动控制系统就会自动完成对农作物的微喷灌工作,不仅降低了操作人员的工作量,还提高了微喷灌的精准程度,严格控制微喷灌的总出水量,不仅最大程度地节省了水资源,还让植物得到了准确的水分供给,该系统还可以直接和农作物生长自动化管理系统相接,为农业自动化进一步发展奠定了一个非常好的基础。

5.2.2.3 渠道衬砌技术

灌区渠道衬作为的一种重要的节水措施,不仅可减少灌溉水的渗漏损失,还可提高渠道的输水能力,缩短输水时间,提高输水效率。在渠道的设计断面上先铺设一层规格为300 g/m^{2}的土工膜,然后在土工膜上现浇混凝土板,板块一般为1 m×1.5 m,板块间采用松木板分缝,混凝土板厚干渠为8 cm、支渠以下为6 cm,如图5-4所示。

衬砌技术主要分为砖石混凝土类型、片石混凝土类型、钢筋混凝土类型、模筑混凝土类型,各类技术在应用过程中的特点存在差异性。第一,砖石混凝土衬砌技术。砖石混凝土衬砌技术在应用中大部分工作需要人工完成,通过此种方式应用能够确保输水渠道具备较强的稳固性,但在应用过程中存在的问题也非常多,若出现了砖石混凝土结构的缝隙较多,在输水过程中易引起大规模的水资源渗漏。第二,片石混凝土衬砌技术。片石混凝土衬砌技术在应用过程中能够满足因地制宜的原则,结合农田灌溉渠道的建设,要求从周边选取合适的材料,比如碎石、片石等,结合一定比例的混凝土进行渠道建设,满足输水要求。第三,钢筋混凝土衬砌技术。钢筋混凝土衬砌技术与砖石混凝土衬砌技术和片石混凝土衬砌技术有较大的区别,能大幅度地提升输水效果,并且操作非常便利,在建设过程中,工作人员需要利用混凝土材料进行衬砌施工,进一步提升渠道结构具备的抗渗性能,保障渠道结构具备较强的抗震性和抗压能力,满足在复杂区域内农田灌溉要求。钢筋混

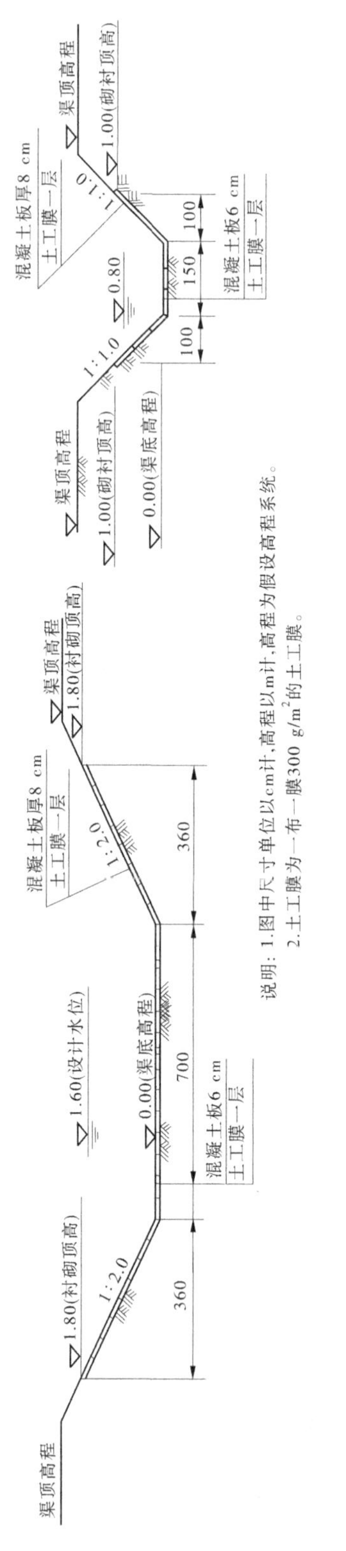

说明：1.图中尺寸单位以cm计,高程以m计,高程为假设高程系统。
2.土工膜为一布一膜300 g/m^2的土工膜。

图 5-4 干、支渠衬砌断面

凝土衬砌技术能发挥良好的输水效果,保障水资源利用率的提高。第四,模筑混凝土衬砌技术。该技术是当前水利渠道加固中的新技术,在我国水利工程中应用具备较好的前景。在采用模筑混凝土衬砌技术时,需要借助机械化操作,在施工过程中必须保持操作的规范化与标准化,确保渠道结构能够达到规定的标准,以减少后期出现的隐患。渠道衬砌技术具有以下优势:

(1)维持地下水位的稳定。渠道防渗衬砌技术在应用过程中能够有效确保地下水位的稳定,在农田灌溉过程中该技术采用混凝土进行加固,确保了渠道的稳定性,在农田灌溉过程中渠道具备较强的防渗漏性能,满足了地下水位的稳定性要求。将该技术应用在农田灌溉渠道防渗中,能够确保农田灌溉具备较强的效果,保持水流的稳定性,在渠道下方,地下水不会受到外来水源的干扰,保持了地下水位的相对平稳。

(2)降低灌溉渠道占用的土地面积。农田灌溉防渗渠道衬砌技术在应用过程中具备良好的应用优势,相比以往传统的灌溉技术,有效地节约了水资源,同时节约了大量的灌溉时间,减少了土地的占用现象。结合当前的市场形势进行分析,无论是水利资源还是土地资源都非常关键,通过合理的衬砌技术应用能够确保水资源和土地资源的利用率提升,大幅度降低了农田灌溉所花费的成本,对于推进农业可持续发展具有重要意义。

(3)改善土地盐碱化现象。在农田灌溉防渗渠道衬砌技术应用过程中,确保了水资源有较强的利用价值。在以往的灌溉过程中,采用传统的灌溉方式,并不能有效地实现水资源的节约,并且在输水过程中存在的渗漏现象容易造成水资源浪费,我国大多数地区存在的盐碱化与此类现象有着紧密联系。造成土地盐碱化最为关键的原因是在水资源利用过程中,土地水资源含量不够充足,通过农田灌溉工程利用渠道实现水资源的引流,可确保土地中有较多的水资源存储,减少土地出现的盐碱化现象。

5.2.2.4 管道输水技术

低压管道输水灌溉技术是目前我国应用比较广泛的一种节水灌溉工程技术,在输配水上,它是以低压管网来代替明渠输配水系统的一种农田水利工程形式。低压管道输水灌溉方式主要借助低扬程机泵和地形落差形成压力水头,再通过这种压力水头进行灌溉水加压,进而通过事先布置好的输水管网进行配水、灌溉。综合考虑其应用效果发现,低压管道输水灌溉可比田间明渠灌溉节水30%以上,使灌溉水利用系数提高至0.90以上,且灌溉管道全部埋入地下,能节约占地面积,便于实施精准给药、施肥等田间管理。

管道输水技术实际上是渠道输水技术的一种替代方案,管道本身采用金属或者PVC等材料制造而成,其防渗抗漏的效果非常突出,因而采用管道进行输水时可有效避免水资源的渗漏,减少水资源从水源到农田这一过程的耗损,只要管道没出现结构性的损害,理论上几乎不会产生水资源浪费的情况,并且管道输水经常和水泵等机械配合在一起,输水时可产生一定的压力,在农田灌溉环节,这种压力可提高水资源的灌溉效率,减少其在局部位置的大量下渗。管道输水系统包括水源以及上游的水利枢纽装置、输配水管网以及山间灌水装置等,管道输水也可作为喷灌、微灌的中远距离供水系统。

从水源取水,并通过压力管网输水、配水及向农田供水、灌水的工程系统叫作低压管道输水灌溉系统。它通常由水源与首部枢纽、输配水管网、田间灌水系统以及低压管道输水灌溉系统给水装置和附属建筑物组成。系统平面如图5-5所示。

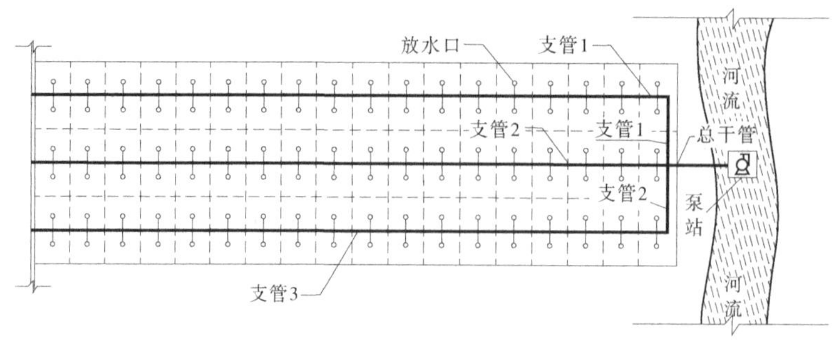

图 5-5　系统平面图

(1)水源。低压管道输水系统与别的灌溉系统相同,必须有合乎条件的水源。其中泉井、坝塘、水库、湖泊河流以及沟渠等都可作为水源,但水质应当符合农田灌溉用水的水质要求。与明渠灌水系统相比,低压管道输水灌溉系统更应该严格要求水质,水中不能含有大量易于堵塞管网的物质,比如污泥、泥沙及杂草等,否则首先必须进行拦污、沉积甚至净化等预处理后才可以利用。在渠灌区,低压管道输水灌溉系统常以渠道为水源,也有将排水沟作为水源地的。

(2)首部枢纽。水源种类决定首部枢纽形式,首部枢纽从水源取水,并为达到符合水质、水压和水量三方面的要求而进行处理。

灌溉系统首部枢纽通常与水源工程布置在一起,但若水源工程距灌区较远,也可单独布置在灌区附近或灌区中间,以便操作和管理。当有几个可用的水源时,应根据水源的水量、水位、水质以及灌溉工程的用水要求进行综合考虑。通常在满足灌溉水量、水质需求的条件下,选择距灌区最近的水源,以便减少输水工程的投资。

首部枢纽及与其相连的蓄水和供水建筑物的位置,应根据地形地质条件确定,必须有稳固的地质条件,并尽可能使输水距离最短。在需建沉淀池的灌区,可以与蓄水池结合修建。规模较大的首部枢纽,除应按有关标准合理布设泵房、闸门以及附属建筑物外,还应布设管理人员专用的工作及生活用房和其他设施,并与环境相协调。

(3)输配水网管。输配水网管组成包括低压管道、管件及附属管道装置等。当灌区灌溉面积较大时,输配水网管主要包括干管、支管等多级管道。当灌区灌溉面积较小时,通常只包括单机泵、单级管道。

井灌区输配水管网一般采用 1～2 级地面移动管道,或一级地埋管和一级地面移动管,渠灌区输配水管网多由多级管道组成,一般均为固定式地埋管。用作地埋管的管材,目前我国主要采用混凝土管、硬塑料管、钢管等。输配水管网的最末一级管道,可采用固定式地埋管,也可采用地面移动管道。地面移动管道管材目前主要选用薄塑料软管、涂塑布管,也有采用造价较高的,如硬塑管、锦纶管、尼龙管和铝合金管。

(4)田间灌水系统。渠灌区低压管道输水灌溉系统的田间灌水系统可以采用多种形式,常用的主要有以下 3 种形式:

①田间灌水管网输配水,田间毛渠和输水垄沟被地面移动管道代替,采用退管灌法灌水。这种方式输水损失最小,可避免田间灌水时灌溉水的浪费,而且管理运用方便,也不占地,不影响耕作和田间管理。

②采用明渠田间输水垄沟输水和配水，并在田间应用常规畦灌、沟灌等地面灌水方法。这种方式仍要产生部分田间输配水损失，不可避免地要产生田间灌水的无益损耗和浪费，劳动强度大，田间灌水工作也困难，而且输水沟还要占用农田耕地，因此最为不利。

③仅将地面移动管道配水、输水应用于田间输水垄沟，而田地内部仍然采用常规的沟灌、畦灌等地面灌水方法。这种方式的优缺点介于前两种方式之间，但因无须购置大量的田间浇地用软管，因此投资可大为减少。田间移动管可用闸孔管道、虹吸管或一般引水管等，向畦、沟放水或配水。

(5)分水给水装置。分水给水装置是在各级管道之间设置分水井、配水阀门等；在竖管出口处设置向田间配水的出水口或给水栓。

(6)其他附属设施。为防止机泵突然关闭或其他事故等产生的水锤，致使管道变形、弯曲、破裂等，在管道系统首部或适当位置安装调压阀或进排气阀等保护设施，以保证管道系统安全运行。

低压管道输水灌溉技术的注意事项：

(1)低压输水管道工程是地下工程，必须抓好施工质量。

(2)管道应埋于冻深以下，在管道系统的最低处，宜设泄水阀和渗透水井，冬季应及时放空管道。

(3)冬灌后，应把地面可拆卸的设备收回，保养后妥善保管，以便春灌使用。

(4)选择适合低压管道输水条件下的畦田与灌水沟规格，充分发挥管灌的优越性。

5.2.2.5　膜上灌溉技术

膜上灌溉技术是我国在地膜覆盖栽培技术的基础上发展起来的一种新的地面灌溉方法。它是将地膜平铺于畦中或沟中，畦、沟全部被地膜所覆盖，实际应用中，利用膜上流水的方式代替传统的地膜附近灌水方式，沿着苗木设计渗水孔，使水资源可以渗下或者沿孔流下，优化农作物用水量，进而达到节约用水、降低水源消耗的目的。当灌溉区域农作物使用地膜覆盖展开栽培，栽培作物为玉米、棉花、豆类、棉花和小麦(套种)及花生等时，可用膜上灌溉技术。相比于传统地膜栽培水源灌溉模式，膜上水源灌溉技术有着更加优异的节水效果，与沟灌节水相对比，膜上灌溉可以节约25%~30%水源，水资源实际使用效率可提升到80%左右。如果在水资源紧缺的区域合理应用膜上灌溉技术，则可使节水效率提高到40%~50%，将管道输水灌溉技术与之相融合，可以使水资源整体使用效率达到90%左右。

目前采用的膜上灌溉模式，大体上分为两种类型：一种是在大坡度(3‰以上)地区实施的细流膜上灌，一膜一埂，由于首尾高差大，所以只能控制几畦的流量，使水均匀而缓慢地从膜上流进，保持一定的流渗时间，通过苗孔和膜侧渗水实现适量灌溉。另一种是在坡度平缓地区，用田间宽浅的渠道输水，形成水平小畦。当水层达到一定高度时，将进水口堵住，进入下一个小畦，畦与畦之间不串联。这种膜上灌溉模式应用较为普遍，即为现行采用的两膜一埂，此外，还有四膜一埂，但都属于这一范畴。图5-6分别表示3膜3埂9行布置和4膜2埂8行布置的膜上灌溉模式。

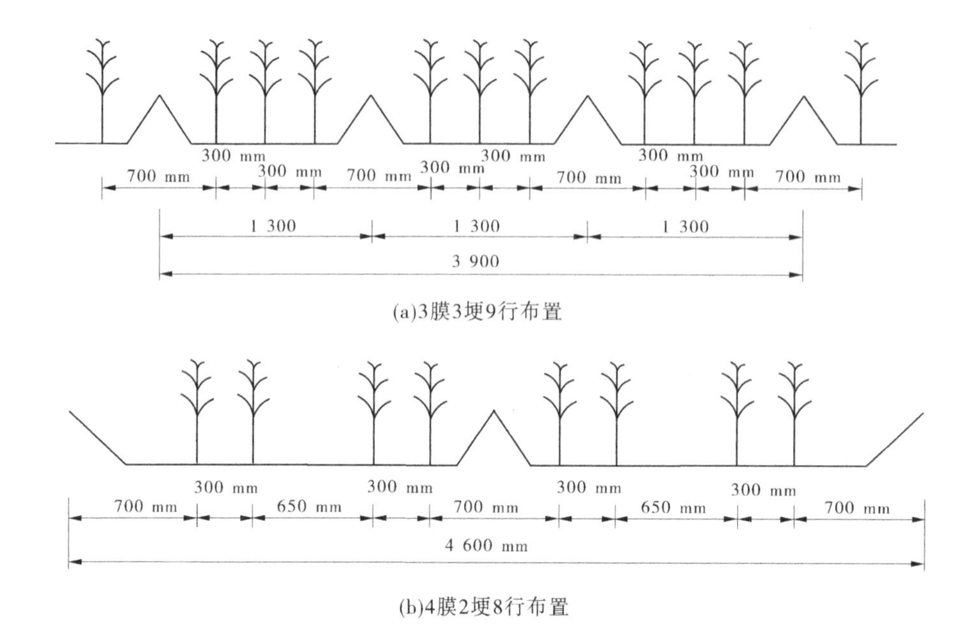

(a)3膜3埂9行布置

(b)4膜2埂8行布置

图 5-6　膜上灌溉模式

5.3　疏勒河灌区地面精准灌溉技术

地面精准灌溉技术以大田作物为基础，它是在土壤、气候、作物、水源和灌溉设施等约束条件下，通过对灌溉方式、时机、速度、水量等实施精准控制，对作物的每一个生长发育状态过程以及环境要素的现状实现数字化、网络化、智能化监控，同时运用3S技术以及计算机监控等先进技术实现对作物、土壤墒情、气候等从宏观到微观的监测预测，根据监控结果，采用最精准的灌溉设施对作物进行严格有效的施肥灌水，以确保满足作物在生长过程中的需要，从而实现高产、优质、高效和节水的农业灌溉，这种模式可基本消除灌溉过程中人为因素造成的不利影响，提高操作的准确性，有利于灌溉过程的科学管理。

5.3.1　疏勒河灌区地面精准灌溉技术应用现状

疏勒河灌区现有灌溉面积134.42万亩，其中常规地面节水灌溉面积有107万亩，地面节水灌溉达80%左右。疏勒河流域农田土地平整程度差，田间灌溉工程规格不合理、地面灌溉技术相对落后、灌溉管理粗放等问题，致使地面灌溉的田间水利用率不高。通过应用现代地面灌溉技术，可以大幅度减少地面灌溉过程中的水量损耗。这对改变疏勒河灌区地面灌溉的落后状况、从整体上缓解疏勒河灌区农业水资源短缺的矛盾、促进灌溉农业的可持续发展具有重要的现实意义，也将为疏勒河灌区农业现代化奠定基础，促进疏勒河灌区的传统农业向现代农业的转变。

传统地面灌溉虽然可对灌溉水总量进行控制，却难以控制灌溉水在田块内的分布，由此造成传统地面灌溉的灌溉效果较差。传统地面灌溉虽然可对灌溉水总量进行控制，却难以控制灌溉水在田块内的分布，由此造成传统地面灌溉的灌溉效果较差。地面精准灌溉旨在将先进的工业化生产方式应用到高效的农业生产管理中,各个环节尽可能应用数字化、信息化与智能化技术。疏勒河灌区实施精准节水灌溉技术,需要融合膜下滴灌、水肥一体化等诸多系统一起发挥作用。根据疏勒河灌区农作物生长的土壤环境因素、性状指标参数等,制定出切合实际的灌溉决策,并发出灌溉指令,最终实现适量灌溉,起到精准、节水灌溉的作用。

5.3.2　疏勒河灌区地面精准灌溉技术

水资源短缺是制约疏勒河灌区农业发展的首要因素,当前疏勒河灌区迫切需要解决农业节水问题。准确掌握田间水层高度和土壤含水率,实现精准灌溉,是合理利用水资源,减少水资源浪费,保证农作物高产、稳产,促进农业可持续发展的重要前提和有效措施。结合疏勒河灌区的区域特点,实施地面精准灌溉应从智能水肥一体化灌溉、土壤墒情自动监测和田间闸管灌溉等方面实施。

5.3.2.1　智能水肥一体化灌溉

水肥一体化技术是将灌溉和施肥融为一体的新技术,将水溶性肥料加入灌溉水中,借助滴灌管网将水和肥料送到作物根部。该技术将水和肥融合,能够有效地省时省工,提高水肥的利用率,节约水肥资源。将物联网技术应用到水肥一体化智能灌溉系统中,相比于传统的灌溉系统更加能够提升系统的智能性、可靠性和经济性,可以解放农民的双手,能够进一步地节水省肥,按照作物的需水需肥规律对作物进行科学灌溉施肥,使作物处于最适宜的营养环境中,提升作物的产量和品质。

水肥一体化系统采用计算机控制各子系统,根据不同作物的灌溉需求,向多个施肥罐注入合理比例的水溶浓缩肥料,通过计算机决策支持系统,智能控制作物所需的全养分、特定浓度的水肥营养液。应用水肥一体化系统能够提高水肥利用率,改良作物生长环境,提升作物的产量,实现经济效益。水肥一体化系统将肥料与灌溉水制成营养液,实时监测电导率(EC)和 pH,通过各种施肥设备注入灌溉系统,最终为作物提供浓度适宜的养分。水肥一体化关键设备主要包括文丘里施肥器、注入泵、文丘里自动注入设备等养分注入设备,无土栽培系统中的排水再利用自动混合系统、潮汐灌溉系统等,以及营养液膜技术、深液流技术相关设备等。

养分注入设备包括存储设备、手动控制设备和自动控制设备。浓缩营养液的配置关键技术包括监测灌溉水的 pH 和矿物质成分,根据作物生长期配置营养液成分比例,计算营养液的电导率,根据作物所需养分计算肥料用量。密闭式压力罐、开放式施肥罐和文丘里施肥器等手动控制设备具有成本低、技术简单等特点,适用于小型农场。基于 EC 和 pH 传感器的文丘里自动注入设备使用多个施肥罐,罐中肥料通过文丘里注入设备输送至主灌溉系统,采用电磁阀控制每次脉冲的肥料注入量,确保营养液保持稳定的浓度、EC 和 pH。基于 EC 和 pH 传感器的混合罐自动注入设备可以实现罐内自动配置营养液,非加压罐通过搅拌和循环灌溉水实现水肥均匀混合的营养液,磁力驱动泵持续从存储罐中吸取营养液驱送至电磁阀,控制器周期性发送电磁阀喷射信号从而使营养液进入混合罐。

水肥一体化系统如图 5-7 所示,其与灌溉机组相对独立。根据实际使用需求,主管压力范围为 0~60 m,水肥一体机选择旁路吸肥式与主管相并联。控制过程分为 5 个流程,分别为采集流程、测试流程、补水流程、施肥流程、灌溉流程。

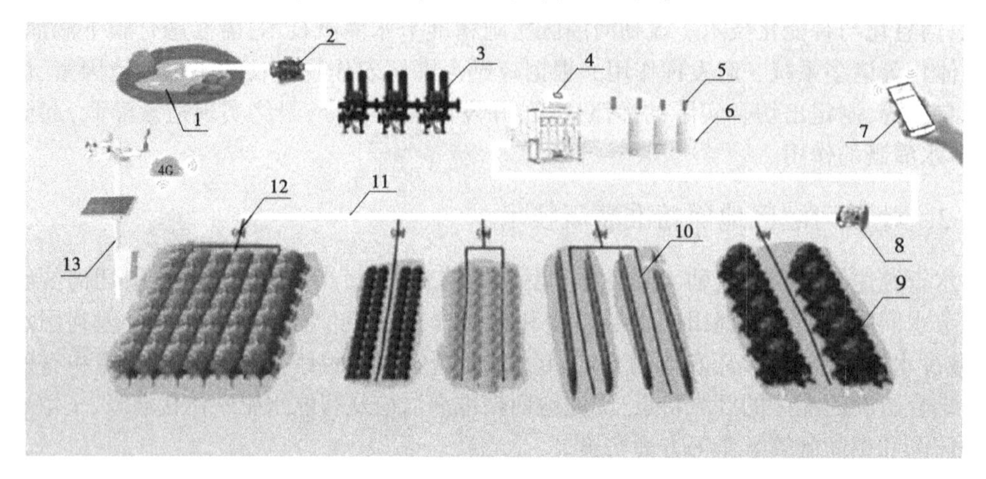

1—蓄水池;2—主管变频泵;3—过滤器;4—水肥一体机;5—搅拌机;6—肥料罐;7—用户使用终端;8—总灌溉电磁阀;9—农作物;10—滴灌带;11—输水管;12—灌区电磁阀;13—田间环境气象站。

图 5-7 水肥一体化系统

采集流程主要是采集作物生长环境因子和各类辅助设备状态信息,如相关传感器数据、水泵启停状态、报警指示等。测试流程主要是系统使用前进行自检,检测补水、施肥、灌溉、水泵等启动按钮是否正常工作,为后续补水、施肥、灌溉的安全使用提供保证。补水流程由水泵、循环管路、液位传感器、补水电磁阀、搅拌机、肥料罐等配合实现。用户可设定液位上/下限,当施肥灌溉时,肥料罐液位降低至下限时,补水电磁阀动作,开始向肥料罐补水,当水位到达设定上限位时,补水电磁阀动作,补水停止;可设定搅拌时间对肥料进行定时搅拌。施肥流程主要由施肥通道电磁阀、注肥泵、搅拌器等实现。用户可根据作物需求设定施肥种类、施肥时间、施肥量,自动进行施肥。灌溉流程主要是选择灌溉通道电磁阀,实现分区分块灌溉。用户可选择灌溉通道,设定灌溉时间或者灌溉量以实现定时或定量轮灌;当肥料罐实际液位达到设定下限值时停止灌溉。水肥一体化系统的优势,如图 5-8 所示。

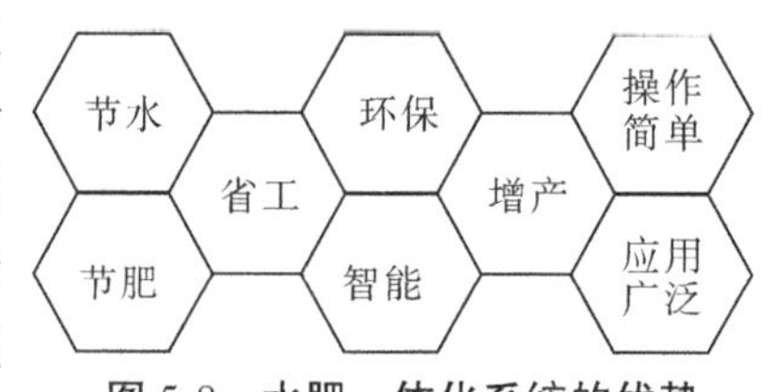

图 5-8 水肥一体化系统的优势

(1)节水、节肥:较之传统的漫灌形式,管道输水有效地减少了深层渗漏和表面蒸发所浪费的水,直接将灌溉水输送到作物实际需水区域,大大提高了水资源利用率。肥料通过灌溉管网直接输送至有效作用区域,减少了浪费。滴灌系统“润物细无声”的特点,更有利于将肥料直接作用到根区附近,大幅度降低了肥料的浪费。

(2)省工、增产:传统的沟灌、施肥费工费时,非常麻烦。而使用管道喷滴灌系统后,只需进行阀门的切换就可以实现大面积灌溉,减少了人工投资,有助于科学化、系统化的管理。在水肥输送过程中,有效地进行水肥混合,养分吸收速度快,有助于改善土壤的环境状况,特别有助于微量元素的吸收,发挥水、肥的最大效益,显著提高作物品质和产量。

(3)智能、环保:水肥一体化灌溉系统结合电磁阀、控制器、数据采集器、信号反馈装置、互联网设备,准确地掌握灌水资料、施肥数据,使得农业生产更加科学化、智能化。水肥一体化灌溉系统很好地改善局部小气候,降低病虫害,减少杂草滋生,提高生产效率、作物品质、产量,节能环保、增产增收。

5.3.2.2　土壤墒情自动监测

土壤墒情监测对于农作物播种、预测产量、科学指导农业灌溉、提高农业用水效率具有重要现实意义。目前,疏勒河流域已经采用了智能土壤墒情自动监测系统和自动灌溉系统。土壤墒情自动监测系统是监测水资源利用、防治旱灾的重要工具,其核心是在线自动分析仪器。该系统充分利用现代化技术,如自动监测技术、计算机系统分析技术和墒情云平台等,实现了对土壤墒情实时监测和分析。土壤墒情信息采集与远程监测系统主要由土壤墒情信息采集器、信息接收器、计算机远程监控系统及 SWR 土壤水分传感器等组成。这些仪器组成一个完整的土壤墒情信息采集系统,得到的土壤墒情信息数据稳定、精确,因而具有较广的适用范围。

在对疏勒河流域土壤墒情进行监测时,应遵循监测与区域控制高度融合的原则,根据对应的甘肃粮食核心区域土壤墒情监测结果制定相应的应对措施。在对监测站网进行布置时,应注意以下几方面。一是选择交通便利、通信信号较强的区域。二是根据 GNSS 卫星土壤含水率的测定方法,开发设计甘肃省区域旱情综合分析系统,进一步组成甘肃省土壤墒情监测中的信息自动采集系统,使相关部门可以准确收集甘肃省干旱区域土壤墒情的实时变化情况,从而为后期旱情治理制定科学合理的措施。三是布设监测站网时应以甘肃省水文地质单元和相关行政区域作为基础,充分考虑各区域土壤种类、分布情况以及各干旱区域的特点,重点分析与研究一些具有代表性的土壤,使旱情监测站网能够准确掌握土壤墒情、地下水等旱情要素的动态变化,最终实现疏勒河流域土壤墒情的动态化监测与预防。

在对土壤墒情进行监测时,常见的检测方法有 2 种。一种是直接测量方法,利用对应的监测设备直接测量土壤中的质量含水量、容积含水量等,如烘干称重法、中子仪法;另一种是测量土壤的基质势,进一步对土壤进行监测。其中,常用仪器是时域反射仪。该仪器可以快速准确地对土壤进行测量,可以在同一地点进行多次测量,应用范围较广、准确度较高,最关键的优点是可以自动记录并与计算机连接,因而被多个部门采用。该系统最核心的设备就是远程测控终端,既要完成本地数据的采集及处理工作,又要将重要的数据信息传输到中心站且能接收分中心的指令并控制指令的执行,在旱情分析系统通信网中起着非常关键的作用。

土壤墒情远程智能监测系统主要实现土壤中温度和含水量数据的采集、存储、传输和应用管理功能,系统结构包括传感器感知层、数据传输层和应用管理层,系统架构如图 5-9 所示。首先,传感器采集土壤温度和湿度数据,并在本地进行存储。其次,通过低功耗无线传输网络将数据传送到数据管理云平台。最后,云平台数据应用数据管理系统可对传感器数据进行处理和分析。

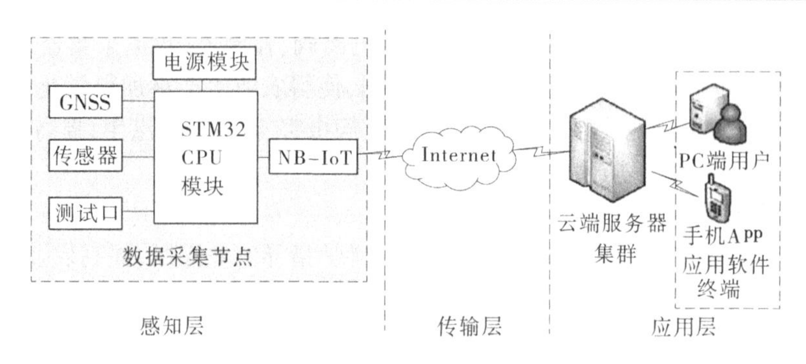

图 5-9　系统硬件架构

其中传感器数据采集模块以 STM32 为应用控制核心,包括传感器模块、GNSS 模块、电源模块、存储管理、应用接口及外围控制电路等;无线通信 NB-IoT 模块主要实现传感器数据的传输功能;云平台应用管理软件包括 PC 端应用管理软件和移动端应用管理软件。

土壤墒情信息采集及系统充分利用现代化技术(如遥感技术),可以实时获取地面气象信息及土壤墒情信息,并通过一系列方法分析土壤墒情和气象数据之间的关系,同时监测区域内的旱情以及预测其发展趋势,从而为抗旱方案的制定提供依据。

土壤墒情信息采集系统可以准确、全面且及时地掌握监测区域内的土壤墒情,人们可以更加有计划地利用水资源,也可以不断优化农业灌溉技术和制度,从而有效提高水资源利用效率,减少水资源的浪费。此外,人们掌握土壤墒情后就可以更好地规划财力、人力与物力,有助于农民调整种植结构。以往农民只能采用"靠天收"的方式来进行灌溉,现在农民可以及时获取旱情信息并进行灌水,在提高自身农业种植经济效益的同时,也带来一定的社会效益,农业的发展也促进了社会的发展。利用土壤墒情信息采集系统不仅可以为农业防灾减灾提供科学依据,也可以对监测区域内水资源的承载力进行分析,有效提高了农业水资源的利用效率,使节水有了更多的技术支持。在农业生产中,合理灌溉不仅可以提高农作物的产量及质量,还对病虫害的防治有一定的作用,满足了可持续发展要求,在农业生产中有效提高了水资源管理效率,创造了一定的社会效益和生态效益。

5.3.2.3　田间闸管灌溉

闸管灌溉技术的优点之一就是利用配水闸口的开度来准确调节和控制进入沟畦的流量,可大大提高灌水质量。要实现这一优点就需要在每次灌溉之前先根据各配水口的需要出流量来计算确定出各个配水闸口的开度。配水口出流量不仅与配水闸口开度有关,而且与配水闸口前的工作压力有关。因此,要获得某个配水口一定的出流量,就必须知道其工作压力,然后确定其闸口开度,这样才能实现精确供水。因此,研究闸管灌溉系统的配水技术、计算管道系统的压力分布是闸管灌技术推广应用的一个关键问题。在实际生产中,闸管灌田间配水水力计算,靠手工计算难以应对各种各样的情况,然而计算机对这种计算是十分方便快捷的,仅仅改变输入的条件就可以计算出不同出流量下的管道压力分布与闸门开度。

田间闸管是可以移动的管道,沿管道一侧带有许多小型闸门,水通过这些闸门进入畦(沟)。闸门的间距可与畦(沟)间距一致,并且闸门开度可以调节,用以控制进入畦(沟)

的流量。根据使用材料的不同,可将田间闸管分为柔性闸管系统和硬闸管系统。其中,柔性闸管系统有时也称作地面软管,可采用塑料、橡胶或帆布等材料制成,具有造价低、易于应用等优点,但使用寿命相对较短;硬闸管系统采用抗老化PVC或铝等材料,配有快速接头,可根据畦(沟)条件在田间组装使用;与柔性闸管系统相比,硬闸管使用寿命长,但造价相对较高。

1. 田间闸管系统组成

1)输水软管

在软管的材料配方中加入线性低密度聚乙烯,经权威检测部门测试,闸管输水软管的各项指标均能满足使用要求。根据闸管灌溉系统产品的技术性能及田间应用考核结果,闸管灌溉系统软管的抗老化能力、抗穿刺能力和抗撕裂能力及抗低温能力等都能满足要求。

2)配水闸门结构

配水闸门是闸管灌溉系统的核心部件,其作用是将水均匀而又稳定地分配到沟畦,配水闸门的主要组成部分是闸口、压环、闸窗和闸板。配水闸门采用吸水性小、表面光泽性好的工程塑料,配水闸门中各部件与软管的连接是在输水软管任意指定的开孔处安装上闸口及闸窗,通过螺纹丝扣上的紧压环,闸窗四面对称处及闸板端部设有卡定位置用的凸沿,灌溉时,闸板与闸窗靠小凸沿卡住使二者不能分离以免闸板丢失。配水闸门的结构设计应使水流顺畅、阻力小、安装拆卸方便,可以控制流量大小、坚固耐用、安装后不漏水。配水闸门的质量直接影响闸管灌溉系统的工作情况、使用寿命及灌水质量。闸管灌溉系统配套的开口器操作简单方便,卷放设备,能快速铺设软管,用完后方便软管收起。

2. 闸管灌溉系统安装

一是从低压输水管道出水口引水,出水口的外径小于输水软管的直径,出水口靠近地面;二是将输水软管双折加厚在出水口上,然后用管箍套上扎紧;三是铺设闸管使其贴近畦口,尽量顺直,铺放闸管位置的地面应平坦,沿管线整理出凹槽,使管道铺放在槽内,每隔5 m在管道上压放一点土,防止管道被风掀动或移位;四是根据输水管进水流量大小确定打开闸门的个数,开始田间灌溉。

3. 闸管灌溉系统管理使用

一是根据出水口流量及水头可同时打开适当数量的配水闸门,在保证灌溉水入畦的单宽流量大于或等于3 L/(s·m)情况下尽可能多开;二是闸管灌溉系统灌水时一般从离出水口的最远端开始,分组进行浇灌,根据作物需水量确定灌水时间,两组之间转换时,先打开下一组闸门,然后关闭上一组闸门;三是为保证配水闸门出水量均匀,应适当调节配水闸门开度,即最远端开度最大,沿进口方向逐渐减小开度;四是严禁在运行过程中关闭所有闸门,以防止输水软管爆破;五是使用完毕后,简单清洗闸管灌溉系统,用卷放设备卷盘存放。

5.3.3 疏勒河灌区地面精准灌溉技术改进策略

(1)应用激光控制平地技术构筑基础。高精度的土地平整是现代精准农业的基础平台。激光控制平地技术可实现高精度的土地平整,是实现精量播种、精量施肥、精确收割等的前提。

(2)应用地面灌溉实时反馈技术提高对灌溉过程的控制。灌溉水流在田间运动扩散的过程复杂,与其他压力灌溉方法相比,精准灌溉技术的重点在对灌溉全过程的控制和管理上,力求最大限度地提高灌水效益。地面灌溉实时反馈控制技术通过对田间水流运动过程的监控,利用田间观测数据反求地面灌溉的控制参数,制定高效节水的地面灌溉方案,并对地面灌溉过程实施反馈控制,实现对地面灌溉全过程的精细控制。

(3)加强自动化设备的管理维护。应用精准灌溉技术和设备,提高了灌溉自动化水平,设备的维护管理工作必不可少。通过积极采用膜下滴灌技术、微喷灌溉技术等先进的地面灌溉技术,使灌溉倾向自动化且能到达高效节水效果。

(4)精准灌溉系统需要满足测量及时、准确且范围广的要求。精准灌溉系统的监控功能覆盖区域广、范围大,设置的传感器节点所构建的传感器网络几乎可覆盖几千平方米的地域范围,无论是独栋温室还是园区温室群,均可实现对其空气温度、湿度等信息的采集。精准灌溉系统的膜下滴灌模块、水肥一体化等模块,均适用于具有规模的农田水利工程;而对于小规模的农田水利工程,则可以视农田灌溉的实际需要,使用其中部分模块功能。精准灌溉系统设计中的各模块设定均使用标准化工业协议,依托于数据云平台进行存储,支持第三方链接,即面对的是整个市场,无论是普通的农民用户还是系统集成商,均可以查看该系统的运作情况。

(5)精准灌溉系统应控制成本提高效益。精准灌溉系统的各个传感器节点组成无线传感网络,以无线的方式实现自组网,投入成本低且分布范围广。只需要管理者负责对系统管理即可,在很大程度上减少了田间操作人员的人力投入与成本投入。精准灌溉系统设计集合了对灌溉自动化技术、水肥一体化和膜下滴灌技术的使用,一方面起到了示范带动作用,另一方面提高了农田水利工程经营者与管理者的节水意识,可取得良好的社会效益。

5.4 疏勒河灌区综合节水集成技术

5.4.1 疏勒河灌区综合节水集成技术基础

疏勒河灌区由昌马、双塔、花海 3 个相对独立的子灌区组成,包括玉门市、瓜州县 22 个乡镇和甘肃农垦 6 个国营农场。疏勒河灌区目前常规节水灌溉面积达 107 万亩,已建成 3 个万亩常规节水示范区、1 个高效节水示范区,全灌区正在向节水型灌区稳步迈进。农场的灌溉方式已经由大水漫灌向高效节水灌溉发展;以往的水浇地变成“浇作物”;原来的浇水变成“浇营养液”。随着“三大一化”的普及推广,农场项目区使用膜下滴灌及水肥一体化技术,达到了节水、节肥、节药的良好效果。

综合节水集成技术主要是将灌溉过程与物联网结合,发展智慧节水农业,实现灌溉过程自动化、检测控制数字化、运营管理智能化。节约的水量除用于增加有效灌溉面积外,还可以保障当地生态及生活用水,为旱作农业区经济发展和社会稳定作出贡献。旱作节水技术的集成推广为加快土地流转和发展农民经济合作组织创造了条件,促进了土地集约化经营模式的发展,促进了农业用水方式加快向节水灌溉、精细灌溉转变,使有限的水资源实现高效利用。同时,节水农业的发展应加快推进节水灌溉技术的改进,强化对灌溉用水的管理。发展节水灌溉新技术的同时需要加强农业用水政策、法规的制定和管理制度的完善,才能最大限度地减少灌溉水在各个环节的损失,提高水资源的总利用效率,也是解决灌区农业灌溉用水不足的根本途径。为整个疏勒河灌区加快现代节水农业发展、转变灌溉方式起到了示范引领和推动作用。

5.4.2　疏勒河灌区自动化综合节水集成模式

5.4.2.1　物联网集成模式

物联网技术在实现智慧农业节水灌溉方面具有显著的优势。通过对该技术进行有效应用,将相关设备设施布设到田间,以对农作物生长过程中的土壤质量、温湿度等数据信息进行实时采集与传输,并借助专业的软件设备对这些数据信息进行接收与分析,然后结合分析结果制定出科学合理的决策,向田间设备发出合适的灌溉指令。如借助先进的监测软件来分析田间的土壤水含量,明确土壤灌溉饱和点与补偿点,再提出具体的灌溉方案,利用中央控制系统将相关指令发送至阀门控制系统,由该系统结合指令来开启灌区阀门,从而实现农业节水灌溉的智能化。

对农业物联网集成模式的构建,主要依靠针对农作物生长过程的在线动态监测获取信息,也就是将不同类型的无线传感器安装到农业网络基础设施中,实现对农作物所处的土壤质量、气候环境等条件的全面监控,以便农业从业者随时随地获取到准确的信息数据,及时发现农业生产中存在的问题,并采取有效的技术措施进行处理。通过有效结合集约农业生产模式与物联网技术,能够改变过去以人力为中心与依赖机械的农业生产模式,转变成以软件和信息为中心的农业生产模式,进而有效应用各种智能化、先进化、自动化的生产设备。

如图 5-10 所示,农业物联网的技术结构主要包括:①感知层,可对各种对象进行检测,实时采集农业生产信息,由专门的网络检测设备和各种传感器共同构成,如气象站、温湿度检测设备、监控设备等;②传输层,可对远程监控层获取的所有信息数据进行传输与处理,由不同的本地网络、互联网与通信网络等构成;③应用层,可有效连接农业从业者与物联网,保证物联网功能的顺利实现。

采用物联网集成智能灌溉系统的设计需要考虑 8 个方面,如图 5-11 所示,包括智慧平台(信息中心)、田间灌溉控制系统、智能施肥系统、农田气象环境监测系统、远程土壤墒情测报系统、远程管道压力和流量监测系统、远程作物长势视频监测系统、能效监测系统。

在实践阶段,对于农田气象环境的监测以及远程作物的生长形势,可以采用监测系统对田间的雨量、湿度、温度以及相关农作物的生长参数进行采集。通过解码器对远程管道的压力与流量进行控制,保证智能灌溉施肥系统和能效监测系统在控制范围内达到高效调节的状态。在物联网集成智能灌溉系统设计的过程中,还需要采用客户端远程智慧平台对相关的参数进行控制调试,使其达到实际运行的要求,提升农作物的高产性能。

实现节水灌溉控制系统的多功能分布,从环境信息采集、更新上传设备的暂存、软件

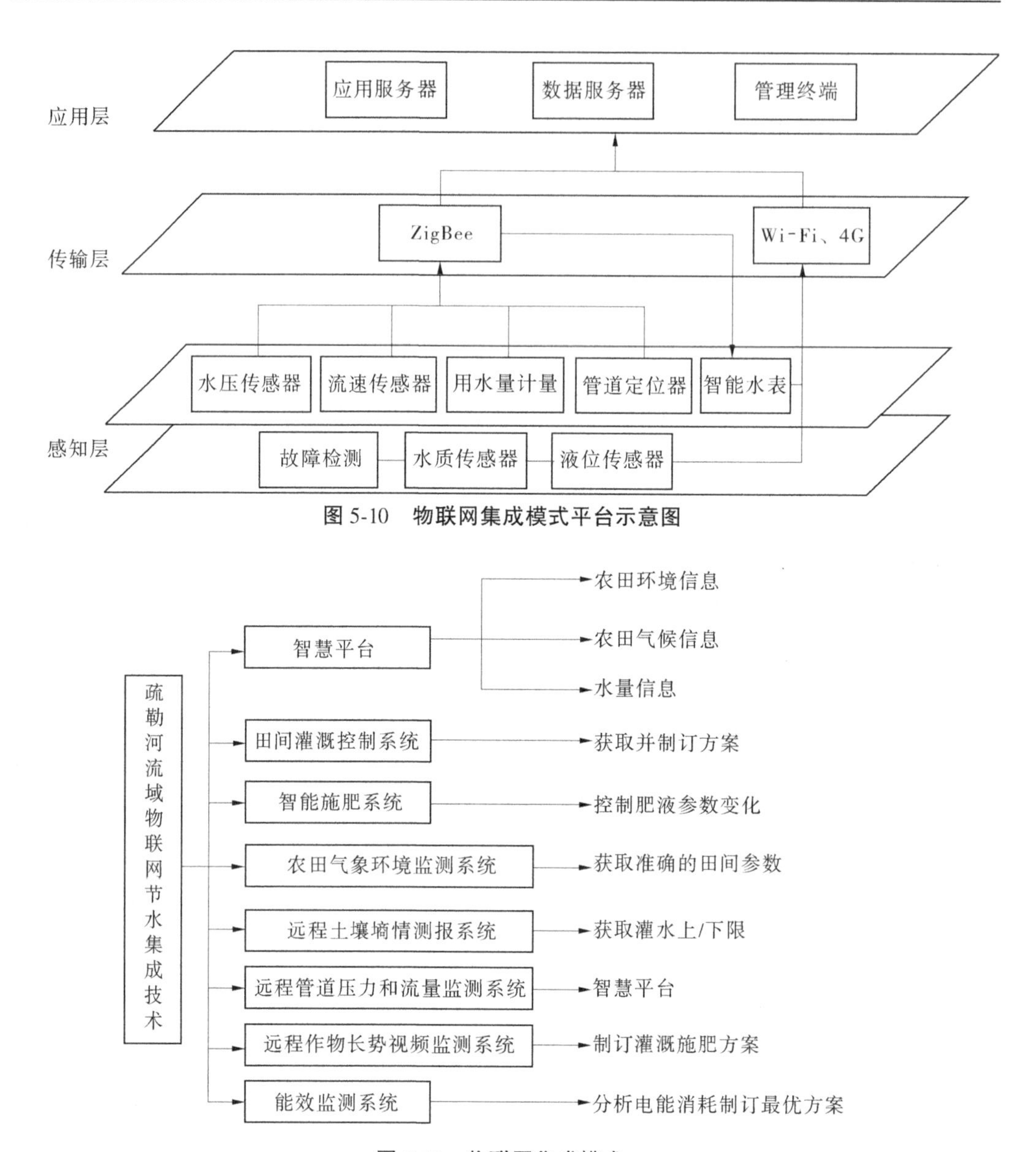

图 5-10　物联网集成模式平台示意图

图 5-11　物联网集成模式

工作流程控制,掌握系统单元的各个工作状态,以实现后续系统的精准控制。利用环境数据采集器,进行有效数据的采集,配合控制指令接收,使系统处于暂停状态,使用传感器进行扫描,记录地址码,将数据信息录入控制网络中,根据工作流程示意图,接收实际数据信息,达到智慧节水灌溉的效果。

灌溉设备和监测设备在不同地区的分布情况各异,因此需要一个能够互动和有效控制的网络系统。在农业生产节水管理中,控制系统非常重要。应用对象是中央控制室和无线通信设备厂家,系统从灌区采集信息和数据。然后,系统对收集的数据进行处理和分析,并制定相关决策。该系统检查设备、土地灌溉和指定农业区的灌溉说明、灌溉管道和相应的控制阀。在农田自动灌溉过程中,传感器实时收集记录并分析传输出有关农田水情动态的各类数据图像和相关信息,及时将图像传输回中央控制系统。如果控制器发现田间供水量已达到满载或超过设计预定量值,中央控制系统即发出紧急警报,控制阀则自动紧急关闭农田最后一根水管。基本参数传感器与控制系统之间的网络数据传输通信方式目前主要是用GPRS网络,控制测量指令数据主要还是通过中心控制室内的计算机终端,通过流式以太网将数据转发至中央控制服务器。

利用节水系统的节水功能,可以快速高效地收集农田的温度、亮度、光密度、作物生长和其他功能,基于节水系统收集的备份信息,将通过非地面通信收集到的数据和信息整合并上传到地面物联网上,服务平台为节水区域提供科学指导,帮助农民确定安全用水和用水方法,在水处理过程中自动分配安全用水和必要的水桶,安全的水控制系统能实时监测用水情况,并及时调整供水模式,改善水质。可根据作物需要进行自动智能供水,有效防止传统供水模式下缺水或水量过大的情况。

此外,农业管理者可以通过智能手机和农业综合企业互联网服务平台,通过手机远程控制农田灌溉。同时通过手机屏幕接收关于农田土壤、作物生长和当地天气状况的实时信息。实用的农业服务平台是基于互联网的节水服务平台,提供不同的服务功能,用户可以在线浏览。在浏览时,用户可以根据自己的情况自动、半自动或立即储存水。同时,该平台还支持对水域条件的多边论证和分析,用户可以及时了解和获取水域条件的数据。

控制系统包括控制室、安装在水泵旁边的无线通信网络、专有设备、农业通信设备、控制系统和驱动器。控制系统、信号发射器和信息反射等传感器可以实现全自动化。灌溉过程开始进行时,无线通信网络可将实时灌溉控制信息及时发送到远程的监控系统室。监控系统可打开自动灌溉水控制阀,为农业灌溉供水,并请求相应的报警信息。当灌溉水达到预设值时,控制阀自动关闭。农业环境的变化由GPRS传感器网络检测并发送到农业设备。控制信号输出的方法是:远程控制室内的计算机利用服务器对采集到的数据进行分析计算,并在远程决策时发送实时控制信号,控制发动机。

5.4.2.2 自动量测水集成模式

灌溉工程的兴建与节水灌溉管理工作是紧密联系的,量测水技术与新型的节水灌溉相结合,时刻量测输水量达到节水效果,是实行计划用水,准确掌握灌水、输水和配水情况及实现“按方收费”的重要手段,是提高灌溉效率、合理分配水量和节约用水的有力措施。只有做好灌区量水工作,才能充分利用水资源,发挥灌溉工程的综合效益,达到农业增产、农民增收的目的。

随着物联网、云计算、大数据等信息技术的发展,传统的灌区取水人工测量已无法达到所要求的精准度,为此需要在疏勒河灌区内的各渠首、主干渠分水口设置水况监控断面,并通过雷达数据水位计的自动测流,及时将作物需水信息和末端灌溉设备情况收集至控制系统并作出精准分析,为灌水调度规划的合理实施与监测提供正确的依据。同时,还在建设的末级渠系和管道设置了斗口水量实时监控信息系统平台,利用采集终端即时收集的水况信息,再利用GSM/GPRS公网作为信息传递载体的方法传送至控制中心,在灌溉系统末端完成了各斗口水位流量数据的实时在线监控,历史水情信息、水量数据汇总,进而完成了灌区作物的水况采集和用水测量自动化,该系统核心在于测量系统,可精准控制作物需水和输水末端情况,以此来达到水量的高效利用。

5.4.2.3 量测水原理

灌区过闸水流一般情况下呈现有闸潜流、有闸自由流、无闸潜流和无闸自由流 4 种不同水流状态。灌区分水闸门测流是通过测量水工建筑物上下游水位，根据水流的流态，选用不同的流量计算公式。流量系数可根据流速仪法实测建筑物出流量和实测水头等水力因素，用水力学公式计算得出。当水流均匀恒定时，过流流量可由水位和闸门开度确定。通过人工观察，根据闸门是否阻水确定是否有闸控制自由流和潜流，是根据在有闸控制时闸后返回的水跃是否淹没闸门底边阻碍闸门出流来判定的；在无闸控制时，根据闸后返回的水跃是否淹没到闸槽位置阻碍过闸水流来判定的。

对于分水闸有闸控制自由流流态下的流量，可由公式(5-9)计算得出：

$$Q = \mu HB\sqrt{2g(H_0 - 0.65H)} \tag{5-9}$$

式中：Q 为过闸流量，L/s；H_0 为上游水深或闸前水深，m；H 为闸门开度，m；μ 为流量系数；B 为闸门宽度，m；g 为重力加速度，取 9.8 m/s^2。

对于分水闸全开自由流流态下的流量，可由式(5-10)计算得出：

$$Q = \mu H_0 B\sqrt{2gH_0} \tag{5-10}$$

式中：Q 为过闸流量，L/s；H_0 为上游水深或闸前水深，m；μ 为流量系数；B 为闸门宽度，m；g 为重力加速度，取 9.8 m/s^2。

对于分水闸有闸控制潜流流态下的流量，可由式(5-11)计算得出：

$$Q = \mu HB\sqrt{2g(H_0 - H_1)} \tag{5-11}$$

式中：Q 为过闸流量，L/s；H_0 为上游水深或闸前水深，m；H_1 为下游水深或闸后水深，m；H 为闸门开度，m；μ 为流量系数；B 为闸门宽度，m；g 为重力加速度，取 9.8 m/s^2。

对于分水闸全开潜流流态下的流量，可由式(5-12)计算得出：

$$Q = \mu H_1 B\sqrt{2g(H_0 - H_1)} \tag{5-12}$$

式中：Q 为过闸流量，L/s；H_0 为上游水深或闸前水深，m；H_1 为下游水深或闸后水深，m；μ 为流量系数；B 为闸门宽度，m；g 为重力加速度，取 9.8 m/s^2。

5.4.3 疏勒河灌区综合节水集成技术

针对疏勒河灌区加快发展现代化农业、推进节水型社会建设中的重大科技需求，结合灌区针对节水灌溉技术推广应用中出现的节水效率低、自动化程度不够高等问题，并从节水的自动化模式、微灌水肥一体化技术模式、设施膜下滴灌水肥一体化技术模式、井渠结合管道化节水模式、小流量集成模式、低压小流量集成模式等 6 个方面进行分析，疏勒河灌区节水灌溉集成技术如图 5-12 所示。开展提高设施农田水肥利用效率的适用技术集成研究，构建设施农田滴灌水肥优化管理标准化技术模式；开展集约化精量灌溉决策适用技术集成研究，构建集约化精量灌溉决策标准化技术模式。基于建立的不同灌溉类型标准化技术模式，研究疏勒河灌区节水灌溉技术适用条件和效益评估，构建灌区高效安全节水灌溉技术评价指标体系，为提高先进节水灌溉技术在灌区现代化农业中的适用性和决策评价的科学性提供支撑。

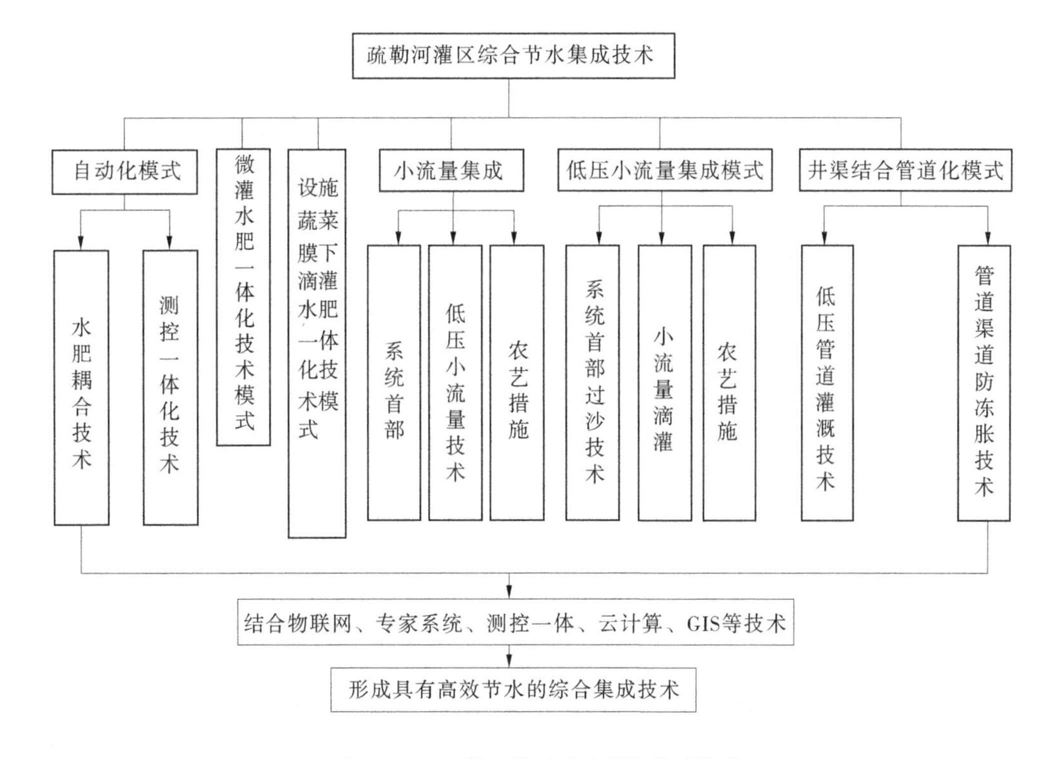

图5-12　疏勒河灌区节水灌溉集成技术

5.4.3.1　自动化模式

自动化模式主要包含“自动化控制系统+水肥融合技术+智能滴灌+农艺措施”等主要技术。自动化控制系统包括5部分：无线触摸灌、自动控制器、首部无线RTU、田间无线RTU、直流脉冲、电磁阀、电磁阀反馈传感器等。

采用水情自动化测报系统，实现灌区信息、数据采集自动化，提出水资源合理配置与优化调度方案，研究抗冻胀防渗渠道的结构设计，田间节水灌溉技术，农业综合配套技术及相应的灌区管理技术，建立高度集成的灌区灌溉决策支持系统下的农业高效用水模式。高效用水灌溉系统是依靠自动测报系统收集和分析由各种传感器实时遥测的水情及土壤墒情，根据作物特性及相关气象资料进行实时的灌溉优化调度，并从渠系防渗抗冻胀理论研究及结构设计、定型设计和田间节水灌溉技术等工程范畴上阐述高效用水模式。

5.4.3.2　微灌水肥一体化技术模式

微灌水肥一体化技术模式是一项节水增产高效的现代农业新技术。微灌系统由水源、首部系统、输水管道系统和田间微灌系统组成。首部系统包括控制装置、加压设备、计量装置、安全保护装置和施肥装置。输水管道分为干管和支管、毛管三级，干管将有压灌溉水输送到田间，支管铺设于田间连接毛管（喷灌带、滴灌带）。将高产节水抗逆小麦和玉米种子处理技术、高产高效播种技术（土壤深松、免耕播种、匀播技术）、规范化播种—播全苗技术、测土配方施肥技术、小麦适期晚播、玉米适期晚收的“双晚技术”、小麦玉米杂草高效防除技术、小麦玉米病虫害机械化防治技术、粮食规模化生产机制模式创新等配套技术进行集成。

5.4.3.3　设施膜下滴灌水肥一体化技术模式

对于耗水强度大的设施作物，在生产中，传统的大水大肥观念导致水肥资源浪费，不仅不利于产量和品质的提高，而且常导致水肥利用率低、环境污染等诸多问题。设施蔬菜用水浪费的主要途径之一是地面蒸发，特别是瓜类、茄果类等稀植蔬菜，一般棵间地面蒸发占总蒸散量的30%～50%，采用地膜覆盖是控制地面蒸发损失的有效措施。滴灌水肥一体化的可控性，可以实现灌溉施肥量和时间的精确控制，科学精量地将水肥均匀施入作物根部，为作物生长提供最佳的水-肥-气-热环境，有效降低养分的深层淋溶损失，提高水肥利用效率，减轻对土壤及地下水的污染。

5.4.3.4　井渠结合管道化节水模式

为了解决寒地水田灌区渠系水利用率低、用水精量控制能力差等问题，研究了低压管道灌溉技术模式，提出了适宜的管道材料及标准。

(1)筛选了适宜寒冷地区抗冻胀破坏的管道材料。筛选出了超高分子量聚乙烯膜片管、竹基缠绕复合管、PE 管 3 种新材料管材，作为季节性冻土区冻土层内埋设的优选材料。对选出的管道材料进行了环刚度、线膨胀系数环境模拟试验，结果表明，超高分子量聚乙烯膜片管、竹基缠绕复合管在低温下的性能较为优异，可以用于西北地区灌区输配水管网系统。通过反复冻融循环试验，确定季节性冻土区管道埋深为 0.6～1.0 m，解决了河西走廊“管代渠”的重大难题，灌溉水利用效率可提高到 0.84。自流式管道灌溉大幅节约耗电成本，较加压式灌溉减少耗电 50%以上。

(2)管道化节水示范工程设计标准。在管材性能试验结果基础上，确定了干旱西北内陆地区低压管道灌水系统工程设计方法；确定了灌溉制度、水力计算、结构计算、管道埋深、管道施工等设计指标；提出了工程设计指导方案，根据黑龙江省灌区水源状况及管理方式，管道树枝状铺设，采用自然压灌溉和加压灌溉两种方式。自然压灌溉管网规模不宜超过 53.33 hm^2，加压灌溉管网规模不宜超过 80.00 hm^2。管网宜采用两级布设。田间固定管道长度，宜为 90～150 m/hm^2。支管走向宜平行于作物种植方向，支管间距平原区宜采用 50～100 m，单向灌水时取较小值，双向灌水时取较大值。干管管径不宜超过 800 mm，田间出水口管径宜为 75～100 mm，单口灌溉面积宜为 0.25～0.50 hm^2，单向灌水取较小值，双向灌水取较大值。当地下水在渠底以下的埋深大于或等于地下水影响冻结锋面的临界值，且无傍渗水补给时，在管道下铺设防渗土工膜，管道与膜料间可用粗砂做过渡层。

5.4.3.5　小流量集成模式

小流量集成模式包含“小首部+沉沙池+小流量滴灌+农艺措施”等主要技术集成。系统首部由沉沙池、施肥罐、小流量滴管带、管理房等组成。小首部采用常规梯形沉淀池和新型“单向斜跨式沉沙、除漂、去生过滤池”，使用的滴管带形式为 ϕ 16×3000－1.38L/h (L/h 为流量单位)的内镶贴片式滴管带和 ϕ 16×3000－1.38L/h 单翼迷宫式滴管带。

其技术功能特性：小首部沉沙池具有因地制宜、新旧型结合利用、池体小、节能降耗运行费低等优点，系统辐射面积广。

5.4.3.6 低压小流量集成模式

低压小流量集成模式主要包含“系统首部+低压小流量技术+农艺措施”等主要技术。系统首部由离心+网式过滤器、施肥罐、低压压力调节器、低压小流量滴灌带、压力表和管理房组成。干管采用 ϕ160 的 PVC 管;支管采用 ϕ90 的 PE 管,东西向布设;毛管采用 ϕ16×3000-1.38L/h 的内镶贴片式滴管带,南北向布设;排水管采用 ϕ63 的 PVC 管,出水栓采用 ϕ90 的 PVC 管。

技术功能特性:低压小流量膜下滴灌技术具有工作压力小、运行能耗低、工程投资小、系统工作压力不高于 0.05 kPa 等特点。

5.5 疏勒河灌区水情实时监测和联合调度技术

5.5.1 水情实时监测技术

5.5.1.1 疏勒河灌区斗口水量实时监测系统

在灌区内各渠首、主要干渠分水口建立了水情监测断面,采用雷达水位计自动测流,并实时传输至局调度中心和管理处、水管所,为灌溉调度计划的合理执行和监督提供了准确的依据。在昌马、双塔、花海 3 个灌区的末级渠系建设斗口水量实时监测系统平台。

1. 疏勒河灌区斗口量测水设备

疏勒河斗口水量实时监测采用巴歇尔槽与高精度的雷达式水位计、磁致伸缩水位计完成水量的计量。灌区斗口水量实时监测系统,实现了各斗口水位流量数据的实时在线监测、历史水情查询、水量统计汇总,从而实现灌区的水情采集及用水计量自动化。灌区内共建成了 698 个斗口计量实时在线监测系统,在干渠渠首、监测断面安装了 28 套雷达水位计,根据各种设备性能和工作原理,率定流量关系曲线,将监测数据实时传输到信息控制中心,可实现 121 万亩农田灌溉用水的自动观测、自动传输、自动存储以及电脑、手机 App 终端查阅水情功能,覆盖灌区总灌溉面积的 90%以上。

2. 一体化监控软件

基于 B/S(浏览器/服务器)结构,采用全组态式设计、面向服务(SOA)、分层分布式组件模型技术,建立灌区一体化平台服务总线,为灌区系统平台系统提供标准化、规范化、一体化的服务平台,实现测、控一体化。

3. 手机 App

移动应用系统可以分为手机端和管理端。服务端采用的是 J2EE 架构,使用 SSH (struts、spring、hibernate)整合框架,具有良好的拓展性。数据交互采用了一种轻量级的数据交换格式——JSON,为基于安卓系统和苹果系统的应用提供统一的数据服务。

5.5.1.2 疏勒河灌区闸门测控一体化系统

全自动控制闸门和全渠道控制系统,实现了渠道全自动化控制以及闸前、闸后水位、流量及闸门开度的自动化控制和水情数据采集,为灌区提供稳定可靠的供水条件和供水服务。通过视频监视系统,对水库、干渠主要闸门的远程启闭和运行工况进行实时监视,以确保调度运行的安全顺利,减轻管理人员的工作强度,最终达到水资源的合理调配。先进测控技术的引进和应用,促进了现有相对粗放式管理向精细化管理的转变,水量精准计量将全面提升灌区灌溉输、配水环节的监管控制。自 2012 年开始,在昌马灌区南干渠、南干二分干渠,引入 TCC 测控一体化闸门 72 套,控制灌溉面积近 10 万亩。

5.5.1.3 基于闸后流量的精准闭环自动化控制系统

按管理中心、管理分中心和现地监控站等 3 个调度级别对渠系重点部位闸门实现监控。管理中心位于疏勒河建设管理局内,是全灌区用水管理调度和监控中心,管理分中心分别位于昌马、花海、双塔 3 个灌区管理处,中心和分中心根据配水计划实时监测监控各管理范围内闸门的运行情况和渠道流量。管理中心管理疏勒河流域管理局直接控制的 28 处 95 孔闸门;昌马分中心管理昌马灌区 19 处 50 孔闸门;花海分中心管理花海灌区 10 处 26 孔闸门;双塔分中心管理双塔灌区 8 处 21 孔闸门。现地监控站位于各个闸门的监控点,根据中心和分中心下达的指令,通过有线和无线通信,监测、控制和调节闸门的启闭,并使流量或水位达到设定值。

1. 一体化测控闸门系统的组成

一体化测控闸门系统由智能闸门控制终端、水位流量采集单元、闸门启闭高程感知单元、太阳能供电单元和 GPRS/3G 通信单元 5 个主要部分组成。

2. 闸门精准闭环控制原理

1)流量与闸门开度关系曲线

通过下游巴歇尔槽及一体化水位计计量的流量来率定闸门的初始开度与流量关系曲线,达到闸门初步目标流量的控制开度。

2)闸门精准闭环控制

由于每次渠道来水的不确定性,闸门的开度与流量关系也是不确定的,通过初设的关系进行闸门的开启,再通过下游流量的反馈逐步调整闸门的开度,控制流量最终逼近目标流量的目的。

在双塔灌区及昌马灌区实现了 24 套灌区闸门的自动化控制,覆盖灌溉面积 6.8 万亩。从运行效果来看,该系统具有监测流量、控制闸门开度和远程通信等功能,水位计量更加精准,闸门开度控制误差更小,提高了灌区运行响应能力,做到了及时准确调节渠系流量,有效快速执行配水任务,克服了人工操作带来的不准确因素,同时大大降低了工作人员的劳动强度,进一步提升了灌区现代化管理水平。

5.5.1.4 地下水水位动态自动观测井及三维仿真系统

以灌区现有的长观井为基础,对昌马灌区、双塔灌区地下水监测井重新规划布局,设置自动观测井,采集自动观测井的地下水位,建立流域地下水位自动检测网络。建立科学同步的地下水位、开采量等数据的地下水监测网,达到灌区监测的全覆盖。对疏勒河灌区地下水资源生成初始流场,设置预测年时段,并经模型计算后生成预测年的水位降深、地下水埋深、等水位线等数据文件,形成预测年的水位降深图、地下水埋深图等数据,此时结合GIS区域分析法,预测灌区地下水变化趋势,为流域水资源可持续利用提供技术支撑和保障。

5.5.1.5　灌区水量信息采集系统

按流域管理中心、灌区管理分中心、灌区管理所和现地采集站等4个层级构建流域各灌区的分层分布式综合自动化系统,对灌区干渠、支渠、斗渠实行自动监测,实现信息采集存储自动化、数据传输处理网络化、决策支持数字化、调度指挥现代化。灌区水量信息采集系统主要在13个水管所建设水量信息采集工作站,在424处水量计量点建设水量信息采集终端。

5.5.1.6　控制中心和信息平台

控制中心和信息平台是疏勒河灌区水利信息化系统的数据中心、运行枢纽和展示平台,总体上划分为数据层、支撑层以及应用层3层。数据层由水资源综合数据库、实时水情数据库、水库水情数据库以及闸门水情数据库构成,由客户端请求独立地进行各种处理;支撑层用来支持各个应用系统的实现;应用层包括灌区三大水库联合调度系统、水情实时采集系统以及渠系闸门自动监控系统。

5.5.1.7　全渠道无人巡护监视系统

疏勒河花海灌区有3条总干渠,总长81.017 km;有3条干渠,总长22.764 km。昌马灌区有2条总干渠,总长74.535 km;有5条干渠,总长110.988 km。双塔灌区有1条总干渠,总长32.613 km;有3条干渠,总长109.049 km。干渠及以上渠道线路总长约431 km,渠道巡线距离较长,巡查任务繁重,为了及时准确地判断工程险情及安全隐患,有针对性提出应急方案和补救措施,采用视频监视技术、电子围栏、安全监测传感等先进技术,在大数据分析的基础上,运行人工智能网络神经学习功能,建设能够智能判断工程险情及安全隐患的全渠道无人巡护监视预警系统。

5.5.1.8　其他量测系统

疏勒河灌区在实施现代化量测的过程中,进行了大量探索,除以上量测手段建设外,还引进了一体化超声波遥测水位计和管道电磁流量计,前者需要在标准断面上施工,利用已有的标准断面,结合自身自动化测量水位的优势,通过内置计量系统可实现精准计量。后者主要是针对小流量又无标准断面的建设条件,通过渠道改管道,利用管道目前现有的成熟计量技术,实现计量的目的。

5.5.2　联合调度技术

疏勒河灌区位于河西走廊西端的疏勒河中游地区,灌区内修建有3座水库和3个子灌区。昌马水库是疏勒河干流上游的龙头水库,断面多年平均径流量10.32亿m^3,总库容1.934亿m^3,属大(2)型年调节水库,担负着昌马灌区的灌溉和向本流域双塔水库和石油河流域赤金峡水库调水以及全流域其他用水的调水任务;双塔水库位于昌马灌区下游双塔灌区上游的疏勒河干流上,总库容2.4亿m^3,属大(2)型年调节水库,担负着双塔灌区的灌溉和其他用水的调水任务;赤金峡水库位于石油河流域下游花海灌区上游的石油河干流上,总库容3 878万m^3,属中型年调节水库,担负着花海灌区灌溉的调水任务。疏勒河已形成以三大水库调蓄为主,干、支、斗等渠系配套的灌溉体系,成为甘肃最大的自流灌区。

三大水库联合调度系统以水库水情、大坝与闸门运行状态信息为基础，以水库信息管理与决策支持为核心，以水库闸门的自动化监控为手段，实现三大水库的联合调度与水资源统一管理和优化配置。共5个模块：①水库水情自动测报模块，在昌马水库、赤金峡水库的上游、入库控制断面、坝前和下游控制断面等关键部位建设水位自动监测站，实时监测水库运行状态；②水库闸门自动监控与视频监视模块，对昌马水库、赤金峡水库主要闸门进行监控和视频监视；③水库大坝安全监测模块，对3座水库大坝安全监测信息进行统一管理；④水库洪水预报与调度模块，建立降雨径流预报、融雪（冰川）径流预报模型、产汇流模型和河道水流演算模型，实现中、短期径流预报和实时洪水预报，推算相关河道断面（包括入库）的流量过程和水量，进行防洪优化调度，实现洪水资源优化；⑤水库优化调度决策支持模块，根据水库来水流量、库存蓄水量、考虑各类用水部门的需水要求进行综合判断与分析处理，建立基于优先约束破坏级别的三大水库优化调度模型，提供三大水库常规调度及概率调度图，达到合理用水、提高经济社会效益、改善生态环境、增加水费收入等目标，为水库优化调度提供辅助决策支持。

5.5.2.1 三大水库联合运行基本原则

昌马水库是以农业灌溉、工业供水为主，结合发电等综合利用的大(2)型工程。作为疏勒河流域开发的龙头水库，可与疏勒河中下游已建的双塔水库和石油河下游的赤金峡水库进行联合调度运行。地表水、地下水（规划井提水量及预测泉水量）统一调度。

水库调度方式：在汛期河水含沙量最大的7月，昌马水库畅泄排沙不蓄水，采用“蓄清排浑”运行方式，双塔水库可按汛期限制水位蓄水。自8月初起，昌马水库开始蓄水至正常蓄水位。昌马水库向双塔水库、赤金峡水库的调水除受输水渠过流能力约束外，还要受时间约束，即为了防止渠道冻胀破坏，冬季11月10日至翌年3月20日不输水。昌马水库蓄放水运行方式基本上是“两蓄两放”，汛期8月和冬季非灌溉季节11月至翌年3月为水库蓄水期，4～6月和9～10月为水库放水期。对于汛期来水和冬季余水应尽可能调蓄利用。

5.5.2.2 三大水库联合调度系统

该系统是根据水库来水量预测、水库蓄水、国民经济各部门用水需求的综合分析与处理，以模型库为基础，完成各种运算。水库来水量预测根据1954年以来的水文气象资料，运用频率分析法，调用入库径流预报模型生成次年的水库来水量预测结果；灌区需水预测根据灌溉计划分析种植面积、作物种类、灌水轮次、作物需水量以及工业需水和生态需水量，调用农业灌溉需水模型、工业需水模型、生态需水模型，生成需水预测结果；水库联合调度根据水库汛期时间、汛限水位、灌区需水量、河源来水量、库存蓄水量，调用库群优化调度模型，生成水库最优调度运行方案和水库联合调水方案；水库实时调度功能模块通过建立三大水库联合调度模型对水库的来蓄水在时间上和空间上进行重新调节、调度和分配，将灌区内工业、农业及生态用水进行合理配置，使疏勒河流域水利工程发挥其最大的兴利效益。

5.5.2.3　多水源联合调度数学模型

灌区水库的主要任务是在满足基本生态用水等要求的前提下,尽量提高灌溉用水保证率,同时使昌马干渠水量尽可能均匀下泄。

(1)灌溉保证率最高目标函数可写为

$$\left.\begin{aligned} &\max\sum_{i=1}^{I}\lambda_i p_i \\ &p_i = K_i/T, K_i = \sum_{t=1}^{T} k_{i,t} \\ &k_{i,t} = \begin{cases} 1, \mathrm{qout}_i(t) \geqslant \mathrm{q}x_i(t) \\ 0, 其他 \end{cases} \end{aligned}\right\} \tag{5-13}$$

式中:T 为总时段数;$\mathrm{qout}_i(t)$ 为第 i 水库第 t 时段出库水量,m^3;$\mathrm{q}x_i(t)$ 为第 i 电站第 t 时段需水量,m^3;I 为灌溉水库总数;λ_i 为第 i 水库灌溉保证率权重系数。

(2)水量平衡约束。

$$V_i(t+1) = V_i(t) + Q_{\mathrm{in}_i}(t) - Q_i(t) \quad (i = 1,2,3; t = 1,2,\cdots,T) \tag{5-14}$$

式中:$V_i(t)$、$V_i(t+1)$ 为第 i 水库第 t 时段初、末库容,万 m^3;Q_{in_i} 为第 i 水库第 t 时段入库水量,万 m^3;$Q_i(t)$ 为第 i 水库第 t 时段出库水量,万 m^3。

(3)库容约束。

$$0 \leqslant V_i(t) \leqslant Vn_i \quad (i = 1,2,3;\ t = 1,2,\cdots,T) \tag{5-15}$$

式中:$V_i(t) = 0$(7 月和 6 月底昌马、赤金峡水库空库运行);Vn_i 为第 i 水库兴利库容,万 m^3。

(4)下游河道生态需水约束。

$$\mathrm{Wst}_i \geqslant \mathrm{WST}_i \tag{5-16}$$

式中:Wst_i 为第 i 水库实际生态需水量,万 m^3;WST_i 为第 i 水库要求的生态需水量,万 m^3。

(5)非负约束。

所有变量为非负值。

5.6　疏勒河灌区现代化量测水技术

目前,许多灌区现代化水平偏低,落后的水量测量方法给灌区水资源造成极大浪费。针对这种情况设计的农业灌溉用水流量监测解决方案,结合先进的测量技术,解决灌区量水难题,对于提升灌区水资源利用率、促进灌区现代化建设,具有重要意义。农业灌溉用水流量监测解决方案利用物联网、云平台、传感等技术,通过建设一体式无人值守自动化监测器,能全天候工作,获得全面、细化、实时的水情数据信息。打通农业用水监测“最后一公里”,符合国家“节水优先、量水而行”的水资源开发利用政策。应用 B/S(客户端/服务端)架构,采取全组态式设计、基于业务(SOA)、层次分布式的组件模型方法,构建了灌区一体化平台业务总线,为灌区综合系统平台管理提供了专业性、规范性、统一的业务网络平台,做到测、控合一。大大提高了用水效率,避免因管理不当而造成水资源浪费,减少不必要的消耗。

5.6.1　现代化量测水技术的机制

灌区信息化量测水系统主要由感知采集层、网络传输层、系统应用层等部分组成。通过无线技术、感知层技术与新型应用的有效结合,可以用于各种业务的传送,充分满足灌区监测站间的物与物互联,农业生产的自动化和信息化相结合。应用层、网络层和采集层,实现科学、及时和准确地调配灌溉用水,达到节约用水,高产、高效的目的。现代化量测水技术的原理如图5-13所示:

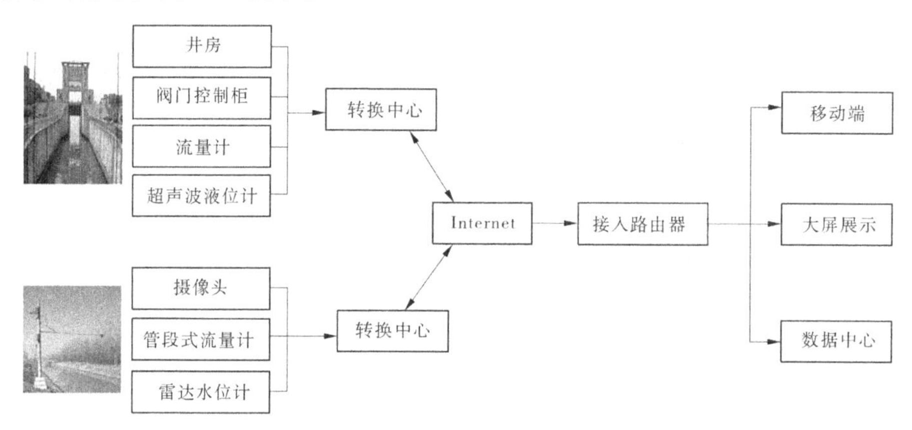

图5-13　现代化量测水技术的原理

5.6.2　疏勒河灌区现代化量测水技术

现代化量测水设备是利用信息、电子技术针对流速、水位、流量等数据开发的具有较高自动化程度和较高精确度的量测水设备。随着现代化量测水技术研究的不断深入,应用于工业、城镇供水、环境保护等方面先进的计量技术和设备被广泛引入灌区量水设备的研究开发过程中,并结合灌区特点加以改进和完善,在技术上已经有了较大的进步,目前主要的新型量测水设备包括以下几种类型。

5.6.2.1　基于全渠道测控一体化(TCC)闸门的量测水技术

全渠道TCC控制方式,当用户预定用水时,系统会自动检测预定的水量是否合适,输水系统是否有容量及调水限制,确定后才把信息发送到用户预定的槽闸口,在用户要求的时间内自动开启一体化槽闸,通过不断调整,达到用户预订的流量。上游槽闸预计下游槽闸需求,然后采用前馈控制上游槽闸,随着实时水位与流量信息的不断调整来维持下游渠道水位。当下游用户用水时,下游渠道水位下降,通过调整每个闸门的高精度水位传感器与调整闸门开度补充水量,直至水位达到设定的目标值。依次往上类推,使整个网络中的所有闸门在短时间内自动调节到最佳工作状态,实现整个渠系网络输配水的自动化、数字化、智能化。全渠道TCC控制方式,可分为基于需求和基于供给的两种控制模式。基于需求的控制模式是通过改变闸门开度以匹配下游渠系时间需求,并保持渠段下游水位在设定值;基于供给的控制模式通过改变闸门开度以匹配上游渠系时间需求,并保持渠段上游水位在设定值。就地/远程控制方式闸门均为独立运行,不考虑上下游闸门的情况;TCC 控制方式闸门为系统控制,每一个闸门的调节会根据整个渠系的状态进行调整。主要实现了对相应闸门节点上游、下游以及过闸流量、闸门开度的全自动化控制和信息采集,由传统管理向智慧管理转变,同时通过精准计量和全渠道控制,提高了农业灌溉水的利用率,为提升灌区现代化和流域综合管理水平起到了很好的示范作用。

基于闸后流量的精准闭环自动化控制系统,基于闸门传统远程自动化控制运行中存在的问题及相应情况分析,对于传统闸门进行全部更换显然不现实。疏勒河灌区在自有系统的基础上提出并建设了基于闸后流量的精准闭环自动化控制系统,该系统具有监测流量、控制闸门开度和远程通信等功能,水位计量更加精准,闸门开度控制误差更小,提高了灌区运行响应能力,做到了及时准确调节渠系流量,有效快速执行配水任务,克服了人工操作带来的不准确因素,同时大大降低了工作人员的劳动强度,进一步提高了灌区现代化管理水平。

5.6.2.2　支渠超声波时差法测流系统

超声波时差法测流系统由一组(或几组)声学换能器、主机、信号电缆和电源组成。声学换能器接收测流控制器的指令发射声脉冲,并将接收到的声脉冲信号传送到测流控制器。声学换能器内可以装有水位传感器,可同时将测得的水位数据传送给主机,也可以接入其他符合要求的水位计。

时差法测流的原理如图 5-14 所示。利用超声波在流体中传播时因水流方向不同而传播速度不同的特点,通过测量顺水流方向传播时间 t_1 与逆水流方向传播时间 t_2 的时间差 Δt,来计算流体的速度与流量。设超声波在流体中的传播速度为 C,流体流速为 v,将一组换能器 S_1、S_2 安装在渠道两侧边缘处,换能器间的连线与垂直水流方向呈 θ 夹角,简称换能器安装角。渠道宽为 D,如图 5-14 所示。

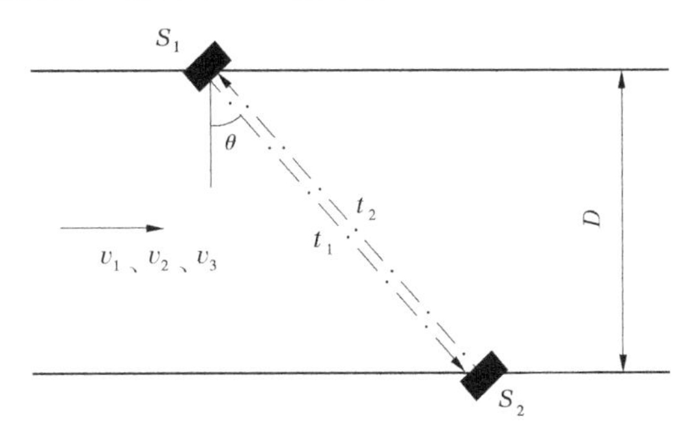

图 5-14　时差法测流原理

顺流方向的传播时间 t_1

$$t_1 = \frac{D}{C + v\cos\theta} \tag{5-17}$$

逆流方向的传播时间 t_2

$$t_2 = \frac{D}{C - v\cos\theta} \tag{5-18}$$

超声波在顺水流方向和逆水流方向传播的时间差 Δt 为

$$\Delta t = t_2 - t_1$$

即

$$\Delta t = \frac{D}{C - v\cos\theta} - \frac{D}{C + v\cos\theta} \tag{5-19}$$

则

$$v\cos\theta = \frac{C^2 \Delta t}{2D} \tag{5-20}$$

流体的速度为

$$v = \frac{C^2 \Delta t}{2D\cos\theta} \tag{5-21}$$

5.6.2.3　支渠电磁明渠流量监测系统

采用特殊设计的传感器励磁系统通过电磁流速传感器采集流速并实时向超声波探头发送信号，实现自动双向流量测量，现场瞬时流量、正反向累计总量显示，自诊断故障报警，RS485 接口和 GSM/GPRS 数据无线远传等功能，用户通过 GSM/GPRS 远程监控管理软件系统可实现流量数据的无线远传、存储等功能，其结构如图 5-15 所示。

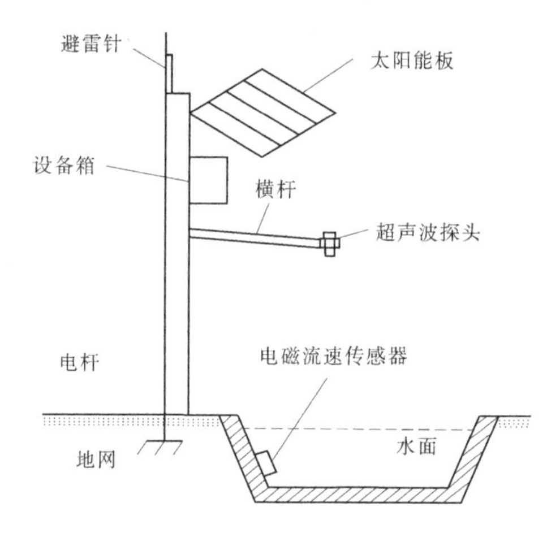

图 5-15　电磁明渠流量监测系统结构

5.6.2.4　磁致伸缩水平计量测系统

疏勒河斗口水量实时监控使用磁致伸缩水平计进行水量的计算。在灌区建斗口供水实时监控信息系统，完成了各斗口用水流量数据的实时在线监控、历史水情数据、供水数据汇总，进而完成了灌区工程的水况实时收集和用水计算自动化。

5.6.2.5　巴歇尔槽量测系统

巴歇尔槽简称 P 槽或巴氏槽，是一种明渠量水堰槽。巴歇尔槽为矩形横断面短喉道槽，由上游均匀收缩段、喉道段和喉道下游均匀扩散段 3 部分组成。根据喉道宽度尺寸

b,分为3种类型:小型槽、标准型槽和大型槽。小型槽,b=0.076 m、0.152 m、0.220 m;标准型槽,b=0.25~2.4 m;大型槽,b=3.05~15.24 m。

与其他明渠流量计比较,巴歇尔槽有以下显著特点:水中固态物质几乎不沉积,随水流排出;水位抬高比堰小,仅为1/4,适用于不允许有大落差的渠道。

1. 巴歇尔流量槽的工作原理

在明渠中水量计量方法繁多,量水设施形式多样,目前常用的方法有利用水工建筑物量水、利用特设量水设备量水、采用仪表仪器类流量计量水等。巴歇尔槽属于利用特设量水设备量水的一种形式,其测量核心原理:通过对渠道过水断面进行科学有效收缩,迫使水位升高,使得堰槽上下游形成水位差,并使水面形成平稳的壅水面,将堰槽上游非均匀流转化为均匀流,从而利用超声传感器更准确直观地确定渠道水位,通过仪表仪器,利用水位与水量间固定的函数关系确定水流流量,然后根据流量和时间的线性关系累加,最终确定渠道的引水量。

巴歇尔槽结构是由收缩段、喉道段、扩散段三大部分组成,如图5-16所示。收缩段主要作用是保障水流平稳进入槽内,是原水流渠道与巴歇尔槽衔接过渡部分。喉道段是巴歇尔槽最核心、最关键的组成部分,主要作用是改变水流形态,确保喉道处的水体为临界流和后端水流为自由出流。扩散段是顺接原渠道的连接部分,其作用是保证水流的流态。

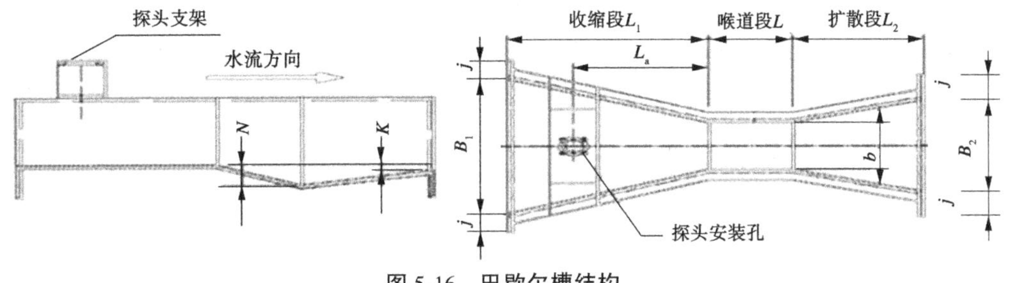

图5-16　巴歇尔槽结构

2. 流量计算公式

巴歇尔量水堰流量计算分自由流和淹没流两种情况。

(1)淹没度$K=\frac{h_d}{h}<0.7$时为自由出流,自由流(Q_F)流量公式为

$$Q_F = 0.372b\left[\frac{h}{0.305}\right]1.569b^{0.026} \tag{5-22}$$

式中:h为上游水尺读数,m;h_d为下游水尺读数,m;b为喉道宽度,m。

当喉道宽度b=0.5~1.5 m时,可用简化公式。按$b^{0.026}=1$代入式(5-22)得

$$Q_F = 2.4bh^{1.57} \tag{5-23}$$

(2)淹没度$0.7 < K = \frac{h_d}{h} < 0.95$时为淹没流,淹没流($Q_S$)流量式(5-22)为

$$Q_S = Q_F - Q_1 \tag{5-24}$$

其中,Q_1 为一个修正项,用来校正由于淹没引起的流量减少。

$$Q_1 = Q_F \frac{h_d}{h} \tag{5-25}$$

$$Q_s = 0.07\left\{\left[\frac{h}{\left[\left[\frac{1.8}{K}\right]^{1.8} - 2.45\right] \times 0.305}\right]^{457-314K} + 0.07K\right\} b^{0.815} \tag{5-26}$$

对于淹没度小于 0.85 的标准槽,其自由流和淹没流也可用下列统一的公式计算:

$$Q = 6.25K\sqrt{1 - K}bh^{1.57}$$

式中:$K=\frac{h_d}{h}$为淹没度。当 $K \leqslant 0.677$ 时,均以 $K=0.677$ 代入计算;当 $K>0.677$ 时,均以实际值代入计算;当 $K>0.95$ 时,巴歇尔槽已经失去测流作用,此时就要采用其他方法进行测流。

巴歇尔量水堰前后要有一段截面面积不变的平直渠道。在急弯道或产生局部混合流时,至少要有 10 倍喉宽长度的顺直渠道,如果条件允许尽可能更长些。渠道与槽体连接部位底平面要有 1∶4的斜率,侧壁要有曲率半径为 2 倍以上最大流量水位高度的曲面,或与中心线呈 45°角倾斜的平面。如渠道某处产生水跃现象,槽体应远离该处,至少应装在有 30 倍最大流量水位高度距离的下游。为改善流动条件,可在水位测量点上游 10 倍最大流量水位高度的距离设置整流板或消能池。设置槽体后渠道上游水位升高,注意防止水溢出渠道,必要时按现场条件挖深渠道或加高渠侧壁。安装后要检查收缩部底面、槽顶的水平,喉道两侧平行度和垂直度,渠道中心线和水流动方向中心的一致性。

5.6.2.6　水尺量测系统

疏勒河水尺测流系统不仅可以基于新型水尺实现水位的测量,而且可以在部分时段基于水面漂浮物实现流速的测量,同时通过 GPRS 无线传输技术,将测量结果和图像数据发送到远程控制中心,实现数据传输。水尺测量系统部分一般安装在灌区渠道、水库等较为偏远的测量地点,需要选取合适的位置安装网络摄像机和水尺,其相对位置必须满足以下 3 个条件:

(1)必须保证水尺上的刻度和水面是平行的;

(2)确保一幅图像中能够包含完整的水尺和部分水面区域;

(3)通过网络摄像机抓取的图像能够覆盖水位的移动范围。

通过网络摄像机进行图像数据的抓取,根据图像识别算法,得到图像数据中水位及流速的特征信息,从而实现水位及流速的测量,水尺量测系统结构如图 5-17 所示。

1. 系统结构

基于图像处理的水位监测系统从逻辑上分为数据采集、网络传输、监控中心 3 个部分,如图 5-18 所示。系统选用的水尺是精度为 1 cm 的搪瓷水尺,水尺字符颜色为红色或蓝色,底色为白色。使用的图像采集设备为摄像枪,并采用夜间照明灯补光。系统中 DVS(数字视频服务器)的主要功能是将摄像头采集的视频图像信号转换成数字信号并压缩编码,然后通过无线通道传输出去。监控中心通过无线接收设备接收图像数据并保存

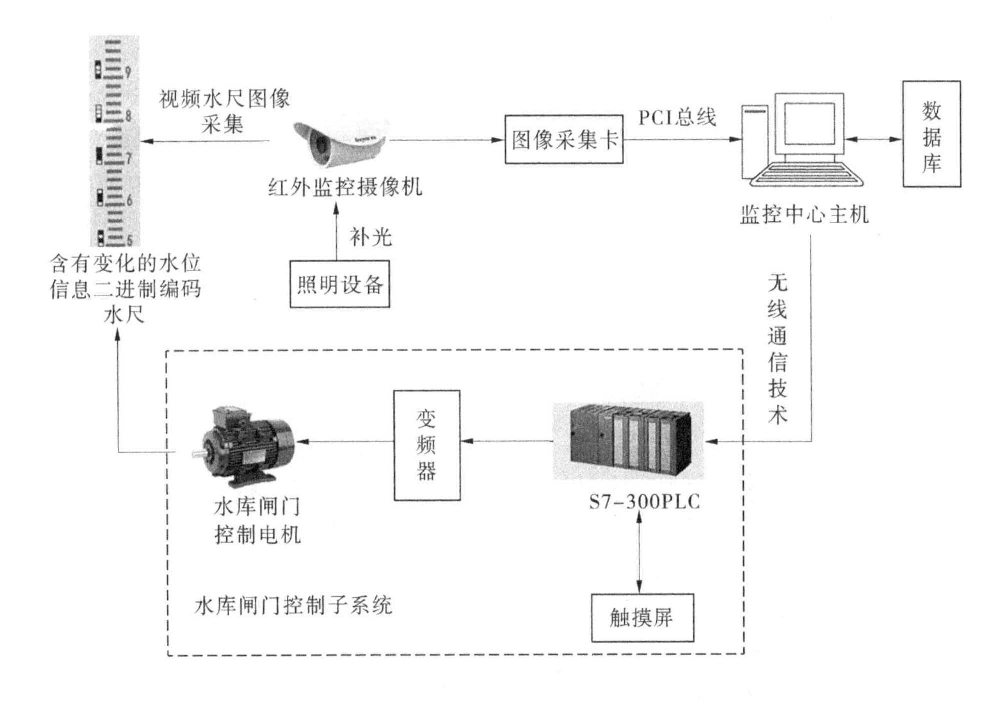

图5-17　水尺量测系统结构

到服务器中,在服务器上安装水尺图像水位自动提取软件,软件监测到图像后就会及时处理和提取水位信息。

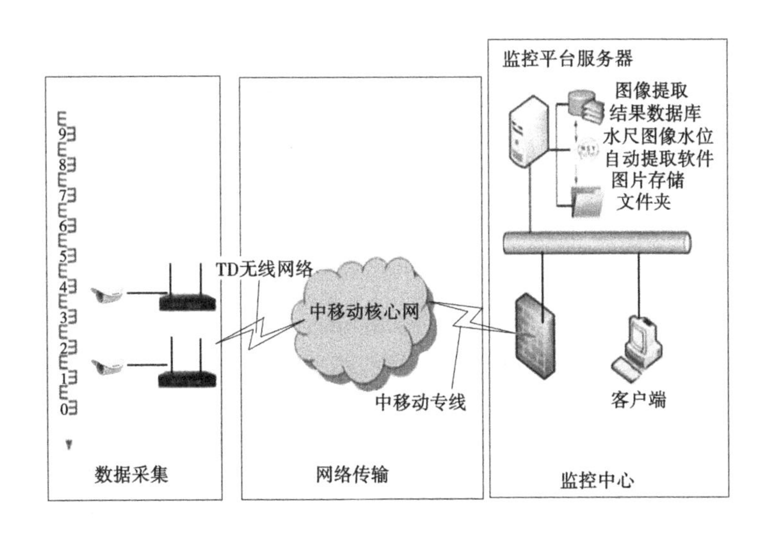

图5-18　系统结构

2. 采集终端的安装

1）水尺安装

水尺尽量不要有破损，钉子的地方要与水尺底色（白色）相同；安装水尺的背景应与水尺的底色（白色）有较大反差；否则，后续水尺有效区域分割时容易产生误差；水尺周围不要有遮挡物，避免拍出如图5-19所示光照亮度差别太大的水尺图像，识别结果误差较大。

图5-19　水尺安装

2）摄像机控制

通过数传仪对网络摄像机的完全控制，能够自动完成对网络摄像机的校时，确保水文信息的正确性；在特定事件时自动打开网络摄像机进行视频监视，也可人工远程通过摄像机云台控制网络对摄像机进行水平方向360°连续旋转、垂直方向转动，以便于获取高清图像。

3）水尺字符识别

水尺字符识别流程如图5-20所示。

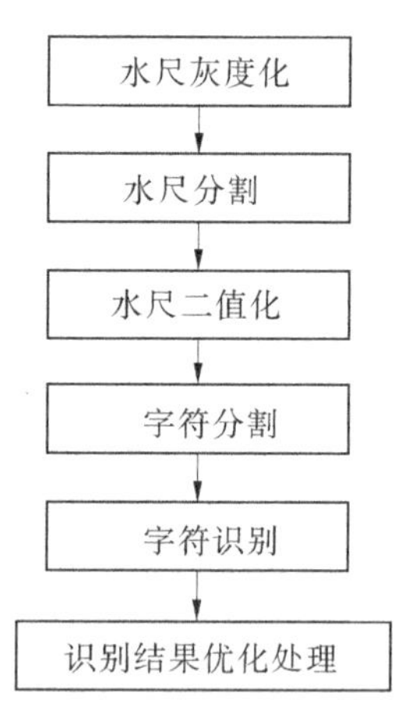

图5-20　水尺字符识别流程

4）水尺灰度化

水尺底色为白色，上面字符的颜色为蓝色和红色。为了简化识别，首先将水尺图像灰度化。

5）水尺分割

由于水尺较长，水尺上下两部分灰度值存在较大差别。采用统一的阈值二值化，不能同时兼顾水尺上所有字符的二值化效果。如可能下面字符二值化效果较好，但上面部分字符边缘被分类为水尺底板，影响后续字符识别。因此，将水尺分割为上面 2/3 的部分(上半水尺)、下面 2/3 的部分(下半水尺),分别进行识别。两部分水尺之间留 1/3 的重合,作为后续整合和优化验证两部分水尺识别结果的依据。

6)字符识别

根据上述分割方法,可判断出左侧分割的字符是数字还是“E”,将“E”位置的识别结果直接赋值为“E”。对数字字符图像采用模板匹配法进行识别。模板匹配法计算简单、速度快,应用广泛。将数字字符图像与预先在制图软件中制作的字符模板进行一一匹配计算,误差最小的即作为识别结果。下半水尺最底端的字符对水位精确计算非常关键,但通常被水面覆盖不完整,所以对最后一个字符还需要识别其代表的具体高度。当水尺左半边最后一个字符是“E”时,直接对其进行水平投影,当最后一个字符是数字时,则截取数字右侧的字符“E”进行水平投影,统计投影中峰以及峰之间空隙数 b(都表示 1 cm),即可获得最后一个字符表示的高度 b(cm)。

7)识别结果优化处理

识别结果优化处理包括校正误识别字符和整合上、下两半水尺的识别结果。字符破损、变形很容易出现误识别,因此需要对其校正。校正依据是水尺上数字是等差数列,方法是抽出识别结果中的数字组成数值型数组,找出其中公差为-1 的最长等差数列,然后根据等差数列计算公式推算其他位置的数字,如果原识别结果错误则用推算结果替换原识别结果。因为上、下两半水尺有 1/3 的重合,所以可以从上半水尺字符串的末端和下半水尺字符串的起始进行匹配,查找匹配点并验证重合部分字符识别的结果是否一致。此过程也相当于对两半水尺的识别结果进行了再次验证,进一步保证了识别结果的正确性。

3. 网络传输

目前,我国基于 TD-LTE 和 FDD-LTE 的第四代移动通信技术(4G)已覆盖大部分城市区域,疏勒河大部分流域通过 4G 技术实现安全可靠的大数据量信息传输。而对于目前没有 4G 网络覆盖的区域,利用 3G 技术可满足视频图像、图片等带宽数据的通信,为地区雨涝监测与预警系统提供及时、稳定可靠的数据交互,将雨量、水位、视频图像等传输至监控中心,实现远程大数据信息的传输。

5.6.3　疏勒河灌区闸门测控一体化技术

疏勒河综合水信息管理、地表水资源优化配置系统、闸门控制系统和网络视频监控系统只能点对点工作,无法充分利用,因此有必要开发一个全面的管控平台,统一当前闸门监测、水情测量和报告等业务,实现联合自动化监控,实现闸门、水情、安全监控等的综合调度、综合分析和综合应用。它不仅可以有效地提高灌区的智能化管理水平,还可以降低值班人员和管理办公室人员在灌溉过程中的工作强度。

闸门测控一体化以灌区量水原理、水力学以及自动化理论知识为支撑,并将理论研究与试验研究有机结合,集合水利、自动化、计算机等多学科交叉研究的优势,利用现场控制设备 RTU、测流用传感器和通用分组无线服务技术(GPRS)无线通信。测流用传感器负责水位、闸门开度等数据的测量;RTU 负责数据的采集、处理和传输,并接收调度中心的指令控制现场设备;GPRS 无线通信则实现 RTU 与调度中心间的数据传输以及 RTU 接收的远程指令。

闸门监控系统包括年水量、公共闸门配置系统、公共闸门监控系统、公共闸门监控系统评价等。另外,应能够实现昌马、双塔和花海 3 个区域的局部布局,并对其进行授权控制。分灌区及其责任区的规划方案,须经上级部门批准后方可实施。该系统应具有自动监控系统和手动控制模式,以便在紧急情况下进行手动干预。

闸门综合测控系统包括安装在调度中心的灌区取水实时监控管理系统和安装在各级渠道的闸门综合测控终端。测控一体化闸门终端分为闸门主体、控制系统和电源系统三大模块,如图 5-21 所示。

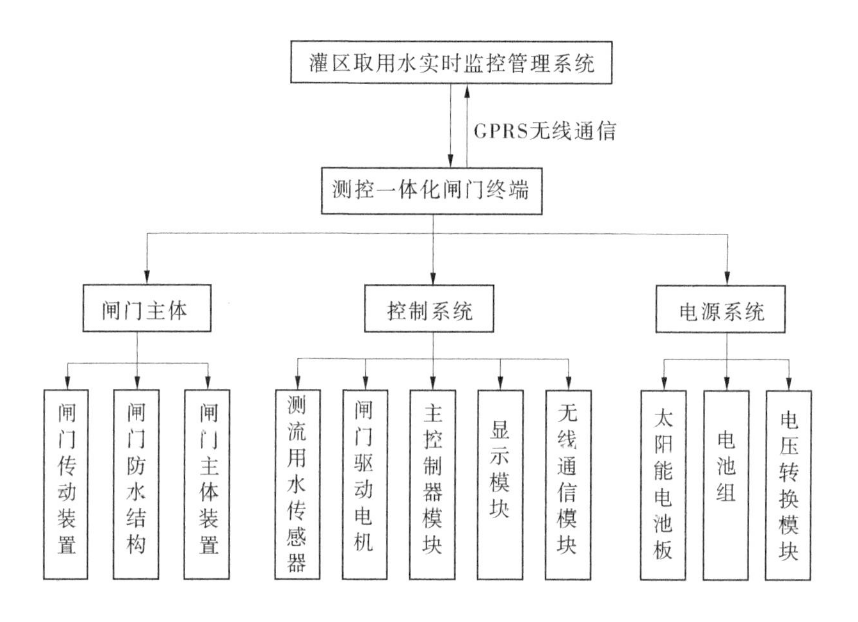

图 5-21　测控一体化闸门控制系统结构示意图

5.6.3.1　过闸流量估算方法研究

过闸流量的估算通常是利用实测的水位、流速和闸门开度等数据,通过过闸流量计算模型间接获得流量,过闸流量计算模型可分为机理模型、软测量模型,模型特点及计算流程如图 5-22 所示。

机理模型在传统水工建筑物量水方法中应用较多,即利用相应的水力学理论进行流量计算。但该方法不具备时间相关性,且工程中的过闸流态不满足经验公式假设时,会大大影响精度。软测量(Soft sensor)技术属于控制理论,又可称为状态观测(state observe)技术,包括软测量建模方法,模型实时演算的工程化实施技术及模型自校正技术,其中软测量建模方法是该技术的核心。软测量建模方法主要有两大类:一类是基于过程机理,该

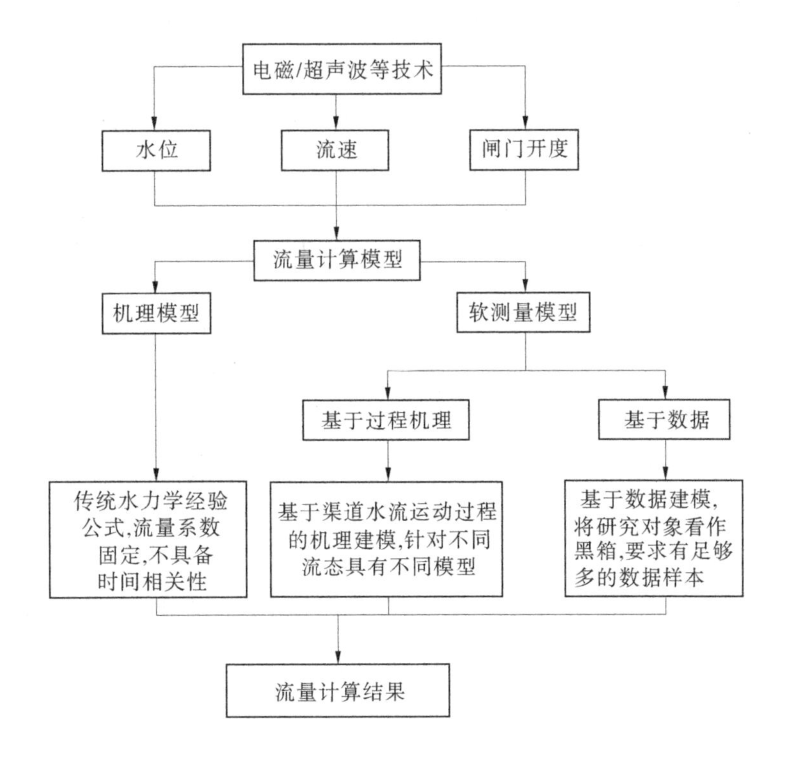

图 5-22 过闸流量计算流程

类方法需要开发人员透彻了解研究对象的过程机理,针对不同研究对象建立不同的模型,但该方法不适用于某些复杂的非线性过程;另一类是基于数据,该类方法将研究对象看作一个黑箱,利用数学回归方法、系统辨识或神经网络等方法建立模型,其优点是不需要深入了解研究对象的内部规律,适用性极广,但物理意义不明确。新型的软测量模型结合了两种建模技术的优点,能够兼顾物理意义与时间相关性,提高了模型的非线性逼近能力,适用于具有强非线性、时变特点的水力过程。针对 BP 网络应用于涵闸流量计算时出现的训练速度慢、易陷入局部极小值、推广能力较差的问题,运用最小二乘法建立了 RBF 软测量模型,经测试与比较,发现 RBF 方法较 BP 方法收敛速度快、回忆误差小、实时性好、泛化能力强。将遗传算法与传统闸孔出流公式结合,建立了过闸流量软测量模型,可根据实测数据在线调整流量系数,自动拟合节制闸前后水位、闸门开度、流量系数之间的非线性关系,利用南水北调中线节制闸某时段渠道运行数据验证模型有效性并与其他模型进行比较,结果表明,其实际工作性能优于传统水力学计算方法和基于 BP 网络的过闸流量计算模型。

5.6.3.2 疏勒河灌区基于堰流特性的闸门测控一体化类型

传统上,堰顶溢流是作为防汛保安的水位高度限制器,其明显特征为堰顶高度固定不变。但若作为渠道输配水的节制闸,则难以保证当上游来水发生变化时及时发挥上下调节作用。鉴于堰流具有很好的水位稳定性,实践中必须提供一种可调节堰顶高度的水流控制设备。近年,基于堰流特性而开发的测控一体化设备在大中型灌区现代化改造中得到初步应用。从结构形式来分,设备主要包括堰槽式、底升式、弧底式、活页式和卷帘式等五大类型测控一体化闸门。从水力学特性来看,这些闸门均为堰顶高度可以调节的薄壁堰,其过流能力的计算遵循一般的堰流规律,但目前只有堰槽式测控一体化闸门进入规模化应用阶段,其他 4 类仍在逐步完善或刚开始应用,具体特征和应用环境各有不同。

(1)底升式测控一体化闸门,为垂直上下运动的平面闸型堰,当闸板上升至最高点时,闸板底部与水渠渠底持平;当闸板下降至最低点时,闸板顶部与水渠渠底持平。

(2)弧底式测控一体化闸门,为中心支轴式的弧面闸型堰,当驱动机构带动弧底型闸板转动至竖直状态时,部分弧面形成挡水高度;当无须挡水时,弧形闸板可平铺于渠底的闸板箱内,闸板平面与渠底持平。

(3)活页式测控一体化闸门,为底轴旋转式的平面闸型堰,当闸板转动至竖直状态时,闸板与门型闸框的底部、左侧壁和右侧壁密封接触,当闸板转动至水平状态时,闸板平放于渠底。

(4)卷帘式测控一体化闸门,为滚轴式的单向柔性平面闸型堰,在无须挡水时可平铺于水渠渠底沿渠道水流方向放置的闸板箱内,无须深度开挖水渠;当需要挡水时,单向柔性闸板从水平放置的闸箱内转置 90°垂直升起,实现水流调节功能。

各类闸门结构如图 5-23 所示。

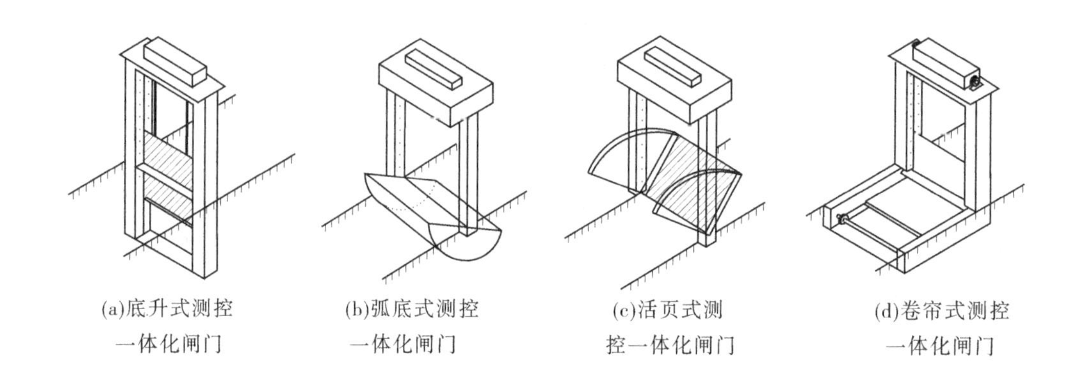

图 5-23　堰顶高度可调的测控一体化闸门结构示意

5.6.4　疏勒河灌区测控调度系统

疏勒河农村灌区的实时监控调度管理系统,可按照用水方案进行在线的即时调度与管理。该管理系统主要由农村灌区的基本信息管理模块、GIS 模型、信息采集与监控子系统、灌区水利施工安全与监控子系统、闸门管理子系统、调度计费子系统,以及防洪抗旱预警模型等构成。控制系统将利用前端采集的监测系统,收集灌区降雨信号、水工建筑信号以及用水量信号等,并按照灌区水资源分配预案,进行水资源的动态调整与有效计费管理。在雨季或旱灾来临时,控制系统将针对水旱情适时作出动态调度,以保障灌区内各种用水者的合理用水,以适应国家抗洪抗旱的要求,并减少险情和事件的出现。“中心测控调度系统”的一级数据流程分析如图 4-10 所示。

5.6.5　疏勒河灌区斗口水量测系统技术

在 3 个灌区内的各渠首、主干渠分水口均设置了水况监控断面,并通过雷达数据水位计的自动测流,及时将信息传送至局调度中心和管理办公室、水管所,为灌溉调度规划的合理实施与监测提供了正确的依据。该系统主要由检测现场、通信网络和检测中心三部分组成,如图 5-24 所示,现场检测利用测流堰、水位计采集渠道相应水位,经过数据采集终端处理转化为渠道流量;通信网络利用 GPRS/GSM 网络、监测中心服务器布设“灌溉渠道流量监测系统”软件,接收、处理、存储分析相关数据和信息。实现各斗口水位、流量的自动监测和记录,以及计算机遥测计量和分析。

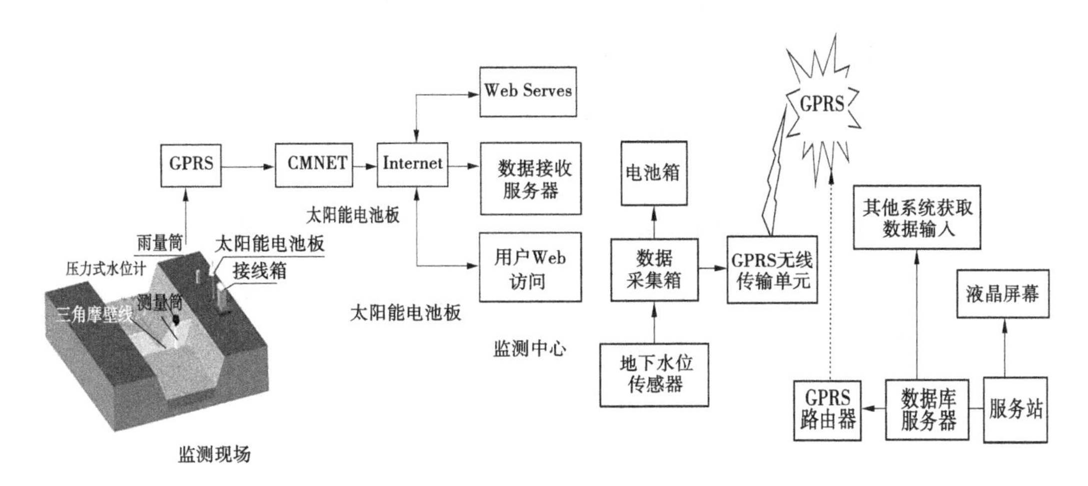

图 5-24　系统结构组成

利用闸口水工建筑物测量斗口流量可以表示为

$$Q_i = \beta_i \times f_i(e, H, h_1, h_2, h_3 \cdots) \tag{5-27}$$

式中:e 为启闸高度;H 为闸前水位;$h_1, h_2, h_3 \cdots$ 为闸后各观测点水位;Q_i、f_i、β_i 分别为第 i 种流态和水工建筑物形式下的水流量测量值、与此相对应的函数关系式和综合流量系数。

实现斗口流量的自动测量需自动采集启闸高度 e、闸前闸后多点水位($H, h_1, h_2, h_3 \cdots$)等可测变量信号,依据水流形态调用相应的水力学量水公式或其他软测量模型估算水流量值(见图 5-25)。斗口水流量自动测量属于明渠流量测量和软测量范畴。疏勒河灌渠斗口水流量自动测量系统是由闸位计和多点水位传感器以及基于软测量模型的数据处理软件等组成的智能测量网络。

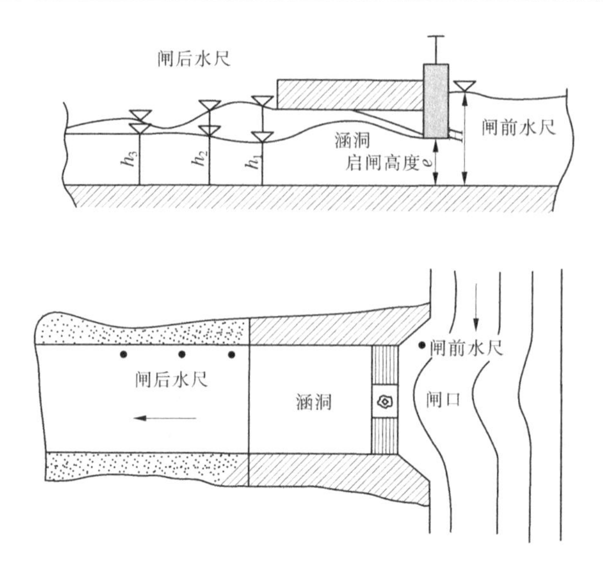

图 5-25　斗口水测量水流量示意

应用 B/S(客户端/服务端)架构,采用全组态式设计、基于业务(SOA)、层次分布式的组件模型方法,构建了灌区一体化平台业务总线,为灌区综合系统平台管理提供了专业性、规范性、统一的业务网络平台,做到测、控合一。

5.7　疏勒河灌区多水源优化配置技术

疏勒河流域农业用水量占总用水量的90%左右,灌区内种植作物多以高耗水作物为主,并且水分利用效率、综合效益均比较低,严重制约了灌区农业生产发展和水分效益提升。根据流域供需水实际情况,说明疏勒河流域农田灌溉用水明显偏高,流域工业及生活用水比例明显偏低,水资源严重缺乏。

5.7.1　水资源优化配置内涵

合理配置是在解决各类水利工程的投资、用水经济效益、水资源可持续发展及水资源供应中的供需矛盾关系、各种水资源的协调供给等问题过程中,体现出的有效性、公平性及合理性。当水资源供应有限时,水资源优化配置就是指为了使水资源得到更高效、更合理的配置,运用优化手段构建优化模型,从而进行水资源合理配置的过程。

灌区水资源优化配置是以水资源优化配置为依托,结合灌区的特点,对灌区灌溉水资源进行有效分配的过程。灌区水资源优化配置也要遵循一定的原则,《灌溉与排水工程技术管理规程》(SL/T 246—2019)作出如下规定:

(1)灌区应实行计划用水。不同用水户的用水计划将进行预先编制,各个用水户将用水申请提交灌区管理单位,经综合评价后,再报主管部门进行审批,然后按最后的核定计划向用水户供水。

(2)灌溉用水计划要充分考虑用水地区的水源条件、供水工程以及农业生产情况等因素,进行用水计划的编制,确保计划的切实可行,从而保证水资源供应质量。

(3)灌区用水计划的编制方法包括自上而下、自下而上及两者相结合等方法。管理单位可根据不同水平年的作物种植面积、作物灌溉制度、水源取水及输水条件、渠道工程状况、气象预报等资料,进行灌区用水计划的拟定。

5.7.2　多水源优化配置管理体制建设

疏勒河流域建立流域管理机构和地方政府统一协调的水资源管理体系,目标是实现地表水和地下水资源的统一管理。水资源主要由 4 个部门负责管理,昌马、双塔、花海三大灌区及中下游生态用水的地表水由疏勒河流域水资源利用中心管理,其余河流小灌区(白杨河、石油河、榆林河、桥子灌区)地表水和全部地下水(灌溉及城镇、农村生活用水)由玉门市水务局、建设局和瓜州县水务局管理造成了流域的地下水与地表水由玉门市水务局与疏勒河流域水资源利用中心分开管理的局面,流域机构未能实现流域水资源统一管理,不利于流域水资源的整体调度和优化配置。

(1)建立协调机制,协调各利益团体间的权益。目前,流域缺乏一个强有力的协调、监督组织来权衡与协调各利益相关方的权益。从水文边界上看,流域基本从属于甘肃省行政边界,因此可在甘肃省水利厅和酒泉市政府设立一个由各利益相关方参与组成的疏勒河流域管理理事会,专门负责收集、协调各利益相关方的意见,并将讨论后的方案由疏管局负责统一规划、执行,其他涉水部门协助完善管理,形成流域机构、地方行政、企业、用户等利益相关者协商、协调合作的多元配置机制共生的一体化集成管理模式。

(2)立法赋予流域管理机构更大的权限,加强其职能。针对流域机构立法不足而形成疏勒河流域水资源利用中心与地方水务局在水资源管理中的争端问题,可借鉴国外先进流域管理经验和立法革新,明确流域机构的法律地位,使其在行使水资源管理权时有法可依,实现研究区地表水资源和地下水资源的协调统一管理。

5.7.3　地表水与地下水多水源联合运用

随着我国水资源短缺形势的日趋严峻,单独利用一种水源已经很难满足人民生活及经济发展的需要,开源节流是缓解我国当前水危机的一项重要途径。对于灌区而言,常有渠灌和井灌两种不同的灌溉方式,渠灌是利用地表水,井灌是利用地下水。在枯水年份,为了生活、生产的需要,可以在充分利用地表水的前提下,多开采地下水源,而在丰水年份,则对地下水进行补给。通过多年调度能够实现地下水的采补平衡。这就是地表水与地下水联合调度的原理。

根据水量平衡原理对灌区进行概化,以水资源高效、可持续利用为目标,利用系统分析的理论和方法,提出基于灌区水资源可持续利用、涵养地下水资源的地下水与地表水联合利用优化配水方案,通过优先开发利用具有补给能力的浅层地下水,引地表水作补充,井渠结合、地表水补源等多水源联合运用的关键技术研究,提出多水源联合运用优化管理运行模式,将技术措施与先进的管理措施相结合,研制基于 3S 技术的网络化、可视化的多水源联合运用分布式智能监控系统,最终形成地下水与地表水优化调度技术体系,建立灌区水资源开发利用的良性循环机制。地表水、地下水联合调配模式包括以下 3 种。

(1)人工回灌地下水。地表水、地下水联合调配的模式之一,是人工回灌地下水。这种方法对于华北地区具有普遍意义。华北地区地下水开发程度普遍很高,但地表水库调节能力有限,每年仍有较大数量的弃水。如山东半岛,20 世纪 80 年代以来,地下水开发程度已达 90%以上,但地表水开发利用程度较低,仅 35%左右,即使是一般水平年也有 40 多亿 m^3 地表径流流入大海。而山东半岛的山前冲积平原和山间河谷冲积层,实际上是一个巨大的天然水库,具有埋藏浅、易采易补的特点。

(2)系统规划联合调配。西北地区因有巨厚第四系松散地层广泛分布(如准噶尔盆地南部、柴达木盆地南部、塔里木盆地南部以及祁连山北麓等辽阔的平原地带),大多是地下水富集场所,而且地表水与地下水相互转化交换强烈,构成了河流-地下水一体化的水资源系统,这实际上给水资源的联合调配提供了非常好的天然条件。但由于缺乏系统规划,缺乏水质、水量与生态环境相互关联的整体认识,出现两类生态环境问题。一是大规模开采地下水或不断提高河水利用量(减少地下水补给),造成大面积地下水位下降;二是大规模长期地表水灌溉,造成地下水位大面积抬升产生土壤次生盐碱化。

(3)井渠结合。井渠结合是水资源合理利用的有效工程模式,也是改善农业环境和防治耕地盐碱化的重要措施。不少地区土壤盐碱化往往是人为作用造成的,特别是不适宜引灌的地区,进行大水漫灌,使地下水位大幅度上升,导致土壤次生盐碱化与沼泽化的普遍发展,造成严重危害。如果以地表水、地下水联合持续利用为原则,采用井渠结合的模式,不仅能互相调剂,节省水源,而且井灌区又能起到井灌井排、调控地下水位、防治土壤盐碱化的作用。对碱水、微碱水分布地区,井渠结合还能起到抽碱补淡、改良水质的作用。近年来,华北平原土壤盐碱化有所改善,主要就是实行了井灌井排和流域治理。这几种方法各有其功能,实际地表水、地下水联合调配模式可以包括在不同的模式中。

疏勒河灌区属于井渠结合灌区,其主要水源为地下水和地表水,按照不同的取水方式及不同取水水源,灌区内有 2 种供水工程,分别是引水工程、井灌工程,地下水由井灌工程取水,地表水由引水工程取水。

5.7.4　多水源优化配置模型

地表水、地下水联合调度模型经历了由单目标向多目标的发展,求解方法也由传统的线性规划、动态规划、大系统递阶等向智能算法的演进。

5.7.4.1　多目标模糊规划的灌区多水源优化配置模型

国内外关于灌区水资源优化配置的研究不断涌现,其中灌区水资源多目标配置由于能够对多个相互矛盾的目标进行科学、合理的优选而备受关注。模糊多目标规划法由于具有较强的操作性和灵活性至今仍被广泛应用于各领域。

在灌区水资源优化配置中,管理者需要将灌区不同水源有限的水资源量在作物各个生育阶段内进行优化配置,从而达到用尽可能少的水量获得较高的产量或收益的目的。在优化配置中,需考虑不同水源的可供给量、水量平衡、供水目标、作物需水量等约束,为此需构建基于多目标模糊规划的灌区多水源优化配置模型。所构建模型包括 2 个目标函数,目标函数 1 为灌区作物净效益最大,目标函数 2 为灌溉用水量最小,目标函数 1 和目标函数 2 的结合可促进灌区用水效率的提升。模型表达式为

目标函数 1

$$\max F_1 = PW_P \sum_{i=1}^{I} \sum_{t=1}^{T} X_{it} - \sum_{i=1}^{I} u_i \sum_{t=1}^{T} X_{it} \tag{5-28}$$

目标函数 2

$$\min F_2 = \sum_{i=1}^{I} \sum_{t=1}^{T} X_{it} \tag{5-29}$$

约束条件：

供水约束

$$\sum_{i=1}^{I} X_{it} \leqslant \sum_{i=1}^{I} Q_{it} + R_{t-1} \quad (t = 2,3,\cdots,T) \tag{5-30}$$

水量平衡约束

$$R_{t-1} = Q_{t-1} - \sum_{i=1}^{I} X_{i(t-1)} + R_{t-2} \quad (t = 3,4,\cdots,T; R_1 = 0) \tag{5-31}$$

供水目标约束

$$X_{it} \leqslant W_{it} \quad (i = 1,2,\cdots,I; t = 1,2,\cdots,T) \tag{5-32}$$

需水约束

$$W_L \leqslant \sum_{i=1}^{I} X_{it} \leqslant W_U \quad (t = 1,2,\cdots,T) \tag{5-33}$$

非负约束

$$X_{it} \geqslant 0 \quad (i = 1,2,\cdots,I; t = 1,2,\cdots,T) \tag{5-34}$$

式中：P 为作物市场单价，元/kg；W_P 为灌溉水分生产率，kg /m^3；I 为供水工程类别总数，分别代表引水工程、提水工程、井灌工程，取 3；T 为配水周期（作物生育期）类别总数，分别代表分蘖期、拔节期、抽穗期、乳熟期，取 4；X_{it} 为 i 供水工程在 t 生育期的配水量（决策变量），m^3；u_i 为 i 供水工程的供水成本，元/m^3；Q_{it} 为 i 供水工程在 t 生育期的可用水量，m^3；R_{t-1}、R_{t-2} 为 $t-1$、$t-2$ 生育期的余水量，m^3；W_{it} 为 i 供水工程在 t 生育期的供水目标，m^3；W_L 为灌溉需水量下限值，m^3；W_U 为灌溉需水量上限值，m^3。

5.7.4.2　区间两阶段模糊随机规划模型

灌区多水源联合调度的目标是将地表水和地下水合理分配给多种作物，确保满足作物生长所需最优水量，获得最大系统收益。因此，以灌区作物生长需水量为约束条件，引入最大系统收益、缺水惩罚系数。研究分 2 个阶段确定作物最优配水目标值及最优配置水量：第 1 阶段是在保证灌区水资源承载力、其他生态用水及作物充分灌溉的前提下，按正常水平年，初步确定各种作物生长所需的最优水量，即预先配水目标值，将其作为第 1 阶段的决策变量；由于灌区规划初期蓄水量、天然净来水量及蒸发、渗漏损失量的不确定性，第 2 阶段会对第 1 阶段的配水目标进行调整，第 1 阶段配水量过少会导致作物因缺水而减产，受到惩罚；配水过多会影响作物生长或造成水资源浪费，同样会受到惩罚。为降低惩罚风险，同时又使系统收益最大，则需对第 1 阶段的实际配置水量适当调整，将缺水量作为第 2 阶段的决策变量。

区间 2 阶段模糊随机规划模型：

$$\max f^{\pm} = \sum_{i=1}^{I} \sum_{j=1}^{J} \mathrm{NB}_{ij}^{\pm} \cdot W_{ij}^{\pm} - \sum_{i=1}^{I} \sum_{j=1}^{J} C_{ij}^{\pm} \cdot \left[\sum_{k=1}^{K} p_{ik} \cdot D_{ijk}^{\pm} \right] \tag{5-35}$$

式中：$W_{ij}^{\pm}$为水源 i 向作物 j 配水的预先配水目标值，10^6m^3，当预先配水目标值未满足时将会受到惩罚；$\text{NB}_{ij}^{\pm}$ 为水源 i 向作物 j 配水时，单位水量的系统收益值，元/m^3；$C_{ij}^{\pm}$ 为作物 j 的预先配水目标未满足时，单位缺水量的惩罚系数（$C_{ij}^{\pm}>\text{NB}_{ij}^{\pm}$），元/$\text{m}^3$；$P_{ik}$ 为水源 i 在不同来水水平为 k 时的净来水量概率；$D_{ijk}^{\pm}$ 为当天然来水水平为 k 时，水源 i 向作物 j 配水，未满足预先配水目标的缺水量，$10^6\ \text{m}^3$；$f^{\pm}$表示系统总收益，10^6 元。

约束条件：

水源可用水量约束

$$\sum_{i=1}^{I}\sum_{j=1}^{J}(W_{ij}^{\pm}-D_{ijk}^{\pm})\leqslant\sum_{i=1}^{I}(Q_{ij}^{\pm}+q_{ik}^{\pm}-QS_{i}^{\pm})\quad\forall i,j,k \tag{5-36}$$

式中：$Q_i^{\pm}$为灌区水源 i 初期蓄水量，$10^6\ \text{m}^3$；$q_{ik}^{\pm}$ 为灌区水源 i 在不同流量水平的天然净来水量，$10^6\ \text{m}^3$，$q_{ik}^{\pm}$ 具有显著的概率特征，则净来水量 $q_{ik}^{\pm}$ 的概率为 p_{ik}；$QS_i^{\pm}$ 为灌区 i 水源蒸发、渗漏等损失水量，$10^6\ \text{m}^3$。

水源最大供水约束

$$\sum_{j=1}^{J}W_{ij}^{\pm}\leqslant W_{i\max}\quad\forall i,j \tag{5-37}$$

式中：$W_{i\max}$ 为水源 i 最大可供水量，$10^6\ \text{m}^3$。

作物需水量约束

$$W_{j\min}^{\pm}\leqslant\sum_{i=1}^{I}\sum_{j=1}^{J}W_{ij}^{\pm}\leqslant W_{j\max}^{\pm}\quad\forall i,j,k \tag{5-38}$$

式中：$W_{j\min}^{\pm}$ 和 $W_{j\max}^{\pm}$ 为灌区内作物 j 充分灌溉条件下的作物最小需水量和最大需水量，$10^6\ \text{m}^3$。

渠道输水能力约束

$$W_{ij}^{\pm}-D_{ijk}^{\pm}\leqslant c_{ij}^{\pm}\quad\forall i,j,k \tag{5-39}$$

式中：$c_{ij}^{\pm}$ 为灌区内水源 i 向作物 j 配水，两地间渠道可允许输送水量，10^6m^3，其中地下水渠道输水能力定义为提取后再通过渠道向作物 j 配水。

水量平衡约束

地表水水量平衡约束为

$$Q_{ij}^{\pm}+q_{ik}^{\pm}-QS_{i}^{\pm}-\sum_{j=1}^{J}(W_{ij}^{\pm}-D_{ijk}^{\pm})=Q_{im}^{\pm}\geqslant Q_{i\min}\quad i=1,2,\cdots,n \tag{5-40}$$

地下水水量平衡约束为

$$Q_{ij}^{\pm}+q_{ik}^{\pm}-QS_{i}^{\pm}-\sum_{j=1}^{J}(W_{ij}^{\pm}-D_{ijk}^{\pm})=Q_{im}^{\pm}\geqslant Q_{i\min}\quad i=n+1,n+2,\cdots,m \tag{5-41}$$

式中：$Q_{im}^{\pm}$ 为规划期末水源 i 的蓄水量，10^6m^3；$Q_{i\min}$ 为水源 i 应保证的最小蓄水量，$10^6\ \text{m}^3$。

其中地下水位应保证不低于正常地下水位，并且地下水损失 $QS_i^{\pm}$ 取为 0。不同水源可用水量（$Q_{ij}^{\pm}+q_{ik}^{\pm}-QS_i^{\pm}$）区间上下限值分别取最大可能值 B_1 和最小可能值 B_0。

非负约束

$$W_{ij}^{\pm}\geqslant D_{ijk}^{\pm}\geqslant 0\quad\forall i,j,k \tag{5-42}$$

5.8　疏勒河灌区水肥一体化技术

水肥一体化技术是将灌溉与施肥融为一体的农业新技术。水肥一体化是借助压力灌溉系统,将可溶性固体肥料或液体肥料配兑而成的肥液与灌溉水一起,均匀、准确地输送到作物根部土壤。采用灌溉施肥技术,可按照作物生长需求,进行全生育期需求设计,把水分和养分定量、定时、按比例直接提供给作物。压力灌溉有喷灌和微灌等形式,目前常用形式是微灌与施肥的结合,且以滴灌、微喷与施肥的结合居多。微灌施肥系统由水源、首部枢纽、输配水管道、灌水器 4 部分组成。水肥一体化结构如图 5-26 所示。

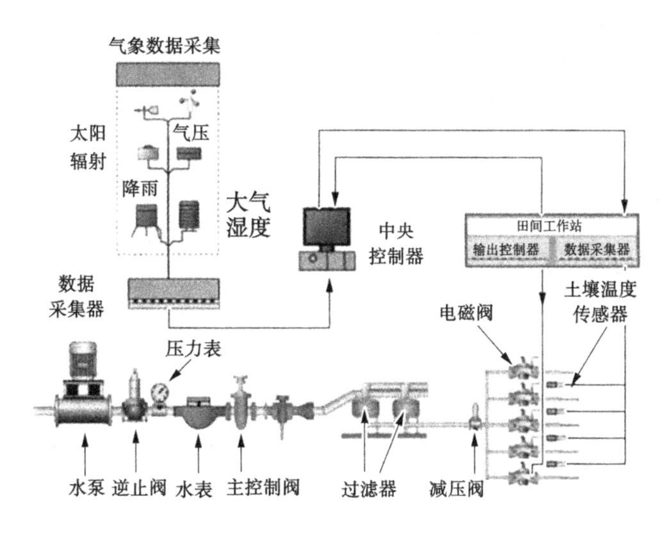

图 5-26　水肥一体化结构

(1)水源系统。水库、水井、江河、湖泊、渠道可作为水源,但水质必须要符合灌溉要求。为了使水源得到充分利用,需要修建引水、蓄水以及提水工程,同时配合输配电系统,构建完善的水源系统。

(2)首部枢纽系统。水泵以及流量压力监测设备、过滤器、施肥设备与压力保护装置是系统的主要组成部分。该系统是水肥一体化智能灌溉系统的重要驱动力,发挥着重要的监控与调控作用,是整个系统的调控中心。

(3)施肥系统。包括混合肥料溶液系统以及灌溉系统。混合肥料系统主要由肥料罐、电磁阀、施肥器、控制器、混合罐、传感器和混合泵组成。灌溉系统主要包括灌溉泵、过滤器、控制器以及田间灌溉网、稳压阀、灌溉电磁阀。

(4)输配水管网系统。主要包括干管、支管以及毛管,PVC 管材是干管的主要材料,PE 管是支管的主要材料。依照流量分级配置管径,当前应用的毛管多是边缝迷宫式滴灌带以及内镶式滴灌带;并运用铁制构件的大口径阀门,干管以及分支管首部设置进水口闸阀,球阀设置于支管与辅管进水口部位。输配水管网把首部经过处理的水向灌水器以及灌水单元输送。毛管为微灌系统末一级管道,主要作为滴灌管。

(5)无线阀门控制器。接收田间工作站指令,并进行实施。无线阀门控制器直接连接管网上的电磁阀,接收田间工作站指令之后,调控电磁阀开闭,并采集田间信息,将信息上传到田间工作站。多个电磁阀均可由一个阀门控制器进行控制。田间灌溉过程中电磁阀是重要的控制阀门,根据田间节水灌溉设计轮灌组,来对电磁阀进行划分,并对其安装位置与个数进行确定。

(6)灌水器系统。根据微灌灌水流量的大小,一次灌水需要较长的时间,而灌水周期较短,工作过程中压力要求不高,可以精确控制灌水量,将水分及养分向作物根部周围的土壤中输送。

5.8.1 水肥一体化智能灌溉系统

5.8.1.1 水肥一体化智能灌溉系统技术

精准供肥能够使肥料直接进入作物根系较为集中的土壤区域,使作物根系能够更为直接地吸收肥料中的养分,有效地解决了肥料的浪费问题,这是水肥一体化技术中显著的技术优势,此外,水肥一体化技术还可以科学掌握作物所需的水分及养分需求,避免了过度施肥及灌溉的不利影响,使作物抵御病虫害的能力得到进一步提升,进而降低了施药频率,大大减少了用药量。不仅如此,通过水肥一体化技术的科学应用,还可以有效降低人力资源,进而使生产效率获得显著提升。节水机理分析:通过对该技术的合理应用,使工人能够借助低压管道及灌水器把水资源直接送入作物根系相对集中的区域,有效地避免了水资源的浪费情况,为作物提供了良好的生长环境,确保了作物每日所需的水分,使灌溉水利用率得到进一步提升。

系统的技术方案包括控制系统(硬件)和控制方法(软件):①控制系统采用监控机(上位机)、下位机与执行机构3层架构,远程监控与现场控制两级控制结构;系统借助水分传感器实时反馈土壤水分信息,设置单泵与数个营养罐自动在线组配营养液。②控制方法采用VB.net设计人机交互界面,并利用MSCOMM控件协议实现了串口通信、远程监控现场。系统依据实时土壤水分信息与作物需水特征及时灌溉,依据不同作物不同阶段的营养需求特征采取“肥随水走”与“以周为施肥规划单位,以天为施肥实施周期”的水肥一体化管理方案在线自动组配营养液。系统技术路线如图5-27所示。

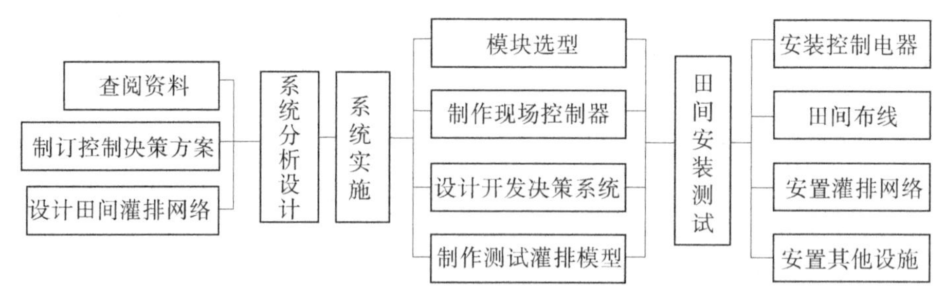

图5-27 系统技术路线

5.8.1.2 水肥一体化智能灌溉系统设计

灌溉智能化系统实现对土壤含水量的实时采集,并以动态图形的形式在管理界面上显示。系统依据示范区内灌溉管道的布设情况及固定式喷灌机的安装位置,预先设置相应的灌溉模式(自动模式、手动模式、定时模式等),进而通过对实时采集的土壤含水量值和历史数据的分析处理,实现智能化控制。系统能够记录各个区域每次灌溉的时间、灌溉的周期和土壤含水量的变化,有历史曲线对比功能,并可向系统录入各区域内作物的配肥情况、长势、农药的喷洒情况以及作物产量等信息。系统可通过管理员系统分配使用权限,对不同的用户开放不同的功能,包括数据查询、远程查看、参数设置、设备控制和产品信息录入等功能。

系统布设土壤墒情监测站、远程设备控制系统、智能网关和摄像头等设备,实现对示范区内传感数据的采集和灌溉设备控制功能;示范区现场通过 2G/3G 网络和光纤实现与数据平台的通信;数据平台主要实现环境数据采集、阈值报警、历史数据记录、远程控制、控制设备状态显示等功能;数据平台进一步通过互联网实现与远程终端的数据传输;远程终端实现用户对示范区的远程监控。

依据灌溉设备以及灌溉管道的布设和区域的划分,布设核心控制器节点,通过 ZigBee 网络形成一个小型的局域网,通过 GPRS 实现设备定位,然后通过嵌入式智能网关连接到 2G/3G 网络的基站,进而将数据传输到服务器;摄像头视频通过光纤传输至服务器;服务器通过互联网实现与远程终端的数据传输。

5.8.2　基于 PLC 控制技术的水肥一体化技术

实现作物精准灌溉施肥是基于 PLC 控制的全自动水肥一体化系统的设计理念,实现这一理念的根本就是要摒弃传统的灌溉施肥模式,不能根据种植经验来判断作物对水肥的需求,取而代之的是需要真实可靠的土壤水分养分数据作为灌溉和施肥的依据和凭证。

该系统由控制中心、灌溉施肥系统、土壤墒情采集系统三大模块构成。控制系统中心采用 PLC(可编程控制器)技术和触摸显示屏技术相结合,通过触摸显示屏界面选择水池和自来水两种灌溉水源方式,设定手动和自动两种水肥运行模式、水肥参数,可实现水肥的定时定量以及自动化控制。灌溉施肥系统由 2 个文丘里吸肥器、1 个灌溉通道、2 个吸肥器控制电动球阀、4 个灌溉电动球阀、潜水泵、离心泵、液位仪等组成,采用电动球阀作为灌溉和施肥的开关控件,结合文丘里吸肥器可均匀稳定地实现 4 个温室大棚相同作物或不同作物的水肥控制,同时针对不同作物各个时期水肥需求,制订匹配的灌溉与施肥方案。土壤墒情采集系统,主要是进行灌区土壤水分、EC 值的采集和传输。由土壤水分/EC 一体化传感器、数据采集器模块、数据接收模块 3 部分构成。以无线传输模块为中心,将水分/EC 一体化传感器、无线数据采集模块以网状式结构分布式安装在灌区的不同地点。无线数据采集模块实时接收传感器监测的土壤水分和 EC 信息数据,并把数据通过无线发射天线传输给位于中央部分的无线数据传输模块,无线数据传输模块再将灌区无线数据采集模块采集的实时数据传输给 PLC 控制器,PLC 控制器将接收的标准信号转换成数字信号最后传输给触摸显示屏。

基于 PLC 控制的全自动水肥一体化系统结构的设计主要由控制中心、灌溉施肥系统、土壤墒情采集系统构成。系统设计整体结构如图 5-29 所示,电源电路转换成匹配的电压为各单元模块供电。系统控制中心模块即 PLC(可编程控制器)+触摸屏,PLC 和触摸屏可实时交互作用,PLC 可根据触摸屏操控界面设定的各个单元模块控制灌溉施肥系统模块中的施肥电动球阀、灌溉电动球阀、潜水泵、离心泵、液位仪等各个部件的启动与关闭。土壤墒情采集系统,通过配套的水分/EC 一体传感器、无线采集模块、无线传输模块将采集的数据实时反馈给 PLC,PLC 将传输的模拟信号模拟转换成数字信号如实地显示在触摸显示屏界面,依据界面的实时数据可实现水肥的定时定量控制和调节,如图 5-28 所示。

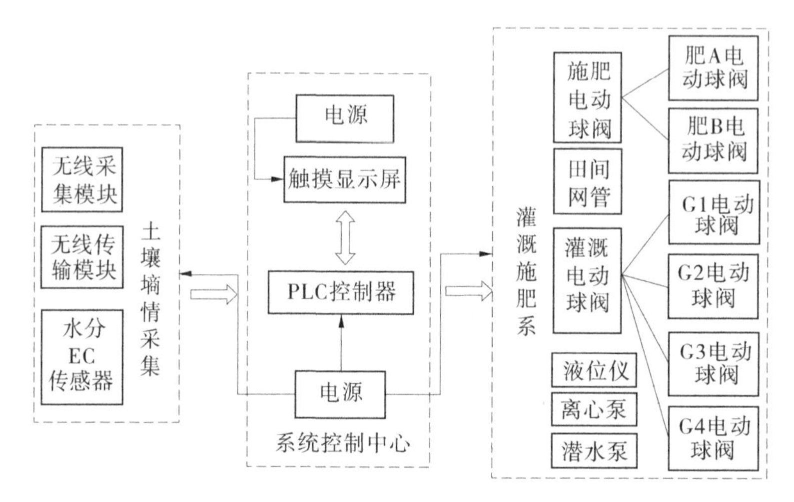

图 5-28　基于 PLC 控制的全自动水肥一体化系统原理框图

本系统主要包括传感器与水肥一体机的数据采集与展示。空气温湿度、土壤温湿度、土壤 EC 值、光照强度等传感器的实时数据通过 ZigBee 协议传输至网关,采集模块通过 Internet 从网关每分钟获取一次所有传感器的数据,并保存到平台数据库中。水肥一体机采用可编程逻辑控制器(PLC)控制机器的工作,输出寄存器中的数据,如机器状态、工作的设置参数、水肥数据等,根据具体 PLC 的性能,传输至为其配置的独立网关,并保存到平台数据库中。数据展示模块主要包括实时数据和历史数据的展示,前台使用 AJax 技术以分页的形式读取平台数据库中所有传感器数据和水肥历史数据,并用表格和图表 2 种方式展示传感器所有数据;展示前台通过调用采集模块的相应接口,每 10 s 通过 Internet 从水肥一体机网关获取机器的工作状态,并刷新到展示界面,而水肥一体机的设置参数则只在被访问时进行实时获取和展示。

5.8.3　水肥一体化管控平台

该平台由数据访问层(UI)、业务逻辑层(BLL)、表现层(UI)组成,并结合灌区实际情况,设计了如图 5-29 所示的架构。图 5-29 中各层之间只能通过接口提供数据和服务,如应用层接收用户请求,然后将请求转发到服务层为应用层提供的接口,服务层通过逻辑判断和处理等步骤后通过数据层暴露的接口发起数据访问请求,数据访问层最终从数据库直接获取结果数据后再反馈给服务层和应用层。该结构实现了前台应用与后台服务之间的解耦,安全性高且易于维护。

平台功能模块主要由系统管理模块、数据采集与展示模块、机器控制与水肥策略模块和告警模块组成。

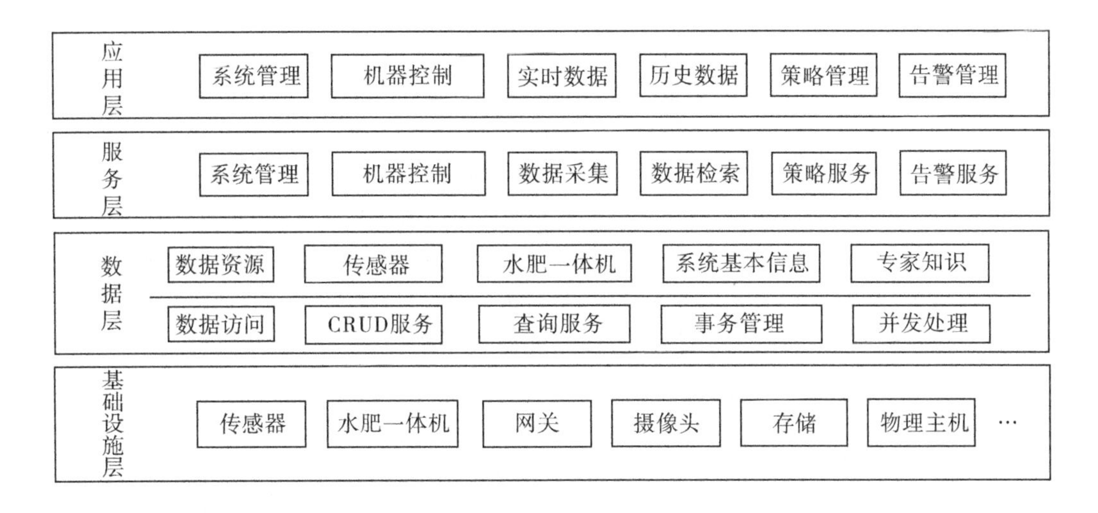

图 5-29　系统简图

(1)系统管理模块主要是对机构、用户、温室、水肥机、传感器以及角色权限的增删改查。机构下能够设置多个子机构和多个部门层级,基本满足不同组织架构的复杂情况;一个机构中的用户类型大致分为机构管理员、农事操作人员和查看人员,一个机构只有一个机构管理员,拥有本机构中的最高权限。温室包括地理位置、面积、种植作物等基本信息,水肥一体机包括型号、灌区(面积、流量等)等信息,传感器的信息录入主要是监测类型、生产厂家等;机构、温室、水肥一体机和机构、温室、传感器均为从属关系。对一个普通用户,除给其赋予能限定操作或查看的角色,还可以给其分配本机构内具体管理的一个或多个温室,达到更细层次的权限控制。

(2)数据采集与展示模块主要包括传感器与水肥一体机的数据采集与展示。空气温湿度、土壤温湿度、土壤 EC 值、光照强度等传感器的实时数据通过 ZigBee 协议传输至网关,采集模块通过 Internet 从网关每分钟获取一次所有传感器的数据,并保存到平台数据库中。水肥一体机采用可编程逻辑控制器(PLC)控制机器的工作,输出寄存器中的数据,如机器状态、工作的设置参数、水肥数据等,根据具体 PLC 的性能,通过 4G 协议以不超过 5 min/次的频率传输至为其配置的独立网关,采集模块通过 Internet 从水肥一体机网关每隔 1 h 获取 1 次浇灌的水肥数据,并增量保存到平台数据库中。数据展示模块主要包括实时数据和历史数据的展示,前台使用 AJax 技术以分页的形式读取平台数据库中所有传感器数据和水肥历史数据,并用表格和图表 2 种方式展示传感器所有数据;展示前台通过调用采集模块的相应接口,每 10 s 通过 Internet 从水肥一体机网关获取机器的工作状态,并刷新到展示界面,而水肥一体机的设置参数则只在被访问时进行实时获取和展示。

(3)机器控制与水肥策略模块支持在管控平台上手动和自动控制机器工作。查看监控影像、传感器数据以及当前机器状态,根据经验手动控制机器是否立即浇灌、调整浇灌量,平台发送开始和停止指令到机器的 PLC 即可实现控制。自动控制机器,也就是水肥策略的制定,而水肥策略的设置又分为手动和自动。可以查看温室中录入的作物和面积等基本信息,然后结合经验,在前台手动预设作物不同生育阶段的水肥浇灌策略,包括浇灌次数、浇灌时间和浇灌量等，然后分时自动地写入机器；也可以由平台监测传感器的实时数值，当达到浇灌的阈值时，结合机理模型与经验模型，利用 Penman-Monteith 方程和目标产量法确定本次时间段内的水量和肥量，然后根据机器参数转换成机器工作的时长或浇灌量，即时写入机器后便控制机器开始工作。

(4) 告警模块主要是监控传感器数值、水肥一体机工作是否正常和设备联网状态等，用户可预设土壤 EC 值、pH、土壤湿度，以及营养液 EC 值、pH 或水肥比例等数值的可接受范围，根据获取的水肥和传感器数据，判断各装备是否正常联网、各装备监测的数值是否处于正常范围，如水肥浓度是否安全、水泵有无空转、土壤有无盐分积累等，异常则产生告警并通过首页高亮、响铃、发送短信等方式通知管理人员。

5.8.4 水肥一体化装备现状

目前，国内水肥一体化技术主要通过喷灌、滴灌和微喷灌方式实施，其系统主要由水源工程、施肥装置、过滤装置、管道系统和灌水器等组成。其中，施肥装置是实现水肥一体化的核心装置之一，灌溉施肥质量的好坏很大程度上取决于施肥装置的性能优劣。目前，常用的施肥方式包括重力自压式施肥法、压差式施肥法、文丘里施肥器、注肥泵法和水肥一体机等。

5.8.4.1 重力自压式施肥法

重力自压式施肥法，是指利用水位高度差产生的压力进行施肥，如图 5-30 所示。该施肥装置结构简单，施肥时无须额外动力，成本较低，固体肥和液体肥均能使用，农户易于接受；但该方式施肥效率较低，难以实现自动化，且随着施肥过程的进行，肥液浓度不均匀，重力自压施肥装置系统简单，易于实现，研究相对较少。

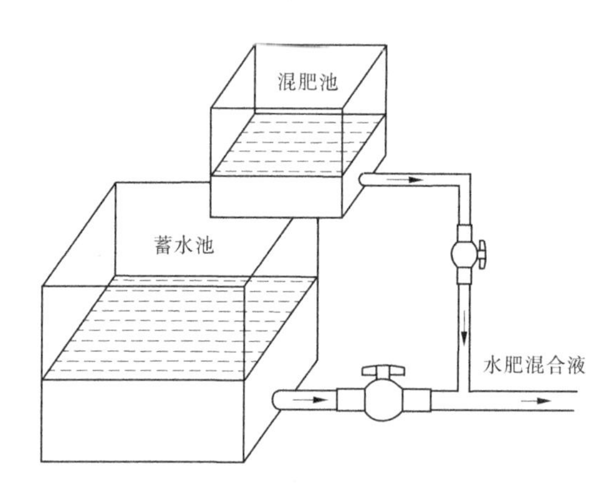

图 5-30 重力自压式施肥法示意

其中作物生长情况由传感器进行信息收集、对设备进行实时数据传输的控制终端都由中控信息平台管理。中控信息管理平台是灌溉系统信息监控和管理的控制中枢，主要作用是实时接收控制终端采集的数据参数，进而完成数据的存储、分析、统计报表、状态评估、预报分析、综合管理等工作，并负责将所收集的实时数据报送上一级。中控平台还可以根据需要向控制终端下达遥控指令，使控制终端站的监控设备按照中控平台的要求完成操作,达到远程遥控的目的。组态软件在控制领域已有相当广泛的应用,它们允许用户在图形界面下对控制系统的各种数据采集点、输出控制点、设备、控制回路、文件报警、生产报表、控制策略、网络设备和工艺画面进行定义与组态,还提供与网络、Internet、数据库访问接口等的连接功能,使监控系统能相对方便地与信息管理系统加以集成。针对重力自压式施肥灌溉系统的信息监控与管理需求,研究并开发直观,交互性能好,控制过程简单、方便、安全的运行管理软件。

5.8.4.2　压差式施肥法

压差式施肥法主要通过压差式施肥罐实施,压差式施肥罐通过 2 根细管与主管道相接。工作时,在主管道上 2 根细管接点之间安装一个节流阀以便产生压力差,借助压力差迫使灌溉水流从进水管进入施肥罐,并将充分混合的肥液通过排液管压入灌溉管路,如图 5-31 所示。压差式施肥法系统简单、设备成本低、操作简单、维护方便,液体肥料、固体肥料均可直接倒入罐中使用,施肥时不需要外加动力,在我国温室大棚和大田种植应用普遍。然而,该方式也存在一些弊端:一是节流阀增加了压力的损失;二是由于施肥罐体积受限,施肥过程中需多次注肥,劳动强度高,不适于自动化控制;三是灌溉过程中无法精确控制灌溉水中的肥料注入速度和肥液浓度。

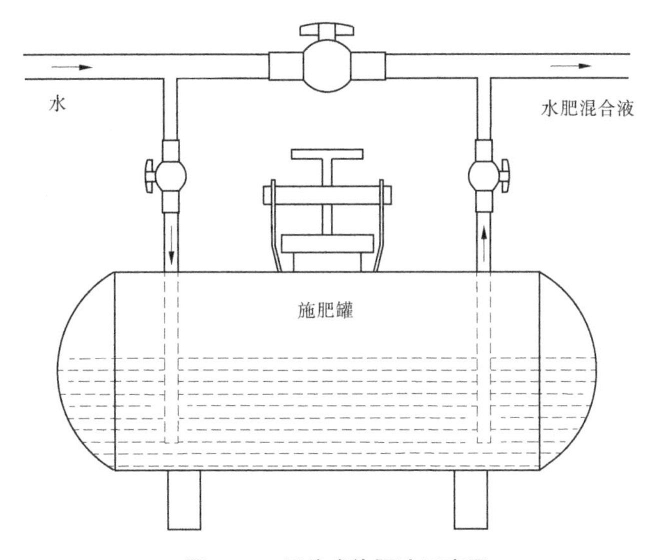

图 5-31　压差式施肥法示意图

由于阀门的固有流量特性取决于阀芯形状,在实际工作过程中,当阀门前后压力差恒定时,阀门开度与流量之间的关系并不是简单的线性关系(直线特性、对数特性、快开特性和抛物线特性等),这种关系需通过试验特性曲线借助特定的函数关系式来表示。当管路系统的阻力或其他阀门的开启程度发生变化导致阀门前后压力差变化时,同样的阀门开度对应的流量也将有所变化。而不同生产厂家、阀门类型、制造精度也都会对实际工作过程中阀门开度与流量之间的关系产生影响。此外,不同的阀门开度对于该处的局部水力损失也会存在一定程度的影响。因此,针对实际产品需要率定阀门开度与流量之间的关系,首先需要率定出各阀门的局部水头损失和管道的沿程水头损失系数,根据目标流

量 Q(主管道的恒定流量)确定压差式施肥罐控制阀全闭 q_1(进水管和出肥管中的流量)= Q 和 q_2(直接流过主管道进入灌溉系统的流量)= 0 时的主管道阀门开度和系统总压力,作为变流量调节的起始依据。将 q_2 由 0 逐步微调至 $(C_0-C_1)Q/C_0$(C_0 为施肥罐中初始的肥液浓度、C_1 为进入灌溉系统的恒定肥液浓度),并保证在 q_2 变化的过程中 $q_1=Q-q_2$,调整并测定主管道阀门和压差式施肥罐控制阀开度-流量(q_1、q_2)的变化曲线。计算机根据目标流量的时间变化过程和主管道阀门和压差式施肥罐控制阀开度-流量曲线,得到对应的主管道阀门和压差式施肥罐控制阀开度-时间变化曲线,从而实现控制阀门的开度过程。这种结合试验确定阀门开度变化过程的方法尚不能满足施肥过程中肥液浓度的绝对均匀,但在实际的工程应用中与均匀施肥理论存在一定程度的偏差也是可以接受的。

5.8.4.3　文丘里施肥法

此种施肥方式主要借助文丘里管实现,利用文丘里管的喉管负压将肥液从敞口的肥料罐中均匀吸入管道系统中从而进行施肥,如图 5-32 所示。文丘里管构造简单、成本较低,具有显著的优点,可直接从敞口肥料罐吸取肥料,不需要外部能源,吸肥量范围大,且肥液浓度均匀,适用于自动化和集成化较高的场合,目前在施肥机上应用较多。该方式同样存在缺点:水头压力损失大,通常需要损耗入口压力的 30%以上,为补偿水头损失获得稳压,通常需配备增压泵。

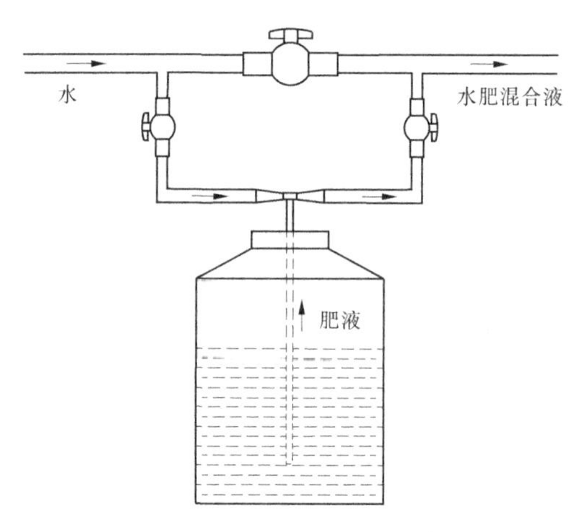

图 5-32　文丘里施肥法示意图

确定文丘里施肥器的吸肥流量和喉部负压、进口压力及进口流量间的影响关系,为文丘里施肥器的实际应用提供依据。根据水力学原理,结合文丘里施肥器的水力学特性,推导出确定文丘里施肥器在不同的出口压力条件下实现稳定吸肥,进水口端所必需的最小工作压力和喉部临界流速的计算公式,以此确定适宜的喉部管径选择合理的文丘里施肥器。

文丘里施肥器中水流通过缩小的喉部断面,流速增大,从而在喉部局部形成负压。目前,文丘里施肥器喉部设计均采用对称结构,其特点在于便于设计加工,这种吸肥器在工作状态下,喉部产生的负压区为一环形区域,区域内负压值相同。根据水力学原理可知,吸肥流量(吸肥能力)主要与吸肥口处的负压有关,与吸肥口断面大小有关,但影响较小,一般只要吸肥口的断面面积不小于吸肥管的断面面积,其影响可以忽略不计,所以吸肥口通常只设计在喉部的一侧。喉段上部产生的负压区对吸肥能力没有实际效应,结合局部水头损失因素,为了降低文丘里施肥器的能耗,提高工作效率,对中心轴对称结构的文丘里施肥器进行结构改进,喉部前端的收缩段改为向上偏心收缩结构,喉部前端入口锥角及后端出口锥角均为中心轴对称结构的一半,而进口处和喉部处的断面不变,由于喉部负压的产生主要与进口压力和喉部动能的转化有关,与喉部的局部水头损失并无直接关系(假如为光滑的流线型),当流量、进口处和喉部处的过流断面相同时,既不影响喉部负压的产生,又使局部水头损失系数变小,进而促使局部水头损失相应减小。

5.8.4.4 水肥一体机

水肥一体化技术实现浇水与施肥的有机结合,同步供应水和肥料,用水来促进肥料的吸收,在灌溉施肥过程中将水和肥料精准地滴灌到作物的根部区域,并根据作物的生长情况,按需供水供肥,提高水肥利用率。该技术极大降低了水和肥料资源的浪费,同时能够节省人工成本,提高作物产量,是现代农业发展的趋势。

水肥一体机在执行作业任务时,通过电磁阀、变频器等设备实现对水和肥料抽取的启停和速率控制,流量计则负责检测抽入量,将氮肥、磷肥和钾肥3种肥料和水按照系统设定的量抽送到混合桶中进行混合。灌溉水由水泵抽取并经过滤网和过滤器过滤后,将其从储水箱中抽入灌溉管道中,当主管道的灌溉水流经比例泵时,比例泵将混合桶中的混合肥料抽入主管道中,以水引肥,最后通过布控在田间的灌溉管网将水肥混合液输送到作物根部区域,实现对作物的灌溉施肥。水肥一体机通过变频器调节抽水泵和抽肥泵的转速,控制水肥一体机的灌溉施肥速率。利用流量计、电磁阀和抽肥泵等设备完成水和肥料的定时定量抽取,并结合主管道的流量计和流速表掌握任务执行进度。氮肥、磷肥和钾肥等肥料原液的黏性较高,流动性差,导致比例泵抽取困难,因此在混合桶中安装混合泵,通过混合泵将肥料原液与水在混合桶中按照1:1的比例进行预先稀释,混合成水肥基液,降低液体黏度。当水肥基液和灌溉水被比例泵抽入主管道后,将流经缓冲器进行再次充分混合,最后通过增压泵将其输送到农田管网。施肥完毕后,水肥一体机将自动进行设备清洗操作,控制抽水泵从储水箱中抽取定量的水,将管壁上残余的肥料随水冲洗到农田中,防止带有腐蚀性的肥料长期残留,造成管道腐蚀。水肥一体机结构如图5-33所示。

水肥一体机控制系统通过无线通信模块实现两者之间的数据传输。远程管理平台下发灌溉施肥控制指令,无线传输模块将控制指令发送到水肥一体机现场控制系统。现场控制系统接收指令并解析,水肥一体机主控制器利用继电器执行对抽肥泵、抽水泵和电磁阀等设备的启闭控制,肥料与灌溉水经过充分混合后,由增压泵将水肥混合液通过农田管网输送到作物根部区域,实现对作物的远程灌溉施肥。水肥一体机控制系统结构设计如图5-34所示。

水肥一体机控制系统通过GSM通信模块实现现场控制系统与远程管理平台之间的数据传输,现场控制系统负责执行具体的灌溉施肥作业。水肥一体机现场控制系统主要由以下五大模块组成。

(1)主控模块。STM32单片机与目前流行的控制设备PLC相比成本更低,并且具有成熟的开发平台,方便程序的编写。选用STM32单片机作为水肥一体机控制器核心能够降低生产成本,节省开发时间。

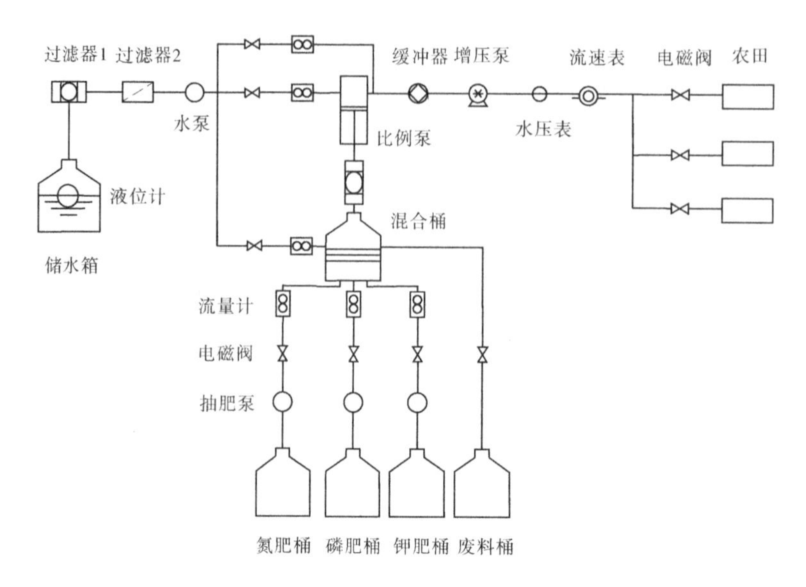

图 5-33　水肥一体机结构

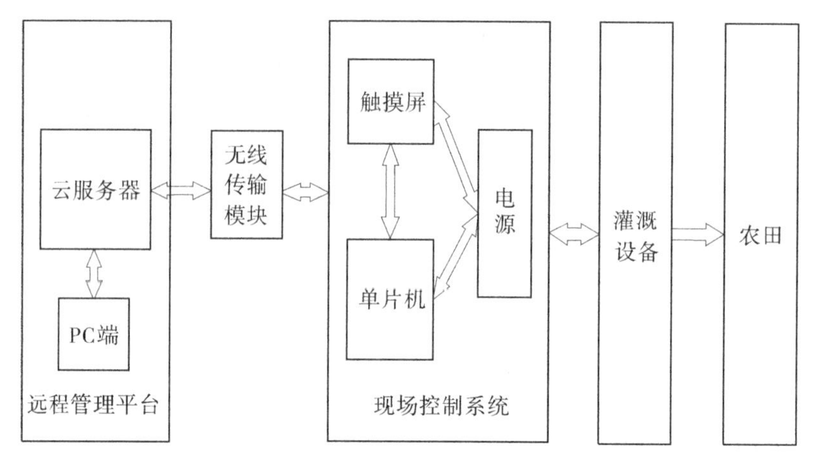

图 5-34　水肥一体机控制系统结构设计

(2)人机交互模块。选用内置 STM32F103 芯片的串口触摸屏作为该水肥一体机的人机交互界面。该触摸屏能够在潮湿、强干扰和高温差等复杂环境中稳定运行。用户可在现场通过触摸屏进行灌溉施肥管理以及查看任务执行进度。

(3)开关量控制模块。水肥一体机主控制器借助继电器实现对电磁阀和抽水泵等设备的启闭控制。

(4)通信模块。水肥一体机的无线数据传输通过 GSM 模块和 ZigBee 模块实现。水肥一体机主控制器利用 GSM 模块实现与平台服务器的远程数据传输。各类农田环境传感器以及部分无线灌溉设备则通过 ZigBee 通信模块与水肥一体机主控系统实现数据交换。

(5)电源模块。电源模块由供电系统和电量计组成。供电系统由水肥一体机主控制器的供电电源、灌溉设备的相关电源以及环境传感器电源等组成。此外,通过电量计监测系统电压,保证水肥一体机的稳定运行。

5.8.5　滴灌水肥一体化技术

水肥一体化技术是一项综合技术,其中涉及农田灌溉、作物栽培、土壤耕作等多个方面,所以需要充分掌握实际情况后才能使用,以达到种植效果最大化。水肥一体化技术可以提高肥料成效以及植物对肥料养分利用率,能够有效地避免肥料施用时在表层土壤中的挥发损失,并且液体肥料的形式也可以克服固体肥料溶解慢的缺点。这项技术在节约肥料损失的同时还能利于环境的保护。据华南农业大学张承林教授的研究,滴灌水肥一体化技术与常规的施肥种植相比肥料节省 50%~70%,并大大减少了肥料对水体的污染。滴灌水肥一体化技术是一项综合性较强的技术,涉及多个学科的专业知识。应用时需要注意以下几点:

首先,滴灌系统的建立,需要根据种植地区的实际情况来进行搭建,在系统搭建后的使用过程中,需要控制好灌溉用水量,避免灌水量过大,导致氮素损失,降低水分的利用率。

其次,在施肥时,可以在液态肥料、固态肥料中作出选择,例如氨水、尿素和磷酸一铵等,固体的肥料要选择水溶性较高且含杂质少的肥料,一般不易使用颗粒型复合肥。使用腐植酸液肥时需要过滤后再投入使用,这样做能够避免肥料堵塞管道的问题出现。

最后,在进行灌溉施肥过程中,液态肥料不需要搅动、混合,而固态肥料必须和水混合搅拌之后,才能够成为液态肥料,其间还需要杜绝分层与沉淀等不良现象。在施肥量上一般灌溉流量为 50 m^3/亩,注入肥液大约为 50 L/亩,过度施肥会导致作物死亡,还会造成环境污染。

5.8.5.1　水肥一体化滴灌管网规划布置

滴灌带上的滴孔现主要有两种形式:压力补偿式和无压力补偿式。使用何种形式滴灌带需根据整体的投资及地形等因素决定。疏勒河灌区大部分使用的滴灌带都是无压力补偿式的,这类滴灌带是一次性的但其制造成本低廉,管理、更换方便,因此被农户所接受并广泛使用。

因此,设计作物的滴灌带,主要考虑滴灌带滴孔流量、滴灌带滴孔间距以及滴灌带之间的行距这 3 个影响参数。对于作物来说,其布置的滴灌带沿着每行作物根部布置,滴灌带的行距由农作物的行距来决定,滴灌带的各滴孔流量需要满足作物根部对土壤湿润度的要求,只需调节滴孔流量、滴孔间距,因此在实际设计中主要考虑这两个影响因素。

滴孔流量:须满足作物不同生长阶段的需水量,其出水量的区间须涵盖作物需水量的区间,且在同一次灌溉作业中出水量最多的滴孔和出水量最少的滴孔的误差保证在一定的范围之内,确保灌溉时出水均匀。

滴孔间距:需根据作物种植的间距来确定,以便各滴孔的灌溉水能直接作用于植物的根部,而非滴孔部分处于两株作物中间位置,灌溉水没有直接流到作物根部,从而浪费水资源。

滴灌管网布置形式主要有如下两类:一级支管管网、二级支管管网。现有的技术和设备不能保证更高级的支管管网有效的运行,因此应用较少。管网的布置形式取决于灌区的面积大小,地理环境、作物的种类等因素,本书主要研究的是中小型灌区的灌溉管网优化,使用的是一级支管管网布置形式。常用的一级支管管网布置形式有如下4种形式:①单向支管—单滴灌带;②单向支管—双滴灌带;③双向支管—单滴灌带;④双向支管—双滴灌带。具体如图5-35所示。

5.8.5.2 滴灌水肥一体化技术的类型

水肥一体化技术是一项综合技术,其中涉及农田灌溉、作物栽培、土壤耕作等多个方面,所以需要充分掌握实际情况后才能使用,以达到种植效果最大化。水肥一体化技术中首先需要建立一套完善的滴灌系统,在设计滴灌系统时需要注意的是,要做好对种植地的调查工作,对种植地的地形地貌、田块、土壤成分、作物的种植方法、水源等特点要了解清楚,之后再设计管道系统,其中埋设管道的深度、长度、灌溉的区域面积等都要做好预备工作。水肥一体化技术中的灌溉方式有多种,本书主要讲的就是滴灌,滴灌多适用于干旱缺水的地区,是一种有效的节水灌溉方式,对水源的利用率可达到95%。在管道系统中,安装在毛管上的灌水器将水分与肥料均匀地滴入作物的根系区域中。一般滴灌的速度为2~12 L/h,所以,灌水的周期是比较长的。下面介绍滴灌的几种类型。

(1)地面固定式。将毛管设置在地面上,在灌溉期间毛管和灌水器不移动的系统称为地面固定式系统。这种类型的滴灌多在果园、大棚的灌溉中使用,其优点是便于安装,在维护方面也省心省力,有利于种植者对土壤质量的检查和管道整体流量情况的观察。但是由于整体滴灌系统是暴露在地表上的,毛管和灌水器易于损坏和老化,并且对于田间管理工作也会造成一些影响。

(2)地下固定式。将整体滴灌系统设置在地下的系统称为地下固定式,这是近些年滴灌技术不断更新提高所形成的新类型。这种类型的滴灌系统与地面固定式系统相比,其优点在于可以免除毛管在作物种植和收获前后的安装和拆卸工作,而且对于田间管理工作也是没有影响的,并且能有效地延长滴灌系统的使用寿命。但是其缺点也十分明显,在进行土壤质量的检查工作时无法观察到滴灌系统的实时流量和土壤湿润情况,并且一旦滴灌系统发生故障也很难进行维修。

(3)移动式。移动式滴灌系统,就是毛管和灌水器在完成灌溉后由一个位置移向另一个位置进行灌溉的系统。这种滴灌系统的应用情况是比较少见的,但是相比于固定式滴灌系统来说,移动式滴灌系统对于设备的利用率大大提升,并且减少了滴灌系统搭建的成本,这种类型的滴灌系统常被用于大田作物和灌溉次数较少的作物,其主要缺点就是操作管理的成本较高,主要适合在经济条件较差、干旱缺水的地区使用。

(4)人工控制。滴灌系统中的操作全部都由人工完成,像水泵和阀门的操作,滴灌时间、流量等都由人为控制。这种操作方法的成本较低,且技术含量不高,便于管理者对其进行日常的使用和维护,适合在农村推广。其主要缺点在于使用时便携性较差,且不利于大范围的灌溉活动。

5.8.6 微喷灌水肥一体化技术

微喷灌是一种新型灌溉方式,灌溉水通过微喷带均匀地喷洒在田间,不仅可以精确控制每次的灌水量,而且设施简单、廉价。随着微喷灌技术的发展,基于微喷灌模式将灌溉

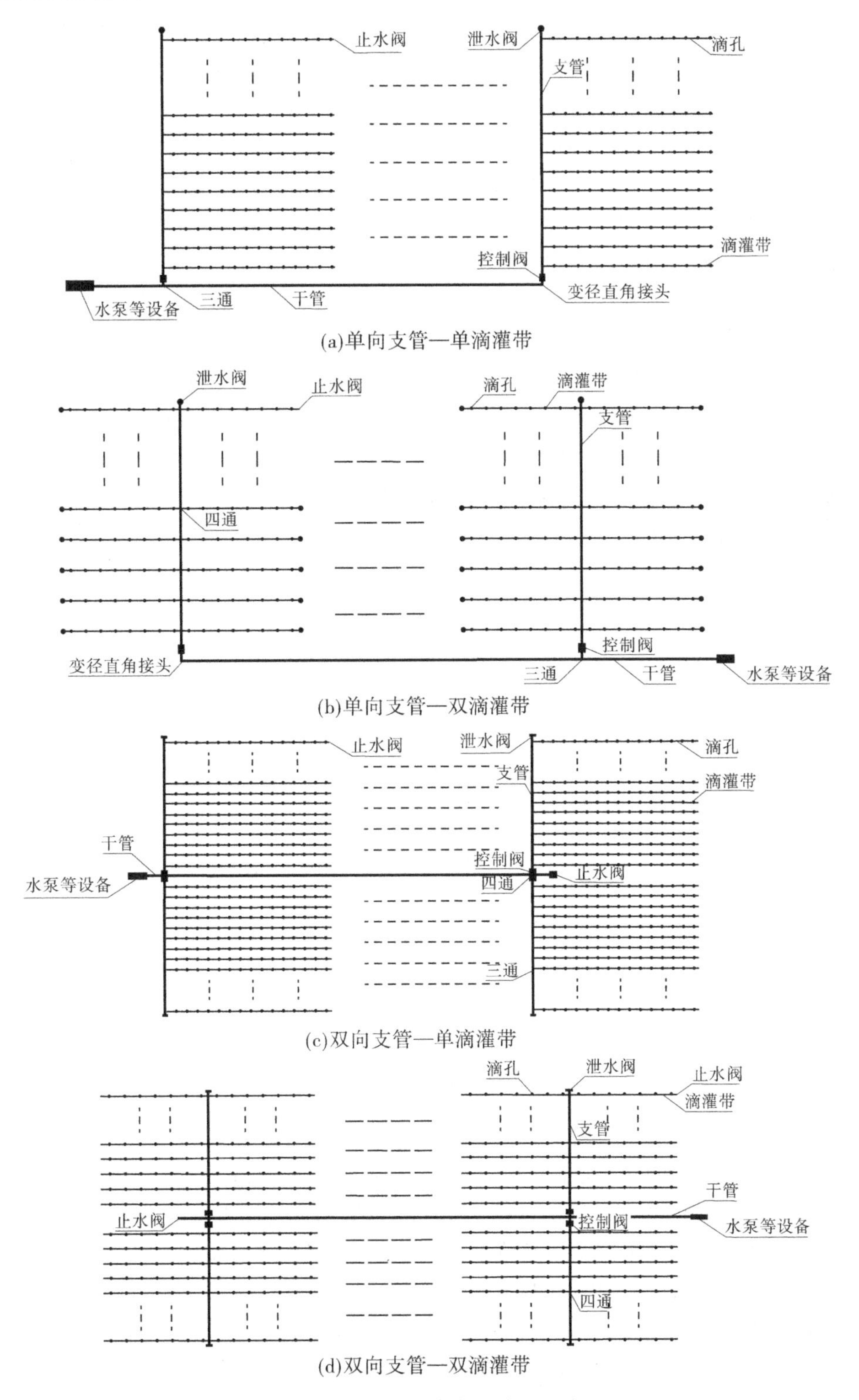

图 5-35 一级支管管网布置示意图

与施肥有效的结合是大田水肥一体化技术的发展趋势。相关研究表明,微喷灌溉施肥过程中,影响水肥均匀分布的重要因素是选择合适微喷带的带宽和孔径及田间管网布置,在一定的范围内增加微喷带的喷孔孔径和带宽,布置合理的田间管网可以提高微喷带灌溉的均匀性,从而提高作物的水肥利用效率。

水肥一体化微喷灌技术能够通过可控管道系统供水、供肥,使水肥融为一体,可以根据作物生长过程中对水分和养分的需求,进行水肥的同时灌溉,达到节水、省肥的效果。微喷灌因其主要喷水部件微喷带价格便宜、使用水压低、喷灌面积大、安装使用简单方便、不易堵塞等优点在大田水肥一体化中应用广泛。水肥一体化微喷灌系统一般由水源、首部系统、喷水部件和输配水管网组成。

大田水肥一体化微喷灌系统主要包括首部系统和微喷系统。首部系统包括水泵、主管道、过滤器、母液罐、压力表、流量表以及控制调节装置;微喷系统包括干管和支管(微喷带),构成"水源→水泵→主管道→干管→支管(微喷带)"的系统结构。其中,主管道输送灌溉水和水肥混合液;水泵为灌溉水提供压力;母液罐对肥料进行搅拌、溶解;微喷带把灌溉水和水肥混合液喷洒到田间,供作物吸收利用。如图5-36所示,灌溉时灌溉水经水泵加压进入主管道和母液罐,在母液罐中配制肥料母液,肥料母液经肥泵注入主管道内与灌溉水混合输送到微喷带,灌溉时考虑沿程水压消耗通常把灌溉区分块分组依次进行轮灌。

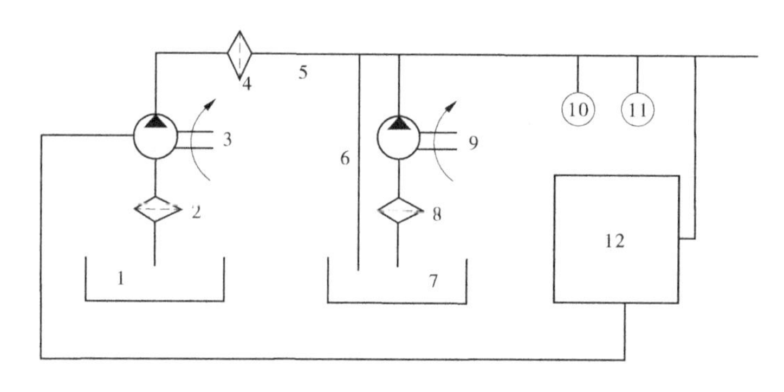

1—灌溉水源或给水栓;2—过滤器;3—水泵;4—过滤器;5—首部主管道;6—母液罐进水管;7—母液罐;8—过滤器;9—肥泵;10—流量表;11—压力表;12—控制调节装置。

图5-36　大田水肥一体化微喷灌系统首部原理

应用该技术可以起到很好的节水和节肥效果,能够实时进行灌溉,有效保持植物根系附近的湿润度,保证植物得到充足的水分供应,避免采用漫灌造成的大量水资源白白渗漏,还可以有效提高植物生存空间的湿度,减少因为水分蒸发而带来的水分损失,从而取得理想的节水效果。如果采用微喷灌技术进行施肥,则可以有效将肥料注入植物的根系处,使这些肥料充分发挥出作用,提升肥料的利用率。

在进行微喷灌系统布置前,应对的土壤种植环境作认真的调查,并得到准确的数据,这是大田作物种植的必要工序,在大田农作物土壤调查中应该包括以下几方面的内容:①对田间的持水量进行测定。采用室内润湿法,如大田400~500 mm深度的原土,并进行多处测定取平均值。②土壤计划湿润层深度调查。该层是植物根系的主要存在地,也是土壤中可溶性盐的所在位置,施肥方式、施肥量、土壤实际作业的厚度,是影响土壤计划湿润层深度的主要因素。③农作物对种植环境的适宜性。农田农作物的多样性非常丰富,其受到气候的影响因素非常大,应对种植地的气候和环境因素进行仔细调查,并做好应对措施计划,从而为农作物提供一个良好的生长环境。在进行详细的调查工作后,才能根据具体的情况制订详细的种植计划,并严格审核计划的合理性,这样才能开始种植。

5.9 小　结

结合流域骨干水利工程运行管理与农业田间工程建设管理现状,利用物联网集成智能灌溉技术,提出了基于高标准农田建设技术、地面精准灌溉技术、高效节水灌溉技术、综合节水集成技术、水情实时监测和联合调度技术、现代化量测水技术、多水源优化配置技术和水肥一体化技术等多要素耦合技术构成的水资源综合利用技术架构体系。

第6章　流域现代化灌区标准化规范化管理技术研究

大中型灌区在农村经济发展进程中发挥着举足轻重的作用,是保障全省粮食安全的重要基础设施,大中型灌区标准化程度、规范化管理程度关系到乡村振兴战略的成败,关系到灌区可持续发展的大局,是实现灌区现代化管理的保证,是保障灌区安全运行、发挥更大效益的必然趋势。因此,应积极开展灌区标准化管理,建立健全灌区管理体制,做到灌区水利工程“建管并重”。同时,应加快灌区信息化现代化建设,形成灌区信息化管理体系模式,为实现我国国民经济稳定发展、人民群众安居乐业的社会主义新农村作出应有的贡献。

6.1　灌区管理

6.1.1　水利工程管理

在推进灌区管理改革的同时应注重服务水平的提升,坚持灌区管理改革与灌区服务能力并重的理念,通过加强管理改革、提升管理服务,做到灌区管理与服务适应灌区现代化建设发展。

工程管理的总体思路,是随着现代化建设的不断推进,与之相适应的灌区管理团队与服务体系需相应提高,推进现代化灌区建设中应实现灌区水资源管理者与服务者的统一,灌区管理和服务的最终目的都是实现经济社会的可持续发展,实现经济效益、社会效益、环境效益的统一,使灌区管理与服务水平与现代化灌区的发展相适应,能更好地服务于现代化灌区建设,从而使现代化灌区支持服务于农业现代化,为区域生态、社会经济发展做好服务,为区域乡村振兴建设提供保障。

灌区专管机构与规模用户、用水者协会分层管理,灌区的工程管理、运行管理职责清晰、责任明确。灌区水利工程管理,在管理权属上,要明确职责,支渠及以上渠道、水库、防洪工程等均归水资源管理局管理,支渠以下工程,根据灌区田间工程与灌溉用水,在专管机构指导下,由规模用户或用水者协会自主管理,彻底放活工程建设、节水配套的自主权,建设方式、管理方式逐步社会化。灌区监测、信息传输、软硬件维护等专业技术强的部分,逐步推行社会化的维修与服务。

6.1.2　水资源管理

在流域水资源管理方面,建立流域水资源开发利用红线、用水效率红线、水功能区限制纳污红线"三条红线"控制要求细化项目,建立健全流域水资源消耗总量和强度双控制指标体系;建立流域农业灌溉地表水取用水量控制指标体系,健全地表水取用水量控制目标管理责任制;完成制定疏勒河灌区地下水取水总量控制指标体系,明确各灌区(县、市)地下水禁采区、限采区和开采区,细化可开采区取用水量控制指标并严格落实;细化各级水功能区保护管理措施。

充分利用先进的信息化监测、传输、智能处理系统,做好水资源的配置工作,提高水资源的保障程度,减少水事纠纷,通过市场调节手段,实现水资源的高效利用,提高水分生产效益,保障生态环境用水。对灌区内的非水权土地,要在信息化管理的支撑下,充分发挥节水、水权交易等手段,实现水、土资源的利益最大化。通过对水资源的管理,更好地服务于现代化灌区建设,为区域生态、社会经济发展做好服务,为区域乡村振兴建设提供水资源保障。

6.1.3 水环境管理

水环境总的管理要求:一是加强河流水域岸线管理保护,严格水域、岸线等水生态空间管控,严禁侵占河道;二是加强水污染防治,统筹水上、岸上污染治理,排查入河湖污染源,优化入河排污口布局;三是加强水环境治理,保障饮用水水源安全,加大黑臭水体治理力度,实现河流环境整洁优美、水清岸绿;四是加强水生态修复,依法划定河道管理范围,强化山水林田湖系统治理;五是加强执法监管,严厉打击涉河违法行为。

加强制定农用地土壤环境保护方案,推行秸秆还田、少耕免耕、测土施肥、水肥一体化、废旧农膜回收处理等措施。各县区制定有机肥使用补贴政策,鼓励增施有机肥,在蔬菜产业重点区域,优先开展引导和鼓励使用生物农药和高效、低毒、低残留农药试点工作;加强土壤污染的工业来源控制,提高农畜产品加工、服装加工和商贸物流等行业的环境准入门槛,防止新建项目对土壤环境造成污染。各县环保部门应设置土壤环境专(兼)职管理机构,出台奖惩政策,逐步建立土壤环境保护管理体系,保障土壤污染保护的顺利实施。

6.2 管理体制改革

灌区管理体制改革必须围绕水资源可持续利用进行,从灌区水资源开发、利用、治理、配置、节约和保护的角度确定灌区管理体制改革。在坚持和完善统一管理和分级管理、专业管理和群众管理相结合的管理体制基础上,按照市场经济的原则推行计量用水和合同制供水。建立起对水资源和水利工程统一管理适应社会主义市场经济要求的新的灌区管理体制。

6.2.1 水流产权改革

明确水域、岸线等生态空间确权工作分别于2018年3月、6月及12月底完成,内容包括划定水域、岸线等生态空间范围,水域、岸线等水生态空间所有权确权登记,水生态空间范围内涉水工程占压土地确权登记，严格水域、岸线等水生态空间保护和监管等任务；明确水资源确权工作于2018年10月底完成，内容包括健全水资源监控体系，水资源确权后的监督管理工作；明确制度建设工作于2018年6月、10月底完成，内容包括制定出台甘肃省疏勒河水域岸线用途管制实施办法，制定出台甘肃省水资源用途管制实施办法。

6.2.2 水权改革

疏勒河干流灌区农业及生态用水地表水水资源使用权确权水量已经由酒泉市人民政府批复。严格按照政府下达的用水总量控制指标和确权水量，做好灌区供水保障和服务工作，全面完成水权试点改革，水资源使用权确权、颁证到农民用水户协会。健全和完善水权交易制度体系，培育"归属清晰，权责明确，监管有效，流转顺畅"的水权水市场，加大水权交易流转力度，开展各种形式的水权交易，实现流域水资源利用由高耗水低效益向高效率高效益方向的转变。流域内取水已经达到取水许可总量控制指标，确需新增取水的，应通过水权转让方式调剂解决用水。通过水权转让方式申请取水的，取水人应当委托有资质的单位编制水权转让可行性研究报告，经流域管理机构或有管辖权的水行政主管部门审查同意后方可办理取水许可。

6.2.3 水价改革

深化农业水价改革，是全面贯彻落实党的十八届三中全会精神，发挥价格机制在水资源配置中的作用，促进产业结构调整，促进经济发展，促进节约用水，发展节水型农业的必然选择，也是保障疏勒河流域农业、生态、工业、生活用水需求的客观要求。

（1）加大水价改革力度。认真贯彻《国务院办公厅关于推进水价改革 促进节约用水保护水资源的通知》（国办发〔2014〕36号）、《水利工程供水价格管理办法》《甘肃省农业用水价格改革指导意见（试行）》、甘肃省人民政府办公厅关于印发《甘肃省推进农业水价综合改革实施方案》的通知（甘政办发〔2016〕118号）和甘肃省水利厅、甘肃省发展和改革委员会《关于疏勒河灌区农业用水实行超定额累进加价制度的意见》（甘水水管发〔2014〕269号），以及补偿成本、合理收益、优质优价、公平负担的原则和物价部门已经核定的供水成本，适时调整水价，逐步达到成本收费。

（2）强化水费的计收和使用管理。一是按照《甘肃省水利工程水费计收和使用管理办法》和《疏勒河灌区农业灌溉用水实行超定额累进加价制度改革试点实施方案》的规定，进一步规范水费计收和使用管理。二是进一步发挥用水户参与灌溉管理的作用，加强对供水收费的监督，提高水费收取的透明度。三是推行分类计价、超额累进加价、季节水价、浮动水价等水价制度，促进节约用水。四是加快供水计量设施建设，改进供水计量手段，保证供水计量的准确性、公平性。

（3）促进水资源的优化配置。加快水权制度改革，积极探索以农民用水者协会为基础的水权交易市场，推行水权的有偿转让，大力推行中水回用、节约用水，确保灌区农业灌溉，扩大灌区群众生活供水，促进水资源的合理利用和优化配置。

6.2.4　体制改革

根据国务院和中共甘肃省委组织部《甘肃省人力资源和社会保障厅关于印发〈甘肃省事业单位特设岗位设置管理办法〉的通知》(甘人社通〔2020〕207号),甘肃省疏勒河流域水资源利用中心除局级领导,其他人员全部实行聘用制,实行由身份管理向岗位管理转变的管理机制、由固定用人向合同用人转变的用人机制,不断推进人事管理的科学化、规范化、制度化。在岗位设置管理中坚持科学合理、精简效能的原则,坚持按需设岗、竞聘上岗、按岗聘用、合同管理的原则,坚持宏观调控、分类指导、分级管理的原则,坚持岗位设置管理与人员收入分配制度改革、人员聘用制度、用人机制转换相结合的原则,充分调动了各类人员的积极性、创造性。

在不断完善灌区管理制度的同时,把完善灌区内部制度建设,深化内部管理体制改革作为水利工程管理体制改革的重要内容,抓好灌区内部改革,营造良好运行机制。一是加强制度建设,积极探索和总结内部制度改革的好做法、好经验,建立用制度管事管人的管理方法。二是根据流域管理的特点和灌区服务单位的分布实际,建立符合新形势的管理层级和管理网络,保证管理各项制度措施的有效落实,提高工作效率,强化政策执行力。三是管理局从新的需求出发,从流域管理与行政管理结合方面考虑,改革管理体制与机制,充分发挥专业技术型管理优势,在流域内对区域涉水事务进行技术指导性管理,地方行政配合。

6.3　行政能力建设

通过疏勒河流域依法治水建设,建立健全流域水资源消耗总量和强度双控制指标体系。流域水资源开发利用红线、用水效率红线、水功能区限制纳污红线“三条红线”等方面的落实,均需要依法管理,需要强化行政能力。管理能力满足现代化管理要求,对制定好的工程管理、用水管理、运行维护管理等办法,需要加大行政执行的力度;明确公布的用水总量管理、红线控制的要求,公布水资源配置、交易信息,出台水价与水费计收管理办法,需要合理合规,依法推进执行。

技术与管理人员培训制度化,提高灌区对技术指导的依赖性,运行维护专业化,配水高效及时,根据农业生产要求,适时提供灌溉排水优质服务;建设管理与信息公开网站,及时向用水户提供灌溉预报、灌溉计划、水费计收等信息,灌区管理公开透明。

加强依法行政能力建设,提高网上行权能力。推进“三张清单一张网”建设,规范管理局“网上晒权”制度,加快推进从管理局到管理处“网上行权”的公开透明工作,严格按照法定权限和程序履行职责,切实做到法定职责必须为,法无授权不可为。

建立健全执法全过程记录制度,完善行政执法具体操作流程,通过文字、音像等记录方式,重点对规范行政许可、行政处罚、行政强制、行政征收、行政收费、行政检查等行政执法行为进行记录并归档,实现全过程留痕和可回溯管理。同步完善行政执法调查取证、告知、罚没收入管理等制度。

完善数字化水行政执法建设。制定执法装备标准,统一执法装备分类,提高便携式装备、单元式装备、信息化装备配置比例,提升执法装备管理水平。推进移动执法巡查信息化系统建设,加强执法巡查信息共享利用,形成达到"天上看、地上查、水上巡、网上管"的立体式执法巡查格局。

进一步优化水行政执法内外部环境。与国土、环保、规划、公安等部门建立协商会办和联合执法机制,加强对水事违法行为的综合治理。

创新水法的宣传形式,深入开展水法规宣传。建立长效宣传机制,做到集中宣传和日常宣传相结合、城市宣传与农村宣传相结合,特别是要加强对农村、灌区等基层的水法规宣传,搞好法律咨询服务。进一步加大水行政执法信息公开力度,通过门户网站开设水利普法专栏,加强与新闻媒体合作,及时发布重大水事信息。

6.4　人才队伍建设

甘肃省疏勒河流域水资源利用中心作为流域管理机构,统筹推进各类水利人才队伍建设,建立健全水利人才引进培养、考核评价、选拔选用、激励保障等工作机制;加大信息化、灌区调度、高效节水等紧缺专业技术人才培养。

6.4.1　灌区人才队伍建设

针对疏勒河流域水资源利用中心未来的管理改革,需要更加专业的技术专业人才,服务于现代化灌区,要注重现有人员的技术培训,信息化管理等新要求的专业人员引进,解决人员与灌区发展不均衡的现状,转变观念,拓展思路,加大高新专业技术人才、管理人才、技能特长人才等的培养力度,逐步建立起有利于人才公平竞争、脱颖而出、发挥作用的管理体制、制度,推进人才资源的整体开发,满足现代化灌区建设对人才的需求。

加强人才教育培训,加大教育培训经费的投入,优化整合各种教育培训资源,加强教育培训管理,积极组织各类人才走出去交流学习。建立健全人才激励机制,深化分配机制,扩大单位分配的自主权,积极探索技术、知识、管理、信息、资产等生产要素参与分配的办法和途径,把个人贡献与收入挂钩,实行收入分配政策向关键岗位、艰苦岗位和优秀人才倾斜,实现业绩贡献与报酬的统一。加强领导,保证人才队伍建设规划的顺利实施,促进人才队伍建设,使灌区管理人才队伍满足现代化灌区发展的需求,能更好地服务于现代化灌区建设、服务于农业现代化的发展。

6.4.2　用水者协会建设

灌区管理由疏勒河流域水资源利用中心管理处、水管所、管理段及用水者协会组成,各部门加强组织领导,加大对用水者协会的培育和指导力度,加强技术、管理及业务知识等方面的培训。加强用水户协会自身能力建设,健全和完善用水户协会管理的相关制度,加强与地方政府、乡镇、村组的沟通衔接，参加政策、技术及业务知识培训，提高业务技能和综合素质。

6.5　灌区水文化建设

我国治水历史非常悠久，治水经验丰富，具有深厚的历史文化底蕴，水文化是中华民族文化的重要组成部分，也是实现水利又好又快发展的重要支撑。以习近平新时代中国特色社会主义思想为指导，坚持中国特色社会主义文化发展道路，坚定文化自信，以满足人民日益增长的美好生活需要为出发点和落脚点，推动水利文化发展，为疏勒河流域现代化灌区建设提供强大的精神力量和文化支撑。灌区水文化建设包括以下 4 点。

（1）推进社会主义核心价值体系建设。将推进社会主义核心价值体系建设与水文化建设相结合，开展行业精神文明建设，在流域水利行业开展培育和践行社会主义核心价值观主题教育活动，把社会主义核心价值观融入水利改革发展的全过程，引领水利文化建设；加强学习型组织建设，把“节水优先、空间均衡、系统治理、两手发力”的治水思路作为水利干部职工学习的重点内容，开展内容丰富、形式多样的研讨交流活动，不断提高工作能力、文明素质和道德水平素养；借助赤金峡水利教育基地、昌马渠首、昌马水库、双塔水库等条件，创建一批具有流域文化特色的水利爱国教育基地，发挥基地的教育引领示范作用；发挥疏勒河流域水资源利用中心全国水利系统文明单位的示范作用，深入开展全局群众性各类创建活动，不断丰富干部职工的精神文化生活。

（2）重视疏勒河流域水利历史文化研究保护。成立疏勒河流域水文化研究会，对疏勒河流域的历史文化发展进行探索研究；发掘疏勒河水利发展历史沿革，做好水利文物、史料收集整理，编撰流域水利历史沿革；对水利遗产挖掘和系统整理，建立水文化遗产数据库，对水文化遗产资源实行数字化管理；积极参与整修和保护重大水文化遗产工作；建立疏勒河流域模拟沙盘，让群众对疏勒河有更加直观的了解；建立水利博物馆，陈列流域沙盘、水工模型、成就展板、文化景观墙等，向社会公众展示，广泛进行宣传。

（3）加强现代水利文化体系的建设。建立甘肃省疏勒河流域水资源利用中心视觉识别系统，形成个性鲜明的水利行业标识，更加完美地展示疏勒河水利行业形象；提炼疏勒河水利行业精神，使之成为推动疏勒河水利改革发展的强大精神动力；发展和巩固疏勒河流域水利网络文化建设，改进和完善局网站、微信平台，利用新媒体加快推进水利文化的传播；加强做好水利新闻宣传工作，大力宣传中央关于水利工作的方针和政策，宣传我国基本水情和水利发展阶段性特征，宣传人民群众治水兴水的实践创造，宣传水利改革发展的成效、经验和典型；做好水文化著作、音像制品的编辑出版工作。

（4）大力提升疏勒河的文化内涵和品位，着力打响“最美家乡河”品牌。以疏勒河入选全国 10 条“最美家乡河”为契机，结合“敦煌文化的母亲河、河西走廊的生态河、戈壁绿洲的发展河、润泽故土的民生河”4 个标签，着力发掘宣传推介，全面打响“最美家乡河”品牌。把文化融入水利规划和工程设计中，提升水利工程的文化内涵和文化品位，增加文化配套设施建设的投入,丰富现有水利工程的文化环境和艺术美感;建立疏勒河流域水利文化特色景观园区,结合生态文明建设,开展流域水文化节点建设,打造具有流域特色的水文化长廊和景观园区;把水利风景区建设作为提升水工程及其水环境的文化内涵和品位的示范工程,使之成为传播水利文化的重要平台,成为水利文化产业发展的重要窗口,量化评估疏勒河对地方经济社会生态发展的贡献率,真正体现疏勒河对生态、民生、经济发展的贡献,做名副其实的"最美家乡河"。

6.6 创建灌区标准化规范化管理的必要性

6.6.1 灌区自身高质量发展的根本要求

疏勒河灌区前期经历了4个阶段的项目建设,水利基础设施工程质量及外观有了很大改观和提升,但与标准化规范化灌区要求相比还存在一些问题和不足。比如,水利工程改造、更新还不够彻底,仍有部分渠道及建筑物较为破损,输水效率偏低,灌区田间配套工程总体建设标准不高,参差不齐,差异较大;灌区防洪减灾能力仍然薄弱,灌区水资源供需矛盾比较突出,灌区下游生态环境依然十分脆弱;灌溉定额虽然逐年有所下降,但仍然较高,与节水型灌区建设目标还有一定差距;灌区部分渠道还未完成管理范围和保护范围划界确权工作。针对这些问题,结合灌区运行现状,亟须加强农田水利建设,加快灌区续建配套与现代化灌区改造,补齐水利工程短板,不断推进灌区管理标准化规范化。2019年7月,水利部印发了《关于大中型灌区、灌排泵站标准化规范化管理指导意见(试行)》,意见明确提出要以习近平新时代中国特色社会主义思想为指导,贯彻落实"节水优先、空间均衡、系统治理、两手发力"的治水思路,按照"水利工程补短板、水利行业强监管"的改革发展总基调,构建科学高效的灌区标准化规范化管理体系,加快推进现代化进程,不断提升灌区管理能力和服务水平。

6.6.2 灌区现代化改造的必由之路

"十四五"期间,是开启建设社会主义现代化国家新征程的重要时期,《中共中央关于制定国民经济和社会发展第十四个五年规划和二〇三五年远景目标的建议》作出了全面安排,国务院将大型灌区续建配套与现代化改造纳入了近期推进的150项重大水利工程,进一步加强大中型灌区建设与管理。一直以来,疏勒河流域水资源利用中心高度重视灌区现代化建设工作,2017年5月启动了所辖灌区(包括昌马、双塔和花海3个灌区)现代化建设规划编制工作,2018年1月编制完成《疏勒河灌区现代化建设规划》。2020年4月,按照水利部、国家发展和改革委员会的通知要求,拟对全国大型灌区进行评分遴选,选择管理体制机制完善、标准化规范化管理推进较好的灌区先行开展现代化灌区改造试点。

在前期有灌区标准化规范化管理创建政策和自身发展要求,后期又作为现代化灌区试点遴选必要条件的背景下,中心高度重视,研究决定在全中心范围内创建灌区标准化规范化工作。

6.7　疏勒河灌区标准化管理的创建

6.7.1　灌区标准化规范化创建过程

为全面提升灌区管理水平，推动现代化灌区建设进程，于2019年11月12日印发了《甘肃省疏勒河灌区标准化规范化管理工作方案》，《甘肃省疏勒河灌区标准化规范化管理工作方案》中指出由党委牵头抓总，班子成员分工负责，灌溉管理处牵头，协调推进灌区标准化规范化管理的各项工作，责任处（室）负责分工项目整体推进、督促指导和资料的汇总整编等工作，配合处（室）负责灌区标准化规范化管理工作的具体推进落实和相关资料的梳理收集等工作。此次灌区标准化规范化管理创建工作包括灌区、水库、水闸3部分。

自《甘肃省疏勒河灌区标准化规范化管理工作方案》印发以来，全中心各责任处（室）认真对照确定的工作目标和任务要求，扎实安排部署，确定了直接负责人和业务联系人，各灌区召开总支扩大会议，成立了由处长任组长，分管灌溉、工程的副处长为副组长，灌溉科、工程科、基层各管理所主要负责人为成员的灌区标准化规范化管理工作领导小组，进一步落实了工作责任，明确了责任人。中心先后组织3次协调推进会议，解决推进过程中存在的问题，并对灌区标准化规范化管理工作方案再细化、再分解，绘制任务分解结构图，做到工作流程清晰和职责划分明确。同时，积极组织灌区标准化规范化管理业务培训班，学习《大中型灌区、标准化规范化管理指导意见（试行）》《大中型灌排泵站标准化规范化管理指导意见（试行）》《水利工程管理考核办法》，建立了工作推进微信群，将参考资料、工作进度和完成情况等内容随时在群内交流，积极共享经验，以灌区为单位规范运行管理资料。

6.7.2　明确责任单位与工作职责

根据梳理的灌区管理事项和工作内容，按照“处室—人员—责任—事项”对应图表，将各项工作内容和达到的目标要求划分到责任处室，由分管领导归纳到管理岗位中，同时将相应人员落实到岗位中。制定图表时应涵盖所有工作事项，把事项落实到岗位和人员中。

6.8　疏勒河灌区标准化管理的内容

6.8.1　总体目标和要求

以习近平新时代中国特色社会主义思想为指导，贯彻落实“节水优先、空间均衡、系统治理、两手发力”的治水思路,构建科学高效的灌区标准化规范化管理体系,加快建设“生态良好、资源节约、设施完善、惠及民生、流域和谐、管理一流”的现代化灌区,不断提升灌区管理能力和服务水平。

6.8.2 创建任务和内容

灌区标准化规范化管理主要涵盖组织管理、安全管理、工程管理、供用水管理和经济管理5个方面。结合灌区运行实际,对各个方面需要实现的目标和工作内容进行详细的梳理和明确,具体内容如下。

6.8.2.1 组织管理

不断深化灌区管理体制改革,根据灌区职能及批复的灌区管理体制改革方案,落实管理机构和人员编制,合理设置岗位和配置人员;全额落实核定的公益性人员基本支出和工程维修养护财政补助经费;推行事企分开,管养分离,建立职能清晰、权责明确的灌区管理体制,确保灌区管理体制改革到位;建立健全灌区管理制度,落实岗位责任主体和管理人员的工作职责,做到责任落实到位,制度执行有力;加强人才队伍建设,优化灌区人员结构,创新人才激励机制,制定职业技能培训计划并积极组织实施,确保灌区管理人员素质满足岗位管理需求;重视党建工作、党风廉政建设、精神文明创建和水文化建设,持续巩固全国文明单位创建成果。

6.8.2.2 安全管理

建立健全安全生产管理体系,落实安全生产责任制,建立健全工程安全巡检、隐患排查和登记建档制度;建立事故报告和应急响应机制,在工程安全隐患消除前,应落实相应的安全保障措施。制定防汛抗旱、重要险工险段事故应急预案,应急器材储备和人员配备满足应急抢险等需求,按要求开展事故应急救援、防汛抢险、抗旱救灾培训和演练;应定期对监测设施进行检查、检修和校验或率定,确保工程安全设施和装置齐备、完好,劳动保护用品配备应满足安全生产要求;特种设备、计量装置要按国家有关规定管理和检定,加强相关法律法规、工程保护和安全的宣传教育,对重要工程设施、重要保护地段,应设置禁止事项告示牌和安全警示标志等,依法依规对工程进行管理和巡查。

6.8.2.3 工程管理

建立健全工程日常管理、工程巡查及维修养护制度,落实工程管理与维修养护责任主体;建立健全工程维修养护机制,不断深化“划段包干”责任制,确保工程设施与设备状态完好,工程效益持续发挥;灌区骨干工程应明确管理和保护范围,设置界碑、界桩、保护标志。基层运行管理用房及配套设施完善,各类工程管理标志、标牌齐全、醒目;管理运行配套道路畅通安全。建立健全灌区档案管理规章制度,按照水利部《水利工程建设项目档案管理规定》建立完整的技术档案,逐步实现档案管理数字化;积极推进灌区管理信息化,依据灌区管理需求,开展信息化基础设施、业务应用系统和信息化保障环境建设,不断提升灌区管理的信息化水平。

6.8.2.4　供用水管理

统筹兼顾生活、生产和生态用水需求，科学合理调配供水，强化灌区取水许可管理，合理编制年度及灌季用水计划；制定灌区用水管理制度，推行总量控制与定额管理，根据河源来水情况实现用水过程动态管理，灌区水量调配涉及防汛、抗旱等内容应按规定报备或报批；根据需要设置用水计量设施与设备，制定用水计量系统管护制度与标准；积极推进水量计量实时在线监测系统运行，为灌区配水计划实施、用水统计、水费计收以及灌溉用水效率测算分析等提供基础支撑；结合灌区生产实际，做好百亩实测区灌溉定额测定和灌溉水有效利用系数测算工作，推进科研成果转化；积极推广应用节水技术和工艺，开展节水社会宣传和技术培训，推进农业水价综合改革，建立健全节水激励机制，提高灌区用水效率和效益；抓好灌区阳光水务，严格落实灌区"十日会"制度，开展用水户满意度调查和政风行风评议。

6.8.2.5　经济管理

建立健全灌区财务管理和资产管理等制度，灌区管理人员基本支出和工程运行维修养护等经费使用及管理符合相关规定，杜绝违规违纪行为；人员工资、福利待遇达到当地平均水平，按规定落实职工养老、失业、医疗等各种社会保险；科学核定供水成本，配合地方政府部门做好水价调整工作，完善灌区水费计收使用办法；在确保防洪、供水和生态安全的前提下，合理利用灌区管理范围内的水土资源，充分发挥灌区综合效益，保障国有资产保值增值。

6.9　疏勒河灌区标准化管理技术体系

6.9.1　评分依据和考核要求

根据水利部和水利厅考核评价标准，为充分发挥水利工程管理考核的作用，进一步推动水利工程管理精细化、标准化、规范化建设，确保水利工程运行安全和充分发挥效益，结合当前水利工程运行管理实际，水利部组织对《水利工程管理考核办法》及其考核标准（统称《办法》）水利工程管理考核实行千分制。水管单位和各级水行政主管部门依据水利部制订的考核标准对水管单位管理状况进行考核赋分通过水利部验收，考核结果总分应达到920分（含）以上，且其中各类考核得分均不低于该类总分的85%。

6.9.2　灌区标准化管理技术标准

根据水利部和水利厅考核评价标准，结合前期创建的4个标准要求，对照5个方面，制定了疏勒河灌区、水库、水闸标准化规范化管理技术标准和考评体系，具体见表6-1～表6-3。

表 6-1　甘肃省疏勒河灌区标准化规范化管理工作考核标准

类别	工作项目	工作要求	赋分	备注
一、组织管理（150 分）	1. 管理体制和运行机制	完成水管体制改革，有相关资料，得 5 分，否则不得分；管理权限要明确，职责划分清晰得 5 分，否则不得分；有探索推行管养分离、内部事企分开等文件和实施方案得 5 分，否则不得分；有竞聘上岗和激励机制等实施方案和管理办法得 5 分，否则不得分；其他有关管理体制和运行机制办法和方案得 5 分，否则不得分	25 分	
	2. 机构设置和人员配备	提供单位机构设置和人员编制批文得 5 分，否则不得分；岗位设置要合理，不超过核定标准，提供现有职工花名册得 5 分，否则不得分；配备技术负责人或技术人员，技术人员要实行持证上岗得 5 分，否则不得分；制定职工培训计划并按计划落实，职工年培训率达到 50%以上，提供培训人员名单和相关资料得 5 分，否则不得分；其他有关机构设置和人员配备办法和方案得 5 分，否则不得分	25 分	
	3. 精神文明	收集、整理党建工作和党风廉政建设工作相关资料得 10 分，否则不得分；按要求组织参加文体活动、开展岗位练兵等技能培训活动和团青活动，收集整理相关文字、图片、视频资料得 10 分，否则不得分；收集、整理近 3 年县级及以上精神文明单位或先进单位等表彰证明材料和“全国文明单位”复审等相关资料得 10 分，否则不得分	30 分	
	4. 工程环境和驻地管理	收集管理范围内水土保持、绿化面积、水生态环境保护等相关资料，汇总整理得 5 分，否则不得分	15 分	
		定期对驻地环境建设进行整治，单位庭院整洁，环境优美，无通报批评得 5 分，否则不得分；完善管理用房及文体等配套设施，管理井然有序。收集相关资料，汇总整理得 5 分，否则不得分		
	5. 规章制度	各项管理规章制度健全并落实且有执行记录得 5 分，否则不得分；关键岗位制度明示并将其公布上墙得 5 分，否则不得分；收集相关资料，汇总整理得 5 分，否则不得分	15 分	
	6. 档案管理	档案管理制度健全，档案管理有专人负责得 5 分，否则不得分；收集、完善、规范各类档案资料，建立资料档案卡，做到分类清楚，存放有序，按时归档得 5 分，否则不得分；档案设施要齐全、完好，档案管理信息化程度高，有电子档案资料，提供档案清册得 5 分，否则不得分；档案管理获档案主管部门认可或取得档案管理单位等级证书得 5 分，否则不得分	20 分	
	7. 年度自检和考核	根据水利部灌区考核标准每年进行自检，并将自检结果报上级水行政主管部门得 10 分，否则不得分；上级水行政主管部门组织考核，并按照考核结果及反馈意见，抓好问题整改落实得 10 分，否则不得分	20 分	

续表 6-1

类别	工作项目	工作要求	赋分	备注
二、安全管理（300分）	8. 工程标准	灌区验收项目达到国家或有关部门设计标准规范要求得15分,否则不得分;收集设计(或竣工验收)相关资料得15分,否则不得分	30分	
	9. 划界确权	按规定划定灌区管理范围及工程管理和保护范围,做到划界图纸资料齐全得15分,否则不得分;有相应土地使用证,工程管理范围边界桩齐全、明显,收集相关图纸资料得15分,否则不得分	30分	
	10. 建设项目管理	按照流域规划、地区国民经济与社会发展规划建设工程,灌区建设项目要符合运行实际得7分,否则不得分;依法对管理范围内批准的建设项目进行监督管理得7分,否则不得分;制定及落实水利基础设施计划和设备维修、采购、技术服务项目得8分,否则不得分;建设项目审查、审批及竣工验收资料齐全,收集相关资料,汇总整理得8分,否则不得分	30分	
	11. 依法监督管理保护水利工程设施	有水法律、法规、制度等标语,标牌及危险区域警示标志醒目得15分,否则不得分;对所辖工程管理和保护范围依法实施监督和保护,有巡查记录,收集相关资料,汇总整理得15分,否则不得分	30分	
	12. 防汛抗旱	落实防汛抗旱责任制,责任人岗位职责明确得6分,否则不得分;防汛抗旱办事机构健全得6分,否则不得分;有批准的防汛抗旱调度运用计划得6分,否则不得分;按规定开展防汛抗旱检查,有相关的会议安排和记录得6分,否则不得分;编制灌区防汛抗旱预案,特别是重要险工险段要有抢险应急预案得6分,否则不得分;各项度汛应急措施落实到位,各种图表(防汛抗旱指挥图、调度运用计划图表及险工险段、物资调度等图表)准确规范,基础资料齐全,收集相关资料,汇总整理得6分,否则不得分;各种防汛抗旱器材、料物齐全,抢险应急工具、设备配备合理得6分,否则不得分;仓库分布合理,有专人管理,管理规范得6分,否则不得分;完好率符合有关规定且账物相符,无霉变、无丢失得6分,否则不得分;有防汛抗旱料物储量分布图,调运及时、方便得6分,否则不得分	60分	
	13. 工程抢险	险情发现及时,报告准确,未受到上级主管部门批评处分,收集相关资料,汇总整理得15分,否则不得分	30分	
		应急器材储备和人员配备满足应急抢险需求,有抢险方案并落实到位,险情处置及时,措施得当,收集相关资料,汇总整理得15分,否则不得分		

续表 6-1

类别	工作项目	工作要求	赋分	备注
二、安全管理（300分）	14. 工程安全隐患排查和处理	对渠道及水工建筑物要进行安全隐患排查，建立安全隐患台账，并编写情况报告得 15 分，否则不得分；对重大危险源和险工险段要有相应的安全隐患解决方案和措施办法得 15 分，否则不得分；根据隐患排查情况报告，能处理的要立即整改，因资金、协调等重大问题管理单位不能解决的，及时上报上级主管部门得 10 分，否则不得分	40分	
	15. 安全生产	有专门的安全生产管理机构和人员，编制安全生产管理制度得 15 分，否则不得分；有安全生产措施方案、备案与执行情况分析，收集整理相关资料得 20 分，否则不得分；有安全生产标准化建设相关内容，收集资料，汇总整理得 15 分，否则不得分	50分	
三、工程管理（210分）	16. 日常管理	水源工程、渠道、建筑物和设备设施有专人管理，落实管护责任，有相应的操作规程得 20 分，否则不得分；应定期进行检查、维修养护，做到记录规范并按规定及时上报有关报告、报表得 20 分，否则不得分。收集相关资料，汇总整理得 10 分，否则不得分	50分	
	17. 技术图表	收集整理灌区工程分布图，骨干渠道横、纵断面图，建筑物平、立、剖面图，电气主接线图和启闭机控制图等图纸资料，做到主要技术指标表等齐全并明示得 10 分，否则不得分；主要设备规格、检修情况表齐全有相关资料得 10 分，否则不得分	20分	
	18. 工程检查	落实工程运行管理制度，有划段包干责任书得 6 分，否则不得分；有工程巡护、检查观测记录得 6 分，否则不得分；有渠道和建筑物工程管护、维修管理、工程巡护台账得 6 分，否则不得分；各项检查记录清晰、齐全得 6 分，否则不得分；收集相关资料，汇总整理得 6 分，否则不得分	30分	
	19. 工程观测	有工程观测记录资料得 10 分，否则不得分；对观测资料进行分析整编得 10 分，否则不得分；收集相关资料，汇总整理得 10 分，否则不得分	30分	
	20. 灌排工程设施	收集、整理引水工程、骨干渠道、各类建筑物完好率情况统计表，并按照要求逐步提高达到相应标准；汇总整理得 50 分，否则不得分	50分	
	21. 管理设施	有驻地、段站规划建设相关资料得 8 分，否则不得分；收集整理职工生产、生活各类文字、图片、视频资料得 8 分，否则不得分；各类工程管理标志、标牌（里程桩、禁行杆、分界牌、警示牌、险工险段及工程标牌、工程简介牌等）齐全、醒目、美观，收集整理相关资料得 8 分，否则不得分；保证管理运行所需道路畅通安全得 6 分，否则不得分	30分	

续表 6-1

类别	工作项目	工作要求	赋分	备注
四、供水管理(240分)	22. 灌溉用水计划	编制年度及灌季引(用)水计划,实行总量控制和定额管理得 15 分,否则不得分;灌区引(用)水计划执行无人为失误,有调度指令和记录得 15 分,否则不得分;编制的引(用)水计划科学合理,有动态用水计划管理的相关措施,收集相关资料,汇总整理得 10 分,否则不得分	40 分	
	23. 水量调度	按要求编制局、处、所水量调度方案或计划得 10 分,否则不得分;灌区灌溉管理制度完善得 10 分,否则不得分;调度指令畅通,水量调度及时、准确得 5 分,否则不得分;水量调度记录完整,收集灌溉管理和水量调度相关资料,汇总整理得 5 分,否则不得分	30 分	
	24. 量测水	有专门的量水设备和量测技术人员得 10 分,否则不得分;对斗口计量设施进行登记造册,并校核率定干、支、斗水位-流量关系曲线得 10 分,否则不得分;水量旬报表、季报表、斗口水量、水费台账填报及时准确,计量管理和水量记录工作规范,量水资料齐全得 10 分,否则不得分	30 分	
	25. 灌区节水	每年要制订农田灌溉节水技术推广计划和实施方案得 10 分,否则不得分;每年有节水社会宣传活动;有节水灌溉技术培训得 10 分,否则不得分;亩均用水量要呈年度递减得 10 分,否则不得分;开展百亩实测区灌溉定额测定试验,有观测数据和分析报告,开展灌溉水有效利用系数测算工作,收集相关资料,汇总整理得 10 分,否则不得分	40 分	
	26. 用户满意度	开展用水户服务满意程度调查和召开政风行风会议,有问卷调查表和相关会议记录得 10 分,否则不得分;按要求召开灌区"十日"会,做到有记录、收集相关资料得 10 分,否则不得分;深化阳光水务、对协会运行进行指导和业务培训,收集相关资料,汇总整理得 10 分,否则不得分	30 分	
	27. 灌溉基础研究	灌区建立灌溉试验与科学试验基地,开展用水管理、工程管理中的技术研究或推广工作得 10 分,否则不得分;灌区有专门负责科研工作领导,并专门落实专人、专项与专款,提供相关文件和证明资料得 10 分,否则不得分;提供上级水行政主管部门及以上单位科研成果表彰奖励材料得 10 分,否则不得分	30 分	
	28. 管理现代化	编制管理现代化发展规划和实施计划得 10 分,否则不得分;有引进、推广使用管理新技术的方案和计划得 10 分,否则不得分;有灌区生态环境发展(或治理)措施(或报告、规划等)得 10 分,否则不得分;收集整理引进、研究开发先进管理设施、办公信息管理系统和工程安全生产监视、监测系统相关资料得 10 分,否则不得分	40 分	

续表 6-1

类别	工作项目	工作要求	赋分	备注
五、经济管理（100 分）	29. 财务管理	做到维修养护、运行管理等费用来源渠道畅通，经费使用规范得 15 分，否则不得分；“两项经费”及时足额到位，收集相关说明资料得 15 分，否则不得分；有主管部门批准的年度预算计划，开支合理，严格执行财务会计制度，提供审计等相关资料，汇总整理得 10 分，否则不得分	40 分	
	30. 工资、福利及社会保障	做到人员工资及时足额兑现，有相关凭证和发放表得 15 分，否则不得分；职工福利待遇、职工养老、失业、医疗等各种社会保险按要求落实并提供相应资料得 15 分，否则不得分	30 分	
	31. 费用收取	按有关规定收取水费和其他费用，提供相关证明资料得 30 分，否则不得分	30 分	
六、加分项（50 分）	32. 水效能领跑者	获得全国水效能领跑者，得 25 分，否则不得分	25 分	
	33. 精神文明奖	获得全国或省级精神文明单位称号得 25 分，否则不得分	25 分	

表 6-2　甘肃省疏勒河水库标准化规范化管理工作考核标准

类别	工作项目	评分要求	赋分	备注
一、组织管理（150 分）	1. 管理体制和运行机制	完成水管体制改革，有相关资料，得 5 分，否则不得分；管理权限明确，职责划分清晰得 5 分，否则不得分；有探索推行管养分离、内部事企分开等文件和实施方案得 5 分，否则不得分；有竞聘上岗和激励机制等实施方案和管理办法得 5 分，否则不得分；其他有关管理体制和运行机制办法和方案得 5 分，否则不得分	25 分	
	2. 机构设置和人员配备	提供单位机构设置和人员编制批文得 5 分，否则不得分；岗位设置合理，不超过核定标准，提供现有职工花名册得 5 分，否则不得分；配备技术负责人或技术人员，技术工人要实行持证上岗得 5 分，否则不得分；制定职工培训计划并按计划落实，职工年培训率达到 50%以上，提供培训人员名单和相关资料得 5 分，否则不得分；其他有关机构设置和人员配备办法和方案得 5 分，否则不得分	25 分	
	3. 精神文明	收集、整理党建工作和党风廉政建设工作相关资料得 10 分，否则不得分；按要求组织参加文体活动、开展岗位练兵等技能培训活动和团青活动，收集整理相关文字、图片、视频资料得 10 分，否则不得分；收集、整理近 3 年县级及以上精神文明单位或先进单位等表彰证明材料和“全国文明单位”复审等相关资料得 10 分，否则不得分	30 分	
	4. 工程环境和驻地管理	收集管理范围内水土保持、绿化面积、水生态环境保护等相关资料，汇总整理得 5 分，否则不得分	15 分	
		定期对驻地环境建设进行整治，单位庭院整洁，环境优美，无通报批评得 5 分，否则不得分；完善管理用房及文体等配套设施，管理井然有序，收集相关资料，汇总整理得 5 分，否则不得分		
	5. 规章制度	各项管理规章制度健全并落实且有执行记录得 5 分，否则不得分；关键岗位制度明示并将其公布上墙得 5 分，否则不得分；收集相关资料，汇总整理得 5 分，否则不得分	15 分	
	6. 档案管理	档案管理制度健全，档案管理有专人负责得 5 分，否则不得分；收集、完善、规范各类档案资料，建立资料档案卡，做到分类清楚，存放有序，按时归档得 5 分，否则不得分；档案设施要齐全、完好，档案管理信息化程度高，有电子档案资料，提供档案清册得 5 分，否则不得分；档案管理获档案主管部门认可或取得档案管理单位等级证书得 5 分，否则不得分	20 分	
	7. 年度自检和考核	根据水利部灌区考核标准每年进行自检，并将自检结果报上级水行政主管部门得 10 分，否则不得分；上级水行政主管部门组织考核，并按照考核结果及反馈意见，抓好问题整改落实得 10 分，否则不得分	20 分	

续表 6-2

类别	工作项目	评分要求	赋分	备注
二、安全管理（320分）	8. 注册登记	按照《水库大坝注册登记办法》进行注册登记，并及时办理变更事项登记，提供登记证书相关材料得 15 分，否则不得分	15 分	
	9. 安全鉴定	按照《水库大坝安全鉴定办法》及《水库大坝安全评价导则》（SL 258—2017）开展安全鉴定工作得 15 分，否则不得分；鉴定成果用于指导水库的安全运行、更新改造和除险加固，收集相关资料，汇总整理得 10 分，否则不得分	25 分	
	10. 划界确权	按规定划定水库工程管理范围和保护范围，做到划界图纸资料齐全，有相应土地使用证得 25 分，否则不得分；工程管理范围边界桩齐全、明显，收集相关图纸资料得 25 分，否则不得分	50 分	
	11. 大坝安全责任制	按照《水库大坝安全管理条例》及其他有关规定，落实政府行政首长、主管部门及水管单位三级责任人，并在公共媒体上公示，有相关资料得 20 分，否则不得分	20 分	
	12. 依法监督管理保护水利工程设施	开展水法规宣传、培训、教育；制定巡查制度、落实巡查责任，有巡查记录；发现水事违法行为及时采取有效措施制止；采取有效措施予以制止并做好调查取证、及时上报、配合查处等工作；有水法律、法规、制度等标语，标牌及危险区域警示标志要醒目；对所辖工程管理和保护范围依法实施监督和保护，积极开展水生态、水环境保护，无排放有毒或污染物等破坏水质的活动，收集相关资料，汇总整理得 50 分，否则不得分	50 分	
	13. 防汛组织	落实行政首长负责制为核心的各项防汛责任制，做到任务明确、措施具体、责任到人得 10 分，否则不得分；制订防汛抢险应急预案，防汛办事机构健全得 10 分，否则不得分；防汛抢险队伍的组织、人员、培训、任务落实，收集相关资料，汇总整理得 10 分，否则不得分	30 分	
	14. 应急管理	按照《水库大坝安全管理应急预案编制导则》（SL/Z 720—2015）编制水库大坝安全管理应急预案，并报经有关政府批准得 10 分，否则不得分；开展了相关的宣传、培训和演练，有相关资料得 10 分，否则不得分	20 分	
	15. 防汛物料与设施	有完善的防汛物料管理制度，配备专人管理得 5 分，否则不得分；防汛物料按上级防汛部门下达的定额配备，建档立卡得 5 分，否则不得分；防汛砂石料存放规范得 5 分，否则不得分；防汛仓库管理规范，有防汛物资抢险调运图、防汛物资储备分布图等得 5 分，否则不得分；防汛车辆、道路等齐备完好，备用电源使用可靠，预警系统、通信手段、抢险工具等设备完好、运行可靠，收集相关资料，汇总整理得 5 分，否则不得分	25 分	

续表 6-2

类别	工作项目	评分要求	赋分	备注
二、安全管理（320 分）	16. 除险加固	大坝能按规划设计标准正常运行，病险水库有除险加固规划及实施计划，未除险前有安全度汛措施得 10 分，否则不得分；定期运行检查、维修养护，有完整、规范记录，有情况报告、报表得 10 分，否则不得分	20 分	
	17. 更新改造	大坝及其附属工程更新改造有规划，经费落实，项目按时完成，质量符合要求得 10 分，否则不得分；有竣工验收报告，提供已改造项目的验收资料得 5 分，否则不得分	15 分	
	18. 安全生产	安全生产组织体系健全，责任制落实得 10 分，否则不得分；定期开展安全生产教育、培训、演练等工作得 10 分，否则不得分；安全警示警告标志设置规范齐全得 10 分，否则不得分；定期开展隐患排查治理，发现隐患及时整改，安全检查、巡查及隐患处理记录资料规范得 10 分，否则不得分；安全措施可靠，安全用具配备齐全并定期检验，严格遵守安全生产操作规定，工程及设施、设备运行正常，无较大安全生产责任事故得 10 分，否则不得分	50 分	
三、工程管理（230 分）	19. 管理细则	制定完善水库技术管理实施细则（如工程巡视检查和安全监测制度、工程调度运用制度、闸门启闭机操作规程、工程维修养护制度等），并报经上级主管部门批准，收集整理相关资料得 15 分，否则不得分	15 分	
	20. 工程检查	未按规定的路线、频次和内容等要求正常开展日常巡视检查，巡查有记录得 10 分，否则不得分；有汛前、汛后检查总结报告得 10 分，否则不得分；工程各部位检查内容齐全，检查记录规范得 10 分，否则不得分；有初步分析及处理意见，并有负责人签字得 15 分，否则不得分	45 分	
	21. 工程观测	按规定的内容（或项目）、测次和时间开展工程观测，内容齐全、记录规范得 10 分，否则不得分；观测成果真实、准确，精度符合要求得 10 分，否则不得分；遇高水位、水位突变、地震或其他异常情况时加测，有加测记录得 10 分，否则不得分；对观测设施、监测仪器和工具定期校验、维护，观测设施完好率达到规范要求得 10 分，否则不得分；观测资料及时进行初步分析，并按时整编刊印得 5 分，否则不得分	45 分	
	22. 工程养护	主、副坝坝顶平整，坝坡整齐美观，无缺损，无树根、高草得 10 分，否则不得分；防浪墙、反滤体完整，廊道、导渗沟、排水沟畅通得 10 分，否则不得分；无动物洞穴、蚁害，输、泄水建筑物进出口岸坡完整、过水断面无淤积和障碍物得 10 分，否则不得分；混凝土及圬工衬砌、消力池、工作桥、启闭房等完好无损得 10 分，否则不得分；灌溉、发电、供水等生产设施完好、运行正常，收集相关资料，汇总整理得 5 分，否则不得分	45 分	

续表 6-2

类别	工作项目	评分要求	赋分	备注
三、工程管理（230 分）	23. 金属结构及机电设备维护	有金属结构、机电设备维护制度，并明示，闸门及其他金属结构表面无损伤及锈蚀得 10 分，否则不得分；闸门止水密封可靠，行走支承无变形、无缺陷等得 10 分，否则不得分；启闭设施维修养护到位，无漏油、断股、锈蚀等现象，运用灵活得 10 分，否则不得分；电气设备维修养护到位，安全可靠；备用发电机组按规定进行试运行，维修养护到位，能随时启动，正常运行，机房内整洁美观，维修养护记录规范得 10 分，否则不得分	40 分	
	24. 工程维修	做好工程维修、抢修工作，发现问题及时上报、处理得 10 分，否则不得分；维修质量符合要求得 10 分，否则不得分；大修工程有设计、批复，修复及时，按计划完成任务得 10 分，否则不得分；加强项目实施过程管理和验收；项目管理资料齐全得 10 分，否则不得分	40 分	
四、供水管理（200 分）	25. 报汛及洪水预报	建立库区水文报汛系统，并实现自动测报，系统运转正常得 10 分，否则不得分；建立洪水预报模型，进行洪水预报调度，并实施自动预报得 20 分，否则不得分；测报、预报合格率符合规范要求得 10 分，否则不得分	40 分	
	26. 调度规程	按照《水库调度规程编制导则》（SL 706—2015）编制水库调度规程，并经主管部门审批得 20 分，否则不得分	20 分	
	27. 防洪调度	制定完善调度制度得 10 分，否则不得分；有汛期调度运行计划，严格执行调度规程、计划和按上级指令进行操作，防洪调度信息及时通知有关部门，并记录得 10 分，否则不得分；及时进行洪水调度考评，有年度防洪调度总结，收集相关资料，汇总整理得 10 分，否则不得分	30 分	
	28. 兴利调度	有经批准的年度兴利调度运用计划并及时修正得 10 分，否则不得分；认真执行计划，有年度总结得 10 分，否则不得分	20 分	
	29 操作运行	操作运行符合《水工钢闸门和启闭机安全运行规程》（SL/T 722—2020），有闸门及启闭设备操作规程，并明示得 10 分，否则不得分；操作人员固定，定期培训，持证上岗得 10 分，否则不得分；按操作规程和调度指令运行，无人为事故得 10 分，否则不得分；记录规范，得 10 分，否则不得分	40 分	
	30. 管理现代化	有管理现代化发展规划和实施计划得 10 分，否则不得分；积极引进、推广使用管理新技术得 10 分，否则不得分；引进、研究开发先进管理设施，改善管理手段，增加管理科技含量得 10 分，否则不得分；工程监视、监控、监测自动化程度高得 10 分，否则不得分；积极应用管理自动化、信息化技术，设备设施检查维护到位，收集相关资料，汇总整理得 10 分，否则不得分	50 分	

续表 6-2

类别	工作项目	评分要求	赋分	备注
五、经济管理（100 分）	31. 财务管理	做到维修养护、运行管理等费用来源渠道畅通，经费使用规范得 10 分，否则不得分；“两项经费”及时足额到位，收集相关说明资料得 10 分，否则不得分；有主管部门批准的年度预算计划，开支合理，严格执行财务会计制度，提供审计等相关资料，汇总整理得 10 分，否则不得分	30 分	
	32. 工资、福利及社会保障	做到人员工资及时足额兑现，有相关凭证和发放表得 15 分，否则不得分；职工福利待遇、职工养老、失业、医疗等各种社会保险按要求落实并提供相应资料得 15 分，否则不得分	30 分	
	33. 费用收取	水价、电价等按批准文件执行，有水费计收办法、细则，有用水、用电协议，管理单位有经主管部门批准的年度收入计划得 10 分，否则不得分；按有关规定收取各种费用，收取率达到 95%以上，提供相关资料得 10 分，否则不得分	20 分	
	34. 水土资源利用	有灌溉、发电、供水管理制度得 5 分，否则不得分；有年度灌溉、发电、供水计划和实时修正计划得 5 分，否则不得分；开展发电优化调度，供水计量准确得 5 分，否则不得分；按批准计划完成生产任务 100%得 5 分，否则不得分；有水土资源开发利用规划得 5 分，否则不得分；可开发水土资源利用率达到 80%以上，利用开发效果好	20 分	

表 6-3　甘肃省疏勒河水闸标准化规范化管理工作考核标准

类别	工作项目	评分要求	赋分	备注
一、组织管理（150 分）	1. 管理体制和运行机制	完成水管体制改革，有相关资料，得 5 分，否则不得分；管理权限明确，职责划分清晰得 5 分，否则不得分；有探索推行管养分离、内部事企分开等文件和实施方案得 5 分，否则不得分；有竞聘上岗和激励机制等实施方案和管理办法得 5 分，否则不得分；其他有关管理体制和运行机制办法和方案得 5 分，否则不得分	25 分	
	2. 机构设置和人员配备	提供单位机构设置和人员编制批文得 5 分，否则不得分；岗位设置要合理，不超过核定标准，提供现有职工花名册得 5 分，否则不得分；配备技术负责人或技术人员，技术人员要实行持证上岗得 5 分，否则不得分；制定职工培训计划并按计划落实，职工年培训率达到 50%以上，提供培训人员名单和相关资料得 5 分，否则不得分；其他有关机构设置和人员配备办法和方案得 5 分，否则不得分	25 分	
	3. 精神文明	收集、整理党建工作和党风廉政建设工作相关资料得 10 分，否则不得分；按要求组织参加文体活动、开展岗位练兵等技能培训活动和团青活动，收集整理相关文字、图片、视频资料得 10 分，否则不得分；收集、整理近 3 年县级及以上精神文明单位或先进单位等表彰证明材料和“全国文明单位”复审等相关资料得 10 分，否则不得分	30 分	
	4. 工程环境和驻地管理	收集管理范围内水土保持、绿化面积、水生态环境保护等相关资料，汇总整理得 5 分，否则不得分	15 分	
		定期对驻地环境建设进行整治，单位庭院整洁，环境优美，无通报批评得 5 分，否则不得分；完善管理用房及文、体等配套设施，管理井然有序，收集相关资料，汇总整理得 5 分，否则不得分		
	5. 规章制度	各项管理规章制度健全并落实且有执行记录得 5 分，否则不得分；关键岗位制度明示并将其公布上墙得 5 分，否则不得分；收集相关资料，汇总整理得 5 分，否则不得分	15 分	
	6. 档案管理	档案管理制度健全，档案管理有专人负责得 5 分，否则不得分；收集、完善、规范各类档案资料，建立资料档案卡，做到分类清楚，存放有序，按时归档得 5 分，否则不得分；档案设施齐全、完好，档案管理信息化程度高，有电子档案资料，提供档案清册得 5 分，否则不得分；档案管理获档案主管部门认可或取得档案管理单位等级证书得 5 分，否则不得分	20 分	
	7. 年度自检和考核	根据水利部灌区考核标准每年进行自检，并将自检结果报上级水行政主管部门得 10 分，否则不得分；上级水行政主管部门组织考核，并按照考核结果及反馈意见，抓好问题整改落实得 10 分，否则不得分	20 分	

续表 6-3

类别	工作项目	评分要求	赋分	备注
二、安全管理（285分）	8. 注册登记	按照《水闸注册登记管理办法》进行注册登记，并及时办理变更事项登记。提供登记证书相关材料得20分，否则不得分	20分	
	9. 安全鉴定	按照《水闸安全鉴定管理办法》及《水闸安全评价导则》(SL 214—2015)开展安全鉴定工作得15分，否则不得分；鉴定成果用于指导水闸的安全运行管理和除险加固、更新改造、大修，收集相关资料，汇总整理得15分，否则不得分	30分	
	10. 除险加固或更新改造	工程隐患情况清楚，并登记造册得10分，否则不得分；有相应的除险加固、更新改造或大修规划及实施计划得10分，否则不得分；工程隐患未处理前，有安全应对措施得20分，否则不得分	40分	
	11. 设备等级评定	按规定开展闸门、启闭机设备等级评定工作，评定结果报经上级主管部门认定得15分，否则不得分	15分	
	12. 划界确权	按规定划定工程管理范围和保护范围，做到划界图纸资料齐全，有相应土地使用证得30分，否则不得分；工程管理范围边界桩齐全、明显，收集相关图纸资料得20分，否则不得分	50分	
	13. 依法监督管理保护水利工程设施	开展水法规宣传、培训、教育，制定巡查制度、落实巡查责任，有巡查记录得10分，否则不得分；发现水事违法行为及时采取有效措施制止得10分，否则不得分；采取有效措施予以制止并做好调查取证，及时上报，配合查处等工作得10分，否则不得分；有水法律、法规、制度等标语、标牌，危险区域警示标志要醒目；对所辖工程管理和保护范围依法实施监督和保护，积极开展水生态、水环境保护，无排放有毒或污染物等破坏水质的活动得10分，否则不得分	40分	
	14. 防汛抢险	防汛组织体系健全，防汛责任制落实得10分，否则不得分；防汛抢险队伍的组织、人员、培训、任务落实得10分，否则不得分；防汛抢险预案、措施落实，汛前准备充分，预警、报汛、调度系统完善得10分，否则不得分；配备必要的抢险工具、器材设备，明确防汛物资存放方式和调运线路，物资管理资料完备得10分，否则不得分	40分	
	15. 安全生产	安全生产组织体系健全；开展安全生产宣传培训得10分，否则不得分；安全警示警告标志设置规范齐全得10分，否则不得分；定期进行安全检查、巡查，及时处理安全隐患，检查、巡查及隐患处理记录资料规范得10分，否则不得分；安全措施可靠，安全用具配备齐全并定期检验，严格遵守安全生产操作规定，设备运行安全得10分，否则不得分；无较大安全生产责任事故得10分，否则不得分	50分	

续表 6-3

类别	工作项目	评分要求	赋分	备注
三、工程管理（380分）	16. 技术图表	水闸平、立、剖面图，电气主接线图，启闭机控制图，主要设备检修情况表及主要工程技术指标表齐全，并在合适位置明示，收集相关资料，汇总整理得 15 分，否则不得分	15 分	
	17. 工程检查	按规定周期对工程及设施进行日常检查得 10 分，否则不得分；每年汛前、汛后或引水前后、严寒地区的冰冻期起始和结束时，对水闸各部位进行全面检查得 10 分，否则不得分；当水闸经受地震等自然灾害、超过设计水位运行或发生重大工程事故后，进行专项检查，发现隐患、异常及时处理、上报得 10 分，否则不得分；检查内容全面，记录详细规范，编写检查报告，并将定期检查、专项检查报告报上级主管部门备案、收集整理相关资料得 10 分，否则不得分	40 分	
	18. 工程观测	按规定的内容（或项目）、测次和时间开展工程观测，内容齐全、记录规范；观测成果真实、准确，精度应符合要求；观测设施先进、自动化程度高；观测设施、监测仪器和工具定期校验、维护，观测设施完好率达到规范要求；观测资料及时进行初步分析，并按时整编刊印得 45 分，否则不得分	45 分	
	19. 维修项目管理	按要求编制维修计划和实施方案，并上报主管部门批准得 5 分，否则不得分；加强项目实施过程管理和验收得 5 分，否则不得分；项目管理资料齐全得 5 分，否则不得分；日常养护资料齐全，管理规范得 5 分，否则不得分	20 分	
	20. 混凝土工程的维修养护	混凝土结构表面整洁，对破损、露筋、裂缝、剥蚀、严重碳化等现象采取保护措施及时修补得 10 分，否则不得分；消能设施完好得 10 分，否则不得分；闸室无漂浮物得 10 分，否则不得分	30 分	
	21. 砌石工程的维修养护	砌石结构表面整洁得 5 分，否则不得分；砌石护坡、护底无松动、塌陷、缺损等缺陷得 5 分，否则不得分；浆砌块石墙身无渗漏、倾斜或错动，墙基无冒水、冒沙现象得 5 分，否则不得分；防冲设施（防冲槽、海漫等）无冲刷破坏得 5 分，否则不得分	20 分	
	22. 防渗、排水设施及永久缝的维修养护	水闸防渗设施有效得 5 分，否则不得分；反滤设施、减压井、导渗沟、排水设施等完好并保持畅通得 5 分，否则不得分；排水量、浑浊度正常，永久缝完好得 5 分，否则不得分；止水效果良好得 5 分，否则不得分	20 分	
	23. 土工建筑物的维修养护	岸坡无坍滑、错动、开裂现象得 5 分，否则不得分；堤岸顶面无塌陷、裂缝得 5 分，否则不得分；背水坡及堤脚完好，无渗漏得 5 分，否则不得分；堤坡无雨淋沟、裂缝、塌陷等缺陷得 5 分，否则不得分；堤顶路面完好，岸、翼墙后填土区无跌落、塌陷得 5 分，否则不得分；河床无严重冲刷和淤积得 5 分，否则不得分	30 分	

续表 6-3

类别	工作项目	评分要求	赋分	备注
三、工程管理（380分）	24. 闸门维修养护	钢闸门表面整洁，无明显锈蚀；闸门止水装置密封可靠；闸门行走支承零部件无缺陷；钢门体的承载构件无变形；吊耳板、吊座没有裂纹或严重锈损；运转部位的加油设施完好、畅通；寒冷地区的水闸，在冰冻期间应因地制宜地对闸门采取有效的防冰冻措施，汇总资料得 60 分，否则不得分	60 分	
	25. 启闭机维修养护	防护罩、机体表面保持清洁，无漏油、渗油现象得 5 分，否则不得分；油漆保护完好，标识规范、齐全得 5 分，否则不得分	10 分	
		A. 卷扬式启闭机		
		启闭机的连接件保持紧固得 5 分，否则不得分；传动件的传动部位保持润滑，限位装置可靠得 5 分，否则不得分；滑动轴承的轴瓦、轴颈无划痕或拉毛，轴与轴瓦配合间隙符合规定得 5 分，否则不得分；滚动轴承的滚子及其配件无损伤、变形或严重磨损，制动装置动作灵活、制动可靠；钢丝绳定期清洗保养，涂抹防水油脂得 5 分，否则不得分	20 分	
		B. 液压式启闭机		
		供油管和排油管敷设牢固，活塞杆无锈蚀、划痕、毛刺得 5 分，否则不得分；活塞环、油封无断裂、失去弹性、变形或严重磨损得 5 分，否则不得分；阀组动作灵活可靠，指示仪表指示正确并定期检验，贮油箱无漏油现象得 5 分，否则不得分；工作油液定期化验、过滤，油质和油箱内油量符合规定得 10 分，否则不得分	20 分	
		C. 螺杆式启闭机		
		螺杆无弯曲变形、锈蚀得 10 分，否则不得分；螺杆螺纹无严重磨损，承重螺母螺纹无破碎、裂纹及螺纹无严重磨损，加油程度适当得 10 分，否则不得分	20 分	
	26. 机电设备及防雷设施的维护	对各类电气设备、指示仪表、避雷设施、接地等进行定期检验，并符合规定得 10 分，否则不得分；各类机电设备整洁，及时发现并排除隐患得 10 分，否则不得分；各类线路保持畅通，无安全隐患，备用发电机维护良好，能随时投入运行得 10 分，否则不得分	30 分	

续表 6-3

类别	工作项目	评分要求	赋分	备注
四、供水管理（85分）	27. 管理细则	根据《水闸技术管理规程》（SL 75—2014），结合工程具体情况，及时制定完善的技术管理实施细则，并报经上级主管部门批准得15分，否则不得分	15分	
	28. 控制运用	制定水闸控制运用计划或调度方案得10分，否则不得分；按控制运用计划或上级主管部门的指令组织实施得10分，否则不得分；操作运行规范得10分，否则不得分	30分	
	29. 管理现代化	有管理现代化发展规划和实施计划得10分，否则不得分；积极引进、推广使用管理新技术得10分，否则不得分；引进、研究开发先进管理设施，改善管理手段，增加管理科技含量得10分，否则不得分；工程监视、监控、监测自动化程度高；积极应用管理自动化、信息化技术，设备检查维护到位得10分，否则不得分	40分	
五、经济管理（100分）	30. 财务管理	做到维修养护、运行管理等费用来源渠道畅通，经费使用规范得10分，否则不得分；“两项经费”及时足额到位，收集相关说明资料得10分，否则不得分；有主管部门批准的年度预算计划，开支合理，严格执行财务会计制度，提供审计等相关资料，汇总整理得10分，否则不得分	30分	
	31. 工资、福利及社会保障	做到人员工资及时足额兑现，有相关凭证和发放表得15分，否则不得分；职工福利待遇、职工养老、失业、医疗等各种社会保险按要求落实并提供相应资料得15分，否则不得分	30分	
	32. 费用收取	按有关规定收取水费和其他费用，提供相关证明资料得20分，否则不得分	20分	
	33. 水土资源利用	制订水土资源开发利用规划得10分，否则不得分；合理利用管理范围内的水土资源，可开发水土资源利用率达到80%以上，利用开发效果好得10分，否则不得分	20分	

6.10　疏勒河灌区标准化管理结果

对照《甘肃省疏勒河灌区标准化规范化管理工作方案》,结合管理技术标准和考核要求,全中心对灌区、水库、水闸标准化规范化管理各项考核指标任务自评分。昌马灌区责任评分971分、复核分946分,双塔灌区责任评分979分、复核分949分,花海灌区责任评分969分、复核分944分,昌马水库责任评分954分、复核分924分,双塔水库责任评分945分、复核分920分,赤金峡水库责任评分951分、复核分921分,昌马渠首责任评分946分、复核分923分,自评结果均达到标准化规范化申报验收条件,现已将验收请示和申报书提交甘肃省水利厅等待省级验收。

通过灌区标准化规范化管理工作的开展,编制了一套运行资料、修订了一批规章制度、明确了管理主体责任、提升了工程整体形象,实现了灌区管理的标准化规范化,切实提高了灌区水利工程管理水平,为现代化灌区建设奠定了坚实基础。

(1)完善规章制度,夯实了管理基础。以制度抓管理,根据疏勒河流域水资源利用中心各处(室)工作职责,对已有的规章制度全面梳理,结合实际进行废、留、立、改,对没有建立尚需要制定的规章制度、管理细则和操作规程,及时制定并上报批复。共梳理完善灌区、水库、水闸各项管理规章制度209项,关键岗位制度均已上墙明示。进一步健全和完善了灌区、水库、水闸运行管理各项规章制度,实现了按照程序和制度来规范管理,从而使全局各项工作更加规范化、制度化。

(2)厘清管理范围,明确了工作职责。结合划界确权工作,对管理范围内水利工程现状进行详细梳理和统计,绘制基层所、段管理用房及配套设施图纸资料,明确土地使用权属,按照划定原则和标准,界定了灌区各类水利工程管理及保护范围,设置了界碑、界桩,安装了各类工程管理标志和标牌,切实建立了管理范围明确、权属清晰、责任落实的水利工程管理保护责任体系。目前,灌区、水库、水闸共安置警示牌和工程简介牌(干、支渠和闸房)378个,见图6-1。

图6-1　工程标识牌和责任牌

(3)补齐工程短板,保障运行安全。按照"补短板、强监管"的水利改革发展总基调,抢抓中央和省上加快实施水利工程建设的有利时机,借助《敦煌水资源合理利用与生态保护综合规划》疏勒河干流项目、灌区续建配套、病险水库和病险水闸除险加固、中小河流治理等一大批水利工程项目,完善了灌区水利基础设施体系。依托现代技术手段,加快水利信息化建设,建成了疏勒河干流水资源监测和调度管理信息化管控平台,整合了流域灌溉、工程信息数据,实现了水利工程过程监控,切实为水资源调配提供了准确水情信息,提高了工程运行效率,保障了水库和渠道运行安全。全灌区建成斗口计量实时在线监测点698个和28处雷达水位计干渠监测点,121万亩农田灌溉用水实现了自动观测、自动传输、自动存储以及电脑、手机App终端水情查询功能,全面实现了末级渠系实时准确计量,计量精度由“厘米级”提高到“毫米级”,见图6-2~图6-5。

图6-2 昌马西干渠骨干工程及双塔水库出险

图6-3 测控一体化闸门系统及农渠远程控制闸门

图6-4 渠道无人巡查系统

(4)规范日常管理,提升了管理水平。从抓好日常维护、工程管理和安全生产入手,坚持水利工程“划段承包”责任制,修订完善水利设施管护制度和管理办法,狠抓工程运

图 6-5　信息化调度中心

行管护，严格落实抗旱防汛责任制，公示了水库防汛 3 个责任人，确定了明白人，做到有名、有实到有能。执行 24 h 值班制度，加强日常巡查和观测，强化水情监测预报，通过完善应急预案、补充防汛物资、修复水毁设施等有效措施，不断规范日常管理，着力提升灌区管理水平，为下一步现代化建设奠定了基础，见图 6-6、图 6-7。

图 6-6　划段承包责任牌和责任书

（5）推广节水措施，提高了用水效益。结合灌区实际，制订农田灌溉节水技术推广计划和实施方案，大力开展节水宣传教育，积极创建"百亩实测、千亩示范、万亩推广"节水示范区，全面落实渠道衬砌、激光平地、大地改小等常规节水措施，有计划地推广管灌、滴灌、微灌等高效节水技术，充分利用信息化综合系统和现代化灌溉系统设备，实现精准精细灌溉，逐步降低灌溉定额，提高水资源利用效率，全面推进节水型灌区建设。灌溉水有效利用系数逐

图 6-7　渠道维修改造

年提高,昌马灌区达到 0.568,双塔灌区达到 0.566,花海灌区达到 0.623,均不低于水利部《节水灌溉技术规范》(SL 207—1998)确定的指标。2019 年 4 月,疏勒河昌马灌区被水利部、国家发展和改革委员会评为全国 8 个“区域灌区水效领跑者”。土壤墒情自动监测系统见图 6-8。

图 6-8　土壤墒情自动监测系统

(6)优化供水服务,提高了服务质量。坚持以人民为中心的发展思想,按照“总量控制,定额管理”原则,以满足灌区农业发展和群众需求为目标,逐级申报灌溉面积,签订供水协议,制订配水计划,科学调度,落实总量管控标准。深化“阳光水务”全面运用斗口水量实时在线监测系统(见图 6-9),让用水户更加方便快捷地同步查询水量、水费信息。严格落实灌区“十日会”制度,大力推广互联网+协会服务,深入开展水务公开、政风行风评议活动,创新完善基层服务和考核评价体系,主动接受灌区监督,努力建设群众满意的现代化灌区。2017 年 12 月,疏勒河作为全国干旱区河流代表,成功上榜首届寻找十条“最美家乡河”榜单。2019 年 10 月疏勒河灌区被中国灌区协会授予“最具时代精神的魅力灌区”称号。

图 6-9　阳光水务

6.11　小　结

基于灌区工程类别、运行管理及维修养护模式等情况，从组织管理、安全管理、工程管理、供用水管理和经济管理 5 个方面提出了现代化灌区管理标准、过程与相关内容，制定了疏勒河灌区、水库、水闸标准化规范化管理技术标准和考评体系，提出了疏勒河现代化灌区标准化规范化综合管理技术。

第7章 流域现代化灌区建设关键技术集成与示范研究

7.1 疏勒河灌区信息化建设系统集成

灌区信息化建设是实现水资源优化配置和高效利用的重要途径,针对疏勒河灌区提出了灌区信息化集成原则与策略,提出了作物环境智能采集系统、水联网灌溉自动化闸门控制系统、灌溉效果监测评估系统、灌区水资源使用权确权登记系统和水权交易互联网平台系统的功能、组成。运用物联网、无线通信、互联网、云计算等技术,结合数据感知传感器和测控设施,为灌区水资源管理和渠系建筑工程管理提供专业的信息化技术服务。整个系统具有B/S架构、可视化数据、实时监测、阈值报警、远程无线传输、报表统计等特点,符合灌区水价改革和水量计量体系建设的内在需求,为实现灌区水资源优化配置、统一调度和高效管理提供了强有力的技术支撑和运行条件。

灌区信息集成系统建设分为3个层次:底层是过程控制层,完成"生产过程"的过程控制功能;上层是水资源计划管理层,完成灌区的水资源灌溉决策与经营管理;中层为水资源调度执行层,主要考虑的是管理过程与"生产"过程结合部分,即将上层的管理决策功能与下层的水资源灌溉控制功能进行集成。集成体系架构如图7-1所示。

7.1.1 灌区信息化系统集成原则与策略

7.1.1.1 原则

灌区信息化应用系统集成是整个应用系统的关键和基础,必须遵循以下原则:

(1)互联互通、资源共享。各应用子系统之间能够进行信息互通和共享是灌区信息化系统集成的首要原则,能满足本系统对共享信息实时、多样、可变的需求,建立各应用系统互联互通体系,实现相关信息在体系中按规则有序流动和交互交流。

(2)统筹规划,统一标准。坚持灌区信息化建设与疏勒河工程建设与管理工作互相促进,协调发展,符合疏勒河灌区整个工程的战略目标,也是灌区水资源高效管理的重要举措。应统一领导、组织、规划、实施,统一技术和标准。

(3)经济合理,注重实效。在信息化系统满足功能和要求的前提下,尽可能降低建设成本和运行成本,同时满足先进性、实用性、安全性、可靠性和可扩充性。

(4)加强管理,保障安全。加强信息化建设管理对信息化系统的高效运行至关重要,同时是保证信息化建设成败的关键所在。通过借鉴国内外先进的系统管理办法,建立起科学的工程管理制度,确保信息化工程的建设质量和成效。按照新理念,采用新办法,依靠新手段,建立信息化管理的责任制,强化信息系统的运营管理和安全措施,确保信息化系统充分发挥作用。

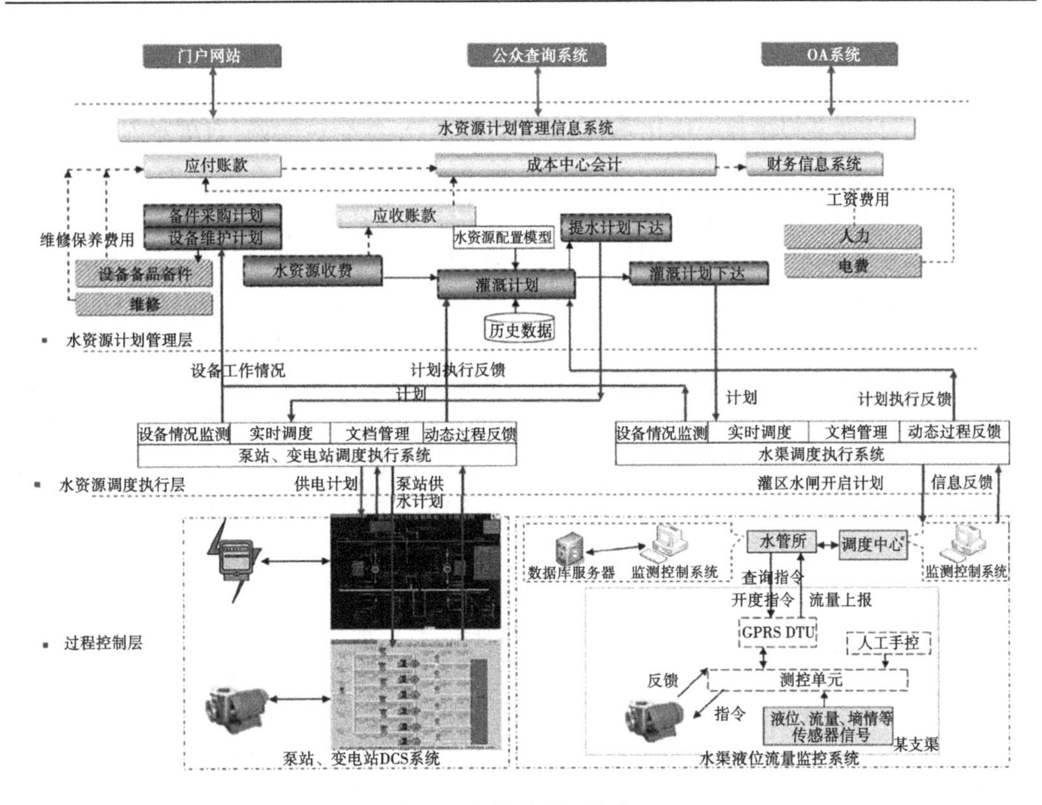

图7-1 集成体系架构

(5)协同开发,分步推进。综合应用平台的建设和应用,涉及多个单位和部门,多家开发单位必须确保各方紧密配合,协同开发。整个系统以支撑平台为基础,有计划、有步骤逐步开展其他相关专业系统和管理系统的建设工作,逐步建立水资源优化和调度数据库、模型库、知识库及相关的智能化辅助决策系统。

7.1.1.2 策略

(1)阶段集成。由于项目建设要配合疏勒河供水工程建设分段实施,系统集成也需要具有分段进行的方案,从而保障最大限度地发挥工程作用。

(2)分层集成。表现层、业务层、数据层多层软件体系结构的采用,系统集成将从界面集成、业务集成、数据集成方面进行分层集成。

(3)技术导向集成思想。合适的系统架构和集成技术方案,将有效地提高系统性能,软件技术导向是整个系统集成实现有效协调的基础,系统各部分的集成将根据各自技术特点采用不同的集成技术方案。

(4)应用导向集成思想。该系统是一个综合应用平台系统,根据需要应确定合适的集成技术方案和系统业务导向。

7.1.2 灌区信息化应用系统集成建设任务

疏勒河灌区信息化应用系统集成建设任务主要是完成水信息综合管理、地表水水资源优化调度、地下水监测、泉水监测、植被监测、综合效益评价、网络视频监视、远程闸控、综合展示与信息服务、办公自动化、工程维护管理等应用的总集成任务,完成与已建的698处斗口水量监测系统,60孔南干渠全渠道控制系统,16个骨干渠系各分水口雷达监测断面系统,24套斗口测控一体化系统、水权交易系统、综合试验站、双塔水库信息化系统,已建成的95个网络视频监视终端、电站监控系统及其他需接入的系统的总集成任务。包括审核各应用系统方案,完成全部业务应用与支撑平台软件的集成;完成公共服务组件的开发与统一管理,各应用系统的整合和统一部署以及整个系统的实施管理等工作。

灌区信息管理系统集成的总体目标为:根据用户需求和现有标准,将设计和研究开发的各业务应用系统及其各组成要素和运行环境等,按一定的规则组合形成一个完整、可靠、安全、有效的有机整体,并使之能彼此协调运行,发挥整体效益,实现整体优化,以达到系统整体性能最好、功能最强、成本最低的综合目标。元数据技术主要实现网络环境下资源信息共享和集成,此技术应用于灌区信息管理系统集成的各层次如数据集成、模型方法集成、系统模块功能集成等,主要体现在以下不同的子系统和功能模块中:数据、数据库元数据应用于信息服务子系统的通用查询表格;模型方法元数据应用于灌区管理业务专业支持系统集成模块的开发;系统模块元数据应用于系统的信息组织、管理和集成。

系统集成的关键是综合平台替换与涵盖原有平台,完成对原有系统数据、数据来源的迁移,利用本综合应用系统的数据采集与交互平台及应用支撑平台提供的数据交换系统,可以实现与原有业务系统的数据交换。数据集成包括数据获取集成和数据交换集成。数据获取主要包括从各监测站直接获取的实时数据、由人工录入的基础数据及空间数据等,同时对数据进行补全、勘正、入库、校核和查漏补缺;数据交换主要包括与其他相关业务部门的数据交换,主要采用基于数据库复制的数据同步和基于消息机制的数据推送。数据汇集与交换如图7-2所示。

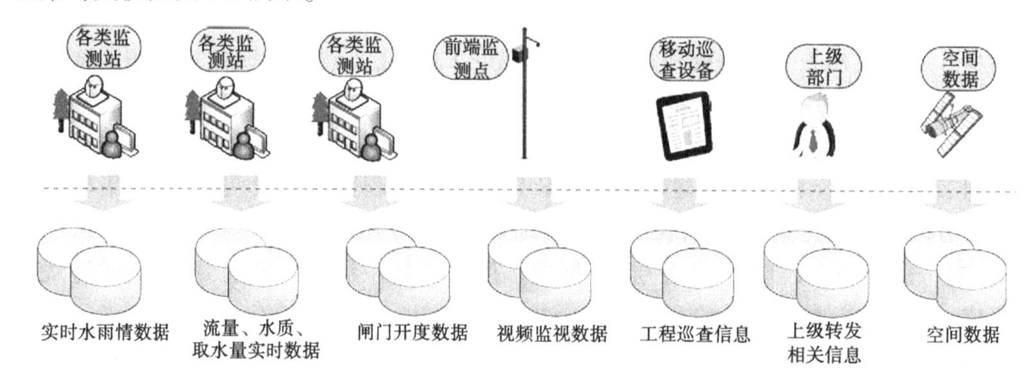

图7-2 数据汇集与交换示意

(1)实时水雨情数据。监测系统采集的水雨情数据须按照行业标准写入实时雨水情数据库中,监测获得的信息通过数据传输信道传输到平台后,进入数据接收处理计算机,通过数据接收软件实时完成监测站水位数据的入库。其他相关已建水雨情测站数据由省级水文部门通过本项目新建专网实时向数据中心推送。

(2)流量、水质、取水量实时数据。由各监测站将采集获得的实时数据通过网络直接传入数据中心的相应数据库。数据库库表结构设计与全省水资源管理平台相应数据库相兼容。

(3)闸门开度数据。对于本项目新建站,通过网络直接将采集数据存入数据中心相应数据库,对于需要接入的站点数据,经处理后按照统一的数据格式存入数据库中。

(4)视频监视数据。通过前端监视点设备,通过通信网络,将所采集的图像信息传送到视频信息服务器。再通过相应软件处理后,存入数据库。

(5)工程巡查信息:包括项目进度、质量控制、成本管理、安全管理、合同管理、风险管理、施工现场安全环境、施工质量、设备安装、环保情况等。通过巡查信息系统将主要数据实时保存至数据库,能够实时显示在信息中心的水信息综合管理系统中,及时掌握工程进度情况。

(6)上级转发相关信息:通过前端硬件、通信线路、数据库和后台管理软件实现信息在不同部门之间的转发和传输,满足上下级信息的有效互通。

(7)空间数据:包括矢量数据、栅格数据、遥感数据、时空数据和地理信息系统(GIS)数据。

灌区信息化应用系统是由水源—输配水渠系和排水沟网—控制建筑物—农田构成的点—线—面复杂网络系统,灌区管理的核心是通过对水流在灌排系统的运动过程进行精准调控,从而完成灌溉供水调度和防汛抗旱等主要业务功能,所涉及的关键要素包括工程静态信息和水流动态信息,因此灌区智慧化发展旨在利用高新技术和设施,建成集智慧感知、智慧决策、智慧应用于一体的智慧化综合管理系统,通过数字赋能灌区管理,大幅提升水旱态势感知预报、险工险段及时预警、水流过程实时推演、管理方案智慧决策的能力,大幅提高工程建设的运维管理、对外数据交互的标准化规范化水平,实现灌区工程和供用水管理的数字化、网络化和智能化,其基本特征是“感知全面、决策智慧、调控智能、灌排精准、管理高效、运行安全”。灌区信息化建设由物理空间层、信息感知层、自动传输层、数据处理层、模拟决策层和智能控制层集成,如图7-3所示。物理空间层是信息感知层的感知对象;信息传输层将感知信息传输到数据处理层;模拟决策层对数据处理层处理过的信息进行仿真模拟,根据模拟及再学习结果作出决策;智能调控层根据决策指令对调控设备进行智能调控;信息感知层会对调控运行情况进行再感知,再传输至模拟决策层进行分析优化,形成不断优化不断学习的闭环智慧化管理。

7.1.3　疏勒河灌区量配水系统集成模式

疏勒河灌区是我国特大型灌区之一,水资源有效利用成为灌区可持续发展的重要问题。大型自流灌区最后一公里(田间)输配水紧握农业发展的命脉,田间输配水系统节水技术主要有渠道衬砌、中小型渠道量水和膜下滴灌、自动控制及灌溉优化决策管理,节水、环保、精准化、科技化、现代化已成为灌区发展新常态,研究新型节水技术十分必要,如图7-4所示。

灌区田间用水精量化配置与灌区群管组织优化集成建设的目标:一是提高灌区的综合管理水平,通过远程自动控制系统,实现科学、及时、精准的配水、灌水,实现灌区自动目标;二是提高输水系统的工程可靠性,通过信息化系统提供的实时工程信息数据,研判渠系建筑物的运行条件,保证灌区输水系统的运行安全;三是提高灌区内水分生产效率,通过田间作物的生长信息、墒情等监测系统与输水信息化系统的对接,达到作物的按需灌

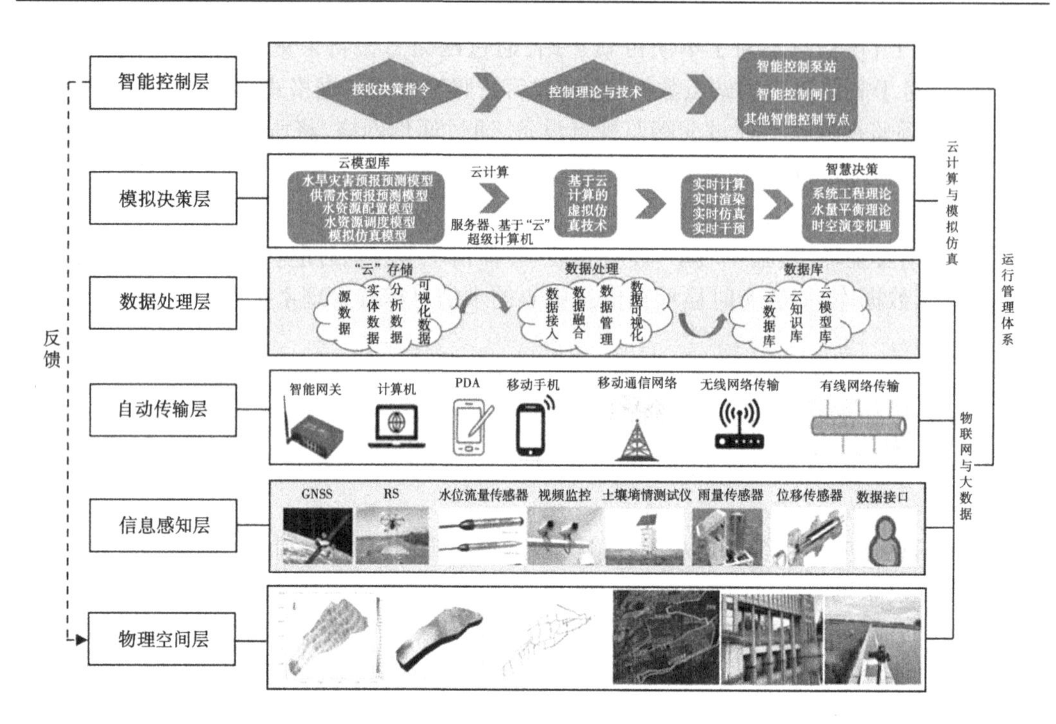

图 7-3　灌区信息化应用系统集成

溉，节约用水，高产、高效的目的。实现了多种技术集成，疏勒河灌区农业精准化配水技术集成见图 7-5。

(1)用水调度自动分析管理系统。用水调度自动分析管理系统的建设目标是根据灌区建筑物工程的特点，科学运用沙盘模型、虚拟仿真、GIS 信息、自动控制系统等高新技术手段，依托基础设施的建设，建立一套“实用、先进、高效、可靠”的配水调度系统，实现灌区工程自动化调度运行，提供最优调度决策，同时分析与当地地表水、地下水及灌区续建配套及区域内其他用水的联合调度，实现水资源的优化调度。

(2)远程自动量测水系统。灌区远程自动量测水系统是以水位、流速等信息远程自动采集为基础，实现相关水情信息的实时查询、水情汇编，并根据计算机拟合的水位流量曲线得到实时流量及汇总量。将目前灌区传统的人工量测水方式，以远程数据传输到系统平台中，从而提高灌区量测水的效率和准确度。工作人员可以快捷、直观地对所负责范围内的闸门、量水堰、前池、出水池、渠道等工程设施的水量信息进行实时测量、监控，为灌区水资源的综合管理提供有力的支持。

(3)输水渠系闸群自动调度管理系统。输水渠系闸群自动调度管理系统是通过计算机模拟渠道的水流演进模型，利用测控一体化闸门，根据远程水情要素和用水需求分析结果，发出远程指令自动控制，实现整个灌区输配水渠道上的群闸群控功能，自动完成灌区的用水调度。利用这套系统，可以最大程度地减少输水过程中的弃水，防止渠道少水、翻渠漫水，实现科学用水；同时，可以大幅度减少渠系用工及工人的工作强度，减少管理费用。

(4)输水渠系视频自动控制系统建设。视频自动控制系统通过对所有分水、放水、量水等输水信息的视频监控，直观地了解各设施的实际运行情况，实现少人值守或无人值守

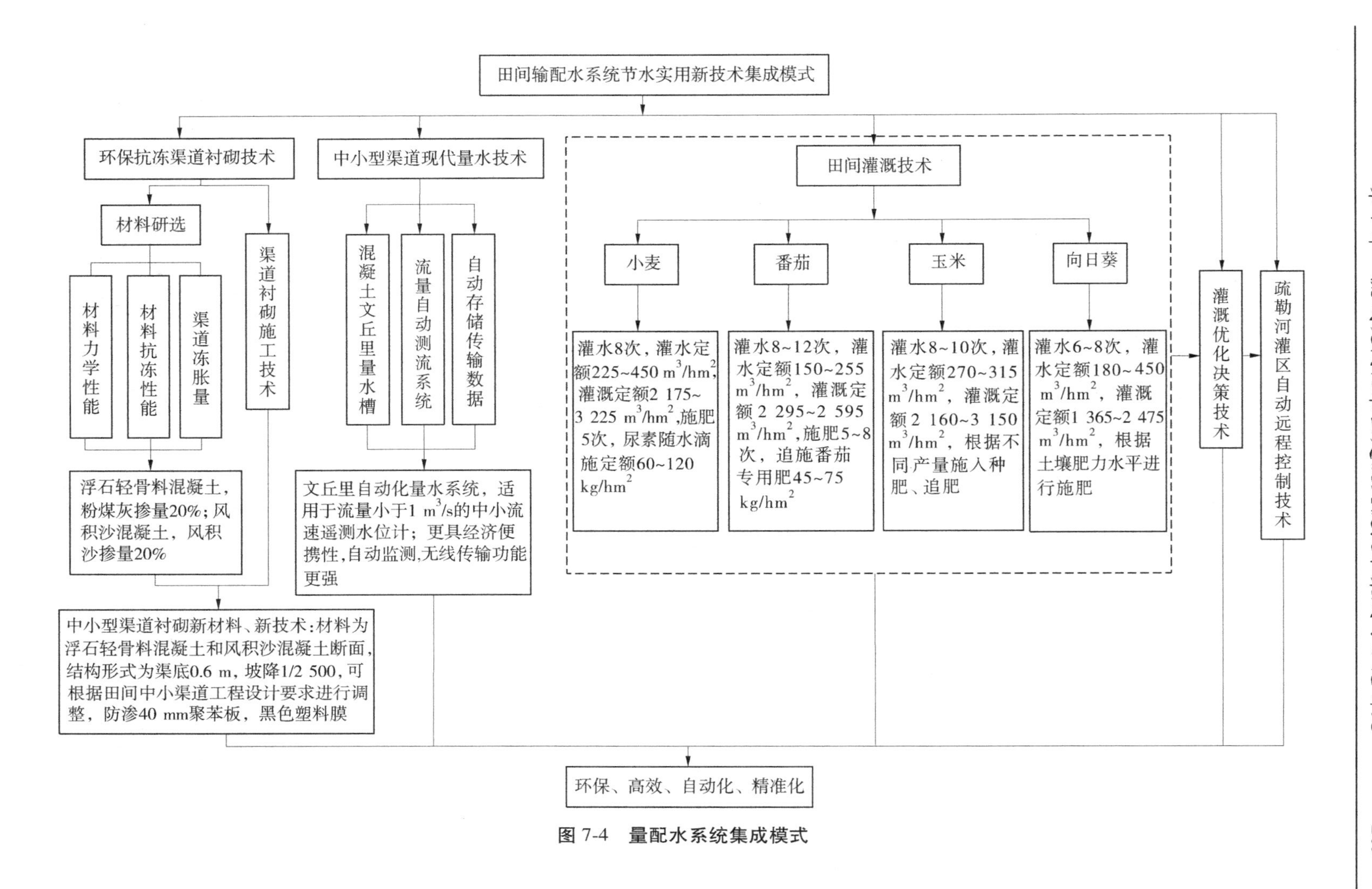

图 7-4 量配水系统集成模式

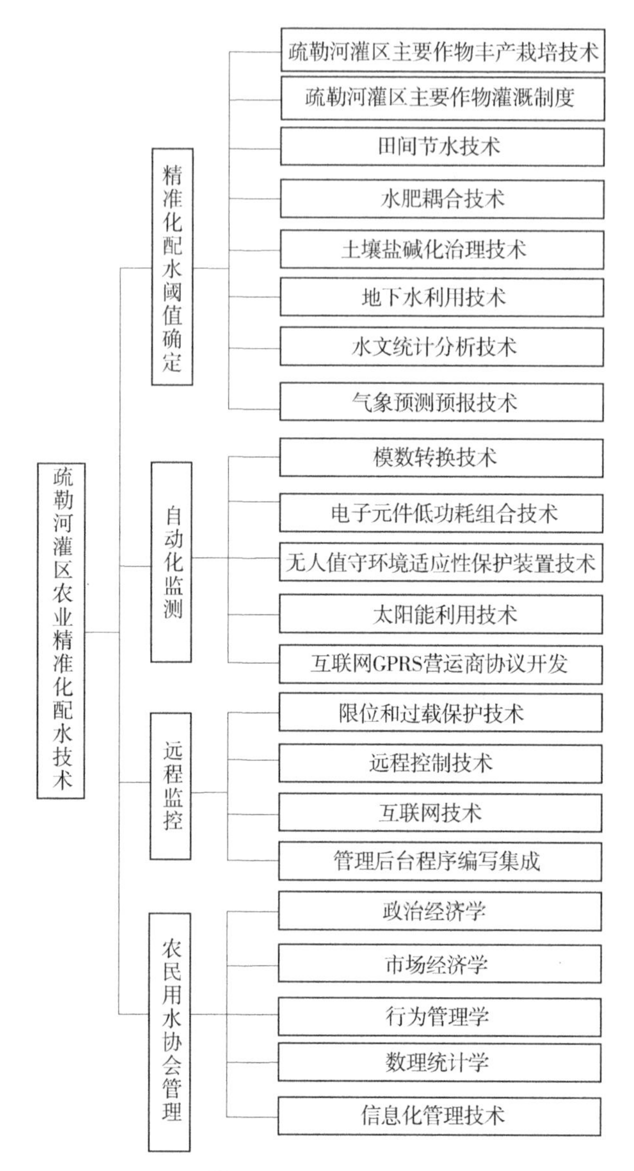

图 7-5 疏勒河灌区农业精准化配水技术集成

的目标。对比结合闸群自动调度管理系统指令,对错误开放的闸门站点、水位及时发出预警信号,可保障用水控制建筑物的安全。

(5)输水系统无人巡护监视系统建设。无人巡护监视系统是针对大中型灌区渠道巡线距离较长、巡线任务繁重的特点,为了及时发现、判断工程险情及安全隐患,有效地预防事故扩大、减少损失,通过在渠道沿线布设电子围栏、安全监测传感等先进技术,利用人工智能网络神经学习功能,建设的全渠道无人巡护监视预警系统,实现整个渠系建筑物的智能巡护。

通过对灌区不同盐分农田适宜土壤水分的研究,提出了作物用水精量化配置灌溉阈值及作物精量化配置优化灌溉制度;通过对土壤墒情、气象、地下水自动监测设备数据采集系统,明渠末级渠系能化测流装置、传输系统、自动控制系统的研发引进形成了作物田间用水量精量化调控系统;将经济学理论、管理学原理、市场调控手段融入研究,探讨了水费构成和水价调控形成机制,综合农户成本承受现状调查分析,核定了灌区群众管理组织合理良性运行管理成本,建立了以农民用水信息终端应用为依托的灌区群管组织节水优化模式,如图7-6所示;集成了田间用水精量化配置与灌区群管组织优化模式。

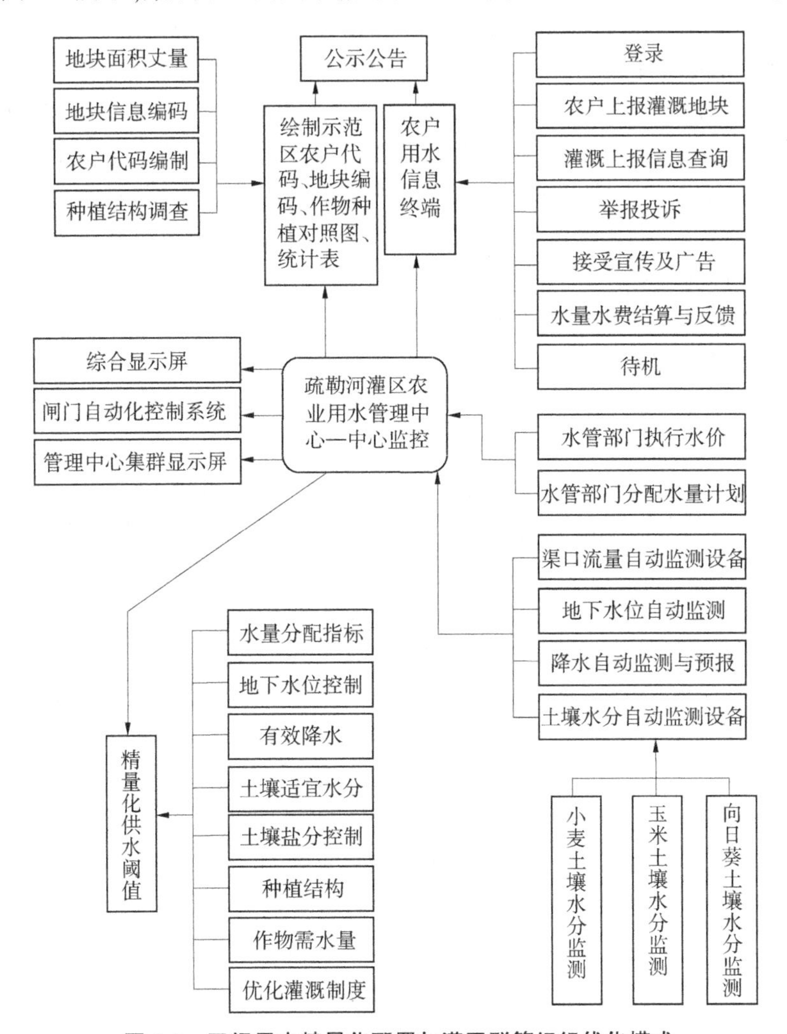

图7-6　田间用水精量化配置与灌区群管组织优化模式

7.2　疏勒河灌区水资源综合利用技术集成模式

基于疏勒河灌区的水资源条件分析了灌区可供水量,结合该灌区的作物种植结构、灌溉制度等分析了灌区不同来水情形下的需水量,分析了疏勒河灌区的水资源供需状况,从灌区渠系工程节水改造、种植结构及灌溉制度优化及现代化节水信息系统建设几个方面提出了疏勒河灌区构建科学节水及现代化节水管理体系的相关措施。对灌区科学节水、提高用水效率、增强灌区工作人员管理能力具有较好的实际意义,对其他灌区建立现代化节水管理体系具有较高的参考价值。

7.2.1 灌区水资源综合利用关键技术

7.2.1.1 田间高效节水技术与模式

集成农田水循环和灌区生态系统耗水各界面间的转化机制与规律,探索有效提高渠系水利用率、农田水利用率、作物水分生产率和农业生产效益的途径,建立植物高效用水调控与非充分灌溉的新理论,大力推广植物高效用水生理调控技术、植物高效用水生理调控及植物缺水信息采集与精量控制灌溉技术、农业化节水协同调控技术、新型保墒耕作技术和覆盖保墒技术以及土壤水库充蓄增容技术等田间水分调控新技术与新方法;提高灌溉水的管理水平,宏观有效调控和微观自动化管理;推广喷、滴灌以及改进地面的节水灌溉技术及新产品,构建灌区田间高效节水技术与模式。

7.2.1.2 再生水和微咸水安全灌溉技术与模式

集成城市和养殖再生水灌溉对土壤肥力、土壤温室气体排放、作物生理生化、农产品品质和产量以及地下水的影响,研究不同土壤—植物系统对再生水中有机物及主要有害物质的安全承受量,提出不同再生水水质、土壤条件下主要农作物再生水灌溉的最佳时间及灌溉定额,制定再生水灌溉水质标准,建立综合考虑再生水为水源、肥源、污染源三重特征的安全灌溉技术模式。研究微咸水灌溉条件下土壤和地下水盐分动态的预测技术,研究咸淡水轮灌的交替与分配方式、灌水时间和适宜水量,提出适宜当地气候特点和土壤盐分动态分布的最优咸淡水轮灌方式及控制指标,研究保持微咸水灌区区域盐分均衡的排水控盐技术。

7.2.1.3 灌区多水源联合配置理论与技术

灌区水资源具有多水源、多用户、多阶段、多层次的特点,灌区水资源系统一般由以下4部分组成:

(1)供水系统。包括地表水(蓄水、引水、提水等)、地下水、外流域调水及非常规水资源(村落与养殖再生水、雨水、微咸水)等。

(2)输水系统。包括河道、管道、渠道(衬砌渠道及自然沟渠等)等。

(3)用水系统。包括工业用水、农业用水、生活用水、生态与环境用水等。

(4)排水系统。包括村落生活污水、小型企业污水、集约化养殖场废水、灌区退水等。

定量描述灌区内部水资源-生态-社会经济系统相互作用机制,建立水资源可持续利用、社会经济发展和生态环境系统改善的多水源合理配置理论及多维临界调控决策方法。

7.2.1.4 生态灌区监测评价及信息化管理与预警系统模式

建立灌区灌溉系统水量监控与调配系统以及灌区环境监测体系和信息网,对灌区地下水位特征、农村水环境与水生态、土壤墒情、作物生长等信息进行监测评价,开发面向生态型灌区的信息化管理系统,开展灌区生态及环境系统健康诊断、灌溉输配水模拟、水生态模拟等多学科领域先进技术的本地化研究,构建上游来水减少、过境水恶化等多种条件下的预警系统。

7.2.1.5 农业面源污染控制的农田节水灌溉及养分资源管理技术

研究典型灌区气候、土壤和农作物体系下,农田氮素、磷素、农药在降雨以及短沟灌、小畦灌、滴灌等节水灌溉条件下的淋溶渗漏机制及影响因素,建立农田生态系统中氮、磷迁移转化模拟模型,揭示农田生态系统中降雨/灌溉—土壤水分运动—污染物淋溶损失的特征机制,分析灌溉模式、田间水分和养分资源管理措施等因素对污染物迁移转化的影响,建立面向农业面源污染控制的节水灌溉、养分资源管理技术体系。

7.2.2　灌区水资源综合利用途径

7.2.2.1　加强输配水工程项目系统建设

疏勒河灌区水资源短缺,需要持续发展节水灌溉,保障灌区效益发挥。增强农业节水效率的重要方法之一是提高灌溉水利用率。传统的渠道输配水方式虽能满足灌溉供水但同时存在渗漏损失问题,通过渠道衬砌可有效降低输水损失。通过节水设施工程项目的建设和使用将相应的农业节水措施抓紧抓好,实际落实,并将农业产品耗水量和用水量尽可能地降低,可以有效地达到农业节水目标。

在现代农业中,目前实际采用的用水方式决定了灌区节水潜力的大小,同时受到多种相关因素的制约,如节水模式和用水结构等。随着喷灌、微灌等节水技术的出现,管道输水灌溉技术逐步应用,在灌区节水改造、高标准农田建设中,通过发展管道输水配合喷滴灌等现代化灌溉设备和灌溉方式,可以有效实现高效率节水,并降低灌溉成本。

7.2.2.2　优化种植模式及灌溉制度

疏勒河灌区主要以水库为水源,调蓄能力有限,水源工程、渠系建设、山间工程、灌溉制度及工程管理等环节,均存在节水潜力和效益。随着节水理念和技术的更新发展,灌区节水需要根据作物需水规律和供水条件,通过采用水利、农艺、管理等措施,在各个耗水环节减少不必要的水量损失。

根据疏勒河灌区的灌溉经验,在持续实施渠道防渗、节水灌溉等工程措施的基础上,需要加强灌区节水非工程措施的实施,通过改进作物灌溉制度、推广农艺节水措施,以及优化水源调度和配置等,全面促进灌区节水。

7.2.2.3　完善灌区节水信息化建设

疏勒河灌区的水量调度受来水、综合用水等多种因素影响,灌区需水时空状况和供水设施的运行情况是科学开展水量分配及调度的基础。传统的灌区资料的统计和收集需要工人调查和实施,信息的时效性差。通过建设自动化的水源监测、灌区墒情监测、渠系流量监测等信息化系统,构建智能化、信息化的灌区管理及水量调度模式,可有效提高水库灌区的节水效益和经济效益。结合疏勒河灌区的水源利用、渠系建设及灌区节水改造,通过优化信息化设施建设布局,完善灌区信息收集、传输及处理系统,建设节水灌溉信息化管理系统,将可以有效地提高灌区智能化实时用水调度分析水平,将远程控制等手段加入区域监控系统中并提供重要协助。通过灌区信息化建设将灌区的节水效益水平提高到新阶段,并以此带动灌区的经济效益和社会效益的更快发展。

7.2.2.4　加强灌区科学管理水平,深化疏勒河灌区水价改革

疏勒河灌区管理局应在信息化灌区建设的基础上,对管理范围内的水资源进行统一管理和经营,转变思路,开拓发展,加速实现整个灌区积极向资源水利转变,对灌区内的实际发展阶段进行全面而深入的考虑,建立系统而高效的现代化水利工程管理体制,高效而充分地利用灌区现有水资源,制定符合疏勒河灌区发展的水价及水价实施政策,对供水成

本进行核算,实行供水有偿服务,促进该区域农业节水。

7.2.3 合理利用水资源的对策与建议

7.2.3.1 水资源管理信息化、科学化、现代化

加快智慧水利建设,提高水资源监管的信息化水平。改变思维方式,打破传统的管理理念,将现代数字信息技术以及决策新机制应用到水资源管理上来,通过先进的信息化技术手段获得水资源活动特征和发展变化的信息,替代原先的物理监测和人工分析评价,可以减少投入,提高准确度,使水资源管理更为科学化、合理化。按照决策支持系统对数据库的要求,对数据库进行分类,满足了不同类型的用户对数据库的访问与操作要求等,其技术成果可为引黄灌区水资源监控数字化建设提供技术支持。

7.2.3.2 大力推广节水灌溉技术

疏勒河流域农业用水需求量大,但人们节水意识淡薄、灌溉方式落后,造成引水输水过程中水资源的浪费。应积极宣传,提高群众的节水意识,引导群众利用井渠结合等新型灌溉方式,井渠灌溉可以减少地表用水,增加地下水埋深,减少蒸发损失,控制土壤盐碱化等。大力推广灌区喷灌、滴灌、低压管灌等先进的节水技术,形成疏勒河灌区的高效农业节水体系,提高灌溉效率。

7.2.3.3 合理利用非常规水资源

用好用活疏勒河水,积极开发利用中水和地下咸水等非常规水资源,做到一水多用、多水联供和循环利用,缓解工农业生产与保护区生态用水的矛盾。咸水等非常规水灌溉在我国新疆、内蒙古等地得到广泛的研究与应用,事实证明在农业生产方面,非常规水资源对作物长势、产量、果实品质等具有一定的促进作用。因此,可将灌区内微咸水等非常规水资源作为淡水资源开发利用,通过冰晶融冻等技术使之达到农业灌溉用水等标准,缓解地区水资源危机。

7.2.3.4 加强社会环境的呼应关系

多举措加强社会公众参与水资源监督管理的力度,提高人民群众的节水护水意识。以水定需,提高生产生活用水效率,抑制不合理用水需求,落实用水总量控制和定额管理,完善水资源有偿使用制度。深化水资源税改革,推进农业用水、生活用水和工业用水水价综合改革,健全农业水价形成机制、精准补贴机制。抓好企业用水排水规范意识,提高水质标准,防治水污染,保护水环境。

7.2.3.5 依托河长制湖长制,多部门协同治理

通过河长制湖长制,疏勒河管理部门与地方政府等多部门联合治理,通过专项行动集中解决灌区内的“四乱”问题,营造良好的库区生态空间,优化灌区水资源配置格局。制定规划水资源论证管理办法,严格控制用水总量和取水许可限批,促进实现水资源动态监管。加强流域内取用水户监督检查,及时发现并处置违规取用水行为,维护良好的水资源管理与调度秩序。

7.3 灌区标准化规范化综合管理技术

要摒弃“重建轻管”的思想,管理才是灌区今后运行、发展永恒的主题。水利部门应

组织专家,重新研究灌区机构定位、灌区管理模式,研究灌区到底“是什么”的问题。一是确权灌区用水总量,细分用水定额;二是推进农业综合水价改革,研究节水补偿机制;三是普及计量供水和按方收费机制;四是推进农民用水合作组织和村级水管员制度建设。

根据灌区供水情况、作物耗水与需水规律、节水灌溉制度等要求,规范水情、工情、旱情信息采集系统的指标管理,建立标准化、数字化信息管理体系,研究时间与空间尺度的灌区地表水、地下水联合调度与优化配置模式。利用互联网,在田间工程建设标准化、布局规范化、综合节水技术体系框架下,建立集信息采集、分析、决策和控制于一体的灌区信息化管理体系,开发灌区自动控制及信息管理系统。

7.3.1　灌区管理平台规范化管理集成

对于疏勒河灌区信息化管理存在的问题及现代化改造的业务需求,开发了集采集、监控、业务处理可视化展示于一体的现代化灌区综合业务管理平台。管理业务系统包括灌区一张图、水资源调度管理子系统、公众服务管理子系统、机电信息管理子系统、工程信息管理子系统、安全管理子系统、运行服务管理子系统、移动客户端 App 应用 8 个业务子系统,管理平台集成系统如图 7-7 所示。

7.3.1.1　灌区一张图

以三维 GIS+BIM 相结合的方式,构建集采集、监测、分析、决策于一体的全三维灌区一张图仿真系统。基于三维可视化,建成工程漫游、灌区配水、设备运行、工程巡检、一体化调度的全业务管理,实现了基于 GIS 定位基准、BIM 模型、业务管理信息融合的可视化交互控制、综合查询、可视化分析、远程控制及一体化调度。通过灌区一张图,为用户提供直观、动态、清晰的可视化管理,进一步提高整体工程的建设和运维管理水平、工程运行监测预警能力以及供水安全保障能力和应急处置指挥能力。

7.3.1.2　水资源调度管理子系统

水资源调度管理子系统是平台的核心功能,是以调度管理业务处理为基础,以提高水资源调度管理能力,实现水资源调度管理的合理化、自动化、智能化、高效化为目标而建立的调度管理系统。系统主要包含标准化管理、调度计划管理、调度运行管理、调度应急管理、调度统计管理、智能分析 6 个主要业务模块。其中,调度计划管理负责需水计划、配水计划、开停机计划、调度计划的综合审批和管理;调度运行管理负责水位、流量、温度等水利设施及机电运行情况的实时监控;调度应急管理负责紧急情况下调度预案的管理;智能分析以历史及实时数据为依据,实现水量平衡分析、机组性能分析和机组运行分析,为调度中心人员提供辅助决策信息。

7.3.1.3　公众服务管理子系统

公众服务管理子系统为用水户提供统一的对外服务窗口,是在公平、公正、公开的原则下,对用水户需求、水费计收情况、缴费灌溉信息等一系列水费交易活动进行实时、动态、科学监控和管理。系统由用水需求管理、缴费灌溉管理、水费计收管理、水务公开管理、用水户管理、水费计收决策分析等模块组成。系统通过 App、公众号,PC 端访问,接入用水者协会实时用水需求数据,实现需水、配水动态调整,互为联动,为“按需供水”建立输入条件,结合水资源调度管理子系统实现水资源调度全链条、全流程闭环管理。通过对

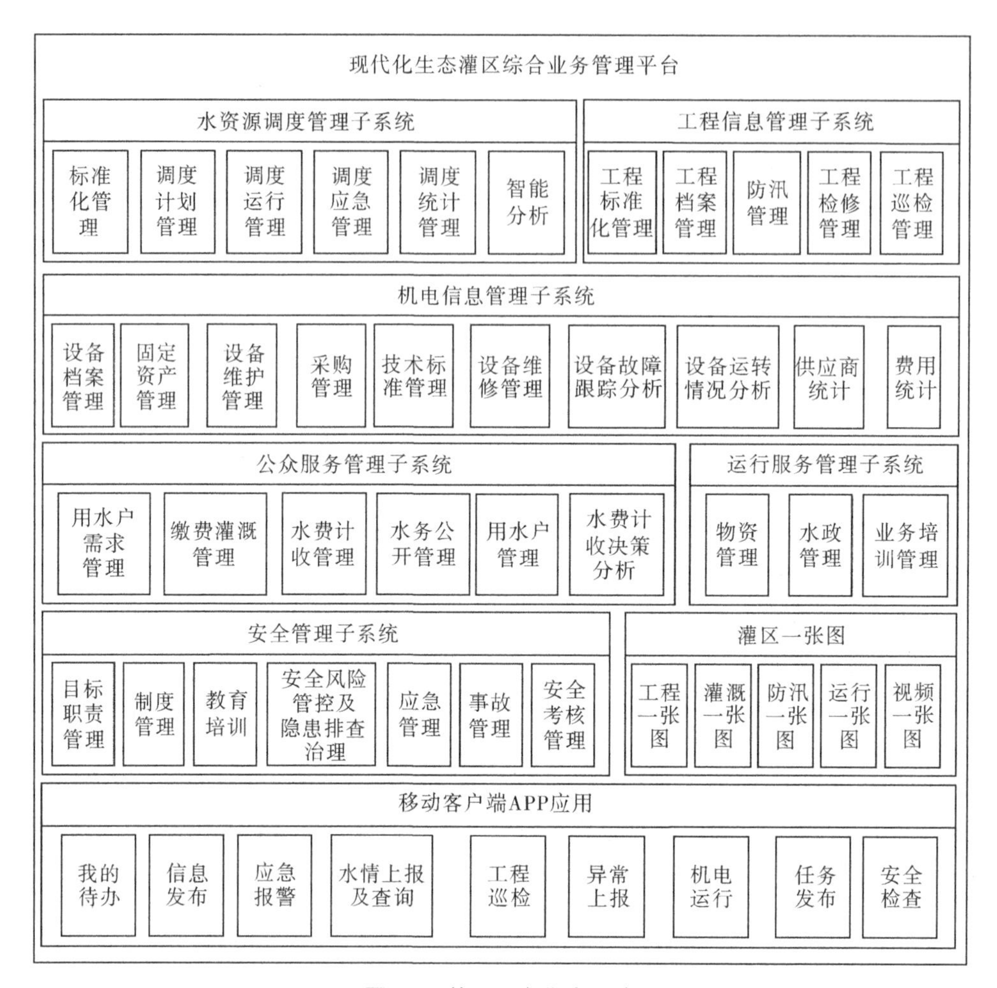

图 7-7 管理平台集成系统

用水户水费信息的统一管理，为水费计收、水资源调度管理提供基础的数据支撑；通过水务公开、用户信用评价等措施，保证水费计收管理工作的透明化、合理化、科学化；同时根据用户的综合信息建立用户信用管理，对水量和水费计收历史情况进行同比、环比分析，从而建立综合、全面的水费计收策略。

7.3.1.4 机电信息管理子系统

机电信息管理子系统以设备和备件为基本管理对象，涵盖设备选型、采购、安装、维护、维修、分析、报废等全生命周期的各个环节。包含设备档案管理、固定资产管理、设备维护管理、采购管理、技术标准管理、设备维修管理、设备故障跟踪分析、设备运转情况分析、供应商统计、费用统计 10 大功能模块。系统的建设实现了设备管理过程的规范化、透明化、流程化。建立了集设备基础资料、技术资料、设备变动、故障档案、检修档案于一体的全生命周期档案；通过与自动化控制系统进行数据交换，实时采集并共享设备运行状态信息；通过大数据分析技术，从设备的运行状态、故障跟踪、可靠性等多方面进行综合分析，为设备的预防性维修、工作性能的改善提供数据支撑，进而提高设备的完好率和运行率，减少设备的故障率，降低设备维护、维修的成本。

7.3.1.5 工程信息管理子系统

工程信息管理子系统依托三维 GIS 地图,在业务处理过程中,可更加全面直观地了解水利建筑物的分布信息和参数详情、水利工程设施的实时运行参数、工程检修情况及工程巡检情况。系统由工程标准化管理、工程档案管理、防汛管理、工程检修管理、工程巡检管理5大模块组成。系统建设实现了水利工程各个环节的有效整合,将工程管理过程规范化、透明化、流程化,实时跟踪工程管理过程,有效地避免了人为因素引起的违规操作,堵住了管理漏洞,避免了项目漏项、无计划施工和超计划施工问题,有效地控制了工程项目费用支出,节约了人力、物力、财力。同时通过对工程管理中的各种信息进行汇总和总结,为管理人员提供有效的诊断分析,为做出正确的决策提供理论依据。

7.3.1.6 安全管理子系统

安全管理子系统以实施精细化、规范化的安全管理为目标,包含目标职责管理、制度管理、教育培训、安全风险管控及隐患排查治理、应急管理、事故管理、安全考核管理7大模块。系统通过与水资源调度管理子系统、工程管理子系统、机电管理子系统进行数据对接,自动获取外部系统的工程设备检修信息、巡检信息、缺陷信息、告警信息等,并对各类信息进行分类存档、智能分析,减少了人工信息收集及纠错成本;对隐患、危险源、缺陷等建立从检查、上报、跟踪处理、反馈的一体化跟踪,通过大数据技术,对各类安全隐患进行专题分析,形成安全生产知识库,为年度考核提供数据支撑,为安全生产提供有效指导。建立了从应急演练、应急预案启动、应急事件处理到应急事故总结的动态应急管理链,对应急事件进行事后总结评价,根据评价结果对应急预案进行修改,实现应急知识库动态管理。

7.3.1.7 运行服务管理子系统

运行服务管理子系统为灌区生产运行提供基础保障,包含水政管理、业务培训管理、物资管理三大板块。其中,水政管理板块是以水政执法办公自动化、监督举报公开化为目的,以"数字执法"为目标而建立的子模块;业务培训管理板块是以积分制为鼓励手段,以提高管理处整体综合业务技能和工作能力为目标,为管理处的培训学习提供便捷的学习平台;物资管理板块建立了物资的二维码全跟踪流程机制,对物资的出入库、使用情况进行全程跟踪记录,建立物资全生命周期管理机制。

7.3.1.8 移动客户端 App 应用

移动端应用业务子系统发挥了"互联网+"的技术先进性,实现了"移动办公,高效办公"的目的。系统将各 PC 端业务子系统部分功能进行移动端展示和处理,包含我的待办、信息发布、应急报警、水情上报及查询、工程巡检、异常上报、机电运行、任务发布、安全检查9大功能模块。工作人员通过手机移动端可随时上报水情、水量等信息,可随时处理业务工作,从而大大提高了相关人员的工作效率,降低了工作强度。

7.3.2 灌区灌溉管理中智慧水务建设

7.3.2.1 信息自动化建设为智慧水务奠定基础

近年来,甘肃省疏勒河流域水资源利用中心为了推进现代化灌区建设,不断加大灌区内信息自动化设备的投入力度,在疏勒河灌区的昌马、花海、双塔3个灌区具备条件的

698 个斗口计量点，分别建设了磁致伸缩水位计 403 套、超声波水位计 259 套、管道水位计 36 套，在灌区内实现了自动化监测设备全覆盖。以前由人工观测和计量的灌溉供水工作，通过在斗口安装的自动化计量设备，实现了人工观测向自动实时观测的转变。信息自动化为灌区建设智慧水务奠定了基础，有利于推动灌区"阳光水务"，进一步提高灌区用水精度、增加用水户的用水透明度、提高灌区服务水平，从而推动用水户参与灌溉管理的改革工作。

在此基础上，疏勒河灌区各基层管理段开始使用磁致伸缩水位计等自动化设备进行计量，按自动化生成的报表进行水量结算。通过自动化计量设备的使用，做到了从"厘米级"到"毫米级"的精准计量，获得了灌区农民用水协会的认可和好评。为了提高信息自动化在灌区灌溉管理中的运用效果，疏勒河灌区各基层管理段建立了"阳光水务"微信群，利用微信平台向田间用水户介绍信息自动化，并指导用水户在手机上安装信息自动化 App，实时掌握斗口流量和水量。

7.3.2.2　移动支付为智慧水务提供必要条件

水费的收缴一直是田间用水管理的难点，也是构建灌区智慧水务体系的核心内容之一。以往灌区群众的水费都是由各用水小组组长或协会主席上门收取，然后用水小组组长或协会主席将收取的水费定期转到水管部门的水费专户中，然后拿着进账单到所在渠系的管理所开票，最后凭票到灌区基层管理段购水。这种管理模式效率低，比较耽误时间，尤其是农民用水协会的管理人员意见比较大。面对这一难题，移动支付在灌区灌溉管理中发挥了重要作用。当前农村手机微信的普及率比较高，一些农民用水协会的微信普及率达到 100%，村组用水户参与水务群也达到 100%，大部分水费已可以通过微信红包的形式进行收取。

7.3.2.3　实现供水和用水管理的有机衔接是关键

当前，疏勒河灌区供水管理已依托甘肃省疏勒河流域水资源局信息自动化平台，实现调配水、水量观测、计量、结算及报表全程网络化。在田间用水管理上，各农民用水协会充分利用微信、手机支付等现代网络软件，实现调配水、水量结算和水费收缴全程网络化。如何打造供水和用水管理的网络平台，做好"互联网+"的协调、沟通工作，就成为构建灌区智慧水务管理体系的关键。灌区用水户通过手机或其他网络平台，可以查询到自己每轮水的水量、水费，通过移动支付平台实现水量预购或水费汇缴，将成为构建灌区智慧水务管理的主要内容。

7.4　疏勒河现代化灌区示范区研究

7.4.1　昌马灌区示范区基本情况

7.4.1.1　示范区基本情况

结合《敦煌水资源合理利用与生态保护综合规划》的实施，2015 年 6 月完成 51 孔一体自动化测控闸门的安装和调试，覆盖了南干渠管理的 0.49 万 hm^2 灌溉面积，同步在南干渠高新节水示范园区配套了 50 套土壤墒情监测仪，实现了上游至下游全渠道自动化控制运行。

2019 年建成疏勒河干流水资源调度管理信息系统，经过对已建信息化成果的梳理，重新建设了灌区调度管理中心，取消原分中心，改造提升会商环境。新建疏勒河水资源利用中心调度管理中心至昌马水库、赤金峡水库、双塔水库的 10 GE 光纤路由，补充了地表水监测系统，新建了泉水监测系统，改造了地下水监测系统，提升了部分主要闸门的现地测控系统（昌马水库 5 孔、昌马总干渠 32 孔、昌马西干渠 5 孔闸门采用 PLC 控制系统+雷达水位计方式，支渠及以下的分水口多采用磁致伸缩水位计、超声波水位计、测控一体化闸门、管道流量计等监测设施），搭建了疏勒河干流水资源监测和调度管理信息平台，开发并集成水信息综合管理系统、地表水资源优化调度系统、地下水监测系统、闸门远程控制系统（集成）、网络视频监视系统、水权交易系统、综合效益评价系统、办公自动化系统。同时，搭建完成桌面云平台、超融合平台，应用系统均已部署至超融合平台，中心机关及下属单位已开始使用瘦终端设备。

昌马灌区位于疏勒河流域中下游，其地形地貌及区域地质构造决定了该区地下水的形成、分布、埋藏和排泄规律。灌区地下水主要有第四系松散层中孔隙潜水和承压水两种类型。孔隙潜水有以下 2 种类型：①昌马洪积扇砂卵砾石层中的孔隙潜水，含水层由巨厚的第四系中、上更新统砂卵砾石层组成，其分布范围从昌马峡出山口至戈壁前缘；②冲洪积、湖沼积细土平原区孔隙潜水，含水层由第四系全新统的粉质黏土、壤土和砂层组成，分布广泛，在南北戈壁之间呈东西向展布。承压水含水层由第四系中、上更新统砂砾石层组成，粒径变小，含砂量明显增多，分布在细土平原潜水下部，为灌区主要含水层，厚度一般为 20~90 m。昌马灌区地形地貌见图 7-8。

图 7-8　昌马灌区地形地貌

7.4.1.2 灌区工程设施建设情况

昌马数字孪生灌区先行先试项目建设任务主要包括蓄水、引水渠系建设、灌溉制度建设、立体感知体系建设、自动控制系统建设、支撑保障体系建设、数字孪生平台建设、业务应用平台建设、网络安全体系建设、灌区运行维护管理。

1. 昌马水库

昌马水库位于疏勒河中下游玉门市境内疏勒河昌马峡进口下游约 1.36 km 处，始建于 1997 年 10 月，2001 年 12 月建成蓄水，是一座以调蓄灌溉为主，兼顾工业供水、生态输水、水力发电和防汛排洪的年调节大(2)型水库。大坝为壤土心墙砂砾石坝，最大坝高 54.8 m，总库容 1.934 亿 m^3，兴利库容 1.0 亿 m^3。根据 2021 年 11 月完成的库容曲线测绘成果，总库容减少为 1.495 亿 m^3，兴利库容为 1.0 亿 m^3。

2. 引水枢纽工程

疏勒河昌马峡有 2 座引水枢纽，一座是核工业集团四〇四厂工业取水口，设计引水流量为 3.2 m^3/s，设计年引水量为 8 275 万 m^3；另一座是昌马总干渠首，是以农业灌溉为主的水利枢纽，设计引水流量为 65 m^3/s。昌马总干渠首是整个疏勒河灌区取水的枢纽。

3. 灌溉渠系工程

昌马灌区灌溉渠系布置较为完善，现有支渠及以上骨干渠道 71 条，总长 574.418 km，其中：干渠 8 条 191.217 km，支干渠 10 条 116.629 km；支渠 53 条 266.572 km。渠系建筑物 3 178 座、灌溉面积 69.68 万亩。

南干渠共建有 75 套测控一体化闸门，分布于南干渠(4 孔)、南干一支干渠(18 孔)、南干一支干一支渠(14 孔)、南干一支干二支渠(2 孔)、南干二支干渠(14 孔)、南干二支干一支渠(7 孔)、南干二支干二支渠(16 孔)上。在 500 亩核心示范园区有 1 座地下蓄水池(沉淀池)、1.8 万亩高标准农田范围内分布有 11 座蓄水池，分布情况如图 7-9 所示。

4. 灌溉制度及灌溉定额

南干渠片区灌溉制度以灌区多年运行的灌溉经验为主，大部分采用冬季泡地，特别是耕种较早的春小麦全部采用冬泡，其特点是泡地灌水定额大，一般为 150~180 m^3/亩。对于作物生长期的灌水，现状灌水周期相对较长，一般在 20 d 左右，灌水定额较大，每次大致相等，一般为 60~80 m^3/亩。现状灌溉制度在灌水周期等方面，总结了多年的实际经验，结合灌区的特点，具有一定的实用性；泡地灌水定额偏大，冬季泡地后，距生长期第一次灌水时间长，到作物耕种时，土壤含水率偏低，冬泡既浪费水，效果又较春泡差；生长期灌水多为均等灌水方式，作物生长期需水没有明显的差别。

5. 立体感知体系建设

立体感知体系建设按照“整合已建、统筹在建、规范新建”原则统筹规划，充分利用昌马灌区已建及在建立体感知体系，根据数字孪生灌区业务应用，需要补充立体感知体系的建设内容包括雨情、工情、农情、气象、病虫害监测等。

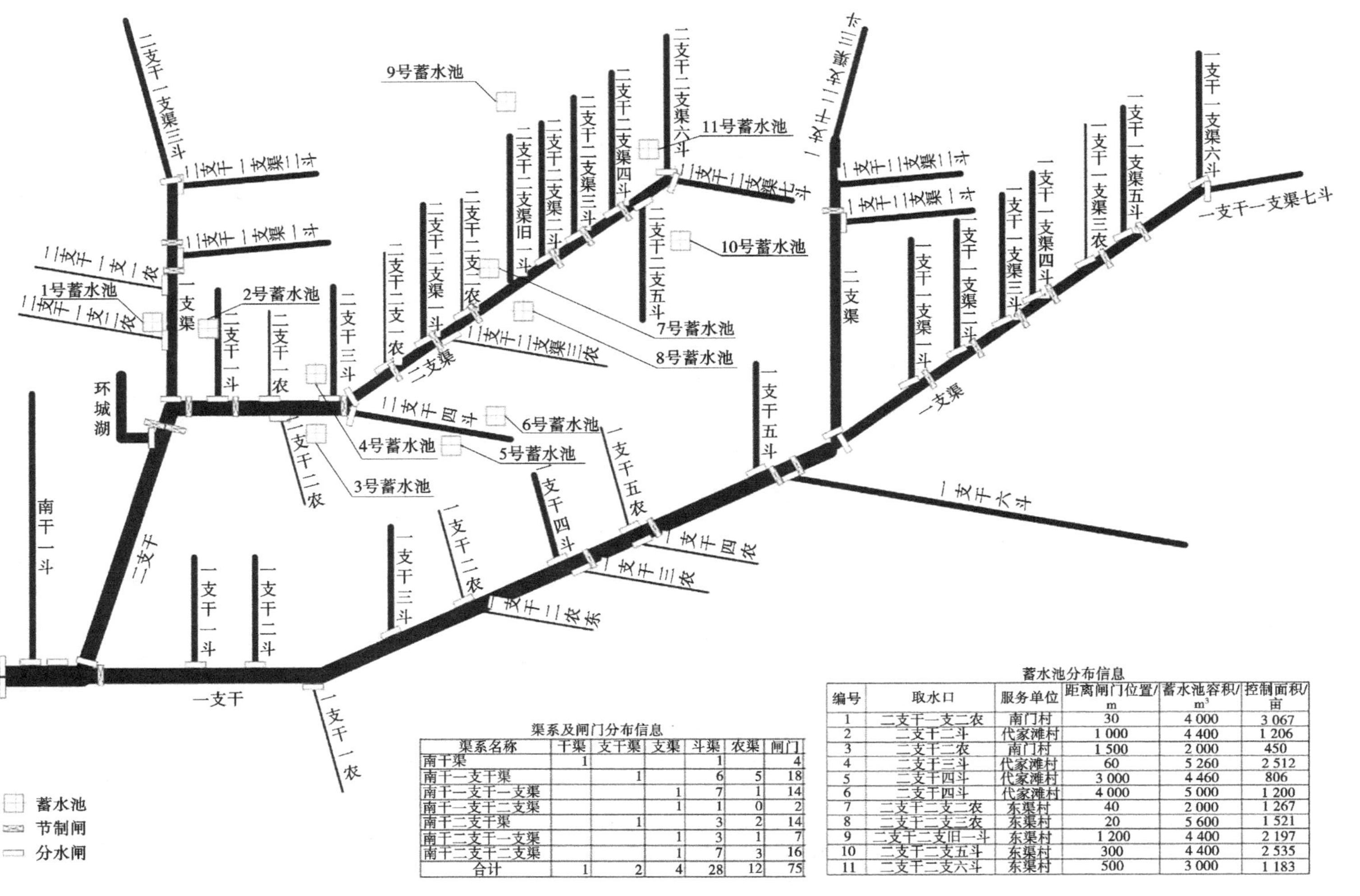

渠系及闸门分布信息

渠系名称	干渠	支干渠	支渠	斗渠	农渠	闸门
南干渠	1			1		4
南干一支干渠		1		6	5	18
南干一支干一支渠			1	7	1	14
南干一支干二支渠			1	1	0	2
南干二支干渠		1		3	2	14
南干二支干一支渠			1	3	1	7
南干二支干二支渠			1	7	3	16
合计	1	2	4	28	12	75

蓄水池分布信息

编号	取水口	服务单位	距离闸门位置/m	蓄水池容积/m^3	控制面积/亩
1	二支干一支二农	南门村	30	4 000	3 067
2	二支干二斗	代家滩村	1 000	4 400	1 206
3	二支干二农	南门村	1 500	2 000	450
4	二支干三斗	代家滩村	60	5 260	2 512
5	二支干四斗	代家滩村	3 000	4 460	806
6	二支干四斗	代家滩村	4 000	5 000	1 200
7	二支干二支二农	东渠村	40	2 000	1 267
8	二支干二支三农	东渠村	20	5 600	1 521
9	二支干二支旧一斗	东渠村	1 200	4 400	2 197
10	二支干二支五斗	东渠村	300	4 400	2 535
11	二支干二支六斗	东渠村	500	3 000	1 183

图 7-9　昌马灌区南干渠渠系分布、闸门分布概况

(1)雨情:建设1处自动雨量站。

(2)工情:共新增5处视频监控站,其中在首部泵房增加1处视频站,在灌区增设4处视频站,加强农作物长势和周界安全监控。

(3)农情:建设4处墒情站点,及时掌握灌区土壤干旱情况。

(4)气象:建设2处气象站。

(5)病虫害监测:建设6处虫情监测站。

6. 自动控制系统建设

自动控制系统的建设完成昌马灌区取水与输配水自动控制系统、田间自动灌溉控制系统补充完善,建立田间首部控制系统1套、水肥一体化系统1套(一台控制机+3个施肥系统)、田间自动化控制系统107处电磁阀升级改造、取水与输配水自动控制系统闸控系统升级改造。

7. 支撑保障体系建设

支撑保障体系的建设包括应用支撑平台、通信网络、计算存储、调度中心,形成体系健全、机制有效的支撑保障体系。

8. 数字孪生平台建设

数字孪生平台由数据底板、模型库、知识库3部分构成。本次建设是在充分整理、利用数字孪生疏勒河流域数据底板、模型库、知识库建设成果的基础上,根据灌区管理需要,对灌区重点区域补充高精度数据底板,夯实"算据",优化升级灌区需水、灌区水资源调配等专业模型建设,建成昌马灌区的数字孪生平台。

1)数据底板

数据底板汇聚水利信息网传输的各类数据,经处理后为模型库和知识库提供数据服务。昌马数字孪生灌区先行先试建设项目在重点完成灌区87.17 km^2三维可视化数字灌区底座基础上,建设南干渠示范区及东、北干渠重要闸门三维实景模型。汇聚工程全要素、全过程基础数据、监测数据、业务管理数据,形成本次项目建设数据底板。

2)模型平台

利用数据底板成果,以灌区水资源优化配置、精准调度、工程安全运行为主要目标,按需构建水利专业模型、智能识别模型及可视化模型。水利专业模型包括灌区需水预测模型、水量优化配置模型、作物灌溉预报模型、作物水分生产函数数学模型、水肥耦合模型、作物精准滴灌控制模型、旱情灾害防御模型。智能识别模型包括遥感智能识别模型、视频(图像)智能识别模型。

3)知识库

知识库汇集数据底板产生的相关数据、模型库的仿真计算结果、历史水利知识,并不断地积累更新。知识平台建设内容包括预报方案、业务规则、水利对象关联关系、历史场景、调度方案、工程安全。

9. 业务应用平台建设

在数字孪生灌区数据底板基础上,充分利用模型库、知识库成果,建设供需水感知与预报、水资源配置与供用水调度、水旱灾害防御、工程管理、量水与水费计收、灌区一张图、数字示范区等业务应用。

10. 网络安全体系建设

网络安全在利用昌马灌区现有网络安全体系资源基础上，对本次项目进行软件测评以满足网络安全等级保护要求。

11. 数字孪生灌区运行维护管理

数字孪生灌区运行维护管理包括运行管理制度、平台运行维护、设备设施维护，形成昌马数字孪生灌区较为完善的运行维护管理体系。

12. 灌区示范区规划

昌马数字孪生灌区先行先试建设的实施范围为整个昌马灌区。具体实施范围如下：

（1）昌马数字孪生灌区实施范围（不含示范区）。昌马数字孪生灌区中立体感知体系、自动控制系统、支撑保障体系、数字孪生平台、业务应用平台、网络安全体系及数字孪生灌区运行维护管理建设是在整个昌马灌区现有信息化基础上补充完善，实施范围为整个灌区。

（2）南干渠示范区实施范围。南干渠示范区实施范围以南干园区500亩为核心精准打造，推广示范1.8万亩高标准农田为延伸拓展，辐射覆盖到7.38万亩南干渠全区域，建设从源头到地头可精准测控、精准灌溉的数字灌区示范区。

7.4.1.3　示范区现状

1. 土地现状及种植结构

示范园区占地面积共500亩，其中耕地面积353亩，其他占地147亩。耕地以南北主干道为界，东侧区域节水灌溉试验区130亩，种植玉米、食葵、苜蓿、枸杞等作物；特色苗木培育区180亩，西侧区苹果采摘园18亩；现代设施农业区25亩，集中开展集河水与井水相互切换的渠灌、滴灌、管灌和温室大棚微喷等不同自动灌水方式灌溉试验示范。

2. 现有设施设备运行现状

示范区开展以河水和井水为灌溉水源的大田漫灌、滴灌、管灌以及温室微喷灌溉试验示范。目前，主要设施设备有测控一体化闸门、渠首河水泵房、井水泵房、自动化灌溉电磁阀、地口橡胶闸门、土壤墒情和气象站等。

测控一体化闸门运行现状：南干渠系共计安装75孔测控一体化闸门，其中：南干渠4孔，南干一支干渠18孔，一支干一支渠14孔，一支干二支渠2孔，南干二支干渠14孔，二支干一支渠7孔，二支干二支渠16孔。自2012年测控一体化闸门投入运行以来，通过国外专业技术人员与现场管理人员多次开展灌溉运行试验，不断率定运行参数，总结实际管理经验，解决了测量单位不一、渠道断面小、流速大等“水土不服”的实际问题，后期新增通信中继塔，解决了通信不畅、信号延迟的问题，逐步实现了远程对闸门的实时监测和控制，减轻了管理人员工作强度，提高了工作效率。

泵房（首部河水沉淀过滤后用于示范区滴灌、管灌灌溉）：泵房有渠首河水泵房和井水泵房。渠首河水泵房连接的是首部的蓄水池，容积300 m^3，每3~5年需清淤一次。泵房外有稳压罐，目前运行正常；水泵的机械密封损坏，噪声大；控制机柜运行数据显示为0，需进行检查维修；泵房通风不良，造成室内潮湿墙皮脱落且设备易生锈；井水泵房设备均正常运行，由于示范区河水充沛，能满足园区正常灌溉，所以基本以河水灌溉为主，井水适当作为补充，见图7-10~图7-12。

图 7-10　气象站现状

图 7-11　施肥机现状

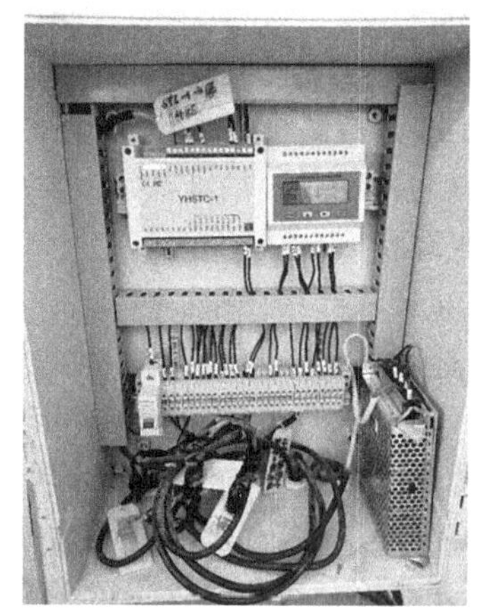

图 7-12　泵站设备现状

田间及渠道：田间滴灌及管灌因每年出现管道冻胀破损漏水而无法正常运行，需维修更换。气象站设备故障，在信息平台上均无数据信息，施肥机也因管网漏损长期处于闲置状态，多年未投入使用。

温室微喷灌系统（用于温室微喷灌、自动卷帘）：4 座温室大棚自动化控制系统虽然安装了控制柜，采集显示数据与实际数据相差大，但由于水质的问题，喷嘴堵塞，喷灌系统无法使用，见图 7-13。

3. 通信网络及调度中心现状

1）通信网络

经过多年信息化建设，疏勒河流域水资源利用中心已建成覆盖三大灌区主要渠道及基层管理单位的通信光纤线路 437 km，VPN 专线 12 处，建成视频会议系统 8 处。其中，昌马灌区内的通信光纤线路 256 km，VPN 专线 3 处，建成视频会议系统 1 处。南干所至调度中心的光纤尚未建设，未完全打通与调度中心的数据传输通道，部分数据本地存储，调度中心无法获取。

2）调度中心

调度中心由机房、演示厅和操作室组成。会商中心工控电脑老化，反应速度较慢，视

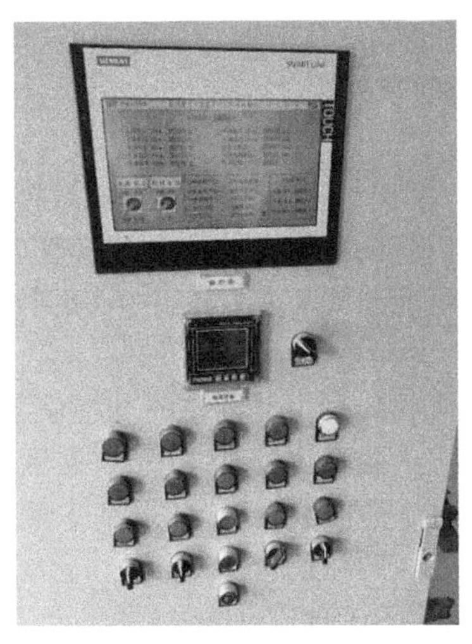

图 7-13　温室大棚自动化控制系统

频监控显示器老化，导致视频监控画面无法正常连续播放。部分视频监控在服务器中可以连接显示器显示，而在目前的显示器中无法显示，见图 7-14～图 7-16。

图 7-14　视频监控现状

图 7-15　大屏现状

图 7-16　机房现状

早期开发的昌马灌区南干渠自动化示范基地软件目前运行效果较差，部分设备数据无法显示；种植结构也发生了变化，基础数据不够准确。

4. 数据资源现状

通过多年信息化建设，疏勒河流域水资源利用中心已搭建包括基础数据库、监测数据库、多媒体数据库、业务数据库、空间数据库等内容的水资源监测和调度管理数据库。昌马灌区南干渠作为昌马灌区的一部分，共享疏勒河流域水资源利用中心的数据资源。

1) 基础数据库

基础数据库用于管理地下水监测站的基础信息、泉水监测站的基本信息、地下水位、地下水水温表、水库基本信息、水闸工程基本信息、渠道工程基本信息、灌区基本信息、水库与水文测站监测关系、取用水户基本信息、RTU 基本信息、传感器基本信息、通信设备基本信息、测站基本属性等相关基础信息。

(1) 流域基础信息：包括流域分布、河流、水系等基础信息。

(2) 灌区基础信息：包括灌区基本信息、取用水户基本信息、灌区水位、流量、雨量、闸站、视频等监测站点等基础信息。

(3) 渠道基础信息：用于存储疏勒河灌区主要干、支、斗渠的渠系名称、桩号、灌溉面积及相关设计资料信息等。

(4) 渠系建筑物：用于存储枢纽工程、渠系水闸、涵洞、渡槽、隧洞、跌水、陡坡等建筑物的基础信息。

(5) 水库工程信息：主要包括水库工程信息、特征信息、水库运行调度等基础信息，水库与水文测站监测关系、水库基本信息。

(6) 地表水地下水监测信息：地表水监测断面基础信息、地下水监测站基础信息、泉水监测站基本信息、地下水位水温信息。

(7) 监测站基础信息：RTU 基本信息表、传感器基本信息表、通信设备基本信息表、测站基本属性表。

2) 监测数据库

监测数据库管理取用水监测点水位监测信息、取用水监测点流量监测信息、RTU 工况监测信息、传感器工况监测信息、水库水情等监测感知信息。

3) 多媒体数据库

多媒体数据库管理多媒体文件基本信息、文档多媒体文件扩展信息、图片多媒体文件扩展信息等多媒体数据。

4) 业务数据库

业务数据库管理取用水监测点日水量信息、取用水监测点水位流量关系曲线、取用水监测点小时水量信息、测站库(湖)容曲线等业务数据资源。

5) 空间数据库

空间数据库管理水库空间信息、水闸工程空间信息、灌区空间信息、水文测站空间信息、渠道空间信息等数据。

5. 水资源监测和调度管理信息平台

疏勒河流域水资源利用中心已建成的干流水资源监测和调度管理信息平台，涵盖了地表水资源监测优化调度系统、闸门远程测控系统、斗口水量实时监测系统、网络视频监控系统、地下水监测系统、工程维护管理系统、综合效益评价系统、水权交易平台、水库大坝安全监测系统、基层管理设施安防系统、办公自动化系统、渠道安全巡查系统、视频会议会商系统等。南干渠管理所建有南干渠一体化控制闸门系统,其他共享使用疏勒河流域水资源利用中心已建设的信息系统。

1)地表水资源监测优化调度系统

地表水资源监测优化调度系统主要包括水量调度日常业务处理功能、全年及春夏秋冬灌季用水计划方案编制功能、需水量预测计算、水库来水预测分析、水量平衡计算分析、水量调度方案生成和评价功能等,为流域内水资源合理高效利用和严格的水资源调度管理提供决策依据。

2)闸门远程测控系统

闸门远程测控系统可实时采集和监测系统中水、电、机的运行参数和状态,实现闸门的现地及远程自动控制。现已建成33孔水库及干渠口岸闸门远程测控系统,该系统同时接入渠道水位信号和现场视频信号,将水位、流量、视频画面等与闸控系统集中显示在一个监控画面中,使得远程操作实时可见。

3)斗口水量实时监测系统

斗口水量实时监测系统采用磁致伸缩水位计、超声波水位计、电磁管道流量计3种监测设备和巴歇尔量水堰作为主要的计量设备、设施,通过物联网卡每5 min采集一次水情数据,每半小时发送一个数据包至数据采集软件,实现灌区各斗口水位流量数据的实时采集、实时观测、历史水情查询、统计汇总等功能。目前共建成698个斗口监测计量点,农田灌溉用水实现了自动观测和斗口水情远程实时在线监测,占到灌区总灌溉面积的90%以上。

4)网络视频监控系统

网络视频监控系统对三大水库、水利枢纽、干渠重要闸门、管理所、管理站段、电站等现地工作环境和设施设备状况进行全方位的视频实时监控,疏勒河流域共建网络视频监视站681处,其中管理设施安防系统491处、全渠道可视化无人巡查系统131处、重点水利设施监控59处,提高了管理的可视化程度,弥补了数据采集系统的不足,为水库大坝、灌溉闸、泄洪闸等重要水工建筑物的安全运行提供了现代化监视手段。

5)地下水监测系统

地下水监测系统是对灌区内39眼地下水常观井及5处泉水流量进行监测,采用一体式设计的监测设备,实现对地下水位、水温等信息的实时采集、历史数据查询、地下水相关数据统计汇总等,为疏勒河流域生态环境的保护和地下水资源可持续利用开展基础性工作。

6)水库大坝安全监测系统

疏勒河流域水资源利用中心已建成昌马水库、双塔水库、赤金峡水库的大坝安全监测系统,系统包括大坝渗压自动观测水位计、GNSS变形观测设备及RTK测量系统,实现对水库大坝渗流和变形进行观测及安全管理。

7)基层管理设施安防系统

基层管理设施安防系统是疏勒河灌区集视频监视、周界报警、语音报警、联网报警、手机查询等功能于一体的全天候监管系统,实现了智能综合安防监管和语音自动警告及预警,方便了基层单位运行管理,减轻了基层工作人员冬季值守的压力。

8)渠道安全巡查系统

渠道安全巡查系统是在干渠沿线、重要建筑物及过水断面等位置合理布设视频监控摄像机,架设通信网络,通过现地视频监控、光纤网络传输和综合管控平台,实现渠道工况可视化和远程巡查。

9)南干渠一体化控制闸门系统

南干渠一体化闸门控制系统是2012年疏勒河流域水资源利用中心引进澳大利亚潞碧垦公司研发生产的一体化自动测控闸门,通过水情自动监测和闸门远程监控及信息传输系统进行远程灌溉,总计75孔闸门,现在仍在使用,但系统版本已经停止更新升级。

6. 信息基础设施(调度中心机房现状)

1)华为桌面云

桌面云采用6台RH2288HV32U2路机架式服务器、1套虚拟化平台软件(服务器虚拟化、桌面云软件)、1套分布式存储软件及160个瘦终端,1台华为S5720-36C-EI-AC桌面云服务器区管理交换机,2台华为CE6810-24S2Q-LI桌面云服务器区虚拟存储交换机,构建了桌面云超融合平台。

2)深信服超融合云平台

深信服超融合架构是通过虚拟化技术,将计算、存储、网络和网络功能(安全及优化)深度融合到一台标准X86服务器中,形成标准化的超融合单元。多个超融合单元通过网络方式汇聚成数据中心整体IT基础架构,并通过统一的Web管理平台实现可视化集中运维管理,帮助用户打造极简、随需应变、平滑演进的IT新架构。

3)网信安全

为满足新形势下信息网络安全要求和疏勒河流域水资源利用中心的信息网络安全,2021年疏勒河流域水资源利用中心完成了信息服务系统网络安全等保升级加固,符合等级保护2.0相关标准和要求,实现中心综合信息服务系统在统一的安全防护策略下,具备安全可视、持续监测、协同防御的能力。

7.4.2 昌马灌区示范区关键技术

7.4.2.1 立体感知体系建设

1. 水情监测

示范区已建75套测控一体化闸门,通过闸门前后水位计量,实现了全渠道分水口流量监测。本项目需要对部分已建闸门进行升级改造,完成测控一体化闸门升级改造。

2. 工情监测

1)监测要素

基于渠道已建视频监测站,监测非法闯入、渠道垃圾倾倒、渠道垃圾漂浮、分水口垃圾堵塞等影响工程安全运行的、险工险段安全隐患等。

2）监测技术

（1）视频（图像）AI识别。基于AI算法对已建视频监控系统所采集的历史视频和实时监控视频进行监测分析，智能识别灌区管理区人员非法闯入、垃圾倾倒、渠道垃圾漂浮/阻塞、滑坡、闸门开度等情况，并进行标记处理，最终形成相应的事件发出提示或告警信息。

（2）全景视频监测。将渠道已建视频监测信息与渠道三维可视化模型融合，全景监测渠道安全运行情况；将田间首部泵房的室内外视频信息融合，并与泵房三维实景模型融合，监测首部泵房内设备安全运行情况。

（3）建设工程量。针对上述监测要素以及技术手段，建设工程量如下：配套视频（图像）AI识别系统；在泵房内补充建设1套视频监控系统；建设4套视频监控系统，渠道视频拼接融合、田间首部泵房内外视频拼接融合。

3. 农情监测

1）监测要素

以1.8万亩高标准农田为本次项目监测范围，以500亩核心示范区为重点，监测农田土壤墒情、作物长势、病虫害信息，为实现田间精准灌溉提供基础。

2）监测技术

（1）土壤墒情监测站。

根据项目区土壤及种植情况进行墒情站点布设，共布设10套，分别部署在南干二支干一支渠、南干二支干二支渠。

土壤墒情监测仪主要实现固定站无人值守情况下的土壤墒情数据的自动采集和无线传输，可以实现24 h连续在线监测并实时将监测数据上传至云数据平台并储存分析，通过无线GPRS传输方式将土壤墒情监测数据实时传输到云数据平台，生成报表，统计分析。同时灌区工作人员可以对现场监测设备进行远程查看，及时准确地掌握监测站的土壤状况，从而更加全面、科学、真实地反映被监测区的土壤变化情况，提供有效的减灾抗旱的土壤墒情信息。

①墒情监测站组成。

墒情监测站由太阳能电池板、RTU采集仪、电池仓、测墒管、温度探头、锂电池组成（见图7-17）。测墒管传感器分4层，分别在10 cm、20 cm、30 cm、40 cm位置处。

采用频域反射（time domain reflectometer，TDR）原理，测量土壤体积含水量。

通信方式：采用4G通信方式，定时上报。

传输规约：符合《水文监测数据通信规约》（SL 651—2014）。

②墒情监测站功能特点。

结构设计灵活：传感器采用一体化结构设计，可以在传感器内置电池、RTU等模块，也可以依据项目情况作为墒情传感器接入其他应用采集系统。

监测仪主体采用分层设计，可灵活组装，可根据客户需求测量单到多深度体积含水量及地温。采用双螺纹旋转设计，安装方便，在不破坏原状土壤结构的情况下，不锈钢带能和土壤紧密接触。采用气密舱封装设计。不锈钢测量钢带采用316不锈钢，抗腐蚀性强。

通信功能：内置低功耗RTU，可实时将墒情信息上报到监控中心，通信模块可支持

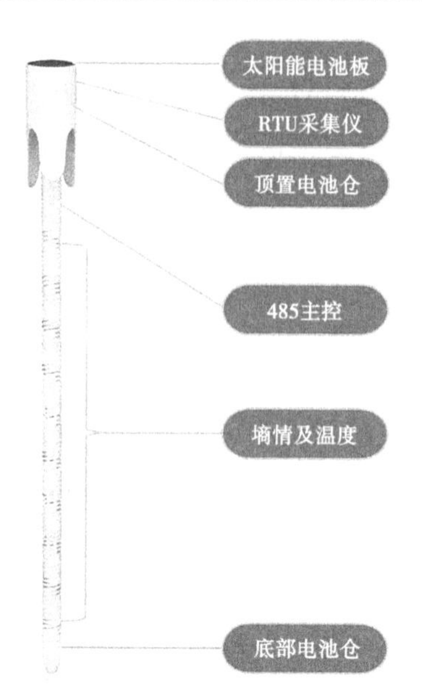

图 7-17 土壤墒情监测

2G/4G/NB-IoT 等通信网络，协议类型支持《水文监测数据通信规约》(SL 651—2014)。

内置蓝牙模块，不需要远程唤醒，即可随时通过手机 App 连接设备，实现手机 App 和设备的深度互动。

供电系统：模块化设计，传感器内既可以内置供电系统(一次性电池或可充电锂电池)，也可以外接供电系统(太阳能板浮充蓄电池供电)；内带高效充电锂电池，在定时自报情况下可以使用 3 年(每日采集 4 次，每日自报 1 次)。

扩展性：可扩展性强，既可以独立使用，也可以作为独立传感器与雨量传感器、摄像头一起使用，构建综合的应用系统。

部署简单：设备上线后自动连接数据接收平台，可以通过接收平台对设备参数远程配置和修改，并且支持固件远程更新。

③设备技术参数。

土壤墒情监测仪技术参数参数见表 7-1。

表 7-1 土壤墒情监测仪技术参数

序号	项目	参数内容
1	土壤含水量	测量范围：干土—饱和土 实验室测量精度：±2% 野外测量精度：±4%
2	土壤温度	测量范围：-20~60 ℃ 测量精度：±0.5 ℃
3	工作环境	温度：-40~60 ℃ 湿度：100%RH(无凝结)

续表 7-1

序号	项目	参数内容
4	通信方式	4G 无线通信
5	平均无故障时间	大于 25 000 h
6	工作电压	内部工作电压:3.2 V 外部输入电压:12 V
7	供电方式	内部磷酸铁锂电池供电 外部太阳能板适配器供电 适配器供电
8	防护等级	整机 IP68 防水防尘
9	设备规格	(10~20)~(30~40)cm

④站点布设。

根据项目区田块划分及种植结构进行墒情站点布设。测站具体分布情况见表 7-2。

表 7-2 土壤墒情监测站布设信息

测站编号	蓄水池编号	蓄水池取水口	服务单位	蓄水池容积/m^3	控制面积/亩	站点控制面积/亩
1	1	二支干一支二农	南门村	4 000	3 067	3 067
2	2	二支干二斗	代家滩村	4 400	1 206	1 206
3	3	二支干二农	南门村	2 000	450	450
4	4	二支干三斗	代家滩村	5 260	2 512	2 512
5	5	二支干四斗	代家滩村	4 460	806	2 006
	6	二支干四斗	代家滩村	5 000	1 200	
6	7	二支干二支二农	东渠村	2 000	1 267	1 267
7	8	二支干二支三农	东渠村	5 600	1 521	1 521
8	9	二支干二支旧一斗	东渠村	4 400	2 197	2 197
9	10	二支干二支五斗	东渠村	4 400	2 535	2 535
10	11	二支干二支六斗	东渠村	3 000	1 183	1 183

(2)智能虫情测报灯。

通过智能虫情测报灯实现及时掌握病虫害发生动态情况并统计数据,为农作物病虫疫情监测提供科学依据。

①智能虫情测报灯功能。

智能虫情测报灯(见图 7-18)是新一代图像式虫情测报仪器。其主体采用不锈钢材料,利用现代光、电、数控集成技术,实现了虫体远红外自动处理、传送带配合运输、整灯自动运行等功能。在无人监管的情况下,可自动完成诱虫、杀虫、虫体分散、拍照、运输、收集、排水等系统作业,并实时将环境气象和虫害情况上传到灌溉管理平台,在网页端显示识别的虫子种类及数量，根据识别的结果，对虫害的发生与发展进行分析和预测，及时掌握病虫害发生动态情况并统计数据。

图 7-18　虫情测报灯

②智能虫情监测站主要技术参数要求。

智能虫情监测站主要技术参数见表 7-3。

表 7-3　虫情监测站主要技术参数

名称	主要的参数
智能虫情监测站	1. 采用光、电、数控技术。 2. 诱集光源：主波长 365 nm 的 20 W 黑光灯管。 3. 含供电系统：320 W 太阳能供电，200 Ah 蓄电池。 4. 功率：≤450 W　待机≤5 W。 5. 晚上自动开灯，白天自动关灯（待机）。在夜间工作状态下，不受瞬间强光照射改变工作状态。 6. 远红外虫体处理仓温度控制：工作 15 min 后达到（85±5）℃，处理时间（15 种处理时间可调整）。 7. 远红外虫体处理致死率不小于 98%，虫体完整率不小于 95%。 8. 集虫器具有震动缓冲装置和自动清扫功能，保证昆虫不堆积。 9. 排水装置：能有效将雨、虫分离。 10. 全中文液晶显示，7 in 电容触摸屏。可编程控制系统，可分时段设置和控制，远程自动拍照，4G 制式录入，配置 1 200 万像素高清工业相机。 11. 拍照装置：自动拍摄的图片以无线发送至农业物联网监测平台，平台自动记录每个时间段采集的图片数据，保证每个时间段拍摄的虫体不混淆

(3)卫星遥感识别。

灌区种植结构复杂、田块破碎、信息化不高等原因,造成作物种植与灌溉面积等统计数据更新不及时且缺乏空间信息。针对以上问题,基于卫星遥感技术在灌区内开展种植结构、灌溉面积、土壤墒情、作物长势监测。

(4)视频(图像)识别。

在田间布设高清视频监控系统,采集作物生长视频或图片,利用作物长势视频(图像)识别模型,实现不同生育阶段作物生长状况监测,见图 7-19。

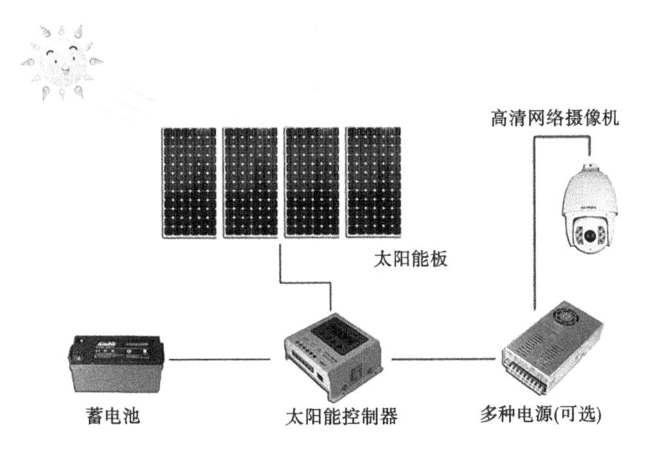

图 7-19　硬件设备接线及组装情况

4. 气象监测

1) 监测要素

监测 500 亩农田气象信息,包含降雨、室外温度、相对湿度、风速、风向、大气压力、太阳辐射等参数。

2) 监测技术

通过共享气象部门数据及补充建设农田微型气象站实现农田环境七要素监测。

(1)微型气象站功能。

气象监测可通过共享气象部门数据及补充小区域气象站实现。小区域气象站是集采集、存储、传输于一体的小型全电子气象站,小区域气象站的设置能够为区域灌溉计划的制定起到辅助性作用。

气象站具有全方位传感功能,监测常规气象因子的七大参数(降雨、室外温度、相对湿度、风速、风向、大气压力、太阳辐射),自动记录农田环境信息,并通过 4G 无线通信方式远程上报至管理中心,管理中心通过追踪土壤水分蒸发、蒸腾总量和其他传感数据对天气状况监控并作出反应,按实际天气状况自动修改喷灌程序。在降雨时分,自动减少或停止灌水,在炎热干燥时,自动增加灌水量。该功能增加灌溉的灵活性,保障农作物的正常生长,同时节约灌溉费用。

(2)设备主要技术参数。

小型气象站技术参数见表 7-4。

表 7-4　小型气象站技术参数

序号	要素	监测范围	分辨率	准确度
1	大气压力	10～1 100 hPa	0.1 hPa	±0.1 hPa
2	降雨量	0～200 mm/h	0.1 mm	±4%
3	风速	0～60 m/s	0.01 m/s	±2%
4	风向	0°～360°	0.1°	±2%
5	太阳辐射	0～1 800 W/m²	1 W/m²	±5%
6	相对湿度	0～100%RH	0.05%RH	±3%RH
7	室外温度	-50～125 ℃	0.02 ℃	±0.15 ℃

3)建设工程量

根据500亩农田地势和气候特征,共布设2套农田微型气象站。

7.4.2.2　自动控制系统建设

1. 田间管网及滴灌工程设计

1)滴灌工程设计

南干渠核心示范园区占地面积共500亩,其中耕地面积374亩。以南北主干道为界,东片区域灌溉试验区130亩,种植玉米、食葵、苜蓿、枸杞等作物;特色苗木培育区(残次林)180亩。西片区苹果采摘园18亩,现代设施农业区25亩。本次设计主要是将180亩残次林改造为耕地,与灌溉试验区合计310亩耕地配套高效节水设施。

根据调查,园区现有河水沉淀池1座,配套离心泵流量为100 m^3/h,扬程40 m,主要供给东片区310亩;机井1眼,配套潜水泵流量为140 m^3/h,主要供给园区设施农业25亩及苹果采摘园18亩。

根据项目区现状,本次设计拟对示范区东片130亩灌溉试验区实施滴灌,同时对部分残次林进行改造后实施滴灌,因此本次设计滴灌灌溉面积为310亩,种植作物为玉米,株距、行距为0.3 m×0.3 m,东西方向种植,滴管模式采用一管双行铺设,间距0.6 m。系统设计与滴灌带参数见表7-5。

表 7-5　系统设计与滴灌带参数

设计灌溉保证率/%	90	灌溉水的利用系数	0.9
作物高峰日耗水强度/(mm/d)	6	计划土壤湿润层深度/m	0.4
土壤容重/(g/cm^3)	1.50	田间持水率/%	30
作物适宜含水率上限/%	90	作物适宜含水率下限/%	65
系统日工作小时数/h	20	土壤湿润比 p/%	75

续表 7-5

设计灌溉保证率/%	90	灌溉水的利用系数	0.9
额定工作水头/m	10	滴头间距 S_e/m	0.3
灌水器额定流量/(L/h)	2.1	毛管布设间距 S_l/m	0.6
滴灌带内径/mm	16	辅管内径/mm	63

(1)供水流量。

在规划的微灌面积已定且无调蓄设施时,需要的供水流量可按下式计算:

$$Q_X = \frac{10A_s \sum I_{ai} a_i}{\eta t_d} \tag{7-1}$$

式中:Q_X 为需要的供水流量,m^3/h;A_s 为规划微灌面积,hm^2;I_{ai} 为第 i 种植物的设计供水强度,mm/d;a_i 为第 i 种植物的种植比例,%;η 为灌溉水利用系数;t_d 为水源每日供水时数,h。

经计算,$Q_X = 69\ m^3/h$,项目区已配套水泵流量为 100 m^3/h,能够满足需求。

(2)灌水区允许流量(水头)偏差率。

①流量偏差率 q_v。

根据《微灌工程技术规范》(GB/T 50485—2020)4.0.6 条规定,灌水器设计流量允许偏差率应不大于 20%,本工程取 $q_v = 20\%$。

②水头偏差率 $[h_v]$。

$$[h_v] = \frac{q_v}{x}\left(1 + 0.15\frac{1-x}{x}q_v\right) \tag{7-2}$$

将 $x = 0.6$、$q_v = 0.2$ 代入式(7-2)得 $[h_v] = 0.34$。

(3)设计净灌水定额。

最大净灌水定额可按式(7-3)计算:

$$m_{max} = \gamma z p(\theta_{max} - \theta_{min}) \tag{7-3}$$

式中:m_{max} 为最大净灌水定额,mm;γ 为土壤干容重,g/cm^3;z 为土壤计划湿润层深,mm;p 为设计土壤湿润比;θ_{max} 为适宜土壤含水量上限,取 0.90;θ_{min} 为适宜土壤含水量下限,取 0.65。

经计算得,灌区玉米的最大净灌水定额 $m = 42.19\ mm = 28.1\ m^3$/亩。

(4)设计灌水周期。

$$T \leq T_{max} \tag{7-4}$$

$$T_{max} = \frac{m_{max}}{I_b} \tag{7-5}$$

式中:T 为设计灌水周期,d;T_{max} 为最大灌水周期,d;I_b 为设计耗水强度,mm。

经计算得,最大灌水周期 $T_{max} = 7.03$ d,设计灌水周期取 $T = 7$ d。

(5)设计灌水定额。设计灌水定额可按下式计算:

$$m_{\mathrm{d}} = TI_{\mathrm{b}} \tag{7-6}$$

$$m' = \frac{m_{\mathrm{d}}}{\eta} \tag{7-7}$$

式中：m_{d} 为设计净灌水定额，mm；m'为设计毛灌水定额，mm。

经计算，设计净灌水定额m_{d} = 42 mm，设计毛灌水定额 m' = 46.7 mm。

(6)一次灌水延续时间。

一次灌水延续时间可按下列公式计算：

$$t = \frac{m' S_{\mathrm{e}} S_l}{q_{\mathrm{d}}} \tag{7-8}$$

式中：t 为一次灌水延续时间，h；S_{e} 为灌水器间距，m；S_{l} 为毛管间距，m；q_{d} 为灌水器最大流量，L/h。

经计算，一次灌水延续时间为 4.0 h。

2)灌水小区(毛管和辅管)的水力设计

(1)灌水小区允许水头偏差及其在毛管和辅管上的分配。

①灌水小区允许水头偏差[Δh]依据下式计算：

$$[\Delta h] = [h_{\mathrm{v}}]h_{\mathrm{d}} = 0.34 \times 10 = 3.4(\mathrm{m})$$

②小区允许水头偏差的分配。

小区允许水头偏差在辅管和毛管之间分配，分配比例取$\beta_{辅}$=0.40 和$\beta_{毛}$=0.60。

辅管允许水头偏差[$\Delta h_{辅}$]为

$$[\Delta h_{辅}] = 0.40[\Delta h] = 0.40 \times 3.4 = 1.36(\mathrm{m})$$

毛管允许水头偏差[$\Delta h_{毛}$]为

$$[\Delta h_{毛}] = 0.60[\Delta h] = 0.60 \times 3.4 = 2.04(\mathrm{m})$$

(2)毛管极限孔数和极限长度。

①毛管极限孔数应按下式计算：

$$N_{\mathrm{m}} = \mathrm{INT}\left(\frac{5.446\,[\Delta h_2]\,d^{4.75}}{kSq_{\mathrm{d}}^{1.75}}\right)^{0.364} \tag{7-9}$$

式中：N_{m} 为毛管的极限分流孔数；[Δh_2]为毛管的允许水头偏差，m；d 为毛管内径，mm；k 为水头损失扩大系数，一般取 1.1~1.2；S 为毛管上滴头的间距，m。

②毛管、辅管极限长度。毛管极限长度 L_{m} 可按下式计算：

$$L_{\mathrm{m}} = S(N_{\mathrm{m}} - 1) + S_0$$

式中：L_{m} 为毛管极限长度；S_0 为毛管进口至第一个滴头(出水孔)的距离，m。

经计算，毛管极限孔数为 270 个，毛管极限长度为 80 m；辅管长 30 m，单根辅管孔数为 52 个。项目实际耕地宽度最大 30 m，长度最大 60 m，小于或等于计算毛管、辅管极限长度，现状地块布置满足要求。

3)管网布置与系统工作制度的确定

(1)输水管网布置。

输水管网由干管、支管、出地竖管、辅管和毛管(滴灌带)组成。根据上述计算，干管与支管采用梳齿形布置，均埋设在地面 1.8 m 以下。支管每隔 50 m 用正三通与出地竖管相连，出地竖管与电磁阀连接后与地面辅管用三通相接，辅管垂直于支管布置，单根长度30 m，毛管垂直于辅管，单侧布置，长40~60 m。

(2)系统工作制度。

根据上述灌水小区水力计算，每条辅管铺设50条滴灌带，滴灌带最大滴头数200个，滴头流量为2.1 L/h，则每条辅管流量为21 m^3/h，由于水泵流量为100 m^3/h，则可同时开启4~5条辅管进行工作，干、支管工作流量为100 m^3/h。

4)管网水力计算和干管、支管管径的确定

(1)毛管水力计算。

①毛管水头损失$h_{毛}$。

毛管内径为16 mm>8 mm，可认为管内流态为光滑紊流。

毛管水头损失计算选用《微灌工程技术标准》(GB/T 50485—2020)中相关要求综合确定，局部水头损失按沿程水头损失的20%计。

将$k=1.1$、$f=0.505$、$m=1.75$、$b=4.75$、$N=201$、$S_e=0.3$ m、$S_0=0.15$ m、$q_d=2.1$ L/h、$d=16$ mm代入下式计算毛管水头损失：

$$h_{毛}=\frac{kfS_e q_d^m}{d^b}\left[\frac{(N+0.48)^{m+1}}{m+1}-N^m\left(1-\frac{S_0}{S_e}\right)\right] \tag{7-10}$$

计算得毛管总水头损失$h_{毛}=0.53$ m。

②毛管进口工作压力$h_{0毛}$。

将$R=0.73$、$k=1.1$、$f=0.505$、$m=1.75$、$b=4.75$、$S_e=0.3$ m、$q_d=2.1$ L/h、$d=16$ mm，代入下式计算毛管进口工作压力：

$$h_{0毛}=h_d+R\frac{kfS_e q^{1.75}(N-0.52)^{2.75}}{2.75d^{4.75}}+\frac{kfS_0(Nq)^{1.75}}{d^{4.75}} \tag{7-11}$$

经计算，毛管进口工作压力$h_{0毛}=10.6$ m。

(2)辅管水力计算。

①辅管水头损失$h_{辅}$。

辅管为多孔管，玉米孔间距为0.6 m，单孔流量为一条毛管流量，同理计算得玉米$h_{辅}$为1.27 m，则$h_{0毛}+h_{辅}=0.53+1.27=1.8$ m<[Δh]=3.4 m，满足灌水小区水头偏差要求。

②辅管进口工作压力$h_{0辅}$。

辅管进口工作压力$h_{0辅}$计算同毛管，代入计算得辅管进口工作压力为12.3 m。

(3)干管、支管管径确定和水头损失计算。

①干管、支管直径的确定。

由以下公式计算干管、支管管径：

$$D=1\,000\sqrt{\frac{4Q}{3\,600\pi v}}=18.8\sqrt{\frac{Q}{v}}$$

式中：D为管道直径，mm；Q为管道设计流量，m^3/h；v为经济速度，1.5~2.0 m/s。

经计算，干管、支管外径为133~154 mm，本次设计选取干管、支管管径均为DN160，出地竖管管径为DN110。

②系统水头损失计算。

综上所述,各级管道水头损失汇总见表 7-6。

表 7-6　系统水头损失计算汇总

<table>
<tr><th colspan="2">各级管网</th><th>管径/mm</th><th>管段长度 L/m</th><th>流量 Q/(m³/h)</th><th>总水头损失/m</th></tr>
<tr><td colspan="2">出地竖管</td><td>110</td><td>2</td><td>50</td><td>0.02</td></tr>
<tr><td rowspan="2">地埋管</td><td>支管</td><td>160</td><td>350</td><td>100</td><td>3.85</td></tr>
<tr><td>干管</td><td>160</td><td>500</td><td>100</td><td>5.5</td></tr>
<tr><td colspan="2">辅管进口工作压力/m</td><td colspan="4">12.3</td></tr>
<tr><td colspan="2">干管最大进口压力/m</td><td colspan="4">12.3+0.02+3.85+5.5=21.67(m)</td></tr>
</table>

根据调查,园区现有离心泵扬程 40 m,可以满足灌溉系统的压力要求。

(4)管材选择。

根据管网系统工作压力,按照经济可靠、运行安全、安装方便及管材耐强压的原则,管道均选用滴灌工程常用的 UPVC 管,压力取 1.0 MPa。

5)附属设施

(1)干管、支管管槽。

根据项目区建设条件,管槽开挖选用梯形断面。根据项目区历年来平均最大冻土深度和管网中干管的直径,确定管槽开挖深度为>1.8 m,管沟开挖底宽取 0.8 m,边坡 1:0.2。

(2)检查井。

按照输配水管网中检查井布设要求和原则,在管线上共布设 2 座检查井。检查井为圆形,井底采用 C20 混凝土基础,下部 80 cm 井壁为 M10 砂浆砌砖结构,上部 1.2 m 为菱镁复合材料检查井圈,总高 2.0 m,井口直径为 0.6 m,井盖采用菱镁复合材料井盖。

(3)排水井。

根据调查,项目区现状仅 5 座排水井,冬灌后管道内积水难以排空,存在管道结冰、冻胀破坏等隐患。本次设计结合工程规划图,在现有排水井的基础上,更换或新建排水井共 8 座。排水井为圆形,底圈采用 C20 混凝土现浇,下部 80 cm 井壁为 M10 砂浆砌砖结构,上部 1.2 m 为菱镁复合材料检查井圈,总高 2.0 m,井口直径为 0.6 m,井盖采用菱镁复合材料井盖。井底填 80 cm 厚,直径 10~30 mm 碎石。

2. 取水与输配水自动控制系统

通过在灌区渠系安装测控一体化闸门实现取水、输配水、排(退)水的自动化精准控制。在取水端安装测控一体化闸门可以精准检测控制取水口水流量,在输配水渠系干支渠分水口安装测控一体化闸门可精准监测控制各个干支渠分水口水流量,可按种植作物需水量自动控制水流量;在退水口安装测控一体化闸门可精准监测退水水量。

一体化测控闸门系列设备(包括一体化槽闸和一体化流量计)既是流量控制闸门又

是流量测量仪器,现已成为灌溉业的基准。一体化测控闸门是一种高质量、高精度产品,具有设计先进、安装维护方便、模块化以及多功能等优点。一体化槽闸可根据上游水位、下游水位及灌溉流量的要求来调节闸门开度进而控制水流。

一体化测控闸门完全由太阳能驱动,该闸门的太阳能动力系统具有先进的动力调节管理硬件和软件。

本次方案将对现有30套无法正常测量的水位计进行更换;对8孔闸门进行除闸门主体和量测水设施外的硬件和备品备件进行维修升级改造,实现8孔闸门的常态化运行。针对原有软件无法完全满足对现有闸门进行自动化控制的问题,本次将闸门控制软件进行全面升级改造,并将南干所与管理中心的数据通道打通,将数据集成汇聚至管理中心。

工程量清单见表7-7。

表7-7　取水与输配水自动控制系统工程量清单

序号	设备名称	设备参数	单位	数量
1	磁致伸缩水位计	量程1.5 m,通信方式为GPRS的遥测水位计。含安装所需的全部线缆、辅材等	台	20
2	超声波水位计	水位量程:2 m; 测量精度:0.5%; 每天水位上报:1~24次/d,可设; 水位上/下限:可设 水位探头:超声波,德国进口; 电源:锂电池,38 Ah; 供电电压:7.2 V; 水位校准:渠道无线手操器; 工作温度:-20~60 ℃; 设备外观:圆筒形,带提手; 设备尺寸:DN180×180; 防水密封外壳材质:PC工程塑料; 通信方式:GPRS、2.4 G射频; 通信协议:协议完全公开,方便融入第三方监测软件; 配套标识,对接地防雷系统改造; 含安装所需的全部线缆、辅材等	台	10
3	闸控软件升级改造和数据汇聚	对现有已建设的重点闸控制系统进行升级改造,实现南干渠示范区测控一体化闸门全渠道自动控制,并将数据集成汇聚至中心	项	1

续表 7-7

序号	设备名称	设备参数	单位	数量
4	闸门升级维修	漏水处理:南干渠进水闸 2 孔、南干一支干 1 孔、二支干进水闸 1 孔、南干一支干二农进水闸 1 孔、二支干二支二农节制闸 1 孔、进水闸 1 孔、二支干二支进水闸 1 孔共计 8 孔闸门因闸门扇叶与边框止水橡胶过度挤压,有漏水现象,进行维修改造	处	8
		钢丝绳:更换南干一支干二支一斗进水闸右侧断裂钢丝绳	套	1
		传感器:南干一支干进水闸现外置传感器,未进行校核,流量不准;二支干二支二农节制闸、二支干二支进水闸无法正常开启	套	2
		电机:南干一斗测控闸门无流量显示,且闸门实际开度与显示开度不符,对问题电机进行更换	台	1
		针对总干渠渠道大流量引水时,南干进水闸闸门全关,依然有从闸顶漏水的问题,这属于闸门挡水高度不够,在闸门已经定型的情况下,只能采用抬高闸门安装高度的方式解决,将闸门拆除后在渠底用混凝土按高度需要增高一个台阶后再将闸门安装在台阶上	项	1
		其他吊车设备、专业工具、配件以及材料费	项	1

3. 田间自动灌溉控制系统

500 亩农田自动化灌溉控制系统包括首部自动化监控系统和田间灌溉计控系统,总体结构如图 7-20 所示。

1) 首部自动化监控系统

首部自动化监控系统是整个灌溉系统的中心,它是一个多种设备集中的承担着取水、过滤、注肥和输配水以及关联控制的多功能单元,能够同时对水源、水泵、过滤器、施肥机等的实时控制及实时监测、预警,在系统出现故障时保护水泵、电机、过滤器、管网的设备安全。

(1) 系统结构。

首部自动化监控系统主要由现地 PLC 柜、现场测控仪表设备(电磁流量计、压力传感器、液位传感器)组成。该系统是一个完整的实时过程控制系统,在正常运行方式下系统由管理中心进行统一调度、操作与控制。各首部控制计算系统作为自控节点,通过无线方式与远程调度中心网络连接,完成对本首部各设备运行状态、电力参数、水测参数、报警信息等工况、数据信息的实时监测、预警,保护水泵、电机、过滤器的安全运行,首部控制系统结构如图 7-21 所示。

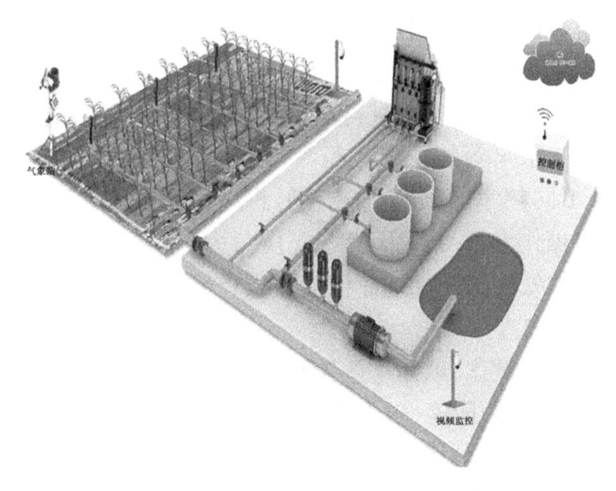

图7-20　田间自动化控制系统总体结构示意

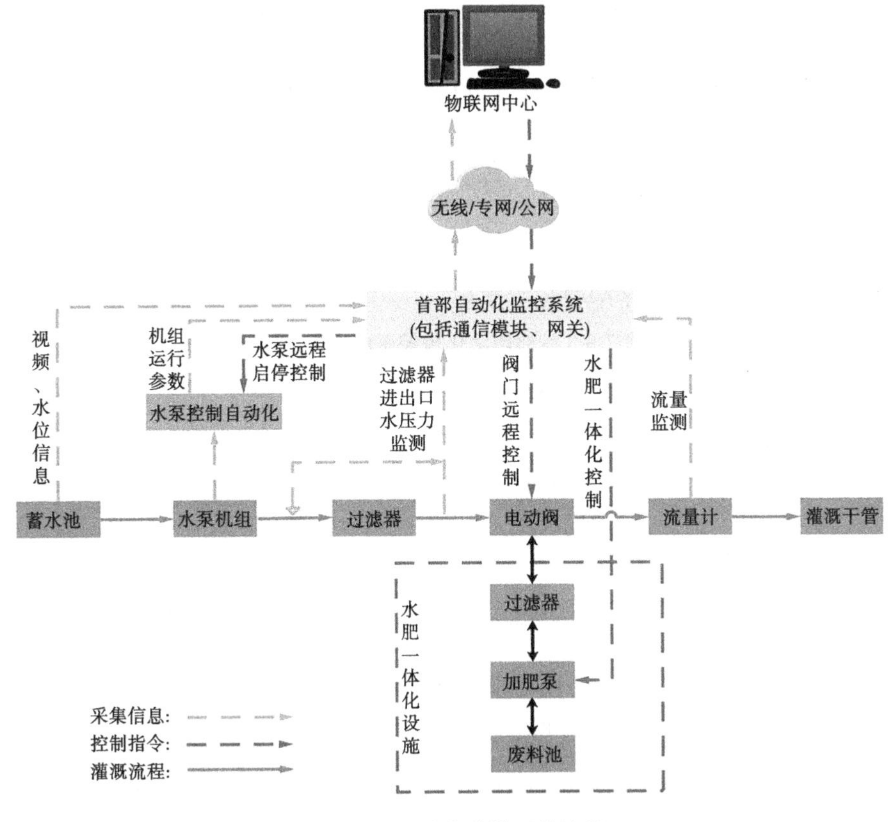

图7-21　自动化监控系统流程

(2)系统功能。

①数据采集:接收现地控制单元发送的操作和事件数据,存入实时数据库,用于画面更新、控制调节、趋势分析、记录打印、操作指导及事件记录和分析。数据采集可以周期性进行,在所有时间内,可由操作员或应用程序发令采集任何一个现地级控制单元的过程输入信息。

②数据处理:进行数据编码,校验传输误差及数据传输差错的控制,生成各种数据库,供显示、刷新、打印、检索等使用。对机组等的温度进行趋势分析,对机组流量、沉沙调蓄池水位、出水管压力、过滤器前后压力进行运行曲线显示。

③监视:对首部系统水泵等的主要运行参数、事故、故障、状态变换以数字、图形、表格、曲线、信号闪烁及不同频率的语音报警等形式进行动态显示。能对生产过程进行监视,监视过程中的主要操作参数变换及状态变换,并在监控屏上显示。当发生过程阻滞时,给出阻滞原因及事故处理指导性画面供运行人员确认,将机组等设备转移到安全运行状况或停机。

④控制:运行人员通过键盘、鼠标对被控对象进行调节和控制。控制的主要内容包括水泵控制方式的选择、机组的开/停、出水阀门的启/闭、施肥的浓度等。

⑤人机交互:实现与灌溉云平台的远程通信和人机交互,保证灌溉系统按照设定好的灌溉制度、运行参数安全、可靠运行。

⑥记录与打印:所有监控对象的操作、报警事件及实时参数报表都可记录下来,并传送至存储设备作为历史数据,能在打印机实现定时或召唤打印。

⑦系统诊断:可对系统的硬件设备进行在线和离线诊断,故障点的诊断到模板级。可对软件进行在线诊断,诊断出故障软件功能块并发报警信号。

⑧自恢复功能:系统安装清盘软件,每次启动时清除与自动化系统无关的其他软件,确保系统安全运行。

(3)系统配置。

首部自动化监控系统设备配置见表7-8。

表7-8 首部自动化监控系统设备配置

序号	设备名称	单位	数量
1	蝶阀	个	7
2	智能施肥机	套	1
3	智能水泵控制器	台	1
4	通信卡	张	1
5	压力传感器	台	2
6	液位传感器	台	1
7	超声波流量计	台	1
8	SD卡	张	1
9	4G卡(含3年费用)	张	1
10	线缆辅材	套	1

2)田间灌溉计控系统

对干管与分干管闸阀井安装远程阀门控制设备,实现阀门的远程控制和开关状态实时监测。

(1)系统结构。

田间自动控制由无线网关、无线阀门控制器、电磁阀、阀门箱、SIM 卡等组成。无线网关实现无线数据的汇聚并通过 GPRS 实现与灌溉管理云平台通信。网关通过无线网络管理辖区内阀门控制器,实现网络漫游和分区管理。阀门控制器通过信号线直接控制电磁阀,实现电磁阀启闭控制和状态监测。

(2)系统功能。

田间灌溉计控系统集用水计量、阀门控制、远程监测传输等功能于一体。

(3)系统配置。

本项目田间灌溉计控系统设备配置见表 7-9。

表 7-9　田间灌溉计控系统设备配置

序号	设备名称	单位	数量
1	80 口径 NB-IoT 远传水表	台	20
2	UPVC 管材 DN160　1.0 MPa 含密封圈	m	1 440
3	UPVC 管材 DN110　1.0 MPa	m	189
4	UPVC 变径三通 DN160×110　1.0 MPa	个	105
5	UPVC 变径直接 DN160×75　1.0 MPa	个	8
6	UPVC 直接 DN160　1.0 MPa	个	4
7	UPVC 直接 DN110　1.0 MPa	个	60
8	UPVC 三通 DN110　1.0 MPa	个	15
9	DN110 弯头　1.0 MPa	个	105
10	UPVC 变径直接 DN110×75　1.0 MPa	个	120
11	UPVC 活套法兰片 DN75　1.0 MPa	套	60
12	哈夫节 DN160	个	2
13	UPVC 堵头 DN110　1.0 MPa	个	3
14	蝶阀 DN75(涡轮式含螺栓)	个	30
15	橡胶垫子 DN160	片	60
16	橡胶垫子 DN75	片	80
17	电磁阀 DN75	套	120
18	PE 管 DN75　0.4 MPa	m	4 200
19	阀门及流量数据无线采集装置(含立杆及附件)	个	105
20	SIM 卡	个	120
21	网关	套	2
22	PE 滴灌管 ϕ 16(壁厚 0.2 mm, q=2.1 L/h,滴头间距 30 cm)	万 m	34.46
23	辅材	项	1

(4)主要设备参数。

①大田灌溉智能网关。

智能网关是基于低功耗广域网 LoRaWAN 协议的智能网关,该设备能够通过先进的 LoRaWAN 无线通信技术,汇聚田间智能无线阀门控制终端、田间压力传感设备、流量传感设备等智能设备的通信节点,将这些节点的实时数据通过自身带有的 4G 移动通信模块上传到云平台,以此实现灌区灌溉设备数据的实时监测与远程控制。

智能网关在田间灌溉监控系统应用中主要具有以下几个方面的功能:

一是采用低功耗广域网络,发射功率严格控制在 50 mW,其无线通信距离在开阔条件下可达到 2.5 km,在此范围内的田间无线智能设备节点都可与智能无线基站进行通信。

二是具备多基站热备份冗余功能,在正常灌溉期,若灌区内一个智能无线基站发生故障且失效停止工作,在 10 min 内由其他满足控制范围的智能无线基站接管无线节点的通信及控制工作,能够保障灌区灌溉制度的正常运行,不影响灌区作物灌溉。

三是具有大容量的储存节点,在正常通信范围内,每台智能无线基站能够与田间 500 个智能采集节点进行互动与通信,并且能够储存 30 d 的整点历史数据及状态数据,将采集到的各个监测设备状态数据、电池电量、移动终端连接时间和操作记录等定时上报至云数据平台。

四是具有独立的野外太阳能供电系统,该设备采用 10 W 太阳能板及 22 Ah 锂电供电,无线通信及 4G 通信值守功耗平均电流小于 5 MA。输出可控制两路 12 V 直流电源,最大电流 1 A。保障在灌溉季度阴雨天气条件下连续工作 1 个月以上。智能无线基站技术参数见表 7-10。

表 7-10　智能无线基站技术参数

项目	参数内容
处理器	RDA8955
LoRa 传输速率	976 b/s
以太网通信速率	100 Mb/s
通信协议	LoRaWAN Class A/B/C
工作频率	470~510 MHz
最大发送功率	25 dBm(Max)
接收灵敏度	-143 dBm(SF = 12)
通信接口	1 个网口,1 个 GPRS
工作温度	-40~85 ℃
工作湿度	10%~90%
供电方式	太阳能电池板
供电电压	POE 或供电 12 V

续表 7-10

项目	参数内容
尺寸	225 mm×220 mm×100 mm
防护等级	IP67

②电磁阀

根据实际需求,通过在田间灌溉片区布设电磁阀门的方式来实现远程阀门的开关,完成田间灌溉任务。电磁阀是实现田间灌溉阀门远程自动控制的枢纽设备,它的工作原理是通过导线将电磁阀体内线圈输入正向脉冲信号,线圈产生的工作磁通使动芯吸合,打开阀门。当停止正向脉冲信号输入时,动芯释放,动芯在弹簧力的作用下回复到初始状态,关闭阀门。该项目使用的电磁阀门通过电缆直接连接到控制核心设备阀门控制器,根据阀门控制器发送的通电信号来运行指令,实现灌溉阀门的自动启动和关闭。电磁阀参数见表 7-11。

表 7-11　电磁阀技术参数

项目	参数		
	2 in 电磁阀	3 in 电磁阀	4 in 电磁阀
尺寸/in	2	3	4
接口	内螺纹连接,NPT/BSP	内螺纹连接,NPT/BSP	法兰连接
阀体材料	增强尼龙	增强尼龙	UPVC
最大流量/(m^3/h)	40	90	160
设计流量/(m^3/h)	25	55	105
最大工作压力/bar	10	10	10
最小工作压力/bar	0.69	0.69	0.69
最大承受温度/℃	60	60	60

注:表中 1 in=2.54 cm。

电磁阀具有以下功能特点:a. 可靠启闭阀门,实现灌溉支管水流的通断控制;b. 利用正反向脉冲电控,实现水力控制流道通断,引导水力打开或关闭阀门;c. 阀腔进水流道只在控制过程中有水流,其他灌溉过程中无水流,减小堵塞概率;d. 阀腔排水流道需要连通大气,提高开阀可靠性;e. 采用电机驱动式电磁头,提高可靠性,防止人为机械开启阀门;f. 集成状态反馈开关,客观反映阀门活塞开闭程度;g. 控制导流管与阀体整体设计,减少人为破坏,提高耐用性。

③远传水表

80 口径 NB-IoT 远传水表。

技术参数如下:

准确度等级:2 级;

远传抄读:周期性定时主动上报表计读数;

预付费:支持预付费和预购量,欠费关阀;

预警系统:电池欠压,计量异常、预购量和预付费使用达到阈值等告警提示,可据不同用户设置不同应急用水量;

大容量存储:可长达 24 个月月冻结数据与 31 d 日冻结数据。

4. 温室控制系统

对项目地 4 座温室大棚部分设备进行更换,包括无线太阳能三要素传感器、土壤墒情传感器、LED 数据显示屏及配套控制软件,组成数字化温室气候控制系统,用以替代人工控制,实现温室气候控制的自动化运行。

1)系统组成

(1)室内传感器。

实现温室内部环境数据的采集。数据通过无线网络传输给控制器,控制器对实时数据和系统数据进行预算分析,输出控制命令,控制室内进行运转,以达到预设目标。

(2)温室气候控制器。

温室气候控制器的核心负责系统的核心算法,传感数据的对比分析,输出最佳控制方案。

(3)数字化管理软件。

管理人员借助数字化管理软件可以将温室的管控由温室内部延伸到控制中心以及世界任何角落,极大地方便了管理员对温室的操控和管理,并可有效收集各种数据报表,并方便形成数据曲线,便于数据分析和挖掘,提高温室管理的科学性。

2)主要设备参数

三要素传感器是一款多参数集成传感器,集空气温、湿度、光照三参数于一体。

三要素传感器工作环境见表 7-12。

表 7-12　三要素传感器工作环境

条件描述	符号	数值
储存温度/℃	Tstg	常温
工作温度/℃	TA	-40~85
工作湿度/%RH 相对百分比	HA	0~100

三要素传感器参数见表 7-13。

表 7-13　三要素传感器参数

选项	测量范围	测量精度	供电方式	数据传输	传输频率	传输距离
空气温度	-40~80 ℃	±03 ℃	太阳能电池板(2 W)+锂电池(3 400 MA/h)。寡照情况下可连续工作 180 d	433M 无线	5 s	500 m
空气湿度	0~100%RH	±3%				
光照强度	0~200 klx	±0. 06 klx				

3）数字化管理软件

为了更加便捷地管理温室，配置了数字化的软件管理平台，该软件采用 B/S 架构设计，能够与示范区业务应用平台进行集成，可在手机 App 和 PC 上实现远程访问。实现对温室内温度、湿度、开窗、幕帘、补光灯等设备进行自动控制。

（1）气候曲线。

软件可以将传感器、设备动作、时段状态等数据以图表的形式展现，便于进行数据对比和气候状况分析。

（2）气候报告。

通过气候报告可以非常快速便捷地了解温室气候各数据的最高值、最低值、白天平均值、夜间平均值。

7.4.2.3　业务应用平台建设

基于“数字孪生疏勒河流域”项目已建业务应用平台，补充完善灌区一张图、工程运行管理，对现有闸门控制系统升级改造实现全渠道自动化控制、新建田间智能灌溉管理模块、量水与水费计收模块以及移动巡查 App、水费计收小程序，建设示范区大屏展示系统，为示范区田间灌溉、渠道控制、工程巡检提供调度展示平台。

1. 全渠道自动化控制

1）闸门运行监控

查看渠道闸门前后水位、流量、开度等实时监测信息，同时可结合视频监控站点查看闸门运行状态。

2）闸门运行仿真模拟

针对重要控制节点水工建筑物，共享接入闸门开度、水位流量、视频监控等实时运行信息，结合人工巡查观测信息，在孪生体上同步模拟演示闸门实时运行状态和安全运行状况，配合现场视频监控画面，实现数字孪生工程与物理工程同步仿真运行，逐步提升工程安全高效稳定运行水平。

3）闸门控制

利用“数字孪生疏勒河流域”已建模型平台中“闸群调度模块”对示范区 75 座闸门进行自动化控制，闸门同时具备远程控制功能。

2. 田间智能灌溉管理

1）作物需水分析

通过遥感解译数据以及视频监控 AI 识别田间作物长势，判断确定玉米、蔬菜等作物生长阶段。基于玉米、蔬菜等作物生长知识库，通过作物需水模型分析，确定当前作物生产所需土壤环境（墒情、肥力）参数。

2）土壤墒情监测

通过田间土壤墒情监测及遥感分析，实时感知各田块土壤墒情，在示范区数字孪生基座上，演示各试验区块土壤墒情态势及变化过程。

3）精准滴灌调配

接入田间作物长势分析成果，根据作物不同生长期所需土壤环境参数、试验区块土壤墒情肥力监测感知信息，结合试验区气温、蒸发、风力等气象环境因素，通过大田作物精准滴灌控制模型分析,自动生成定时、定量、定点精准滴灌控制方案,并将滴灌控制指令及时推送至相应试验区田块灌溉智能控制系统,实现试验区块滴灌设施远程智能控制。

4)田间灌溉过程推演

在示范区数字孪生基座上,配合现场视频监控画面,基于精准滴灌控制方案,仿真模拟各试验区块滴灌设施远程智能控制过程,实现数字孪生滴灌设施与物理设施同步仿真运行,并能实时查看首部蓄水池水位、泵站运行状态出水量、施肥状态、各电磁阀运行状态、水表监测数据。

5)滴灌方案优化

在作物长势及需水分析的基础上,结合试验区块土壤环境监测感知信息,定期进行作物精准滴灌控制模型分析,迭代优化精准滴灌控制方案,远程智能控制试验区块滴灌设施,为作物健康生长配置最佳土壤水肥环境。

6)效益评估

对各试验区块精准滴灌、作物生长过程、气候环境、最终产量信息等试验过程进行总结分析,对灌溉进度、农田灌溉水有效利用系数、节水效果等进行分析,计算滴灌用水效益,形成精准滴灌案例库。在示范区数字孪生基座上,重演各试验区块精准滴灌、作物生长过程,推演作物生长各阶段最佳土壤水肥环境,迭代优化精准滴灌控制方案。

3. 工程运行管理

工程运行管理模块具有工程台账、工程监测、工程智能巡检、安全监测、工程维护等功能。

1)工程台账

通过建立工程台账,实现工程基本信息、档案信息的登记、查询、统计,具体包括工程信息管理、工程档案建立、工程档案存档、工程档案在线检索。

(1)工程信息管理。

工程信息管理是对输水沿线的河道、渠道、水工建筑物进行管理,包括增加、修改、删除、查询,可以通过此功能在数字孪生平台“一张图”上对水工建筑物进行标注。

(2)工程档案建立。

工程档案建立实现对建设工程活动中直接形成的具有归档保存价值的文字、图表、声像等各种形式的历史记录,进行扫描或上传,建立完善的档案,包含档案名称、档案内容、记录人、记录时间、建档时间等。

(3)工程档案存档。

工程档案存档实现对已建立的工程档案进行归档操作,对与工程建设有关的重要活动、记载工程建设主要过程和现状、将具有保存价值的各种载体的文件进行整理归档。

(4)工程档案在线检索。

工程档案在线检索实现对已经存档的工程档案关键字输入检索,可查看工程的基本信息、概况、图纸信息(可下载)、工程现场图片、工况信息等。

2)工程监测

工程运行信息包括闸(阀)门开度、荷载、过流量、启闭时间,工程监测模块通过接收和集成闸阀等各项工程运行信息,对工程运行各项指标进行可视化展示,并且可以基于三维可视化平台，结合视频融合技术，在三维场景中显示出工程所在位置、运行状态、周边环境等，实现工程监测信息的综合分析和统计功能。

当工程运行监测指标触发警戒时，界面内表示该测站的图标会变为红色进行预警，同时发出报警的提示声，并将预警信息强制弹出至所有已登录用户的界面。可以根据监测情况，发出控制指令，或者向相关人员派出工单，以实现问题处理的功能。

3）工程远程控制

根据用户权限实现对闸门、加压泵站、阀门等设备的远程控制，授权用户进行远程控制。

4）工程智能巡检

工程智能巡检支持现场视频调取浏览，对巡检线路、巡检渠道、管道、闸、阀等现场巡检记录查看，对巡检员定位及巡检轨迹回放，实现巡检员、缺陷、安全隐患、设备等位置和分布在地图上的显示功能，支持对移动巡检用户上传的图片、视频等数据或信息进行浏览、查询、统计分析。

5）工程维护

在灌区数字孪生底座基础上，对构建了数字孪生工程模型的水利工程（水库大坝、渠首枢纽、重要闸站等重点工程），可以基于各部件或模块的运行情况、使用寿命、设备更换情况、运行注意事项等信息，智能分析诊断工程运行状态或设施设备工况情况，发现风险隐患，提前预警提醒，提升了工程日常养护、岁修维护信息化支撑能力。

4. 示范区大屏展示系统

1）数字示范区全景展示

在数字孪生疏勒河灌区一张图的基础上，利用三维建模技术，可视化构建数字示范区，借助平台引擎仿真模拟南干渠示范区自动化测控闸门、调蓄水池、泵房、灌溉智能控制设施设备、田间土壤墒情、气象设备及肥力监测感知设施运行状况，配合示范区现场视频监控画面，实现数字孪生设施与物理设施同步仿真运行。

2）水资源调配

在水资源管理专题上，实现水资源配置与调度信息的综合展现，可查看灌区量测水监测站点的分布及其详细信息。

水资源管理沙盘同时可以展示灌溉需水分析、水资源配置及水资源调度成果。

（1）地图展示。

①灌溉一张图。在沙盘上以图文报表结合地图的形式展示灌区内水资源调度配置的实时运行情况或水资源调度方案的模拟情况，直观展示不同片区配水计划、水资源配置情况、供用水变化趋势等相关信息。

②种植结构图层。在沙盘地图上展示种植作物的信息，包括作物种类、灌溉面积、需水定额、灌溉信息等。

（2）灌溉需水。

根据灌区作物种植结构、灌溉面积、灌溉定额以及灌溉水利用系数等关键因素，利用灌区需水预测模型，计算灌区灌溉需水量，以图文结合的形式在沙盘上展示。

①用水计划查看。各供水站填报控制范围内的需水计划，包括年度需水计划、年度计

划种植结构以及临时需水所提交的用水申请等信息都可以在沙盘上查询、展示。

②灌溉需水量。通过平台“需水预测模型”计算，沙盘上可以展示灌区灌溉需水量成果，逐旬田间灌溉需水量、南干渠渠首灌溉需水量。

(3)可供水量。

在数字孪生疏勒河(数字灌区)的模型库已建设流域水资源调配模型，根据流域水资源调配模型的调配结果，可获取昌马灌区的配水量、南干渠渠首配水量。

(4)水资源配置。

灌区数字孪生平台根据可供水量分析成果，通过“水量优化配置模型”计算，生成配置方案，实现配置方案查询展示，在数字沙盘上动态演示从渠首取水到干、支、斗渠分水过程，水量变化趋势。

(5)水资源调度。

水资源管理沙盘上展示水资源调度方案的编制成果。数字沙盘上提供仿真配置功能，选择需要仿真的调度方案进行仿真模拟，提供仿真模拟过程的动态线性展示，包括渠系水流过程播放以及重要控制点水位、流量。

①调度指令展示。沙盘上可以查看根据调度方案生成的调度指令、调令反馈以及调控记录单。

②闸门监视。沙盘支持用户选择管理单位、闸门，查询闸门视频信息，默认显示实时视频信息，可查看近期灌区闸门调控历史视频、闸门基本信息、监测信息(闸前/后水位、流量)等。

3)田间灌溉

在灌区示范区数字孪生平台上，对灌区田间灌溉调配方案进行预演，模拟闸门、调蓄水池、泵房、田间灌溉智能控制系统等控制调度、各渠段水位、流量汇入各田块以及典型田块作物长势的动态演化等过程，评估调度效果，分析方案利弊，调整、优化田间灌溉调度方案。

4)工程管理

在工程管理数字沙盘上，实现水库、渠道、闸门等水利工程设施基础信息及运行状态的综合展现，支持空间缩放、飞行漫游等功能，能够从不同角度体验水利工程全景信息，方便用户直观查看水利工程位置、运行状态、所在位置及周边设施的实景情况。

(1)渠道工程。

在工程管理沙盘中，将灌区内的干、支、斗渠进行集成展示，按其地理坐标位置展现在灌区的全流域沙盘中。沙盘可供用户查看各渠道的详情，使用户可以进一步了解并掌握渠道的建设、运行详情信息。

(2)重点水利设施。

在工程管理沙盘中，将灌区内的重点水利设施进行集成展示，按其地理坐标位置展现在灌区的全区域数字沙盘中。沙盘可供用户查看各重点水利设施的详情，使用户可以进一步了解并掌握重点水利设施的建设、运行的详情信息。

沙盘上接入灌区重点水利设施的三维模型成果，在沙盘上可查看其三维模型以及泄洪闸开闸过程动态模拟效果。

(3)视频巡检。

以灌区管理所、渠道沿线及重点安防区域等位置的视频监控信息等为信息来源,以数据底板为载体,关联在图形界面上展示实时和历史视频监控信息,随时掌握区域安防状况。

5. 系统集成

数字孪生昌马灌区先行先试建设项目将充分利用疏勒河干流水资源监测和调度管理信息平台等信息化建设成果,通过数据库对接、数据访问接口、应用模块调用等多种方式,将灌区斗口水量实时监测系统、渠道安全巡查系统、水库大坝安全监测系统、田间自动控制系统等进行整合,接入数字孪生昌马灌区数字孪生平台中。

1)系统融合对接方式

系统融合对接包括消息集成、应用集成、对接共享服务等几种方式。

(1)消息集成。

作为消息中间件,消息集成支持提供丰富的消息管理、消费能力,同时保证良好的运维能力。消息集成能够提供异步通知、流量缓冲等功能,可用于实时数据对接,如物联网数据的使用,业务系统可以通过消息通道来对接实时数据,降低使用难度,如视频分析数据可以通过消息通道来传递实时数据。

(2)应用集成。

通过提供 API 网关、API 开发(函数 API、数据 API)两大功能支撑灌区斗口水量实时监测系统、渠道安全巡查系统、水库大坝安全监测系统、田间自动控制系统、温室水肥控制系统等业务应用与孪生平台的集成融合,实现业务与数据、基础能力在架构上解耦,通过提供安全控制、可靠性控制来保证后端服务的稳定可用。

(3)对接共享服务。

数据集成平台实现了外部服务统一接入管理、内部服务统一对外开放,同时提供服务开放的状态监控、统计与运营,提高数据和平台能力调用的安全性。

2)方案设计

基于数字孪生昌马灌区建设项目长期规划,在公共支撑能力和数据共享互通上,需要实现平台能力统筹共享,各上层应用之间的交互。一方面,通过平台能力共享而自然减少业务应用之间的连接量和复杂度;另一方面,如果应用接口之间要形成交互连接,也需要在一个对接平台提供敏捷服务能力,提供异构应用之间交互的连接转换能力。

(1)消息集成。

利用高可用分布式集群技术,搭建了包括发布订阅、消息轨迹、资源统计、监控报警等一套完整的消息服务。

消息中间件的统一:通过统一的接口,做到多种消息中间件接入,前后端应用无感知。支持追踪消息生产与消费的完整链路信息,获取任一消息的当前状态,为排查生产问题提供有效数据支持。

跨系统集成与系统内集成统一:管道够大,水平线性扩展,多系统接入。

(2)应用集成。

应用集成聚焦在 API 轻量化集成,存量系统服务化改造,跨数据中心路由等核心功能,实现从 API 设计、开发、管理到发布的全生命周期管理和端到端集成。

(3)对接共享。

①监测类数据。基于数据标准规范,结合外部系统业务需求,按照服务标准开发数据接口,具体如下:雨水情数据,基于国家标准《实时雨水情数据库表结构与标识符》(SL 323—2011)开发服务接口;农情数据,基于国家标准《实时雨水情数据库表结构与标识符》(SL 323—2011)开发服务接口;水质数据,基于国家标准《水文数据库表结构及标识符》(SL/T 324—2019)开发服务接口;工情数据,按照系统自建的标准开发服务接口。

服务接口开发完成后,遵循服务集成标准规范,注册到 API 网关中,同时设置请求校验、调用量、安全认证信息、数据资源共享目录等信息,然后发布出来。外部系统通过调用 API 接口,即可获取所需的数据。

②灌区属性类数据。通过跟省厅、部委单位约定共享方式、共享范围、共享频度后进行数据的共享与同步,已初步确定建立基于数据同步 API 的更新通知—同步反馈—反馈确认机制。

③地图服务类资源。通过 GIS 平台,在水利专网内,以标准地图服务接口形式与其他单位进行共享。

④视频类资源。基于国家标准《公共安全视频监控联网系统信息传输、交换、控制技术要求》(GB/T 28181—2016)直接提供在线视频连接服务。

⑤对于含有业务逻辑的数据资源,外部系统可通过自定义后端的方式,开发自定义函数 API,获取所需数据资源。

7.4.3　昌马灌区示范区数字孪生平台

数字孪生平台的建设内容包括数据底板、模型库、知识库等内容。

7.4.3.1　数据底板

在数字孪生疏勒河(数字灌区)数据底板基础上,根据南干渠数字示范区业务管理需求,对基础数据库、监测数据库、业务管理数据库、地理空间数据库以及外部共享数据库进行补充建设。

1. 数据资源池

数据资源池包括基础数据、监测数据、业务管理数据、地理空间数据等内容。

1)基础数据

基础数据包括灌区组织机构、灌区渠道、渠系建筑物、水库、灌区监测站点等相关基础信息。本次在数字孪生疏勒河(数字灌区)数据底板的基础上,对新建灌区监测站点、新改造的渠系建筑物等基础信息进行补充接入。

2)监测数据

监测数据包括水情、工情、农情、气象、视频数据等。数据库建设依据《实时雨水情数据库表结构与标识符》(SL 323—2011)等相关标准规范进行库表设计。

各类监测数据包括灌区目前已建设的监测体系以及本次新建设的立体感知体系和自动控制系统相关监测数据,统一通过数据共享的方式,从疏勒河流域水资源利用中心共享。

监测数据库包括取用水监测计量数据库、闸门运行状态监测数据库、河道水情监测数据库、水库水情监测数据库以及视频监控数据库。

取用水监测计量数据:包括渠道、河道取用水监测计量数据。

闸门运行状态监测数据:包括闸门开度、闸前水位、闸后水位、供电数据以及是否正常运行等。

视频监控数据:河道、渠道保护范围内行为("四乱")识别数据、垃圾识别数据,以及闸口、河、渠安全监控视频等。

3)业务管理数据

业务管理数据包括管理疏勒河流域防洪、水资源配置与调度、工程运行管理、灌溉运行管理等业务应用数据信息。

4)地理空间数据

地理空间数据包括不同数据采集要求、不同级别空间数据采集与处理、其他基础空间数据。在数字孪生疏勒河(数字灌区)基础空间数据的成果基础上,进行补充与校核,以保证示范区范围内的基础空间数据完整性、准确性。

2. 数据治理

数据治理面向具体数据内容,建立标准化的数据智能处理模式,为结构化、半结构化和非结构化数据提供提取、清洗、关联、比对、标识等规范化的处理流程,提供全方位的数据汇聚、融合能力,支撑数据资源池的构建,为灌区水资源配置与调度等智能应用实现数据增值、数据准备、数据抽象。

3. 数据汇聚

数据汇聚通过梳理分析现有数据源,明确数据汇集方式和内容,充分利用现有数据,涵盖昌马灌区业务应用系统所需的基础数据源、监测数据源、业务管理数据源,遵循一数一源原则进行建设。

4. 数据服务

构建数据服务接口,通过接口服务化方式对上层业务系统提供数据服务,使上层业务系统应用对底层数据存储透明,将大量数据方便高效地开放给各业务应用使用。数据服务包括数据资源总览、数据标准管理、数据目录管理、数据安全管理等应用。

1)数据资源总览

数据资源总览实现了对所有数据资源的分类展示,包括数据来源及总量、最新数据、数据空间分析、数据目录分析、数据资源分析、数据资源分类、矢量图层数分析和数据量分析。

2)数据标准管理

数据标准管理包括数据字典管理、数据元管理模块。数据字典主要对系统内部使用的数据字典进行维护,包括字典分类结构维护及树形结构展示、数据字典及字典项维护功能。数据元管理给用户提供查看与维护数据元分类与数据元的入口,包含增加、删除、修改等操作,包括数据元分类树和数据元基本信息,可以直接维护数据元分类和进行数据元的增删改操作。

3)数据目录管理

数据目录管理包括根目录浏览、根目录管理、资源目录管理、资源目录审核、资源目录浏览、数据共享目录等模块。

4)数据安全管理

数据安全管理包括数据权限、数据脱敏及数据加密模块。其中,数据权限在权限申请页面展示当前登录用户申请的数据资源。数据脱敏能够根据业务需求,对某些敏感信息通过脱敏规则进行数据的变形,实现对敏感隐私数据的可靠保护。数据加密,为了数据安全,将数据转化成无法理解的形式,使人无法得到原来的数据或只能通过解密过程得到原来的数据。

7.4.3.2 模型库

模型库包括灌区专题模型、智能识别模型、可视化模型等,下面详细论述各模型采用的技术方案及各模型的功能。

1.专题模型

充分利用"数字孪生疏勒河流域"模型平台建设的"灌区用水管理模型",在此基础上研发作物灌溉预报模型、作物生长水分函数模型、水肥耦合模型、作物精准滴灌控制模型,为1.8万亩高标准农田的精准灌溉决策提供"算法"支撑。

1)作物灌溉预报模型

灌区实时灌溉预报是在气象预报的基础上,根据对灌区各田块土壤含水量的预测,确定出作物最近一次的灌水日期和灌水量,从而及时调整灌区的灌溉用水计划,提高灌水效率。实时预报与以往预报的不同之处就在于它是一种"动态预报",其"核心"尽可能利用实际资料,它不仅需要以"实时信息"(实时信息指最新实测资料和最新预测资料)为基础,而且要考虑不同田块的特点,每一次灌溉预测都是以实际情况为基础,根据比较可靠的短期预测信息,通过对各田块土壤水分动态的计算机数值模拟,对各田块内作物所需要的灌水日期、灌水定额及灌溉用水量分别做出预报。

实时灌溉预报的基础是对作物实际耗水量进行实时预报。

$$ET_a = K_c \cdot ET_0 \tag{7-12}$$

式中:ET_a 为作物耗水量,mm;ET_0 为参考作物蒸散量 mm/d;K_c 为作物系数。

当估算的作物耗水量达到计划湿润层土壤贮水量下限时,就需要启动灌溉,灌溉后进行新一轮灌溉预报。

通过预测田间计划湿润层土壤贮水量的变化过程,结合研究确定的灌溉控制指标,预报需要灌溉的时间。灌水定额采用研究确定的适宜灌水量进行灌溉。

田间计划湿润层土壤储水量预测通过水量平衡方程确定:

$$W_2 = W_1 + I + P_e + \Delta SF + G - D - ET_a \tag{7-13}$$

式中:W_1 为时段初旱作物根区土壤贮水量,mm;I 为时段内灌水量,mm;P_e 为时段内有效降水量,mm;ΔSF 为地面径流量,mm;G 为时段内根区下层土壤水分向上补给量,mm;D 为时段内的深层渗漏量,mm;ET_a 为田间耗水量,mm;W_2 为时段末旱作物根区土壤贮水量,mm。

2)作物生长水分函数模型

在任何生产过程中,投入量与产出量之间的关系都称为生产函数。在通常情况下,任何一种产品所需要的生产资源种类都是很多的,比如影响农作物产量的因素主要有水、气、光、热、肥,作物的品种、品质等。它们构成复杂的函数关系,但在一定的生产条件下,总有其自身发展的一般规律。

(1)全生育期的作物水分生产函数。

全生育期的作物水分生产函数是以作物全生育期总耗水量为自变量,反映其全生育期总耗水量与产量之间的函数关系。这种模型是经验半经验型,可以通过对非充分灌溉试验数据的回归分析来确定,适用于全生育期总水量亏缺的宏观规划预测和由水分亏缺而造成的作物实际减产,用于预测不同水分亏缺引起的减产量。

线性关系:
$$Y = a_1 M + b_1 \tag{7-14}$$

二次抛物线关系:
$$Y = a_0 M^2 + b_0 M + c_0 \tag{7-15}$$

式中:Y 为作物产量,kg;M 为灌溉定额,mm;a_1、b_1、a_0、b_0、c_0 为经验系数。

作物产量在一定范围内与灌溉水量呈现线性增加。当产量达到一定水平后,再继续增加就要靠其他农业措施。因此,线性关系一般只适用于灌溉水源不足、管理水平不高的中低产地区。随着水源条件改善和管理水平的提高,产量与灌溉水量的关系出现了一个明显的界限值,当水量小于此界限值时,产量随着水量的增加而增加,开始增加的幅度较大,然后减小;当水量达到该界限值时,产量不再增加,其后产量随着水量的增加而减小,因此呈现出二次抛物线关系。且灌水量与当地的灌溉传统、农业政策、种植结构、水价等因素有关系。

(2)阶段作物水分生产函数。

作物在各生育阶段对缺水的反映是不同的,实践证明,作物产量不仅受灌水总量的影响,还受水量在各个时期分配的影响,且前一阶段的亏水会对下一阶段和整个生育期都产生影响。因此,作物产量不仅仅与全生育期水分供应总量有关,更取决于供水量在全生育期内的分配。不同生育阶段的受旱情况对产量影响是不同的,因此在来水量不足的情况下应根据作物的生理特性合理分配。

生育阶段作物水分生产函数模型以作物各生育阶段的相对耗水量为自变量,反映作物各生育阶段水分亏缺与作物产量之间的函数关系。这类模型又可分为加法模型和乘模型两类。乘法模型比加法模型更能代表作物产量的形成规律,该模型具有一定的科学性,认为只要有一个阶段腾发量为0,作物就形不成产量,这比加法模型更具有实际性。干旱半干旱区更适合乘法模型。

典型乘法模型:
$$\frac{Y_{\mathrm{a}}}{Y_{\mathrm{m}}} = \prod_{i=1}^{n}\left(\frac{\mathrm{ET}_{ai}}{ET_{mi}}\right)^{\lambda i} \tag{7-16}$$

式中:i 为阶段数次序;ET_{ai} 为作物在第 i 阶段的实际需水量,m^3/亩;ET_{mi} 为作物在第 i 阶段的最大需水量,m^3/亩;Y_a 为作物实际产量,kg/亩;Y_m 为作物最大产量,kg/亩;λ_i 为表示作物对第 i 阶段缺水的敏感性指数,λ_i 越大,表示该阶段缺水对作物产量的影响越大,反之越小,其值由试验资料确定。

3)水肥耦合模型

以试验区滴灌玉米为研究对象,分析非充分灌溉条件下水肥耦合的产量效应,寻求高产高效的水肥组合,从而为干旱区域合理利用水资源、提高资源利用率和促进经济发展提供理论指导依据。

采用二次通用旋转组合方法,以产量为考察指标,选择灌溉定额(X_1)、施纯氮量(X_2)、施纯磷量(X_3)为试验的 3 个因素。试验目的是建立水肥耦合模型,分析非充分灌溉条件下水肥耦合的产量效应,寻求高产高效的水肥最佳组合。

$$Z_{pj} = (Z_{1j} + Z_{2j})/2 \tag{7-17}$$

$$\Delta_j = (Z_{2j} - Z_{pj})/\gamma \tag{7-18}$$

式中:Z_{1j} 为因素的下限;Z_{2j} 为因素的上限;j 为因素个数,$j=1,2,3$;γ 为星号臂,根据二次回归通用旋转性的要求确定,即 $\gamma = 2m/4 = 1.682$,其中 m 为因素个数。对因素各水平(Z_j)取值作线性变换:

$$x_j = (Z_j - Z_{pj})/\Delta_j \tag{7-19}$$

通过 DPS 进行二次回归模拟分析,得到滴灌玉米水肥耦合模型如下。

$$Y = 11\,540.24 + 983.29x_1 + 4.95x_2 + 264.26x_3 + 401.95x_1x_2 - 158.53x_1x_3 + 378.61x_2x_3 - 380.73x_1^2 - 354.38x_2^2 - 426.9x_3^2 \tag{7-20}$$

式中:Y 为玉米的预测产量,kg/hm^2;x_1、x_2、x_3 分别为线性变换后的灌溉定额、施纯氮量和纯磷量的无因次变量。

4)作物精准滴灌控制模型

根据作物灌溉预报模型,结合作物生长水分函数、水分耦合模型,计算保证作物产量最大化情景下的滴灌水量、时间以及滴灌位置,模拟仿真从取水泵站到田间地头的作物滴灌过程。

2.智能识别模型

1)遥感智能识别

基于采集的卫星遥感数据构建南干渠示范区内作物种植结构以及灌溉面积提取模型,帮助客户了解实际土地利用情况以及水资源合理分配情况。

(1)种植结构。

为了解灌区内部复杂种植结构,开展区域作物调查,结合作物光谱特征及植被指数时间序列数据,开展基于机器学习方法的作物分类方法的训练和评估,进而实现区域典型作物的制图。基于高分时序和面向对象的作物种植结构提取技术流程见图 7-22。监测频率为每年一期。

(2)灌溉面积监测。

基于 GF-1(空间分辨率为 16 m)或 Sentinel-2(空间分辨率为 10 m)的 NDVI 植被指数时间序列,构建增强型光谱相似度模型(Enhanced Spectral Similarity,ESS)。同时进行野外调研与勘察,结合地面真实样本点,测量标准光谱,建立标准光谱库,开展生长季实际灌溉面积的遥感监测识别,监测频率为每年一期。实际灌溉面积监测技术流程见图 7-23。

基于 MODIS 数据产品,计算 LST、VSWI、LSWI、MPDI 和 SPSI 等遥感指标,构建基于多指标的日尺度灌溉过程遥感监测与灌溉次数判别模型方法,结合降水数据与种植结构,

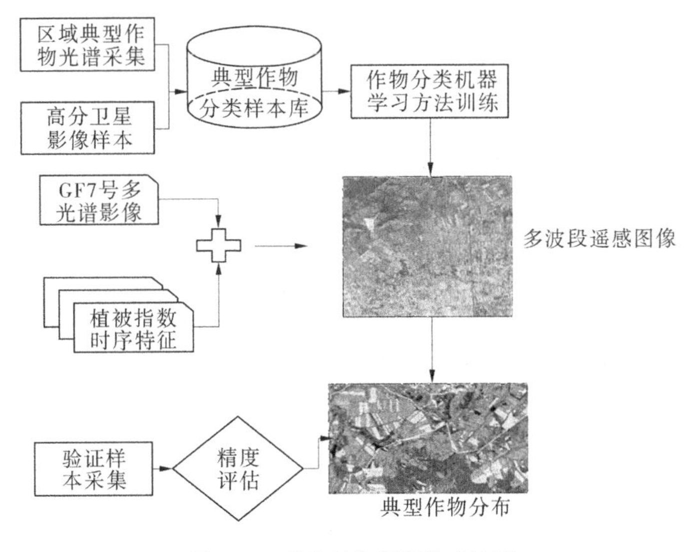

图 7-22 种植结构提取技术流程

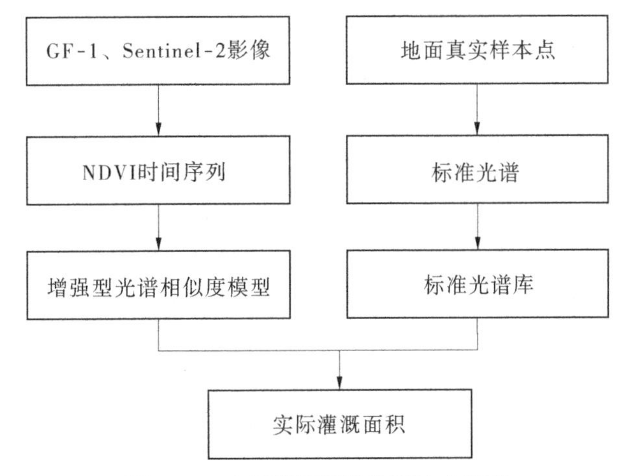

图 7-23 实际灌溉面积监测技术流程

反演得到日尺度灌溉面积、灌溉次数与灌溉亩次空间信息，灌溉期间监测频率为每天一期，技术流程见图 7-24。

(3)土壤墒情。

使用地表温度(LST)和归一化植被指数(NDVI)构建土壤水分胁迫信息的植被干旱指数(TVDI)，并利用 TVDI 进一步计算土壤墒情，监测频率为 10 d 一期。

(4)作物长势。

使用 MODIS、VIIRS、Sentinel-2、GF-1 卫星的时间序列数据，结合降尺度融合算法，开展对灌区内的作物长势监测。空间分辨率为 20 m，监测频率为每季度一次。

2)视频(图像)智能识别

(1)作物病虫害 AI 识别。

作物病虫害图像识别是对昌马灌区种植比例较高的几类作物建立机器学习模型，通过对采集到的视频(图像)等数据进行机器学习训练，进而识别出现病虫害的区域，并推

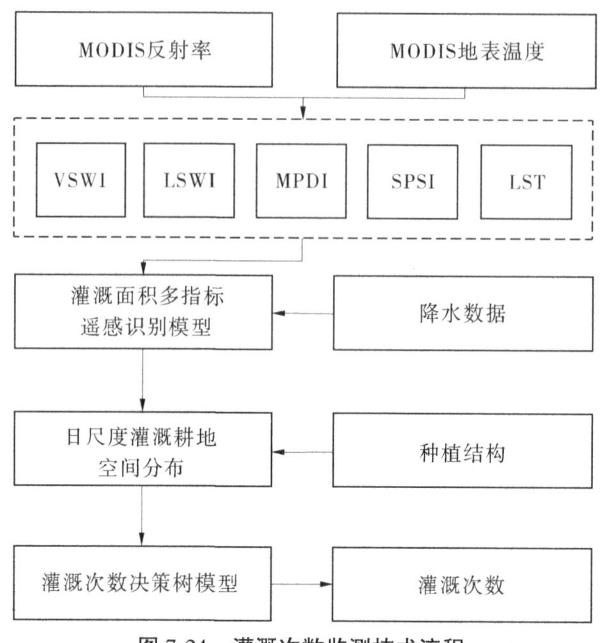

图 7-24　灌溉次数监测技术流程

送报警消息给相关的业务人员。

在此应用场景中,要求通过摄像头实时监控灌区作物情况,可以识别出作物出现病虫害的特征,并对出现的病虫害情况和发生时间进行记录。

(2)工程安全监控。

工程安全监控指对渠道的日常运行情况进行实时监控,如闸门是否正常作业、渠道水流是否正常等。

在此应用场景中,要求通过摄像头实时监控工作情况,并对监控数据进行保存。如发现异常运行情况(如溃渠、漫渠等),即可进行报警,并保存数据。

3. 可视化模型

1)三维场景制作

三维模型的制作分为两部分。一部分是灌溉渠系、灌溉首部工程等水利对象的简模,它主要用来反映水利工程的三维轮廓,增加水利工程场景的立体感和真实感。另一部分是重点闸门、水肥一体机的精模,精模是按照真实建筑的比例真实还原其大小、形状、细节和颜色的精细化模型。在三维模型完成后,建立渠系输水、闸门开度、田间滴灌等三维场景,同时结合墒情、气象、水位、流量、工情等监测数据,将监测数据、影像数据、倾斜摄影三维模型数据、专题模型计算结果数据、地形数据进行融合表达,在方案模拟仿真时,能够较真实地还原物理灌区的环境。

2)二维地图空间可视化

二维地图空间可视化功能是基于二维地图之上建立的可视化界面。其主要作用是辅助三维地图可视化界面,便于从更加宏观的角度观察各级流域、各工程的状态。二维可视化的展示要素与三维地图空间中的可视化呈现内容几乎完全一致,只有二维呈现形式和三维呈现形式的区别。

3）三维地图可视化

三维场景可视化可被归类为三维空间统计可视化、三维空间分布可视化、三维空间关系可视化。三维空间统计可视化主要包括单柱图、簇状柱图、堆积柱图、气泡图等三维地理空间统计图，以支撑三维地理空间下数据统计分析的数据可视化呈现手段。三维空间分布可视化主要包括轨迹图、星光图、热图等三维地理空间分布图，用以实现移动目标的位置/分布/轨迹等信息展现。三维空间关系可视化主要指链路图，是对数据节点间的关联关系进行展现的图形表达方式。

7.4.3.3　知识库

知识库包括预报方案、业务规则、水利对象关联关系、历史场景、调度方案、工程安全等知识，在数字孪生疏勒河流域知识平台基础上进行扩充和完善，为昌马灌区管理决策提供支撑信息。

1. 预报方案

补充南干渠旱情预报方案，根据灌区气象旱情监测、水文旱情监测、遥感旱情监测实际情况，结合灌区来水、需水预测、用水需求，对灌区旱情预报方案、灌区抗旱调度方案进行标准化数字化管理，提取调度规则、预案启动条件等，构建迭代式预案方案库，为灌区模型分析计算、智慧水利应用提供知识支撑。

2. 业务规则

补充南干渠取用水管控业务规则，取用水管控以年水量调度计划、月水量调度计划、旬水量调度计划进行调度控制。综合分析本区域供水和需水情况、来水条件、灌区内灌溉面积及渠系流量关系，合理安排用水次序及用水量，当遇枯水期或特枯水年、连续枯水年，灌区用水量不足时，依据年度水量调度方案、灌季水量调度方案，对重点取用水户进行定向保灌溉，同时可以利用昌马水库设计低水位以下部分尚未淤积库容的蓄水量，以补充不足的灌溉用水。

综合考虑昌马灌区灌溉与用水调度规程、昌马灌区特殊干旱年的取用水规程、昌马灌区定向保灌规程 3 个方面的调度规则。

3. 水利对象关联关系

水利对象关联关系库用于描述南干渠水利工程和水利对象治理管理活动等实体、概念及其关系，是其他水利知识融合的基础，通过详细梳理各类对象的基础属性、特征指标和设计参数，按类型分别进行水利对象的系统属性概化，并进行结构化分类和关联，形成水利对象关联关系库，便于水利知识的快速检索和定位。

其中主体包括：行政区划数据、流域分区数据、河流、灌区、渠道、险工险段、水闸、放水涵、支渠口、测站、水利行业单位、灌区管理所段等。灌区主要对象分类见表 7-14。

表 7-14 灌区主要对象分类

序号	分类名称	数据主体	数据细分项
1	管理区划数据	行政区划数据	省、市、区(县)、乡(镇)
2		流域分区数据	多级流域分区信息
3	灌区工程基本信息数据	河流	河流一般信息
4			河流基本特征情况
12		灌区	灌区一般信息
13			灌区工程特征信息
14		渠道	渠道一般信息
15			渠道工程特征信息
18		险工险段	重点险工险段基本信息
19			险点险段出险情况信息
20			险点险段养护情况信息
21		水闸	水闸一般信息
22			涵闸设计参数信息
23			涵闸工程特性信息
24			闸孔特征值
28		放水涵	放水涵一般信息
29			放水涵设计参数信息
30		支渠口	支渠口一般信息
31			支渠口设计参数信息
32			渡槽设计参数信息
33		测站	测站一般信息
34			测站监测内容信息
35	组织机构	水利行业单位	
36		灌区管理所段	

根据水利对象关联中各实体间形成的关系所在地区、所属流域、所属省份、管理机构、灌区所在流域、灌区管理单位、泵站所属渠道、泵站管理单位、水闸所在位置、水闸管理机构、监测站所在位置、监测站所属流域、监测站所属河流、监测站所在渠道、监测站所属水闸、监测站所属泵站、监测站管理机构、渠段起点位置、渠段终点位置、渠段涉及区划、渠段所属流域、渠段所属河流、渠段管理机构等隶属关系。以灌区为例,其水利对象关联关系如图 7-25 所示。

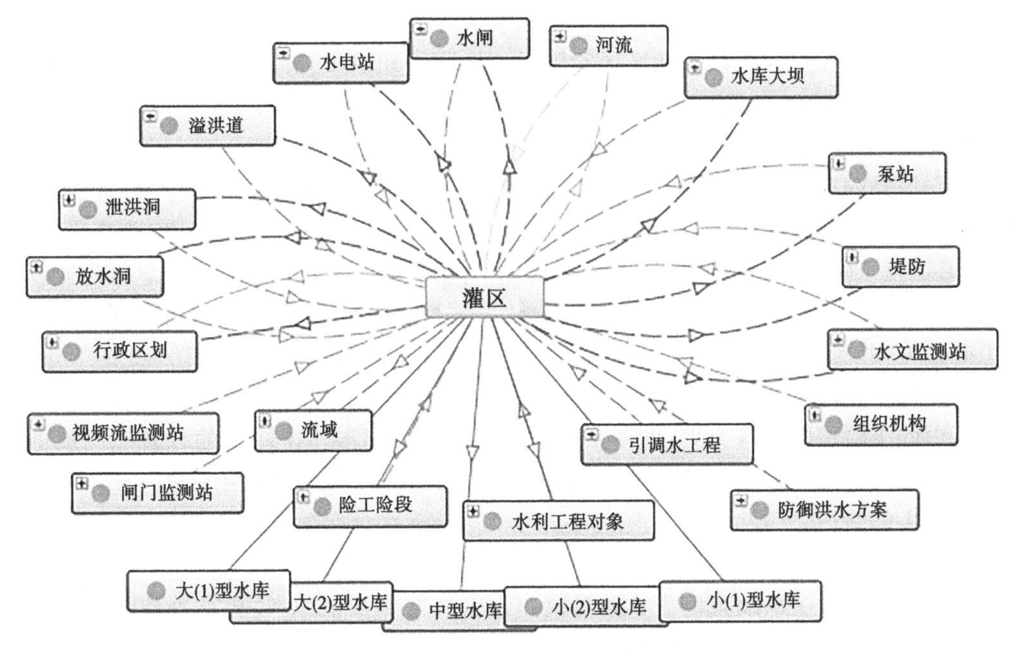

图7-25 水利对象关联关系示例

4. 历史场景

建设南干渠数字示范区水资源配置调度历史场景库、应急事件历史场景库。

1) 水资源配置调度历史场景库

水资源配置调度历史场景库建设主要是针对昌马灌区50%、80%、95%及典型干旱年等来水频率下的水资源调配过程及主要应对措施进行复盘。采用通用方式记录气象水文信息、调度决策信息、各水工程运行过程、控制对象状态以及涉及的各项调度效果。

智能跟踪南干渠数字示范区水资源调度执行过程,并在数字孪生基座上同步演示南干渠首枢纽、水闸调度过程,实现水资源调度过程数字化模拟。总结水资源调度执行与示范区水资源时空变化过程信息,积累形成水资源配置调度历史场景库。

2) 应急事件历史场景库

通过对昌马灌区南干渠历史防汛抗旱应急、灌溉调度应急、骨干水利工程应急抢险等重大事件处置的关键过程进行复盘,挖掘历史过程相似性,形成历史时间典型空间属性、专题特征指标组合等,并通过推演分析不同场景下的演变态势,为同类事件的精准决策提供知识化依据。

5. 调度方案

灌区调度方案库建立以水资源高效利用和确保渠道汛期运行安全为总体目标,综合考虑昌马水库来水、调度单元用水需求等影响,根据不同来水频率、供用水特点,综合考虑南干渠首实际放水过程、渠系输配水过程等因素,以弃水量最少、输配水效率最高和供水匹配度最高为目标,在南干渠数字示范区数字孪生底座上推演分析南干渠首、渠系进水闸、节制闸联调联控过程及渠道水位变化过程,生成渠首枢纽/闸、各进水闸、节制闸调度方案,实现供水调度由经验决策提升为智慧决策。

6. 工程安全知识库

工程安全知识库建立昌马灌区风险隐患识别研判知识库、事故案例知识库,为工程安全管理提供知识服务,从而在一定程度上提高工程安全管理决策水平。

1)风险隐患识别研判知识库

建立风险隐患识别研判知识库,应对示范区水闸、渠道险工险段等重点工程风险隐患因素进行梳理总结,对闸站、渠道险工险段等不同工程监测点的水位水深、流速流量、闸站水情、渠道险工险段水位和渗水量、闸门工作情况等工程安全及运行状态信息进行全要素分析,对各闸站的机电设备运行精度、能耗、效率等性能进行关联分析,建立不同等级风险隐患处置方案。

对新发现风险隐患,如在灌溉期间出现降雨或工程出现重大险情事故,系统可以主动推送历史同类险情的处置方案,供专家进行会商研判和指导本次险情的处置。当新的险情处置成功后,可以将本次险情处置方案进行结构化处理,作为新的经验进行积累用于指导未来发生的险情。

2)事故案例知识库

以水利工程安全事故案例为数据对象构建事故案例知识库,收集整理灌区水利工程历史事故案例及处置信息,根据事故致因划分事故类型,梳理分析工程类型、事故类型、事故因素、事故处置方法等,并对历史工程事故处置方案文本进行结构化处理,形成格式化的数据信息并存入知识库,从而达到信息共享和经验积累的作用,形成便于读取、可供参考的事故案例知识库。

7. 作物生长知识库

收集整理灌溉试验田作物种植结构、作物产量、灌溉水量、施肥种类、施肥量数据,以及作物病虫害信息。

7.5 小　结

基于流域灌区信息化建设、水资源综合利用技术、灌区标准化规范化综合管理技术等,集成提出了流域现代化灌区建设关键技术,选择疏勒河流域昌马灌区进行了立体感知体系、自动控制系统、业务应用平台建设等方面建设与示范,为现代化灌区建设综合技术集成推广提供借鉴依据和参考样板。

参考文献

[1] 阿木提江,胡娃尼西,买坎. 灌区管理现状及发展趋势[J]. 内蒙古水利,2011(2):64-65.

[2] 白国玉. 高标准农田建设高效节水灌溉技术及推广[J]. 长江技术经济,2020,4(S2):66-67.

[3] 白松,梁永强,李立君. 桃林口水库水雨情信息采集系统建设与管理[J]. 河北水利,2010(9):16.

[4] 陈冰峰. 大型灌区信息化应用系统分析与设计[D]. 西安:西安建筑科技大学,2005.

[5] 陈大春,雷晓云,曹伟,等. 滴灌棉花灌溉决策支持系统研究[J]. 中国农村水利水电,2010(11):72-75.

[6] 程江. 高标准农田建设中高效节水灌溉技术的应用分析[J]. 农业科技与信息,2021(24):101-103.

[7] 陈婧. 高标准农田建设标准及模式分析[J]. 智慧农业导刊,2021,1(22):56-58.

[8] 陈建国. 关于现代化灌区建设的思考[J]. 工程建设与设计,2020(12):104-105.

[9] 陈金水,丁强. 灌区现代化的发展思路和顶层设计[J]. 水利信息化,2013(6):11-14,38.

[10] 曹林顺. 全渠道控制系统在昌马灌区节水改造工程中的应用[J]. 甘肃水利水电技术,2014,50(6):35-37,41.

[11] 陈守煜,胡吉敏. 可变模糊评价法及在水资源承载能力评价中的应用[J]. 水利学报,2006(3):264-271.

[12] 陈盟,王龙帅,杨波. 引黄济青工程输水效率影响因素分析及优化措施介绍[J]. 水利建设与管理,2019,39(4):67-70.

[13] 陈玉芳,杨婉宁,王洁瑜,等. 灌区智慧管控平台研究与应用[J]. 西北水电,2021(3):117-122.

[14] 程嫣嫣,周密,王司辰,等. 基于工情信息的山洪预警系统在淠史杭灌区洪水预报中的应用[J]. 水电能源科学,2014,32(6):61-64,36.

[15] 段春青. 基于现代智能技术的灌区水资源优化调度研究[D]. 西安:西安理工大学,2007.

[16] 董婷婷. 辽宁省旱情监测与服务系统规划[J]. 水利规划与设计,2015(10):7-9,32.

[17] 戴秀,王坚强,任妮,等. 智能水肥一体化管控平台的设计与实现[J]. 江苏农业科学,2021,49(18):177-181.

[18] 丁相锋,李援农. 浅议大中型灌区输水系统信息化建设[J]. 长江技术经济,2021,5(S2):200-202.

[19] 丁相锋. 陕西省交口抽渭灌区输配水系统优化及效益评价研究[D]. 杨凌:西北农林科技大学,2020.

[20] 樊灏. 闸管灌田间配水技术研究[J]. 水利与建筑工程学报,2010,8(6):28-29,34.

[21] 方晶,吴青,初秀民,等. 基于多功能航标的长江水文信息采集系统研究[J]. 交通信息与安全,2010,28(6):53-56.

[22] 付强,肖圆圆,崔嵩,等. 基于多目标模糊规划的灌区多水源优化配置[J]. 农业机械学报,2017,48(7):222-227,221.

[23] 冯亚阳,史海滨,李瑞平,等. 膜下滴灌水氮耦合效应对玉米干物质与产量的影响[J]. 排灌机械工程学报,2018,36(8):750-755.

[24] 甘肃省疏勒河流域水资源利用中心. 疏勒河现代化灌区建设规划[R]. 玉门:甘肃省疏勒河流域水资源利用中心,2018.

[25] 顾宏,黄万勇,李江安,等. 高邮灌区渠道生态衬砌形式与综合评价[J]. 节水灌溉,2012(12):51-53,57.

[26] 郭晗笑,申丽霞,樊耀,等. 压力水头和施氮量对微润灌土壤水氮运移的影响[J]. 灌溉排水学报,

2020,39(11):61-67.
[27] 管凯云. 物联网技术及其在农业生产中的应用研究[J]. 中国新通信,2016,18(20):142-143.
[28] 郭士国,李晓艳. 实时灌溉预报计算机模型的建立[J]. 黑龙江水专学报,2003(2):90-92.
[29] 葛新. 水利工程中闸门自动化监控系统研究[J]. 黑龙江科学,2021,12(10):102-103.
[30] 郭锈. 浅析3S技术在精准农业中的应用及发展前景[J]. 农业与技术,2020,40(18):41-43.
[31] 巩向锋,王光辉,杨大伟. 仲子庙灌区节水改造存在的问题及对策[J]. 山东水利,2016(3):36-37.
[32] 郭易,侯煜,马岚,等. 远程图像采集技术在水情测报系统应用研究[J]. 水电站机电技术,2018,41(7):33-35,90.
[33] 高玉芳. 沿海缺水灌区地表水地下水联合调配理论及应用研究[D]. 南京:河海大学,2007.
[34] 郭亚军,赵国荣. 疏勒河灌区信息化量测设施应用实践[J]. 中国水利,2020(17):59-60,58.
[35] 高占义. 我国农田水利发展及技术研究与推广应用[J]. 水利水电技术,2010,41(12):8-15.
[36] 高占义,高本虎. 大型灌区状况诊断评价指标体系研究[J]. 中国水利,2008(21):43-44,55.
[37] 虎海燕. 疏勒河灌区水资源分配与种植结构调整研究[J]. 水利规划与设计,2019(2):27-30,39.
[38] 郝明. 大田微喷灌水肥一体化技术研究与设备研制[D]. 泰安:山东农业大学,2018.
[39] 郝梦超. 一种基于PLC控制的全自动水肥一体化系统的设计与实现[D]. 石河子:石河子大学,2017.
[40] 韩振中. 大型灌区现代化建设标准与发展对策[J]. 中国农村水利水电,2013(7):69-71,74.
[41] 黄玲. 开发都江堰灌区多媒体仿真系统的构想[J]. 四川水利,2003(3):40-42.
[42] 黄珊,冯起,齐敬辉,等. 河西走廊疏勒河流域水资源管理问题分析[J]. 冰川冻土,2018,40(4):846-852.
[43] 黄涛. 推动重庆农业现代化的农田基础设施技术研究[D]. 重庆:西南大学,2020.
[44] 黄修桥,高胜国,冯俊杰,等. 影响灌区地下水开发利用的关键技术问题及解决对策[J]. 灌溉排水学报,2008(3):1-4.
[45] 黄彦,司振江,李芳花,等. 大型灌区节水改造技术集成研究与示范[J]. 水利科学与寒区工程,2018(6):8-14.
[46] 黄彦,孙雪梅,吕纯波. 黑龙江省灌区田间工程标准化发展的研究[J]. 水利科学与寒区工程,2019(6):12-16.
[47] 侯文涛,白美健,陈炳绅,等. 测控一体化闸门及其调控技术研究分析[J]. 节水灌溉,2021(8):47-51.
[48] 惠磊,张发荣. 疏勒河灌区信息化系统集成应用研究[J]. 水利规划与设计,2020(6):91-94.
[49] 惠磊,孙栋元,张发荣,等. 疏勒河数字孪生流域建设关键技术研究[M]. 郑州:黄河水利出版社,2023.
[50] 胡泊. 江苏省节水型生态灌区评价指标体系研究与软件开发[D]. 扬州:扬州大学,2011.
[51] 胡小燕. 遥感技术在灌区现代化管理中的应用研究进展[J]. 城市建设理论研究(电子版),2019(10):75.
[52] 胡昕宇,严海军,陈鑫. 基于压差式施肥罐的均匀施肥方法[J]. 农业工程学报,2020,36(1):119-127.
[53] 胡志远,赵东生,沈玮. 低压管道输水灌溉配套田间闸管技术应用[J]. 河南水利与南水北调,2010(8):148-149.
[54] 何雨田,白美健,张宝忠,等. 灌区智慧化发展现状与问题分析[J]. 节水灌溉,2023(4):115-121.
[55] 江景涛,杨然兵,鲍余峰,等. 水肥一体化技术的研究进展与发展趋势[J]. 农机化研究,2021,43(5):1-9.

[56] 蒋磊. 农业灌溉中的滴灌技术分析[J]. 智慧农业导刊,2021(15):16-18.
[57] 贾文珅,李孟楠,李雨,等. 物联网关键技术在设施农业中应用探讨[J]. 食品安全质量检测学报,2016,7(11):4401-4407.
[58] 姜新海,李杰,卢新德,等. 干旱灌区节水农业综合技术集成模式的研究[J]. 石河子大学学报(自然科学版),2004(3):225-229.
[59] 季宗虎,孙栋元,惠磊,等. 疏勒河流域现代灌区智慧应用技术体系研究[J]. 水利规划与设计,2022(9):25-30,63.
[60] 季宗虎,惠磊,孙栋元,等. 基于物联网的水肥一体化系统[J]. 农业工程,2023,13(11):68-75.
[61] 康波,廖允成,刘超. 宁夏马铃薯抗旱节水技术集成与推广[J]. 宁夏农林科技,2018,59(4):23-24,54.
[62] 康绍忠. 加快推进灌区现代化改造补齐国家粮食安全短板[J]. 中国水利,2020(9):1-5.
[63] 李波,王铁,魏家慧. 水利工程节水灌溉设计与规划中存在的问题及解决措施[J]. 黑龙江科技信息,2017(1):265.
[64] 李斌. 疏勒河流域洋葱规模化高效灌溉过程控制技术研究[D]. 北京:清华大学,2016.
[65] 李琛亮,刘国庆,杨光,等. 基于“四预”的永定河洪水预报调度系统研究与应用[J]. 水利水运工程学报,2022(6):45-53.
[66] 李存玲,董自庭,李拴曹,等. 商洛市粮食安全生产现状及发展对策研究[J]. 作物研究,2021,35(5):459-463,473.
[67] 李晨洋,张志鑫. 基于区间两阶段模糊随机模型的灌区多水源优化配置[J]. 农业工程学报,2016,32(12):107-114.
[68] 李得龙,张乐为,王欢. 石津灌区水情数据采集系统的实现方法[J]. 现代农村科技,2019(7):95-96.
[69] 李德幸,韩映,彭建成. 都江堰灌区节水改造与灌区现代化建设思路探讨[J]. 中国水利,2016(7):53-54,57.
[70] 李大银. 淠河灌区工程信息化建设现状与发展概述[J]. 治淮,2022(12):67-69.
[71] 李江安,叶明林,顾宏,等. 从高邮灌区发展历程看现代化灌区建设的方向[J]. 江苏水利,2013(7):11-13.
[72] 李久生,栗岩峰,王军. 城郊高效安全节水灌溉技术集成与典型示范[J]. 中国环境管理,2018,10(2):97-98.
[73] 李吉程,王斌,张洪波,等. 泾惠渠灌区旱灾危机预警研究[J]. 自然灾害学报,2019,28(3):65-78.
[74] 李硕. 无线传感器网络在水情测控中的应用[D]. 南京:南京邮电大学,2017.
[75] 李俊堂. 疏勒河灌区干渠闸门自动监控系统初探[J]. 甘肃农业,2011(10):78-80.
[76] 李伟. 低压管道输水灌溉在高标准农田应用的技术要点[J]. 河南水利与南水北调,2022,51(9):28-29.
[77] 李晓辉,杨立,姚玲英. 基于 VC 的引伸计数据采集处理软件的开发设计[J]. 自动化与仪表,2003(1):63-64.
[78] 李晓峰. 低压管道输水灌溉技术在我国渠灌区的应用研究[D]. 杨凌:西北农林科技大学,2010.
[79] 李雪青. 基于灌区节水灌溉工程的水利信息化处理技术[J]. 水利科学与寒区工程,2018(10):47-51.
[80] 李宗尧. 淠史杭灌区信息化管理总体构想与初步设计[D]. 合肥:合肥工业大学,2005.
[81] 李彦龙. 遥感技术在农田水利工程建设及管护中的应用[J]. 新农业,2022(20):97-98.
[82] 李亦凡,史源. 山西省大型灌区智慧水管理体系建设思考[J]. 山西水利,2022(8):13-15.

[83] 李远华,雷声隆. 灌区水管理[J]. 中国农村水利水电,1999(9):51-53.
[84] 李铮. 基于物联网环境下的敏感信息保护[J]. 信息通信,2017(11):98-99.
[85] 李志仪,弋孝科,米克进. 高标准农田建设高效节水灌溉技术及推广[J]. 农业灾害研究,2020,10(7):187-188.
[86] 刘兵,何新林,蒲胜海,等. B/S模式实时灌溉调度系统框架设计[J]. 中国水利,2007(15):50-52.
[87] 刘群昌. 低压管道输水灌溉技术[J]. 中国水利,2008(23):64-65.
[88] 刘长荣,赵汉哲. 黑龙江省典型灌区信息化管理系统设计[J]. 黑龙江水利科技,2022,50(10):112-115.
[89] 刘道国. 都江堰灌区水资源调度系统建设浅析[J]. 中国水利,2006(21):58-60.
[90] 刘福荣,周小生,高登义,等. 宁夏灌区综合业务管理平台的探索与实践[J]. 中国水利,2021(17):58-61.
[91] 刘怀利. 灌区分水闸量测水自动监测系统设计及应用[J]. 治淮,2021(9):38-40.
[92] 刘军. 新疆农业高效节水灌溉技术长效利用研究[D]. 乌鲁木齐:新疆农业大学,2016.
[93] 刘建军. 疏勒河灌区水利信息化实践研究[C]//河海大学. 2018(第六届)中国水利信息化技术论坛论文集. [出版者不详],2018:310-317.
[94] 刘建军. 疏勒河灌区水利信息化建设实践与展望[J]. 水利规划与设计,2018(10):12-14,61.
[95] 刘璐. 滴灌施肥系统滴头堵塞机理及堵塞风险评价研究[D]. 杨凌:西北农林科技大学,2021.
[96] 刘悦忆,郑航,赵建世,等. 中国水权交易研究进展综述[J]. 水利水电技术(中英文),2021,52(8):76-90.
[97] 刘强,艾学山. 疏勒河灌区三大水库联合调度研究[J]. 中国农村水利水电,2008(4):42-45.
[98] 刘强. 疏勒河灌区信息化系统方案研究[J]. 中国农村水利水电,2006(8):18-19.
[99] 刘鑫,田勇. 疏勒河流域三大水库自动化模拟调度系统设计与应用[J]. 小水电,2011(1):64-66,74.
[100] 刘修明,刘翔鸿. 高标准农田建设项目管理工作探讨[J]. 建设监理,2021(5):23-25,29.
[101] 刘银凤. 灌区多水源复合系统水资源优化配置研究[D]. 哈尔滨:东北农业大学,2016.
[102] 缪晓涓,李志军. 论郑州市花园口灌区发展引黄供水事业的制约瓶颈及良策[J]. 水利建设与管理,2013,33(11):74-77.
[103] 梁川. 甘肃省河西内陆河流域农业高效节水灌溉现状分析与对策研究[J]. 水利发展研究,2021,21(8):84-87.
[104] 梁灿忠. 建设现代化灌区初探[J]. 中国水利,2001(1):29.
[105] 卢胜利,曹家麟,雷崇民,等. 引黄灌渠斗口水流量自动测量技术[J]. 计量技术,2005(4):3-4,14.
[106] 罗锡文,廖娟,胡炼,等. 提高农业机械化水平促进农业可持续发展[J]. 农业工程学报,2016,32(1):1-11.
[107] 楼豫红,周永清,王务华. 四川省都江堰灌区水利现代化建设初探[J]. 四川水利,2012(2):2-5.
[108] 陆军胜. 滴灌水肥一体化冬小麦/夏玉米水氮效应及夏玉米氮肥供应决策研究[D]. 杨凌:西北农林科技大学,2021.
[109] 牛智星,胡春杰,阮聪,等. 基于水尺图像自动提取水位监测系统与应用[J]. 电子设计工程,2019,27(23):103-107.
[110] 马宏伟. 数字孪生技术在水库大坝及灌区信息化建设中的应用[J]. 现代工业经济和信息化,2023,13(1):163-165.
[111] 马倩. 基于NSGA-Ⅲ算法的灌区信息化灌溉控制调度研究[J]. 水利科技与经济,2023,29(1):124-128.

[112] 马习贺.山东引黄灌区水资源高效利用浅析[J].河南科技,2021,40(30):65-67.
[113] 马翔堃,漆永前.甘肃省土壤墒情及地下水自动监测系统的设计与实现[J].现代农业科技,2021(8):144,147.
[114] 苗壮.河套灌区信息化建设研究[D].杨凌:西北农林科技大学,2005.
[115] 莫林玉.5.8G宽带微波通信在灌区信息化建设中的应用[J].中国农村水利水电,2010(5):54-57.
[116] 潘浩.哈尔滨市双城区高效节水灌溉工程技术模式适宜性评价与应用[D].哈尔滨:黑龙江大学,2019.
[117] 潘静,葛雯,叶永伟.水肥一体化技术的优点、机理与意义研究[J].新农业,2022(3):16.
[118] 屈军宏,周秦.灌区现代化建设的理念思路与关键技术浅谈[J].陕西水利,2020(10):189-191.
[119] 曲凌燕.土壤墒情信息采集与远程监测系统探讨[J].农业开发与装备,2018(10):165,172.
[120] 戚迎龙.西松辽平原玉米滴灌水氮耦合及地膜覆盖影响效应研究[D].呼和浩特:内蒙古农业大学,2016.
[121] 漆永前,马翔堃.土壤墒情信息采集与远程监测系统及其应用[J].现代农业科技,2021(5):191-192.
[122] 阮汉铖.智能型水肥一体化控制装置研究[D].杨凌:西北农林科技大学,2021.
[123] 尚国秀,肖让,田建良,等.时差法超声波流量计在矩形渠道测流中的应用研究[J].水利技术监督,2021(3):91-94.
[124] 史海滨,闫建文,李仙岳.内蒙古河套灌区粮油作物节水技术集成模式[J].北方农业学报,2018,46(1):36-45.
[125] 史晓昱.水利工程中农田灌溉防渗渠道衬砌技术分析[J].内蒙古煤炭经济,2021(20):137-139.
[126] 宋静茹,缴锡云,陈军,等.船行灌区渠系工作制度优化研究[J]. 中国农村水利水电,2013(2):64-69.
[127] 宋增芳,孙栋元,胡想全,等.全渠道一体化测控闸门在昌马南干渠灌区的应用[J].中国农村水利水电,2018(4):73-76.
[128] 苏克斌,刘建华,杨红梅,等.湖北石门大型灌区信息化建设[J].智能城市,2016,2(6):292,294.
[129] 孙齐振. 农业节水技术效益评价系统的构建与开发[D].乌鲁木齐:新疆农业大学,2015.
[130] 孙永中.农田水利工程中节水灌溉技术应用[J].农业开发与装备,2022(10):142-143.
[131] 宋悦.渠井灌区地表水地下水联合利用优化配置研究[D].杨凌:西北农林科技大学,2016.
[132] 盛延旭.高标准农田建设中高效节水灌溉技术的应用分析[J].农业开发与装备,2023(5):94-96.
[133] 田宏武,郑文刚,李寒.大田农业节水物联网技术应用现状与发展趋势[J].农业工程学报,2016,32(21):1-12.
[134] 田勇.灌区水库群优化调度信息系统关键技术研究[D].武汉:华中科技大学,2007.
[135] 田震.基于物联网的智能配电数据远程传输系统[J].电工技术,2020(14):119-120,123.
[136] 田种彦.巴歇尔量水堰在景电灌区的应用[J].农业科技与信息,2012(20):30-32.
[137] 滕文忠.大中型灌区现代化建设的思考[J].农业科技与信息,2020(23):100-101.
[138] 拓万虎.灌区信息化系统的体系架构研究[J].农业工程技术,2021,41(36):81-83.
[139] 王斌.多水源供给模式下灌区旱灾诱发危机诊断与预警[D].西安:长安大学,2017.
[140] 王迪.我国大型灌区结构组织分析与现代化评价研究[D].河北:河北农业大学,2014.
[141] 王代林,徐海,赵启忠.淠史杭灌区计算机网络系统建设[J].安徽建筑工业学院学报(自然科学版),1999(4):74-78.
[142] 王凤民,张丽媛.微喷灌技术在设施农业中的应用[J].地下水,2009,31(6):115-116.

[143] 王国杰,赵继春,王敏,等.基于NB-IoT技术的土壤墒情远程智能监测系统设计[J].中国农机化学报,2021,42(5):208-214.

[144] 王桂荣.河北省主要农作物高效用水技术模式效益评价及推广研究[D].哈尔滨:东北农业大学,2017.

[145] 王建新.农田水利工程高效节水灌溉技术的发展与应用[J].农机使用与维修,2022(9):130-132.

[146] 王蕾.石山口灌区水资源供需及节水途径[J].河南水利与南水北调,2021,50(10):23-24,64.

[147] 王凯.大田水肥一体化微喷灌系统优化与试验研究[D].泰安:山东农业大学,2017.

[148] 王鹏,王瑞萍.河套灌区农业节水灌溉发展历程及展望[J].内蒙古水利,2022(8):67-69.

[149] 王启飞,刘冠军,刘磊,等.灌区测控一体化闸门系统设计及应用[J].中国农村水利水电,2019(2):159-162.

[150] 王修贵.现代灌区的特征与建设重点[J].中国农村水利水电,2016(8):6-9.

[151] 王武.精准节水灌溉技术在现代化农田水利工程中的应用研究[J].农业开发与装备,2022(3):98-100.

[152] 王文婷,翟国亮,郭二旺,等.水肥一体化智能灌溉系统组成与设计[J].河南水利与南水北调,2021,50(5):83-84.

[153] 王文龙,史豪,唐诗奇,等.基于物联网技术的节水灌溉控制系统[J].农业工程技术,2022,42(27):18-19.

[154] 王旭,孙兆军,杨军,等.几种节水灌溉新技术应用现状与研究进展[J].节水灌溉,2016(10):109-112,116.

[155] 王中化,强凤娇,贺宝成.基于改进的中心点三角白化权函数灰评估新方法[J].统计与决策,2014(8):69-72.

[156] 王啸天,路京选.基于垂直干旱指数(PDI)的灌区实际灌溉面积遥感监测方法[J].南水北调与水利科技,2016,14(3):169-174,161.

[157] 吴宝金.泉州市旱情监测系统试点工程建设的应用分析[J].水利信息化,2016(1):69-72.

[158] 吴松,李国辉.水肥一体化灌溉系统中的施肥设备[J].农业技术与装备,2018(10):78-80,83.

[159] 吴玉秀.节水示范技术集成模式综合效果评价研究:以新疆奇台县中葛根流域为例[J].农业与技术,2017,37(19):67-70.

[160] 魏龙.浅谈地面节水灌溉的几种改进技术方法[J].宁夏农林科技,2009(6):166,140.

[161] 魏敏,李虹瑾.CDMA通信技术在水磨河流域供水管理自动测控系统中的应用[J].科技资讯,2007(28):180-181.

[162] 万文娟.四川省毛坪村"541"土地流转案例研究[D].成都:电子科技大学,2018.

[163] 谢崇宝.大中型灌区高效用水全程量测控技术模式构建[J].中国水利,2021(17):18-23.

[164] 谢芳,王宗敏,杨海波.WebGIS在南阳灌区水资源管理系统构建中的应用[J].节水灌溉,2011(6):68-70.

[165] 许光虎.高标准农田建设经验及改进建议策略探讨[J].农业与技术,2021,41(10):70-72.

[166] 许丽,马晔锦,杜永昌.宿迁市船行灌区水利风景区[J].江苏水利,2015(12):49.

[167] 许梦梦.县域高标准农田建设区域划定研究[D].武汉:华中农业大学,2022.

[168] 许维明,尉飞新,把祎.上海防汛信息采集系统遥测组网实用化研究[J].水利信息化,2011(6):64-67.

[169] 许欣然.灌区现代化评价体系与数学模型研究[D].天津:天津农学院,2018.

[170] 夏辉宇,孟令奎,李继园,等.环境减灾卫星数据在黄河凌汛监测中的应用[J].水利信息化,2012(2):20-23.

[171] 肖建华,朱瑛.水闸运行控制仿真及三维效果[J].水利信息化,2010(4):35-40.
[172] 肖鹏.高标准农田建设高效节水灌溉技术及推广[J].河南农业,2022(8):47-48.
[173] 亓俊涛.水肥一体机统一管理平台设计与实现[D].合肥:安徽农业大学,2021.
[174] 徐乐年,员玉良,陈明.巴歇尔槽在智能流量传感器中的应用[J].仪表技术与传感器,2007(6):6-7.
[175] 徐振军,张建新.用水户参与灌溉管理的灌区智慧水务建设探讨[J].水利发展研究,2020,20(4):39-40,60.
[176] 严格.灌区运行状况诊断及其调控模式研究[D].哈尔滨:东北农业大学,2021.
[177] 闫沛鑫.景电灌区续建配套与现代化改造项目立体感知体系建设探讨[J].内蒙古煤炭经济,2021(12):149-150.
[178] 闫自仁.河西走廊疏勒河干流水资源监测研究[J].水资源开发与管理,2019(2):9-11,8.
[179] 杨斌.都江堰灌区水利信息化建设研究[D].成都:四川农业大学,2013.
[180] 杨菲.灌区水资源优化调度及智能控制策略的研究[D].唐山:华北理工大学,2020.
[181] 杨丽.微喷灌技术在设施农业中的应用分析[J].农村经济与科技,2018,29(6):192,213.
[182] 杨平富,丁俊芝,李赵琴.漳河灌区信息化建设管理现状与对策[J].人民长江,2012,43(8):112-115.
[183] 杨培岭,李云开,曾向辉,等.生态灌区建设的理论基础及其支撑技术体系研究[J].中国水利,2009(14):32-35,52.
[184] 杨静.地理信息系统在辽阳灌区现代化管理中的应用[J].黑龙江水利科技,2020,48(2):186-188.
[185] 杨文忠.水肥一体化农田滴灌技术的优点与弊端[J].乡村科技,2020,11(33):108-109.
[186] 杨晓慧.现代化灌区内涵与核心理念[J].安徽农业科学,2019,47(17):271-272,277.
[187] 云端灌区信息化管理系统 创新集成 服务灌区[J].山东水利,2020(12):83-84.
[188] 易国华.灌区信息化建设的应用与总结[J].陕西水利,2013(1):144-145.
[189] 尤兰婷.水肥一体化精准控制系统的设计与开发[D].武汉:华中农业大学,2011.
[190] 游黎.大型灌区运行状况综合评价指标体系与评价方法研究[D].西安:西安理工大学,2010.
[191] 袁以美,叶合欣,陈建生.某灌区节水改造工程社会稳定风险分析探讨[J].人民珠江,2018,39(8):79-83.
[192] 尹召婷.农业灌溉中滴灌水肥一体化技术应用研究[J].智慧农业导刊,2021(22):77-79.
[193] 张富仓,严富来,范兴科,等.滴灌施肥水平对宁夏春玉米产量和水肥利用效率的影响[J].农业工程学报,2018,34(22):111-120.
[194] 张汉松,方金云.网格 GIS 在大型灌区信息化建设中的应用[J].中国农村水利水电,2003(8):23-26.
[195] 张宏生.高标准农田建设技术标准及建设内容探究[J].南方农业,2021,15(26):159-160.
[196] 张辉萍.疏勒河灌区远程闸门联合监控系统设想[J].农业科技与信息,2020(13):70-71.
[197] 张晶晶.浅析水利工程中农田灌溉防渗渠道衬砌施工技术[J].农业科技与信息,2021(21):117-118.
[198] 张建华.基于一体化设计的灌区测控系统研究[J].黑龙江水利科技,2021,49(9):70-73.
[199] 张鲁顺.鄄城县农田水利工程建设存在问题及建议[J].山东水利,2020(8):78-79.
[200] 张绍强.做好大型灌区续建配套与节水改造提高管理水平和管理效率[J].中国农村水利水电,2015(12):23-26.
[201] 张思金.潦河灌区续建配套与节水改造信息化建设[D].南昌:南昌大学,2016.

[202] 张士菊,邵陈斌,陈崇德. 漳河水库灌区量测水技术研究[J]. 水利建设与管理,2020,40(7):58-63.

[203] 张艳春,董广昊. 量测水设备在我省加强灌溉农业三期 WUA 项目建设中的选型应用探讨[J]. 吉林水利,2008(9):64-65,67.

[204] 张英华,张琪,徐学欣,等. 适宜微喷灌灌水频率及氮肥量提高冬小麦产量和水分利用效率[J]. 农业工程学报,2016,32(5):88-95.

[205] 张引开,王金岭. 浅议灌区续建配套与节水改造施工技术的运用[J]. 科技经济市场,2016(3):25-26.

[206] 张超. 水肥一体化滴灌管网优化设计与试验研究[D]. 广州:广州大学,2019.

[207] 张志鑫. 不确定条件下灌区多水源优化配置模型研究[D]. 哈尔滨:东北农业大学,2016.

[208] 赵文琦,孙栋元,周敏,等. 疏勒河流域现代化灌区建设评价研究[J]. 水利规划与设计,2023(2):17-22.

[209] 章广腾,孙涛. 基于大数据的灌区信息化综合应用系统设计[J]. 河南水利与南水北调,2022,51(5):92-94.

[210] 周德东,边玉国. 水利灌区水情自动监测系统的设计[J]. 水利建设与管理,2016,36(1):27-30.

[211] 左冬根. 浅谈棉花膜上灌溉技术[J]. 江西棉花,2001(2):20-21.

[212] 祝春江. 巴歇尔槽在明渠中的应用[J]. 山西水利,2021,37(4):47-48.

[213] 朱丹,陈伯文. 大圳灌区续建配套与现代化改造思路探讨[J]. 湖南水利水电,2020(4):24-27.

[214] 朱海洋. 斗口水量实时监测与闸门测控一体化系统在疏勒河灌区的应用研究[J]. 甘肃水利水电技术,2017,53(6):51-54.

[215] 邹健. 自压式灌溉监控管理系统设计与应用[D]. 乌鲁木齐:新疆农业大学,2013.

[216] 左坤. 我国农田水利发展及技术研究与推广应用[J]. 农业与技术,2013,33(3):33.

[217] 张莉,张平生,刘钢,等. 灌区水量信息采集系统组成及其终端功能[J]. 现代农业科技,2011(3):46,49.

[218] 赵琳,张亮方,张晨,等. 南水北调东线穿黄干渠流量计安装方案研究[J]. 水利技术监督,2022(3):65-69.

[219] 曾忠义,邵光成,丁鸣鸣,等. 灌区现代化程度认知及其影响因素分析[J]. 排灌机械工程学报,2020,38(4):409-414.

[220] 朱亮,曾值. 水肥一体化农业智能灌溉系统研究[J]. 南方农机,2021,52(14):53-54.

[221] 褚廷芬,黄静,刘爱华. 大型灌区的现代化建设及发展探讨[J]. 中国设备工程,2021(2):244-245.

[222] Allen D M, Kirste D ,Klassen. Computer generated pumping schedules for safe operational project[J] 2015,5(3):24-32.

[223] David M A,et al. Emergency support for irrigation-building back better[J]. Proceedings of the Institution of Civil Engineers-Civil Engineering, 2009,162(4):171-179.

[224] Jiracheewee N,Oron q Murty V V N, et al. Computerized database for optimal management of community irrigation systems in thailand[J]. Agricultural Water Management,1996,31,3:237-251.

[225] J Haule,K Michael. Deployment of wireless sensor networks (WSN) in automated irrigation management and scheduling systems: a review [A]// Proceedings of the 2nd Pan African International Conference on Science, Computing and Telecommunications (PACT 2014)[C] . Arusha,Tanzania:IEEE , 2014:14-18.

[226] King B,Wall R W. Visual soil water status indicator for improved irrigation management[J]. Computers and Electronics in Agriculture,2001,32(1):31-43.

[227] Luis O G, Olivier M, Salah E R, et al. Irrigation retrieval from Landsat optical/thermal data integrated into a crop water balance model: A case study over winter wheat fields in a semi-arid region[J]. Remote Sensing of Environment, 2020, 239: 111627.

[228] Martin D, et al. Rehabilitation and modernisation of irrigation schemes[J]. Proceedings of the Institution of Civil Engineers - Water Management, 2013, 166(5): 242-253.

[229] Ojeda B W, Gonzalez-Camacho J M, Sifuentes-Ibarra E, et al. Using spatial information systems to improve water management in Mexico[J]. Agricultural Water Management, 2007, 89: 81-88.

[230] Playas E, Cavero J, Mantero I, et al. A database program for enhancing irrigation district management in the Ebro Valley (Spain)[J]. Agricultural Water Management, 2007, 87(2): 209-216.

[231] Wriedt G S Aloe Bouraoui F, et al. Estimating irrigation water requirements in Europe[J]. Journal of-Hydrology, 2009, 3, 373: 527-544.